W0261091

DIE SELBSTTÄTIGEN PUMPENVENTILE IN DEN LETZTEN 50 JAHREN

IHRE BEWEGUNG UND BERECHNUNG

VON

DIPL.-ING. R. STÜCKLE
A. O. PROFESSOR UND OBERINGENIEUR AM
INGENIEUR-LABORATORIUM DER TECHN.
HOCHSCHULE STUTTGART

MIT 183 TEXTABBILDUNGEN
UND 8 TAFELN

SPRINGER-VERLAG BERLIN HEIDELBERG GMBH
1925

Additional material to this book can be downloaded from http://extras.springer.com

ISBN 978-3-662-27419-4 ISBN 978-3-662-28906-8 (eBook)
DOI 10.1007/978-3-662-28906-8

URSPRUNGLICH ERSCHIENEN BEI JULIUS SPRINGER IN BERLIN 1925
SOFTCOVER REPRINT OF THE HARDCOVER 1ST EDITION 1925

Vorwort.

Zur Abfassung der vorliegenden Arbeit veranlaßte mich der Umstand, daß ich im Jahr 1914 den Lehrauftrag über das Gebiet der Kolbenpumpen und der Kolbenkompressoren an der Technischen Hochschule Stuttgart erhielt. Ich glaube, daß es bei der außerordentlichen Mühe, welche die Verfolgung des Gegenstandes in der Literatur erfordert, und bei der Bedeutung, welche die selbsttätigen Pumpenventile für viele Ingenieure haben, gewiß manchen Fachgenossen erwünscht sein wird, einen Überblick in bequemer Weise zu erlangen.

Neues bietet die Arbeit insofern, als aus den Bergschen Versuchen mit federbelasteten Tellerventilen, einfachen und mehrfachen Ringventilen die Berichtigungsziffern μ_P aus der Gleichung $\mu_P \cdot h_{\max} \cdot l\sqrt{2\,g\,b} = \pi\,Q$ errechnet und in Kurventafeln in Abhängigkeit vom Ventilhub h sowie von der Größe $x = \frac{\text{Spaltquerschnitt}}{\text{Sitzdurchgangsquerschnitt}}$ dargestellt wurden, und daß sich dabei ergab, daß auch für die Bergschen Versuchsventile, wie für diejenigen von Krauss, die Lindnersche Gleichung $\mu_P = \frac{1}{\sqrt{1+5\,x}}$, die aus den Versuchen Bachs errechnet wurde, bei nicht zu kleinen Hüben brauchbare Näherungswerte liefert.

Ebenso wurden nach dem Vorgang von Krauss die Widerstandsziffern $\zeta_P = \frac{\frac{P}{f_1\gamma}}{\frac{c_1^2}{2g}}$ und $\zeta_H = \frac{H_v}{\frac{c_1^2}{2g}}$ auch für die Bergschen Ventile errechnet und in Abhängigkeit vom Ventilhub sowie von der Größe x in Kurventafeln aufgezeichnet. Dabei ergab sich, daß für $x > 0{,}7$ sowohl die ζ_P als die ζ_H-Werte für die untersuchten Ventile von Bach, Berg und Krauss ziemlich nahe zusammenfallen. Weiter wird als neu eine von E. Braun aus den Bachschen und den Bergschen Versuchen abgeleitete Beziehung gegeben, die es ermöglicht, für den Bachschen und den Bergschen Ventilen ähnliche Ventile die Schlaggrenze mit einiger Sicherheit vorauszubestimmen.

Auf die hervorragende Arbeit von Schrenk: Versuche über Strömungsarten, Ventilwiderstand und Ventilbelastung, Forschungsarbeiten Heft 272, die leider erst nach Drucklegung dieses Buches erschienen ist, kann hier nur kurz verwiesen werden.

Stuttgart, im Oktober 1925. **R. Stückle.**

Inhaltsverzeichnis.

I. Erkenntnisse über Ventilbewegung, Ventilbelastung, Ventilwiderstand, Ventilüberdruck und Sitzbreite sowie über die Ausflußziffer in der Zeit bis zu den Bachschen Versuchen Anfang der achtziger Jahre.

1. Ventilbewegung und Ventilbelastung.

Die ältere Literatur — bis Anfang der 70er Jahre des vorigen Jahrhunderts — begnügt sich, trotzdem die Ventile damals schon zu den sehr häufig gebrauchten Maschinenelementen gehörten, damit, nur die einfachsten Berechnungen für die Hauptabmessungen und den Ventilhub von Klappen-, Kegel-, Kugel-, Teller-, Ring- und Doppelsitzventilen, wie z. B. Glockenventilen, zu geben. Der Einfluß des Ventilgewichts auf die Ventilbewegung ist im wesentlichen ziemlich unbeachtet geblieben; man beschränkte sich im allgemeinen auf die Ausführung desjenigen Ventilgewichts, welches die Festigkeit des Ventils erforderlich machte, und suchte das richtige Spiel der Ventile durch Hubbegrenzung zu sichern. Wissenschaftliche Versuche mit Pumpen und Pumpenventilen fehlten ganz, und ebenso waren Versuche an ausgeführten Anlagen äußerst selten. So behandelt z. B. Reuleaux in seinem 1865 erschienenen Handbuch „Der Konstrukteur"[1]) unter „Hebungsventilen" die verschiedenen Ausführungsformen von Klappen-, von ein- und doppelsitzigen Kegelventilen, von einem Kugelventil — das Tellerventil und selbst einfache Ringventile mit ebener Sitzfläche sind nicht erwähnt — des Hornblower Doppelsitz- und eines Glockenventils, wobei er sich damit begnügt, Angaben über die nötige Sitzbreite und über die Hubhöhe sowie über den Abfluß zu machen[1]). Selbst die im Jahre 1873 herausgegebene 3. Auflage des genannten Werkes bietet nichts weiter in dieser Richtung.

---

[1]) Für Klappen mit Leder- oder Kautschukdichtung und für einfache Kegel- und Kugelventile schlägt er vor, die Sitzbreite $b_s = \frac{d - d_1}{2} = 4 + \sqrt{d_1}$ zu nehmen; die Projektion des Spiegelrings wird dann bei letzteren Ventilen zu $\frac{d - d_1}{2} - 4$ mm angegeben. Die Hubhöhe h soll $= \frac{d_1}{4}$ oder wenig größer genommen werden. Hinsichtlich des Abflusses verlangt Reuleaux, daß dieser, und das ganz besonders beim Kugelventil, genügend hoch über dem Ventilscheitel angeordnet werde, damit nicht der Rückstrom das Ventil offen halte.

In den 70er Jahren war es besonders Fink[2 u. 3])[1]), der sich mit der Bewegung reiner Gewichtsventile eingehender befaßte und als erster eine Beziehung zur Berechnung des Ventilgewichts aufstellte.

Nach Fink[2 u. 3]) wirkt am Anfang des Hubs, wenn das Saugventil sich hebt, der zentrifugale Druck des Wassers, das in der Achsenrichtung zugeführt und durch die Deckplatte mehr oder weniger horizontal abgelenkt wird, auf weitere Hebung des Ventils, und zwar mit einer Kraft, welche oft das Ventilgewicht überschreitet, weshalb man, um das Hinauswerfen des Ventils aus dem Sitz zu verhindern, den Hub des Ventils irgendwie beschränken müsse[2]). Am Anfang des Hubs nimmt nach Fink die Geschwindigkeit der durch das Ventil gehenden Flüssigkeit dem Gesetz der Kolbenbewegung entsprechend zu, gegen Ende des Hubs, demselben Gesetz entsprechend, ab. Der auf Hebung des Ventils wirkende zentrifugale Druck, der proportional dem Quadrat der Geschwindigkeit ist, läßt schnell nach, das Ventil bekommt das Übergewicht und beginnt zu schließen. Es hat in der Regel noch nicht geschlossen, wenn der Kolben im toten Punkt angelangt ist. Erst bei der folgenden Rückbewegung des Kolbens schließt nach Fink das Ventil vollständig. Dabei wird nach seiner Ansicht zunächst etwas Wasser wieder entweichen, dann der Druck im Pumpeninnern zunehmen und das Druckventil öffnen. Da weiter nach Fink in gleicher Weise auch das Druckventil in der Regel erst vollständig schließt, wenn der Kolben den ersten Totpunkt wieder überschritten hat, so wird auch auf diesem Weg etwas Wasser zurückfließen und dann erst das Saugventil sich öffnen. Es wird also, je später das eine Ventil schließt, das andere um so später öffnen und um so mehr Wasser zurückfließen; außerdem wird, je weiter der Kolben vorgeschritten ist, wenn das Ventil auf seinem Sitz auftrifft, ein um so stärkerer Stoß eintreten; und dieses soll im allgemeinen um so mehr der Fall sein, je rascher die Pumpe läuft. Der Schluß der Ventile ist also nach Fink möglichst zu beschleunigen. Auf Ableitung eines Bewegungsgesetzes, nach dem der Schluß des Ventils erfolgen muß, verzichtet Fink, stellt aber fest, daß, da die Fallzeit von dem Gewicht des Ventils und von seiner Hubhöhe abhängt, Verringerung der Fallzeit durch Vergrößerung des Gewichts oder durch Verminderung der Hubhöhe zu erreichen sei.

---

[1]) Die schrägstehenden Indexziffern an den Autorennamen verweisen auf das Literaturverzeichnis am Schluß.

[2]) Den Ventilhub schlägt Fink vor $= 0{,}75 \frac{d_1}{2}$ zu nehmen, trotzdem bei einem Hub $= \frac{d_1}{4}$ schon der freie Durchgangsquerschnitt gleich dem Kreisquerschnitt des Ventilsitzdurchgangs ist, um den Wasserdurchgang zu erleichtern.

Bei der Berechnung des nötigen Ventilgewichts geht Fink davon aus, daß dieses nach Abzug eines gleich großen Wasservolumens entweder gleich groß, kleiner oder größer als die eingangs erwähnte Kraft sei, die das Ventil hebt. Im ersten Fall schwimmt das Ventil auf dem aufsteigenden Wasserstrom, im zweiten Fall findet weitere Hebung statt, bis das Ventil auf einen Widerstand stößt, oder es senkt sich, wie im dritten Fall. Fink schließt daraus, daß ein leichtes Ventil früher und höher gehoben wird als ein schweres, länger in der gehobenen Stellung verharrt, der Schluß also auch später erfolgt. Wird nach Fink das Gewicht des Ventils so groß gewählt, daß es bei der größten Geschwindigkeit des Pumpenkolbens und nicht zu großer Erhebung im Gleichgewicht ist mit der den Auftrieb bewirkenden Kraft, dann wird während des ganzen Hubes zwar durch dieses Gewicht ein größerer Arbeitswiderstand entstehen als bei einem leichten Ventil, das Ventil aber wird nicht so heftig gegen die Hubbegrenzung schlagen, und da es schon früher beginnen wird zu schließen, wird auch der Abschluß schon früher und mit geringerem Stoß erfolgen und die nach Überschreiten des Kolbentotpunktes zurückfließende Wassermenge verringert werden. Was einerseits durch erhöhten Kraftverbrauch verlorengeht, wird — zum Teil wenigstens — durch ruhigeren Gang und erhöhte Lieferung zurückgewonnen. Fink setzt in Ermangelung von Versuchsergebnissen über die Größe der den Auftrieb bewirkenden Kraft, von der ihm nur bekannt ist, daß sie mit zunehmender Erhebung abnimmt, diese Kraft gleich dem Druck einer Wassersäule, die $1^1/_2$mal so hoch ist wie die zur größten Durchgangsgeschwindigkeit gehörige Druckhöhe. Da man für die Erhebung ein ganz bestimmtes Maß zulasse, und zwar bis der zylindrische Durchgangsquerschnitt höchstens gleich dem $1^1/_2$fachen Ventilsitz-Durchgangsquerschnitt wird, so handle es sich hauptsächlich um das Maß dieser Kraft bei der Maximalerhebung. Die Durchgangsgeschwindigkeit sollte dabei für jedes Ventil mit Rücksicht auf die größte Kolbengeschwindigkeit in der Mitte des Hubs und auf die mittlere zulässige Hubzahl ermittelt und hiernach das Gewicht des Ventils bestimmt werden[1]).

Die zweite Auflage des Finkschen Buches[3]) bietet nichts wesentlich Neues. Die im Grunde richtigen Anschauungen bezüglich Ventilbewegung und die — allerdings unzutreffende — Grundlage für die Berechnung des Ventilgewichts (vgl. S. 18) sind die gleichen geblieben. In dieser Auflage betont Fink, daß für den Schluß des Ventils, der

[1]) Die Sitzbreite der Ventile schlägt Fink vor $= 1{,}4\sqrt{d_1}$ (d_1 in mm) zu nehmen. Bezüglich des Vorschlags von Dr. F. Redtenbacher (s. Lit.-Verz. 4), der $d = 1{,}2\, d_1$ wählt, sagt Fink, daß sich die Praxis nicht danach richte und $\frac{d - d_1}{2}$ bei großen Ventilen kleiner mache, als diese Regel ergebe.

nur nach der Kolbentotlage eintreten könne, ganz besonders das Ventilgewicht und die Ventilform in Betracht komme, und erklärt den Stoß im Triebwerk der Pumpe und gegen die Ventile als Folge der Schlußverspätung. Nach Fink sollte die Ventilerhebung für „einigermaßen schnell arbeitende Pumpen“ 45 mm nicht überschreiten.

Auch v. Hauer[5]) verlangt, daß das Ventil sich rasch schließen soll; nicht ganz klar ist aber die zugehörige Begründung: „Denn diese Bewegung ist die Folge der beim Wechsel des Kolbenlaufes stattfindenden Verzögerung und Umkehr der Wasserströmung; das Wasser tritt also, während das Ventil sich dem Sitz nähert, zum Teil zurück und wird im Augenblick des Abschlusses plötzlich in seiner Bewegung aufgehalten. Es ergeben sich dadurch Wasserverluste und Stöße.“ Die lichte Ventilsitzöffnung $\frac{\pi d_1^2}{4}$ wählt v. Hauer „nicht kleiner“ als den Querschnitt der anschließenden Leitungen, weil sonst das Wasser mit größerer Geschwindigkeit durch die Öffnung strömt, der Effektverlust zunimmt, bei Saugventilen das Ansaugen erschwert wird und „das Ventil beim Schluß stärker schlägt“. Der zuletzt angegebene Grund ist zum mindesten nicht einwandfrei. Damit das Ventil rasch schließt, soll die Hubhöhe desselben so gering sein, als ohne Verengung des Querschnitts für das durchströmende Wasser zulässig ist. Er bestimmt die Hubhöhe aus der Bedingung, daß der Querschnitt des das Ventil verlassenden Wasserstrahls nicht kleiner sein soll als die Fläche der Ventilsitzöffnung. Wegen der Ablenkung des Wasserstrahls wählt er bei Teller-, Kegel- und Kugelventilen den Hub größer, als dieser Bedingung entspricht, nämlich $h = 0{,}7 \frac{d_1}{2}$. Nach v. Hauer ist das Gewicht des Ventils in bezug auf leichte Eröffnung nur von untergeordneter Bedeutung, und zwar beim Druckventil mehr als beim Saugventil, weil das Gewicht des Ventils, auf den Querschnitt der zugehörigen Ventilsitzöffnung verteilt, nur einen geringen Bruchteil einer Atmosphäre betrage. Nach ihm „wird einerseits das Ventil durch den Unterschied der Spannungen unter und über dem geöffneten Ventil im Verein mit der Stoßkraft des aufsteigenden Wassers schwebend erhalten, und andererseits wird durch diese Kräfte das aus der plötzlichen Querschnittsänderung und Ablenkung des Wasserstrahls entstehende Bewegungshindernis überwunden. Ein schweres Ventil erfordert, um offen zu bleiben, einen größeren Spannungsunterschied; dieser erteilt dem Wasser eine größere Geschwindigkeit, daher wird der Querschnitt des Wasserstrahls kleiner, d. h. ein schweres Ventil erhebt sich weniger hoch. Da der genannte, mit dem Ventilgewicht wachsende Spannungsunterschied als Nebenhindernis zu dem vom Pumpenkolben zu überwindenden Widerstand hinzutritt, soll das Ventil so leicht sein, daß es in der höchsten, von der

Hubbegrenzung (die auch v. Hauer als notwendig gegen Herauswerfen des Ventils hält) zugelassenen Stellung sich gerade im Gleichgewicht befindet. Das Ventilgewicht sollte also der bei ganz geöffnetem Ventil wirksamen hebenden Kraft gerade gleich sein." v. Hauer will somit, fortschrittlich gegenüber Fink, nicht bloß die Stoßkraft, sondern auch den Spannungsunterschied unter und über dem Ventil berücksichtigt haben. Leider ist für ihn die Befolgung dieser Regel dadurch erschwert, „daß die Stoßkraft nicht genau bekannt ist und bei Annahme der wahrscheinlichen Werte für dieselbe das Gewicht sich bei größerem Durchmesser so klein ergibt, daß die Abmessungen für die praktische Ausführung zu gering werden". Dies gilt nach v. Hauer auch für die Annahme, daß jene Kraft gleich dem Gewicht einer Wassersäule von der ein- bis zweifachen Höhe, welche der Geschwindigkeit c_1 des Wassers in der Ventilsitzöffnung entspricht, d. h. $= 1000 \frac{c_1^2}{2g}$ bis $2000 \frac{c_1^2}{2g}$ sei.

v. Hauer beurteilt auch die zur damaligen Zeit vorgeschlagenen Mittel zur Erleichterung der Bewegung der Ventile. Bezüglich des Vorschlags, das Öffnen der Ventile durch eine Spiralfeder zu erleichtern, deren Spannung groß genug ist, um den zur Hebung nötigen Überdruck zu ersetzen, stellt er richtigerweise fest, daß, falls diese Feder eine merkliche Wirkung äußern soll, ihre Spannung so groß sein müsse, daß der Schluß des Ventils sehr verzögert würde. Den Schluß des Ventils durch eine Feder zu erleichtern, hält v. Hauer eher für angezeigt, weil dieser Bewegung nur der Widerstand der Flüssigkeit entgegenwirkt, daher auch eine Feder von geringer Spannung den Schluß merklich beschleunigen, die Öffnung nicht wesentlich verzögern werde. Er meint aber, eine solche Feder würde sich in bezug auf das geöffnete Ventil verhalten wie eine ihrer Spannung gleiche Gewichtsvermehrung des Ventils und daher eine Verminderung des Effekts zur Folge haben; außerdem würden die Federn eine geringe Dauer besitzen und daher öftere Reparaturen erfordern. An teilweisen Ersatz des Ventilgewichts durch Federbelastung denkt v. Hauer noch nicht. Er geht sogar so weit, bezüglich der den Schluß unterstützenden Feder auszusprechen: „Ebensowenig Aussicht auf Erfolg hat das neulich von R. Daelen[1]) vorgeschlagene Ventil, bei dem eine Art Vorschluß, ähnlich wie bei Schiebern von Wassersäulenmaschinen, jedoch selbsttätig wirkend, angeordnet ist." Daß ein Ventil, wie dasjenige von Daelen, das außer der Dichtung zwei kleinere Ventile, einen gebohrten Zylinder mit Kolben, der am Umfang eine Liderung trägt, und endlich eine mittels Lederstulps zu bewirkende Dichtung für dessen Kolbenstange besitzt, schon infolge seines verwickelten Aufbaues keine Aussicht auf Erfolg hat, ist selbstverständ-

---

[1]) D.R.P. 1877, Nr. 199.

lich. Beim federbelasteten Ventil hat die spätere Zeit das Gegenteil bewiesen.

Zander[25]) gibt auf Grund von Versuchen (s. S. 23 u. f.) für das Ventilgewicht G_w im Wasser $G_w = f(p_u - p_o)$.

Bach legt in seiner Arbeit über „Ventile für Pumpen mit großer Hubzahl[6])", nachdem er darauf schon 1876[7]) hingewiesen hatte, als erster den Betrachtungen über die Bewegung des Ventils die Beschleunigung im Augenblick des Anhebens und zu Beginn des Sinkens zugrunde, die sich jeweils als Quotient aus den in den genannten Augenblicken am Ventil wirkenden Kräften und der Masse des Ventils ergibt. Er findet für ein nicht nur durch sein Gewicht, sondern auch noch durch eine Feder belastetes Ventil unter Vernachlässigung der Masse der Ventilfeder für den Augenblick des Anhebens, mit den S. 294 f. gegebenen Bezeichnungen:

$$\text{Beschleunigung} = \frac{f_1(p_u - p_o) - [f_s(p_o - p_s) + G_w + \mathfrak{F}_o]}{M_v}$$

$$= \frac{f_1}{M_v}(p_u - p_o) - \left[\frac{\gamma - 1}{\gamma} g + \frac{\mathfrak{F}_o}{M_v} + \frac{f_s}{M_v}(p_o - p_s)\right]$$

und folgert daraus, daß die Beschleunigung im Augenblick des Anhebens um so größer und damit die zum Heben des Ventils erforderliche Zeit um so kürzer ist, je kleiner die Hubhöhe, je kleiner die Ventilmasse, je geringer die Federspannung und je kleiner die Dichtungsfläche ist. Er spricht weiter aus, daß dieses Ergebnis auch für die ganze Hubhöhe des Ventils bei schnellaufenden Pumpen seine Gültigkeit bewahre[1]).

Nach Bach bewegt sich die Flüssigkeit wegen $p_u > p_o$ durch die Ventilsitzöffnung, das Ventil dabei offen haltend. Bei Abnahme der Geschwindigkeit des Flüssigkeitsstromes bis auf Null soll das Ventil abschließen, und zwar für durch Kurbelmechanismus betriebene Pumpen streng genommen in dem Augenblick, in dem die Geschwindigkeit gerade gleich Null geworden ist, weil sonst im nächsten Augenblick ein Rücktritt von Flüssigkeit durch die noch nicht geschlossene Ventilöffnung zu erwarten steht, was nicht bloß wegen der Verminderung der Lieferung der Pumpe unzulässig ist, sondern auch wegen der damit verknüpften Stöße. Daraus folgt zunächst, daß das rechtzeitige Schließen des Ventils nicht durch die rückströmende Flüssigkeit besorgt werden darf, sondern daß hierzu besondere Kräfte tätig sein müssen, und solche Kräfte sind nach Bach gegeben in der Schwere des Ventils, in der Elastizität besonders anzuordnender Körper (Federn) oder in der Elastizität des Ventils selbst. Sie sollen so wirken, daß bei der größten Geschwindigkeit der Flüssigkeit das Ventil am meisten geöffnet ist und bei abnehmender

---

[1]) Vgl. auch Lit.-Verz. 8.

Geschwindigkeit auch noch kurze Zeit in dieser Lage bleiben kann, daß es jedoch mit fortschreitender Geschwindigkeitsverminderung zu sinken, also abzuschließen beginnen muß, um bei der Geschwindigkeit Null auf seinen Sitz zu gelangen.

Für die Beschleunigung zu Beginn des Sinkens stellt Bach aus den Kräften, die zu dieser Zeit am Ventil wirken, die Beziehung auf:

$$\text{Beschleunigung} = \frac{G_w + \mathfrak{F}_h - a\, f_1 \text{ Funktion } c_1 - f\,(p_u - p_o)}{M_v}$$

$$= \frac{\gamma - 1}{\gamma} g + \frac{\mathfrak{F}_h}{M_v} - \frac{a \cdot f_1 \text{ Funktion } c_1}{M_v} - \frac{f\,(p_u - p_o)}{M_v},$$

worin ($a\, f_1 \cdot$ Funktion c_1) die nach aufwärts gerichtete Kraft zum Ausdruck bringen soll, die der Flüssigkeitsstrom gegenüber dem Ventil betätigt, die Zahl a von der Form, den Abmessungen und der Beschaffenheit des Ventils abhängt und $\mathfrak{F}_h$ die Federspannung zu Beginn des Sinkens bedeutet.

Aus dieser Beziehung für die Beschleunigung zu Beginn des Sinkens folgert Bach, „daß die zum Schließen eines Ventils erforderliche Zeit um so kürzer ist, je kleiner die Ventilmasse, sofern es sich um reine Federventile handelt, und je größer die Federspannung ist, daß ferner jedem Ventil bei gegebenem Hub eine gewisse Minimalschließungszeit entspricht, die für reine Gewichtsventile größer ist als für Ventile mit Federkraft und für diese wieder größer als für reine Federventile. Ein gegebenes Ventil mit einer bestimmten Hubhöhe wird nur eine begrenzte Anzahl Hübe gestatten; eine Vermehrung des Ventilgewichts beim reinen Gewichtsventil erweist sich als wirkungslos gegenüber dieser Grenze. Wohl aber kann sie bei plötzlichem Abschluß leicht nachteilig wirken, da mit ihr die lebendige Kraft wächst, welche dem auf dem Sitz auftreffenden Ventil innewohnt und die bei diesem Aufschlagen zu vernichten, d. h. durch Deformation des Ventils und des Sitzes zu absorbieren ist."

Zusammen mit den Ergebnissen beim Heben des Ventils stellt dann Bach die bald darauf zum Gemeingut aller Ingenieure gewordenen Regeln auf:

1. Die Dichtungsfläche ist knapp zu halten[1]).
2. Die Hubhöhe ist möglichst klein zu wählen.
3. Die Ventilmasse ist möglichst zu vermindern und der fehlende Teil der das Abschließen bewerkstelligenden Kraft durch Federn zu liefern, deren Elastizität ganz oder teilweise die Funktion der Schwerkraft des gewöhnlichen Gewichtsventils übernimmt, ohne daß sie die

[1]) Die Sitzbreite gibt Bach zu $\frac{4}{5}\sqrt{d_1}$ für gewöhnliche aufgeschliffene Metallventile und zu $\frac{5}{4}\sqrt{d_1}$ für mit Leder armierte Ventile.

Trägheit als unerwünschte Zugabe in gleichem Maß besitzen. Die Federspannung soll bei geschlossenem Ventil möglichst gering, in gehobenem Zustand desselben genügend groß sein. Da mit der Masse des Ventils für eine gewählte Konstruktion aus Festigkeitsrücksichten nicht unter einen bestimmten Betrag heruntergegangen werden kann, entspricht nach Bach jedem Ventiltypus bei bestimmter Hubhöhe selbst bei Anordnung von Federn eine gewisse Maximalhubzahl.

Bezüglich der Bedingung 1 spricht Bach weiter aus, daß die Dichtungsfläche so breit sein müsse, daß die Abdichtung gesichert sei; die spezifische Pressung in der Dichtungsfläche dürfe aber das Maß nicht überschreiten, welches das Material des Sitzes oder des Ventils mit Rücksicht auf die besonderen Verhältnisse als höchstens zulässig gestattet. Der Bedingung 2 aber stehe die Forderung entgegen, daß die durchströmende Flüssigkeit den nötigen Querschnitt vorfinde.

Bach weist dann noch darauf hin, daß in Wirklichkeit der Abschluß durch die besprochenen Kräfte nicht so prompt erfolgt, als oben verlangt wurde, d. h. daß derselbe in der Regel erst nach Beginn einer Rückströmung der Flüssigkeit erfolge. Damit aber dann diese Rückströmung so energisch als möglich auf das Schließen des Ventils hinwirke, sei die Anordnung derart zu treffen, daß die rückströmende Flüssigkeit in derjenigen Richtung auf das geöffnete Ventil stoße, in welcher sich dasselbe bewegen muß, um zu schließen. Dadurch werde gleichzeitig auch der Gefahr eines Klemmens des spielenden Ventils vorgebeugt.

In dem Anhang zu seinem Buch ,,Die Konstruktion der Feuerspritzen[8])“ leitet Bach unter der Annahme eines konstanten Mittelwerts für die Ventilbeschleunigung k_v beim Sinken[1]) für die Zeit, welche das Ventil zum Sinken, also zur Zurücklegung der Hubhöhe h erfordert, die Beziehung ab

$$t = \frac{60}{4 \cdot n} = \sqrt{\frac{2\,h}{k_v}},$$

und unter der weiteren Voraussetzung, daß die Belastung des Ventils so stark sei, daß es mit Abnahme von c_1 sofort zu sinken beginne, die weitere Beziehung zwischen Maximalhubzahl und Hub

$$h \cdot n^2 \leqq 112{,}5\; k_v \quad \text{oder} \quad h\, n^2 = \text{const},$$

worin die Konstante in erster Linie abhängig ist von der Form, den Abmessungen, dem spezifischen Gewicht des Ventils und von der Geschwindigkeit, mit der das Wasser unter dem Ventil ankommt. Für Ringventile System Thometzek gibt Bach die Konstante = 6,5.

Aus dieser Gleichung darf nach Bach mit der Annäherung, welche durch die gemachten Annahmen bedingt sind, geschlossen werden,

---

[1]) k_v wird nach Bach im allgemeinen veränderlich, d. h. eine Funktion des zurückgelegten Weges sein.

daß zwei gleichartige Ventile, die unter sonst gleichen Verhältnissen zu arbeiten haben, Umdrehungszahlen gestatten, welche sich umgekehrt verhalten, wie die Quadratwurzeln aus den Hubhöhen.

In seinen Maschinenelementen, 1. Aufl. 1881, gibt Bach für den Fall, daß die Schwerkraft des Ventils den rechtzeitigen Schluß bewirken soll, an, daß das notwendige Gewicht G_w des Ventils in der Flüssigkeit als Funktion der Geschwindigkeit c_1 angesehen werden müsse, mit welcher die Flüssigkeit durch den Ventilsitzquerschnitt f_1 in dem Augenblick fließt, welcher demjenigen vorhergeht, in welchem das selbsttätige Schließen des Ventils beginnt. Er setzt also

$$G_w = a \cdot \gamma \cdot f_1 \cdot \text{Funktion}\,(c_1)\,.$$

An dieser Stelle spricht Bach auch aus, daß das Ventil sowohl beim Öffnen wie beim Schließen die Bewegung mit der Geschwindigkeit Null beginne.

Riedler[9]) weist zunächst auf die Wichtigkeit des Indikatorversuchs an Pumpen hin, der bisher nur ganz selten durchgeführt wurde, macht aber auch auf die bei solchen Versuchen leicht entstehenden falschen Diagramme und deren Ursachen aufmerksam und hebt hervor, daß es ihm nicht vollkommen gelungen sei, die Störungen, welche der Indikator durch den Einfluß der bewegten Massen im Diagramm hervorbringt, zu beseitigen und daß die Druckänderungen im Augenblick des Hubwechsels bei raschem Gang durch diese Störungen beeinflußt werden. Er kommt auf Grund seiner Folgerungen aus Indikatorversuchen an Pumpen und Wasserhaltungsmaschinen bezüglich Bewegung und Gewicht der Ventile zu folgenden, den damaligen, im vorstehenden geschilderten Erkenntnissen zu einem Teil widersprechenden, unrichtigen, aber auch einiges Gute enthaltenden Schlüssen:

Den „Saugventilen kommt die größte Wichtigkeit zu, und stoßfreier Gang der Pumpen hängt in erster Linie von den Saugventilen ab. Richtiges Ventilspiel ist an ein bestimmtes Ventilgewicht gebunden. Bei zu geringem Ventilgewicht treten Schwankungen der Drucklinien im Diagramm während der Druckperiode, hervorgerufen durch Schwankungen der geöffneten Ventile, vielleicht auch mitbeeinflußt durch Schwankungen der Wassersäulen ein, wobei die Ventilform sehr großen Einfluß auf die Schwankungen hat. Genügend schwere Ventile erzeugen niemals Druckschwankungen. Ventile mit großem Hub und geringem Sitzdurchgangsquerschnitt zeigen besonders große, entlastete Ventile (Glockenventile) die größten und zahlreichsten Schwankungen. Sehr große und zahlreiche Schwankungen werden auch durch leichte Doppelsitzventile bei niedriger Wasserpressung hervorgebracht." Die Größe der Wasserpressung nimmt nach Riedler „anscheinend Einfluß auf die

Schwankungen, da leichte Ventile, die bei niedrigem Wasserdruck unbedingt wellenförmige Drucklinien hervorbringen, unter hoher Pressung keine Druckänderung erzeugen". Eine Gesetzmäßigkeit hierfür und stets richtige Erklärungen für alle Erscheinungen zu finden, hält Riedler für schwierig.

An den Sauglinien konnte Riedler nur geringe Druckschwankungen beobachten, außer in Fällen künstlicher Entlastung. Das Spiel der Ventile wird nach Riedler um so unverläßlicher, je weiter die künstliche oder zufällige Entlastung getrieben wird. Starke Schwankungen, die sich ab und zu bei Akkumulatorpumpen unmittelbar nach erfolgter Entlastung oder bei Speisepumpen, bei denen das Saugventil seine Hubbegrenzung am Druckventil findet, zeigen, denkt sich Riedler so entstanden, daß dabei das Druckventil momentan aufgestoßen, Druckwasser in die Pumpe gelangt und dadurch der Verlauf der Sauglinie beeinflußt wird. Die andere Erklärung, daß die Saugwassersäule nicht sofort dem Kolben folge und erst später mit entsprechendem Stoß nachströme, hält Riedler auf Grund seiner Beobachtung nicht für richtig, da die erwähnte Erscheinung auch bei geringer Saughöhe und kurzen weiten Saugleitungen eintritt.

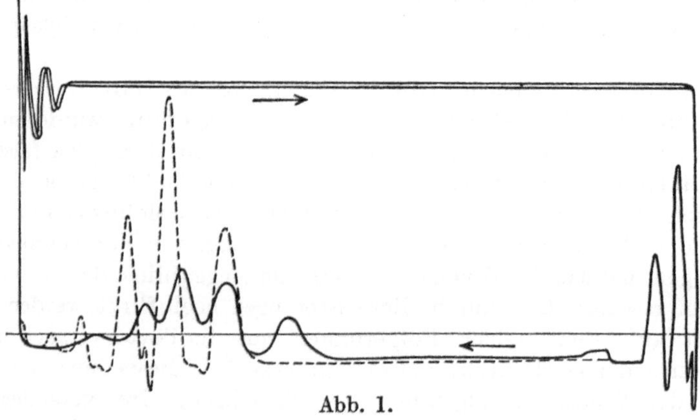

Abb. 1.

Für die auffälligen Saugkurven Abb. 1 kann Riedler keine Begründung geben.

Regelmäßig, ohne Stoß wirkende Druckschwankungen bei langsamem Gang von Schwungradpumpen mit Druckwindkesseln von solcher Höhe, daß selbst ein Vielfaches des normalen Betriebsdruckes erreicht werden kann, vgl. Abb. 2, erkennt schon Riedler als nicht vom Ventilspiel, sondern von Geschwindigkeits- und Beschleunigungsänderungen der Wassersäule in den Leitungen und von dem Luftinhalt im Windkessel herrührend.

An einer großen Zahl von Diagrammen zeigt Riedler den ungünstigen Einfluß eingesaugter Luft auf das Spiel der Ventile, die er mit Recht als einen gefährlichen Feind der Pumpe bezeichnet und die durch richtige Konstruktion und tadellose Instandhaltung unbedingt ferngehalten werden müsse. Weiter wird an Hand von Diagrammen der Einfluß des Hängenbleibens des Saugventils sowie das Verhalten der Ventile besprochen, wenn wegen zu hoher Temperatur des angesaugten Wassers oder wegen zu großer Saughöhe die Pumpe sich nicht vollständig mit Wasser füllt.

Die Frage, wie groß das Ventilgewicht auszuführen ist, um richtiges Arbeiten zu erzielen, ist nach Riedler allgemein nicht zu beantworten. Das Gewicht ist vielmehr für den einzelnen Fall zu berechnen, wobei zu beachten ist, daß großes Ventilgewicht die mögliche Saughöhe vermin-

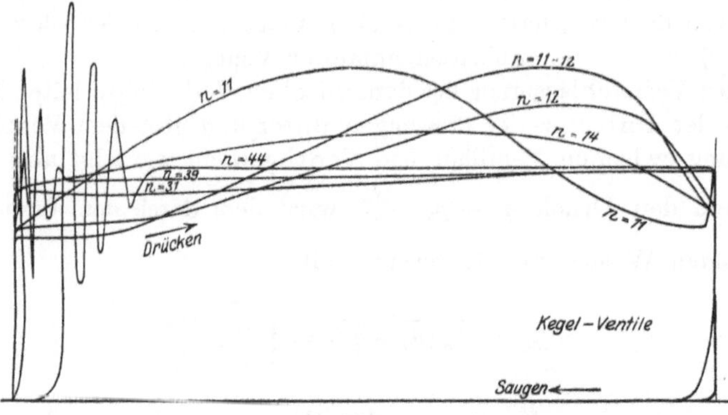

Abb. 2.

dert sowie den Druckwiderstand und die hydraulischen Widerstände beim Durchströmen der Flüssigkeit vergrößert. Nach der Ansicht Riedlers beginnen sehr schwere Ventile sich schon beim Kolbenhub während der Verzögerung der Kolbengeschwindigkeit zu schließen, sie sind unmittelbar vor dem Hubwechsel schon nahezu geschlossen und absolut verläßlich geschlossen im Augenblick des Hubwechsels. Stöße infolge unrichtiger Ventilfunktion, namentlich infolge verspäteten Schlusses sind dann einfach unmöglich. Je größer das Ventilgewicht und je kleiner der zurückzulegende Weg, d. h. der Ventilhub, desto sicherer und rascher erfolgt das Schließen. Riedler empfiehlt deshalb in Fällen, wo die übrigens geringe Erhöhung der Widerstände nicht in Betracht kommt und vor allem stoßfreier Gang verlangt wird, schwere Ventile. Solche Ventile heben sich nach Riedler auch nur so weit, als der Wasserdruck das Ventilgewicht zu überwinden imstande ist; sie bleiben während des ganzen Hubs schwebend, ohne die Hubbegrenzung zu berühren. Nach seinen Beobachtungen sollen im allgemeinen diejenigen Pumpen am besten arbeiten, deren Ventile bei kleinem Hub und großem Durchgangsquerschnitt während des ganzen Spiels die Hubbegrenzung nie erreichen und schwebend bleiben.

Bezüglich der zulässigen Umdrehungszahl kommt Riedler zu dem Schluß, daß nicht so sehr hohe Kolbengeschwindigkeit als vielmehr hohe Umdrehungs- bzw. Hubzahl störend auf das Ventilspiel einwirken können. Er ist der Meinung, daß verläßlicher Ventilschluß bei viel höherer Umdrehungszahl, als bisher üblich, mit Sicherheit erzielbar ist durch Ventile mit großen Durchgangsquerschnitten, sehr geringem Hub, großem Gewicht sowie verläßlicher Führung und redet dabei besonders den kombinierten Ventilen, d. h. mehreren kleinen gleichartigen Ventilen auf gemeinsamem Sitz das Wort. Auch mehrsitzige Ventile mit geringem Hub und großem Durchgangsquerschnitt, wie Ringventile, Etagenventile usw., hält er für raschen Gang geeignet, jedoch nicht in dem Maß, wie die Kombination einfacher Ventile.

Unter Vernachlässigung der dynamischen Verhältnisse leitet Riedler aus der Differenz der Pressungen unter und über dem Ventil eine Beziehung zwischen Ventilhub und Ventilgewicht wie folgt ab:

Durch den Druck $p_u - p_o = \frac{G_w}{f_1}$ wird dem durch den Ventilspalt strömenden Wasser die Geschwindigkeit

$$c_{sp_i} = \sqrt{2\,g\,(p_u - p_o)} = \sqrt{2\,g \cdot \frac{G_w}{f_1}}$$

erteilt.

Wenn von einer Kontraktion des Wassers im Ventilspalt und im Ventilsitz abgesehen wird, muß sein

$$F u = f_1 c_1 = h\,l_1\,c_{sp_i} = h\,l_1 \cdot \sqrt{2\,g\frac{G_w}{f_1}}$$

und damit

$$G_w = \left(\frac{F}{h\,l_1}\right)^2 f_1 \frac{u^2}{2\,g} = \left(\frac{F}{h \cdot l_1}\right)^2 \cdot f_1 \,\frac{f_1^2\,c_1^2}{F^2 \cdot 2\,g} = \frac{c_1^2}{2\,g} \cdot f_1 \left(\frac{f_1}{h \cdot l_1}\right)^2$$

in Atmosphären, oder

$$\boldsymbol{G_w = 1000\,\frac{c_1^2}{2\,g}\,f_1 \left(\frac{f_1}{h\,l_1}\right)^2}$$

in Meter Wassersäule.

Die Bedeutung genügenden Ventilgewichts hebt Riedler mit Recht hervor; er geht jedoch zu weit, wenn er sagt: „Je größer das Ventilgewicht und je kleiner der Ventilhub, desto sicherer und rascher erfolgt das Schließen“, denn nach Bach (vgl. S. 7) fordert ein Gewichtsventil bei bestimmter Hubhöhe einen gewissen Minimalzeitraum, demgegenüber eine Vermehrung des Ventilgewichts sich als wirkungslos erweist[10]). Schließen eines Ventils im Kolbentotpunkt ist unmöglich. Die in der besprochenen Arbeit Riedlers vertretene Ansicht, daß die Zukunft des ganzen Pumpenbaues an die Lösung der Frage rasch laufender Pumpen geknüpft sei, war richtig. In dieser Richtung ist inzwischen auch viel geschehen; es wurde aber nicht der Vorschlag Riedlers angenommen, sich ausschließlich auf Gewichtsventile zu beschränken, sondern es wurde der Weg verfolgt, den Bach 1881 gewiesen, nämlich möglichst leichte Ventile zu wählen und das fehlende Gewicht durch Federkraft zu ersetzen. Auch die Ansicht Riedlers, daß kombinierte einfache Ventile mehrsitzigen Ventilen vorzuziehen seien, die auch später noch von andern (besonders O. H. Müller) vertreten wurde, ist nach den neuesten Erkenntnissen und Erfahrungen nur in beschränktem Maß zutreffend.

Unzulässig ist ferner bei der Berechnung des Ventilgewichts durch Riedler die Vernachlässigung der dynamischen Einflüsse, die allerdings bei schweren Ventilen mit kleinem Hub, mit denen sich Riedler vorzugsweise beschäftigte, etwas zurücktreten, bei leichten Ventilen dagegen im Vordergrund stehen. Zum mindesten hätte Riedler die Ausflußziffer mit der Eigenschaft einer allgemeinen Berichtigungszahl einführen müssen[10]).

1883 stellt Bach eine Gleichung auf zur Berechnung des Ventilgewichts[8]) wobei er als Kraft, welche die Flüssigkeit gegenüber dem geöffneten Ventil nach aufwärts betätigt, nicht nur wie Fink den Wasserstoß allein in Betracht zieht, sondern auch die dynamischen Verhältnisse, wie sie bei den Pumpen vorliegen, und die Differenz der Pressungen unter und über dem Ventil, sowie die Konstruktion, Ausführung und die Umgebung des Ventils berücksichtigt. Er setzt für diese Kraft unter der Voraussetzung, daß bei geöffnetem Ventil zwischen den Dichtungsflächen die Pressung p_0 herrscht und daß das Ventilgehäuse weit genug ist, um seinen Einfluß auf diese Kraft vernachlässigen zu dürfen,

$$P_1 = (p_u - p_o) f_1 + \varkappa_1 \frac{c_1^2}{2g} f_1 \cdot \gamma ,$$

worin die Erfahrungszahl $\varkappa_1$ die zuletzt genannte Abhängigkeit von der Konstruktion usw. beachtet. Den Wert $\varkappa_1$ schätzte Bach damals für bedeutender bei Ventilen mit konkaver Stirnfläche als bei solchen mit ebener und bei diesen wiederum für größer als bei solchen mit konvexer Stoßfläche. Allgemein müsse $\varkappa_1$ um so größer sein, je mehr der aus der Ventilsitzöffnung kommende Wasserstrom von seiner Richtung abgelenkt werde, weshalb in den meisten Fällen auch die Breite der Dichtungsfläche Einfluß habe.

Da nach Bach die Kraft P_1 im allgemeinen auch von der Hubhöhe h und dem Umfang l_1 des Zylindermantels, durch den die Flüssigkeit nach außen entweicht, abhängig sein muß, leitet er aus der obigen Gleichung eine weitere Beziehung, in der diese Größen enthalten sind, wie folgt ab: $f_1 c_1 = \alpha\, l_1\, h\, c_{sp_i}$ (Kontraktionsziffer im Querschnitt $f_1 = 1$), d. h. beim geöffneten, in Ruhe befindlichen Ventil muß die Wassermenge, die durch die Ventilsitzöffnung geht, gleich der sein, die durch den Spalt entweicht. Die Geschwindigkeit c_{sp_i} ergibt sich nach Bach aus

$$c_{sp_i} = \varphi \sqrt{\varkappa_2\, c_1^2 + 2\, g\, \frac{p_u - p_o}{\gamma}}\,,$$

worin $\varkappa_2 \frac{c_1^2}{2g}$ denjenigen Teil der Geschwindigkeitshöhe $\frac{c_1^2}{2g}$ der dem Ventil zufließenden Flüssigkeit bedeutet, welcher zur Erzeugung von c_{sp_i} unter Umständen verbleibt. Es wird also

$$f_1 c_1 = \alpha\, l_1\, h\, \varphi \sqrt{\varkappa_2\, c_1^2 + 2\, g\, \frac{p_u - p_o}{\gamma}} = \mu\, l_1\, h \sqrt{\varkappa_2\, c_1^2 + 2\, g\, \frac{p_u - p_o}{\gamma}}\,;$$

daraus

$$p_u - p_o = \frac{c_1^2}{2\,g}\,\gamma \left[\frac{f_1^2}{\mu^2\, l_1^2\, h^2} - \varkappa_2\right]$$

und

$$P_1 = \frac{c_1^2}{2\,g}\, f_1\, \gamma \left[\frac{f_1^2}{\mu^2\, l_1^2\, h^2} + \varkappa_1 - \varkappa_2\right] = \frac{c_1^2}{2\,g}\, f_1\, \gamma \left(\frac{f_1^2}{\mu^2\, l_1^2\, h^2} + \varkappa\right),$$

sowie, da in dem Augenblick, in dem das Sinken des Ventils beginnen soll, das Gewicht des ohne Feder gedachten Ventils verschwindend wenig größer sein soll als die Kraft P_1

$$\boldsymbol{G_w \geq \frac{c_1^2}{2\,g}\, f_1\, \gamma \left[\frac{f_1^2}{\mu^2\, l_1^2\, h^2} + \varkappa\right].}$$

Sofern die auf die Ausflußziffer μ bezüglich f_1 sowie die hinsichtlich der Pressung zwischen den Dichtungsflächen gemachten Annahmen nicht zutreffen, kann nach Bach eine etwa nötige Korrektur dadurch bewerkstelligt werden, daß man μ nicht als reine Ausflußziffer, sondern als Korrektionsziffer ansieht. Für c_1 ist die größte Geschwindigkeit zu setzen, mit welcher f_1 durchflossen wird, sofern gewünscht wird, daß das Abschließen des Ventils mit der Abnahme von c_1 beginnt.

Bei der Bestimmung von G_w kann man so weit gehen, daß das Ventil aufsteigend die Hubbegrenzung nicht erreicht, sondern bereits vorher ins Gleichgewicht kommt, d. h. auf dem Wasserstrom schwebt. Bei der geringsten Verminderung der Geschwindigkeit wird es dann sinken und kann rechtzeitig schließen. Ob es das tut, hängt davon ab, ob es imstande ist, seine Hubhöhe in der Zeit bis Ende Kolbenhub zurückzulegen. Dafür bietet auch das Ventilgewicht G_w nach der Bachschen Gleichung keine Gewähr bei größeren Hubzahlen — was sie übrigens auch nicht beansprucht —, während sie bei mittleren und kleinen Hubzahlen rechtzeitigen und stoßfreien Schluß ergibt, wenn kleine Hubhöhen angenommen und die Zahlenwerte zweckentsprechend gewählt werden. Es ergeben sich jedoch recht schwere Ventile, die da, wo hoch anzusaugen ist, nicht verwendet werden können.

Bach formt seine Gleichung für die verschiedenen Ventilarten um und gibt Werte für $\varkappa$ und μ an.

Für Tellerventile mit unterer Rippenführung setzt er

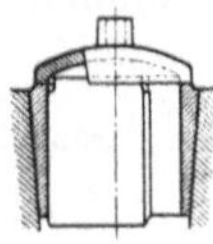

Abb. 3.

$$G_w \geqq \frac{c_1^2}{2g} \cdot \frac{\pi}{4} d_1^2 \gamma \left[\left(\frac{\frac{\pi}{4} d_1^2}{\mu(\pi d_1 - i s_r) h} \right)^2 + \varkappa \right]$$

und schlägt vor zu wählen

für Tellerventile nach Art der Abb. 3: $\mu =$ 0,7 bis 0,8 und $\varkappa =$ 2 bis 3,

„ „ „ „ „ Abb. 4: $\mu =$ 0,75 bis 0,85 und $\varkappa =$ 1,5 bis 2,

Abb. 4a.

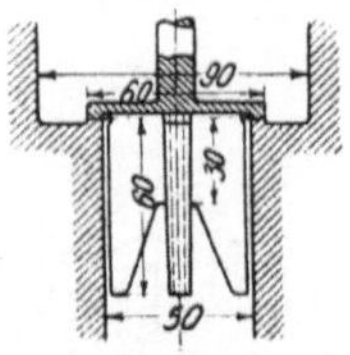

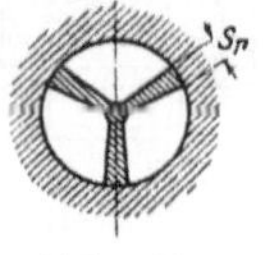

Abb. 4b.

(i Zahl der Rippen; an Stelle von s_r tritt s_1, wenn die Rippen außen nicht verbreitert sind).

Bei Spritzen, bei denen Wert auf große Saughöhe zu legen ist, empfiehlt Bach mit $\varkappa$ nicht über $^3/_4$ zu gehen.

Für Ventile mit kegelförmiger Sitzfläche und einem Winkel zwischen der Erzeugenden des Kegels und dessen Achse von 45° wird nach Bach

$$G_w \geqq \frac{c_1^2}{2g} \cdot \frac{\pi}{4} d_1^2 \gamma \left[\left\{ \frac{0{,}25\, \pi d_1^2}{\mu [\pi (d_1 - 0{,}5 h) - i s_r] h \sqrt{0{,}5}} \right\}^2 + \varkappa \right],$$

worin für Kegelventile mit unterer Führung und ebener Unterfläche nach Abb. 5

$$\mu = 0{,}8 \text{ bis } 0{,}9 \quad \text{und} \quad \varkappa = 1{,}25 \text{ bis } 1{,}75\,,$$

sowie für Kegelventile mit kegelförmiger Unterfläche nach Abb. 6 (aber ebenfalls mit unterer Rippenführung, die in der Abbildung weggelassen ist)

$$\mu = 0{,}9 \text{ bis } 0{,}95 \quad \text{und} \quad \varkappa = 0{,}75 \text{ bis } 1.$$

Für Spritzen $\varkappa$ nicht höher als 0,75.

Für Kugelventile nach Abb. 7 und $\beta = 90°$ wird nach Bach

$$G_w \geqq \frac{c_1^2}{2g} \cdot \frac{\pi}{4} d_1^2 \gamma \left[\frac{(0{,}25\, \pi d_1^2)^2}{0{,}5\, \mu^2 \pi^2 (d_1 - 0{,}5\, h)^2 h^2} + \varkappa\right]$$

mit $\mu = 0{,}9$ und $\varkappa = 1$ bis $1{,}5$; für Spritzen $\varkappa = 0{,}75$.

Betreffend die Hubhöhe des Ventils bemerkt Bach, daß dieselbe, wenn das Ventil nur an und für sich, also ohne Zusammenhang mit der Pumpe betrachtet und verlangt würde, daß die Flüssigkeit beim Passieren des Ventils möglichst wenig Bewegungswiderstände habe, nach den Versuchen Weisbachs $\geqq \frac{d_1}{2}$ genommen werden müsse, was die Rücksichtnahme auf die Pumpe nicht gestatte. Ein Ventil mit so großer Hubhöhe würde selbst bei kleineren Hubzahlen nicht rechtzeitig und ruhig schließen und öffnen. Infolgedessen wird, mit der Unterstellung, daß die Geschwindigkeit c_{sp_i}, mit der die Flüssigkeit die Öffnung des Zylindermantels $l_1 h = \pi d_1 h$ durchströmt, radial, also senkrecht zur Ventilachse gerichtet sei, $\pi d_1 h = \frac{\pi d_1^2}{4}$, woraus $h = \frac{d_1}{4}$.

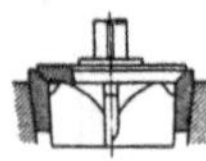

Abb. 5.

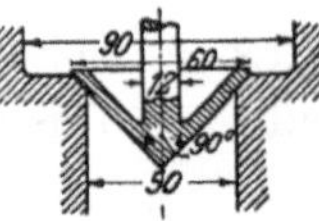

Abb. 6.

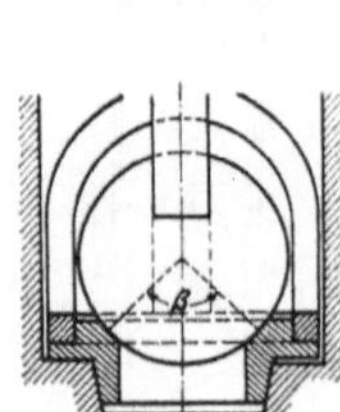

Abb. 7.

Da nicht der volle Mantelquerschnitt tatsächlich vom Wasser durchflossen wird, so muß, wenn $c_{sp_i} = c_1$ sein soll, $h > \frac{d_1}{4}$ werden. Hierbei ist noch der Einfluß der Rippen unberücksichtigt geblieben.

Bei Berücksichtigung der Rippen muß werden

$$h = \frac{\left(\frac{\pi}{4} d_1^2 - i\, s_1 \frac{d_1}{2}\right) \alpha' c_1'}{(\pi d_1 - i\, s_r)\, \alpha\, c_{sp_i}},$$

worin:

c_1' = Geschwindigkeit in der durch Rippen verengten Ventilsitzöffnung $\frac{\pi}{4} d_1^2 - i\, s_r \cdot \frac{d_1}{2}$,

α' = Kontraktionsziffer, die in Betracht kommt beim Passieren dieses Querschnitts

Soll wieder $c_{sp_i} = c_1'$ sein, dann muß auch hier $h > \frac{d_1}{4}$ werden.

Um kleine Hubhöhe zu erhalten, ohne daß die Spaltgeschwindigkeit eine gewisse Größe überschreitet, muß man also den Ventilsitzdurchmesser vergrößern. Er kann nach Bach für Tellerventile mit ebener Sitzfläche und unterer Rippenführung bestimmt werden aus

$$d_1 = \frac{1}{\pi}\left(\frac{Q}{h\, \alpha\, c_{sp_i}} + i\, s_r\right) \quad \text{mit } \alpha \text{ etwa} = 0{,}8;$$

für Tellerventile mit kegelförmiger Sitzfläche und unterer Rippenführung aus

$$d_1 = \frac{h}{2} + \frac{1}{\pi}\left(\frac{Q}{0{,}707\, h\, \alpha\, c_{sp_i}} + i\, s_r\right) \quad \text{mit } \alpha = 0{,}9$$

und für Kugelventile aus

$$d_1 = \frac{h}{2} + \frac{1}{\pi} \cdot \frac{Q}{0{,}707\, h\, \alpha\, c_{sp_i}} \quad \text{mit } \alpha = 0{,}9\,.$$

v. Reiche[11]) stellt 1883 ähnlich wie Bach unter Berücksichtigung der Ventilbeschleunigung eine Beziehung auf zwischen den Kräften, die unmittelbar vor Hebung auf dieses wirken, nämlich

$$p_u - p_o = \frac{G_w + \mathfrak{F}_o + M_v k_v}{f_1} + \frac{f_s}{f_1}(p_o - p_s)\,,$$

und zieht wie Bach daraus den Schluß, daß die Masse des Ventils klein, das Ventil also möglichst leicht und das nötige Gewicht durch eine Feder, nicht durch Gewicht zu erzeugen sei, falls das Eigengewicht des leicht konstruierten Ventils zur Erzeugung der das Ventil niederdrückenden Kraft nicht ausreiche. Außerdem verlangt auch er großen Durchgangsquerschnitt, kleinen Hub und schmale Sitzflächen. v. Reiche bestätigt also das von Bach bereits Erkannte.

Des weiteren stellt auch v. Reiche eine Beziehung auf zwischen Hubhöhe und Ventilgewicht, und zwar wie Riedler unter Zugrundelegung der Differenz der Pressungen unter und über dem Ventil und unter Vernachlässigung der dynamischen Verhältnisse sowie der Kontraktionsziffer in bezug auf Ventilsitzöffnung und Spaltquerschnitt. Nach v. Reiche ist die Geschwindigkeit, mit der das Wasser zwischen den Sitzflächen eines geöffneten Ventils ausströmt $c_{sp} = \sqrt{2\,g\,(p_u - p_o)}$. Dabei ist nicht ausgesprochen, welche Stelle gemeint ist, der äußere Ventilumfang oder der Umfang der Ventilsitzöffnung. Da $p_u - p_o$ nicht genau bekannt sei, setzt v. Reiche $p_u - p_o = \frac{2\,P_1}{f}$. Die aus der eingangs gegebenen Beziehung mit $k_v = 0$ und $p_s = p_o$ abgeleitete Beziehung $p_u - p_o = \frac{P_1}{f}$, bei welcher Ableitung außerdem ein Irrtum unterlaufen sein muß, scheint v. Reiche entschieden zu klein. Unter Anlehnung an die Versuche von Du Buat und Thibault[12]), die für den Pressungsverlust beim Stoß unbegrenzten Wassers gegen eine normal zur Flüssigkeitsbewegung gerichtete ebene Fläche $p_u - p_o = 1{,}86\,\frac{P_1}{f}$ fanden, wählt v. Reiche der Sicherheit halber dann $p_u - p_o = \frac{2\,P_1}{f}$

Damit wird $c_{sp} = \sqrt{2g \frac{2P_1}{f}}$ und da

$$F \cdot u = h \cdot l_1 c_{sp} = h \cdot l_1 \sqrt{\frac{2g \cdot 2P_1}{f}},$$

$$P_1 = \frac{F^2}{h^2 l_1^2} \cdot \frac{u^2}{2g} \cdot \frac{f}{2} \text{ in atm} = 500 \frac{u^2}{2g} \left(\frac{F}{h l_1}\right)^2 \cdot f \text{ in m Wassersäule}$$

$$= 500 \frac{c_1^2}{2g} f \left(\frac{f_1}{h l_1}\right)^2.$$

Dabei ist vorausgesetzt, daß v. Reiche unter Geschwindigkeit des Wassers zwischen den Sitzflächen die Geschwindigkeit am Umfang der Ventilsitzöffnung versteht. Die Berechnung des Gewichts, das etwas größer als P_1 sein muß, hat dann unter Einsetzung der größten Kolbengeschwindigkeit zu erfolgen.

Die Gleichung von v. Reiche hat die gleiche Form wie diejenige von Riedler; der Unterschied besteht nur darin, daß v. Reiche den Zahlenbeiwert halb so groß erhält als Riedler, dagegen aber statt des Wasserstromquerschnitts f_1 den oberen, größeren Ventilquerschnitt f in Rechnung stellt. Das zur Riedlerschen Gleichung S. 13 Bemerkte gilt auch hier; sie kann eher noch weniger Anspruch auf Brauchbarkeit erheben, insofern als die Einführung von f an Stelle von f_1 willkürlich, wenn nicht gar unrichtig ist.

Die Brauchbarkeit der Gleichungen von Riedler, v. Reiche und Bach, sowie die Angaben Finks über die Größe des nötigen Ventilgewichts beleuchtet Bach[13]) 1883 an praktischen Beispielen, die zeigen, daß allein die Bachsche Gleichung, allerdings bei verhältnismäßig kleinen Hubzahlen praktisch brauchbare Abmessungen ergibt. Dabei kleidet Bach die Finkschen Angaben in die Form einer Gleichung, nämlich

$$G_w = 1500 \frac{c_1^2}{2g} \cdot f_1,$$

die Fink später in einer Zuschrift[14]) — allerdings zu Unrecht[14]) — als nicht von ihm herrührend bezeichnet. Fink[1]) will im Gegensatz zu den Angaben in seinem Buch unter c_1 nicht, wie Bach annimmt, die Geschwindigkeit verstanden haben, mit der das Wasser den Querschnitt f_1 zu Beginn des Sinkens des Ventils durchströmt (also in der Regel die größte in f_1 auftretende Geschwindigkeit), sondern die größte Geschwindigkeit in dem engsten Querschnitt, also bei Pumpen mit kleinen Hubhöhen diejenige Geschwindigkeit, mit welcher die Flüssigkeit seitlich abfließt.

---

[1]) Vgl. Lit.-Verz. 2 und 3, sowie S. 3.

1885 sieht sich Riedler gezwungen[15]), seine bisherige Ansicht, daß mit Gewichtsventilen günstigere Ergebnisse als die bisherigen möglich sein müßten, zu ändern, und die Behauptung, daß durch alleinige Vergrößerung des Ventilgewichts auch ein rascheres Spiel der Ventile möglich sei, fallen zu lassen, die Erkenntnis Bachs anzuerkennen und auszusprechen, daß das Ventilgewicht wegen der Masse des Ventils auf die Raschheit des Ventilschlusses keinen weitgehenden Einfluß ausüben, daß die Schwerkraft unabhängig vom Ventilgewicht durch andere Kräfte, namentlich durch Federwirkung ersetzt werden könne und daß durch solche Federkräfte die Möglichkeit geboten sei, den raschen Ventilschluß bei Verminderung großer, zu beschleunigender Massen zu bewirken. Die in der genannten Arbeit gegebenen Konstruktionsgrundlagen betr. Ventilgewicht, Ventilbewegung, Durchgangsquerschnitt und Ventilhub stehen im wesentlichen im Einklang mit dem bereits Erkannten.

2. Ventilüberdruck und Sitzbreite.

Über die Größe des zur Ventilerhebung nötigen „Überdrucks" haben anfangs 1869 Kraft als erster und dann Bochkoltz[16]) zusammen mit Radinger, ferner Hrábak[17]) noch im selben Jahr gesucht, sich durch Indikatorversuche an Schachtpumpen Klarheit zu verschaffen. Sie stellen das erhaltene Horn im Diagramm als Maß des Überdrucks hin, wobei sie die Übereinstimmung der Angaben von Manometer und Indikator hervorheben. Ferner stellen beide die Abhängigkeit des Horns von der Gangart der Pumpe fest. Sie übersehen dabei aber beide, daß der Manometerzeiger samt Übertragungsgestänge sowohl als der Indikatorkolben mit Stange und Schreibzeug infolge ihrer Massen unter dem Einfluß dynamischer Wirkung stehen, wodurch bei plötzlicher Drucksteigerung zu hohe Pressungen angezeigt werden.

Hrábak[17]) gibt 1872 an, „daß mit Leder oder Kautschuk armierte Ventile von Schachtpumpen nicht gehoben werden können, wenn der auf das Ventil von unten nach oben ausgeübte Gesamtdruck den von oben darauf lastenden Gesamtwasserdruck nicht in gewissem Maß überschreite und daß zur Erzielung auch nur der Gleichheit dieser beiden Gesamtdrücke der Druck auf die Flächeneinheit von unten wegen der Größe der Ventilsitzfläche bedeutend größer sein müsse als die Flächenbelastung von oben, d. h. daß $\frac{p_u}{f_1} > \frac{p_o}{f}$. Er stellt aber fest, daß bei Schachtpumpen der nach obiger Anschauung zur Überwindung des Ventilwiderstandes beim Öffnen nötige Überschuß an Gestängegewicht von mindestens 25 bis 35% des wirksamen Gestängegewichts nicht erforderlich sei und daß man in der Ausführung nach Umständen mit der Hälfte dieses Betrags auch noch zur Überwindung sämtlicher sogenannter schädlicher Widerstände des Pumpwerks auskomme. (Bei

Schachtpumpen, bei denen $f = 1{,}3 f_1$ bis $1{,}25 f_1$ ist, soll ein Gestängeübergewicht von 12 bis 14% genügen.) Das tatsächlich erforderliche Gestängeübergewicht ist im allgemeinen um so größer, je weniger Pumpen an dem Gestänge angehängt sind, und zwar, weil die Ventile eines zusammengesetzten Pumpwerks sich nicht gleichzeitig, sondern sehr rasch nacheinander öffnen. Er findet das „Horn" bei Schwungradpumpen höher und veränderlicher als bei direkt wirkenden Wasserhaltungen ohne Schwungrad. In letzterem Fall fehlte es einmal ganz, und zwar machte hierbei die Maschine im oberen Totpunkt eine kleine unwillkürliche Pause. Die damalige Erklärung dieser „auffallenden" Erscheinung durch nicht dicht schließende Ventile hielt Hrábak auf Grund seiner Beobachtungen nicht für befriedigend.

Bochkoltz[16]) sagt ganz ähnlich wie Hrábak: „Damit das Ventil sich selbsttätig hebe, muß es auf der unteren Seite einen mindestens gleich großen Druck erhalten, wie die das Ventil niederdrückende Belastung $p_o f$. Derselbe trifft aber nur die Fläche f_1 und wenn p_u der spez. Druck gegen diese Fläche ist, muß also sein $p_u f_1 = p_o f$, woraus folgt $\frac{p_u}{p_o} = \frac{f}{f_1}$, d. h. der spez. Druck zur Hebung des Ventils muß in demselben Verhältnis größer als die spez. Belastung sein, wie die obere zur unteren Ventilfläche. In Wirklichkeit darf jedoch dieses Verhältnis nicht einfach nach den geometrischen Ausmaßen des Ventils und der Sitzöffnung bestimmt werden, da durch teils absichtliche, teils zufällige Abrundung der Ecken oder Kanten die Fläche f etwas kleiner, dagegen f_1 etwas größer wird. Eine weitere Herabminderung dieses Verhältnisses kann dadurch stattfinden, daß die Auflagerung des Ventils auf seinem Sitz unvollkommen ist." Bochkoltz glaubt diese Annahme durch das Horn im Diagramm bestätigt (vgl. vorige Seite). Er hält wie Hrábak bei zusammengesetzten Pumpen eine Gesamtüberlast des Gestänges von etwa 12 bis 15% des Wassersäulengewichts für genügend, um nicht nur die Reibungswiderstände beim Niedergang, sondern auch die Ventilwiderstände zu überwinden. Den Grund sucht auch er in dem Öffnen der Ventile hintereinander.

Hofmann[18]) wendet sich auf Grund eigener Beobachtungen an einer den wirklichen Verhältnissen durchaus nicht entsprechenden Versuchseinrichtung gegen den Ventilüberdruck, wie ihn Bochkoltz und Hrábak berechnet haben wollen. Nach ihm soll der von Hrábak festgestellte Überdruck auf Rechnung der Trägheit der in Bewegung zu setzenden gedrückten Wassersäule zu setzen sein und es soll durch den Ventilüberdruck höchstens das Ventilgewicht aufgehoben werden.

v. Reiche[19]) behandelt in seiner Besprechung der Arbeiten von Hrábak und Hofmann als erster den Einfluß, den die veränderliche Pressung p_s in der Sitzfläche $f_s = f - f_1$ und damit die Größe der Dichtungsfläche des Ventils auf die Kraft ausübt, die zum Heben desselben erforderlich ist. Er gibt, wenn von dynamischen Einflüssen abgesehen, das Öffnen des Ventils also genügend langsam gedacht wird, für die am Ventil wirkenden Kräfte im Augenblick des Anhebens die Beziehung: $G_w + p_o \cdot f = p_u f_1 + p_s \cdot f_s$ oder nach geringen Umänderungen

$$p_u = \frac{G_w}{f_1} + p_o + \frac{f_s}{f_1}(p_o - p_s) .$$

Nach v. Reiche können nun die Dichtungsflächen nur dann wirklich dicht sein, wenn sie sich in einer kontinuierlichen Fläche berühren. Eine solche Berührung ist aber nicht zu erreichen; zur Herbeiführung derselben bedarf es vielmehr noch eines spez. Druckes zwischen den Flächen von solcher Größe, daß durch ihn die von der Bearbeitung herrührenden unregelmäßigen Erhöhungen auf den Dichtungsflächen so stark niedergedrückt werden, daß eben eine kontinuierliche Fläche entsteht. Dieser spezifische Druck ist also abhängig von Form und Material des Ventilsitzes und von der Genauigkeit der Arbeit. Je nachdem p_s kleiner oder größer als p_o, wird das dritte Glied der rechten Seite in obiger Gleichung für p_u positiv oder negativ, wird also der Anhub des Ventils erschwert oder erleichtert, und zwar beidemal um einen im geraden Verhältnis $\frac{f_s}{f_1}$ stehenden Summanden. Ist p_o sehr groß, wie bei Schachtpumpen, dann ist im allgemeinen und namentlich, wenn steife, gut gearbeitete Leder- oder Gummiventile vorausgesetzt werden, p_o oft viel größer als p_s, dann wird das dritte Glied positiv und der zum Öffnen des Ventils nötige Druck p_u muß um so größer sein, je größer $\frac{f_s}{f_1}$, je breiter also die Dichtungsfläche im Vergleich zur Durchgangsöffnung ist. v. Reiche schließt sich damit den Anschauungen Hrábaks an und bezeichnet diejenigen von Hofmann als unzutreffend.

Hilt[20]) fand 1873 durch Versuch ebenfalls einen Überdruck beim Öffnen der Druckventile für eine Pumpe mit rotierender Bewegung; aus dem Horn im Diagramm schließt er auf Vorhandensein des Überdrucks.

Seeberger[21]) sucht ebenfalls 1873 die Druckschwankungen, welche beim Öffnen der Druckventile stattfinden, theoretisch zu erklären. Er berechnet unter der Voraussetzung, daß das Ventil offen, daß durch dessen Umfang der vom Kolben geschobene Flüssigkeitsstrom austrete und unter der Annahme einer gleichförmig beschleunigten Bewegung des Ventils ein Maximum des für den Ausfluß notwendigen Überdrucks. Zunächst ist die Annahme gleichförmig beschleunigter Bewegung des Ventils unzutreffend und weiter kann ein sofortiges Durchströmen nicht stattfinden. Der Überdruck, der die Flüssigkeit durch den Ventilumfang hindurchtreibt, beschleunigt auch das Ventil. Nach erfolgter Ventilöffnung kann es für die Durchflußgeschwindigkeit und damit den Überdruck natürlich einen Höchstwert geben, derselbe ist aber sehr klein und darf mit dem während der Beschleunigungszeit des Ventils auftretenden nicht verwechselt werden.

v. Hauer[5]) gibt unter der Voraussetzung, daß auf die Sitzfläche des Ventils von unten kein Druck wirkt, für den zur Öffnung nötigen Überdruck die Beziehung: $p_u - p_o = p_o (d - d_1) \frac{l_1}{f_1}$, stellt aber gleichzeitig fest, daß die Erfahrung die Unrichtigkeit der gemachten Voraussetzung zeige und daß man annehmen müsse, daß die Spannung des unter dem Ventil befindlichen Wassers auch auf einen Teil der Sitzfläche wirke. v. Hauer zieht aus seiner Gleichung den Schluß, daß der zur Eröffnung nötige Druck unter sonst gleichen Umständen mit der Sitzbreite b_s wächst und daß deshalb kleine Sitzfläche vorteilhaft sei.

Auch Oesten[22]) gibt 1880 eine Anzahl Diagramme von Berliner Wasserwerkspumpen, die ein Horn beim Öffnen der Druckventile zeigen und sieht dasselbe als Ausdruck des Überdrucks an.

Dasselbe tut Savelsberg[23]) auf Grund zweier weiterer Pumpendiagramme.

Die bisher genannten Beziehungen für den Überdruck beim Eröffnen vernachlässigen durchweg die Angangsbeschleunigung k_v des Ventils. Die von Bach aufgestellte Gleichung für die Beschleunigung im Augenblick des Eröffnens, vgl. S. 6:

$$k_v = \frac{f_1}{M_v}(p_u - p_o) - \left[\frac{\gamma - 1}{\gamma} g + \frac{\mathfrak{F}_o}{M_v} + \frac{f - f_1}{M_v}(p_o - p_s)\right]$$

würde für den Überdruck ergeben mit $\frac{\gamma - 1}{\gamma} g \cdot M_v = G_w$

$$p_u - p_o = \frac{M_v \cdot k_v}{f_1} + \frac{G_w + \mathfrak{F}_o}{f_1} + \frac{f - f_1}{f_1}(p_o - p_s) = \frac{G_w + \mathfrak{F}_o + M_v k_v}{f_1} + \frac{f_s}{f_1}(p_o - p_s)$$

und

$$p_u = \frac{G_w + \mathfrak{F}_o + M_v k_v}{f_1} + \frac{f_s}{f_1}(p_o - p_s) + p_o .$$

Gegenüber der v. Reicheschen Gleichung (S. 21) tritt also das die Beschleunigung des Ventils berücksichtigende Glied $\frac{M_v k_v}{f_1}$ und die Federspannung hinzu.

Bach leitete zwar 1881 a. a. O.[6]) die letzte Gleichung für p_u nicht ab; sie würde aber ohne weiteres folgen. Noch 1883[8]) gab er als Beziehung für den Überdruck

$$p_u - p_o = \frac{f_s}{f_1}(p_o - p_s) + \frac{G_w + \mathfrak{F}_o}{f_1} .$$

Er berücksichtigt also nur den Druck in der Dichtungsfläche und außer dem Ventilgewicht im Wasser die Federspannung. Erst 1886 berücksichtigt Bach, ausgehend von seinen Untersuchungen 1881, auch die Beschleunigung des Ventils.

Auch Demeure[24]) sieht im Horn des Diagramms die Größe des Überdrucks. Er nimmt die Beziehung v. Reiches für den Ventilüberdruck auf, fügt in ihr aber noch ein Glied $\frac{x M}{f_1}$ hinzu, wobei x die Beschleunigung sein soll, mit der sich das Ventil und die ganze auf ihm lastende Wassermasse M bewegt. Seine Gleichung würde also lauten:

$$p_u - p_o = \frac{G_w}{f_1} + \frac{f_s}{f_1}(p_o - p_s) + \frac{x \cdot M}{f_1}.$$

Die Hinzufügung eines weiteren Gliedes ist wohl nötig, aber in dieser Form, wie Bach und Tobell später zeigten, nicht richtig. Bemerkenswert sind die Ausführungen von Demeure über die einem Überdruck folgenden Schwingungen im Gestänge und Pumpenkörper. Seine Folgerungen aus dem Auftreten der jene Schwingungen begleitenden unregelmäßigen Druckschwankungen (bewiesen durch die regellosen Wellenlinien in den Diagrammen) auf das Bestehen eines Überdrucks sind jedoch ebenfalls nicht ganz richtig. Auch das bloße sehr schnelle Ansteigen des Drucks ohne Überdruck kann eine Schwingung erzeugen (siehe hierüber S. 71 u. f.).

Zander[25]) greift, da ihm die bisher gegebenen Gleichungen von v. Reiche und Demeure wegen des unbekannten Druckes p_s zwischen den Dichtungsflächen für praktische Rechnungen unbrauchbar erscheinen, auf die Beziehung $p_o f = p_u f_1$ zurück und stellt zunächst unter Berücksichtigung des Ventilgewichts im Wasser G_w die Gleichung auf

$$G_w + p_o f = p_u f_1.$$

Er sucht nun dieser Gleichung durch den Versuch zu genügen, indem er drei verschiedene Ventile, ein flaches mit schmaler Sitzfläche, ein kegelförmiges mit mittelgroßer und ein flaches mit breiter Sitzfläche in Rohre einlegte und den Druck p_u durch eine auf die Unterfläche wirkende Wassersäule bis zur langsamen Erhebung, dem Schwimmen des Ventils steigerte, während auf dem Ventil die Wassersäule p_o lastete. Zander fand für p_u durch den Versuch einen wesentlich kleineren Wert als ihn die obige Gleichung liefert, und stellt auf Grund dieser Versuche die Beziehung auf

$$G_w + p_o f = p_u f \quad \text{oder} \quad p_u - p_o = \frac{G_w}{f}$$

für langsam sich öffnende Metallventile. Er hält es aber nicht für ausgeschlossen, daß bei Metallventilen der unter diesen herrschende Druck sich auch unter die abdichtenden Flächen fortpflanzt, weil dieselben nicht absolut dicht halten. Bezüglich der Formel von Demeure will Zander für verschiedene unterirdische Wasserhaltungsmaschinen gefunden haben, daß diese bezüglich des Wertes p_u hinter der Wirklichkeit zurückbleibt. Ihm scheint p_u am allerwenigsten abhängig von $\frac{f}{f_1}$; nach ihm hängt p_u hauptsächlich ab von der Geschwindigkeit der auf dem Ventil lastenden Wassermasse und von dem Verhältnis der Ventildurchgangsöffnung zum Plungerquerschnitt. Zander tritt auch auf Grund von Beobachtungen der Anschauung entgegen, nach welcher der Überdruck durch Schwankungen in der Druckwassersäule erklärt werden soll. Nach Zander sind zur Ermittlung des Überdrucks lediglich die Stoßgesetze in Anwendung zu bringen, indem man die Druckwassersäule als eine in geringer Geschwindigkeit befindliche Masse, die Plungerkraft aber als eine auf das Ventil aufstoßende Masse mit der ihr innewohnenden durch den augenblicklichen Kurbelstand bestimmten Geschwindigkeit auffaßt. Er setzt die durch diesen Stoß verlorengehende Leistung gleich der Ventilarbeit, d. h. gleich dem auf dem Ventil lastenden Druck mal dem bei der Erhebung durchlaufenen Raum und findet damit für den spezifischen Überdruck

$$p_u - p_o = \frac{(c'' - c')^2}{2\,h\,f_1} \cdot \frac{m_1 m_2}{m_1 + m_2}.$$

Zander erkennt die Schwierigkeit der zahlenmäßigen Bestimmung des Überdrucks wegen der Unmöglichkeit der sicheren Ermittlung der Geschwindigkeiten c' und c'' und von h, findet aber durch die Formel die Wahrnehmung bestätigt, daß der Überdruck um so größer ist, je größer die Geschwindigkeit und um so kleiner, je kleiner der Hub und der Ventilquerschnitt ist.

Die Versuchsergebnisse Zanders sind leider nur unter sehr geringen Überdrücken — höchstens 0,14 at — und nicht mit rascher Drucksteigerung durchgeführt worden. Sie können deshalb höchstens für sehr geringe Überdrücke oder elastisches Ventilmaterial, das sich zuerst an den Innenkanten des Sitzes aufbiegt und durch allmähliche Aufbiegung die Möglichkeit der Fortpflanzung des Druckes bis zur Eröffnung gibt, in Betracht gezogen werden. Neu ist die Ansicht bezüglich Eröffnung durch Stoß; hinsichtlich der Art der Stoßwirkung und der angedeuteten Berechnung ist Zander aber im Irrtum. Der beim Stoß verlorengegangene Anteil an lebendiger Kraft liefert nicht die Arbeit bei der Ventilerhebung; das kann nur die durch den Stoß dem Ventil erteilte lebendige Kraft tun, aber nicht im ganzen Hub, sondern nur während eines sehr kleinen Teils desselben, der aber zur Druckausgleichung genügen kann, vgl. auch Tobell[29]).

v. Reiche[11]) leitet aus der S. 17 gegebenen Beziehung

$$p_u - p_o = \frac{G_w + \mathfrak{F}_o + M_v k_v}{f_1} + \frac{f_s}{f_1}(p_o - p_s)$$

zwischen den auf das Ventil unmittelbar vor dem Öffnen wirkenden Kräften für den Überdruck zum Öffnen 3 Gleichungen ab, und zwar:

$$1.\quad p_u - p_o = \frac{G_w + \mathfrak{F}_o}{f_1},$$

wenn das Öffnen äußerst langsam und nur auf geringe Höhe statt hat;

$$2.\quad p_u - p_o = \frac{G_w + \mathfrak{F}_o + M_v k_v + f_s p_o}{f_1},$$

wenn das Öffnen äußerst rasch — momentan — erfolgt, wobei die Pressung p_s zwischen den Sitzflächen $= 0$ anzunehmen ist; und

$$3.\quad p_u - p_o = \frac{G_w + F_o + M_v k_v}{f_1},$$

wenn das Öffnen mäßig rasch, wie fast ausnahmslos in Wirklichkeit, erfolgt; dabei ist $p_s = p_o$.

v. Reiche bezeichnet nun aber als „Hornpressung" im Diagramm die Differenz der Überdrücke, die nötig sind zur Eröffnung und zur Offenhaltung eines Ventils, und gibt dafür die Beziehung

$$p_h = \frac{G_w + \mathfrak{F}_o + M_v k_v}{f_1} + \frac{f_s}{f_1}(p_o - p_s) - \frac{2(G_w + \mathfrak{F})}{f},$$

worin das 3. Glied der Überdruck zur Offenhaltung sein soll.

Diese Zusammensetzung muß als unrichtig bezeichnet werden, da der für das Durchströmen notwendige Überdruck erst nach der Eröffnung zur Geltung kommt. Für den Überdruck zu Beginn der Eröffnung würden die beiden ersten Glieder der Gleichung genügen.

Riedler[9]) stellt zunächst für den Überdruck zur Eröffnung des Ventils die Beziehung auf

$$p_u - p_o = (\beta - 1)\, p_o,$$

worin $\beta = \frac{f}{f_1}$ ist, spricht aber aus, daß dieser Ventilüberdruck, so wie er aus der Gleichung folgt, nicht existiert und daß die Größe der Sitzfläche den bisher angenommenen Einfluß auf die Druckverhältnisse beim Öffnen der Ventile nicht ausübt. Riedler verweist dabei auf seine Untersuchungen vieler Pumpen mit den verschiedenartigsten Ventilkonstruktionen, den verschiedensten Größen und Beschaffenheiten der Sitzfläche, bei denen er stets Pumpendiagramme erhielt, die entweder gar keinen Überdruck aufwiesen oder nur einen solchen von weit geringerer Größe, als obige Gleichung liefern würde, und daß er in vielen Fällen an ein und derselben Pumpe durch Änderung der Sitzfläche keine

Änderung der Diagramme erzielen konnte, auch dann nicht, wenn er außergewöhnlich große Sitzfläche anwendete. Riedler fand wiederholt sogar bei Gestängemaschinen ohne Rotation nicht nur keinen Überdruck, sondern sogar ruckweises Öffnen einzelner Ventile, bevor noch der hydrostatische Druck erreicht war. Die Druckschwankungen bei Eröffnung dieser einzelnen Ventile fielen, wenn die Pumpe keine Luft saugte, mit der Vertikalen zusammen und waren nur an der Bewegung des Indikatorstifts zu erkennen. Eine Erklärung für diese auffällige Erscheinung, die er bei Schwungradpumpen unter Verwendung derselben Ventile nicht beobachten konnte, kann Riedler nicht abgeben (vgl. hierzu S. 76 u. f.).

Riedler schreibt dem Einfluß der Massen des Indikators einen wesentlichen Anteil an den Hörnern in den Diagrammen zu.

In seiner Besprechung der Riedlerschen Arbeit[1]) stellt Bach fest, daß die Riedlersche Beziehung für den Ventilüberdruck aus der Bachschen und der v. Reicheschen Beziehung (vgl. S. 22)

$$p_u - p_o = (\beta - 1)(p_o - p_s) + \frac{G_w + \mathfrak{F}_o}{f_1}$$

mit $f_s = (\beta - 1) f_1$ folge, wenn $G_w + \mathfrak{F}_o = 0$ und $p_s = 0$ vorausgesetzt werde, und daß der unter dieser Voraussetzung berechnete Überdruck — wie übrigens schon bekannt — zu hohe Werte liefern müsse, da p_s wohl ausnahmslos größer als Null, daß aber der Ventilüberdruck im allgemeinen nicht gleich Null sein werde. Der Ansicht Riedlers bezüglich des Einflusses der Dichtungsfläche stellt Bach seine Überlegungen (vgl. S. 6 u. f. sowie S. 22 u. f.) gegenüber.

v. Reiche[11]) sucht die Beobachtungen Riedlers wie folgt zu klären: „Eine Hornpressung findet im Pumpenzylinder statt; ihre Größe wird annähernd durch die S. 25 gegebene Gleichung ausgedrückt. Diese zeigt aber, daß die Hornpressung positiv, null oder negativ werden kann. Ein Horn kann im Diagramm erscheinen, ohne daß eine Hornpressung im Zylinder auftritt, einfach durch die lebendige Kraft der bewegten Teile des Indikators und der Flüssigkeitssäule im Verbindungsrohr zu diesem. Ein so erzeugtes Horn muß um so größer ausfallen, je größer die Massen, je rascher der Hubwechsel und je kleiner die Widerstände sind, an deren Überwindung jene lebendige Kraft sich aufzehren muß. Umgekehrt kann eine Hornpressung auftreten, ohne daß der Indikator sie verzeichnet. Zu allen Bewegungen, also auch zur Bewegung der Indikatorteile, ist Zeit nötig. Daraus folgt, daß der Indikatorstift alle Vorgänge recht erheblich verspätet aufzeichnen wird, welche ihm mitgeteilt werden können nur durch Verschiebung der ganzen Flüssigkeitssäule im Verbindungsrohr, also alle kontinuierlichen Druckänderungen. Plötz-

[1]) Lit.-Verz. 10. Vgl. auch S. 12 u. 13.

liche vorübergehende Druckänderungen aber erzeugen in der Flüssigkeit eine Schwingung, und eine solche kann sich bekanntlich sehr rasch fortpflanzen. Solch ein Stoß und solch eine Welle entstehen nun durch das plötzliche Öffnen eines Ventils, und diese Welle wird der Indikator verzeichnen durch ein Horn. Dieses Horn aber kann möglicherweise unsichtbar sein, weil seine Breite = 0 ist, weil also der Stift es verzeichnete auf seinem vertikalen Weg nach oben, also ehe er die Pressung markierte, welche dem statischen Druck im Steigrohr entspricht.“ Eine ruckweise Eröffnung einzelner Ventile eines Drucksatzes vor Erreichung des statischen Druckes, wie dies Riedler fand, aber nicht erklären konnte, hält v. Reiche für unmöglich. Nach ihm erfolgte im genannten Fall das Öffnen einzelner Druckventile erst, nachdem im Zylinder eine Pressung herrscht, welche die im Steigrohr überwiegt. Als dieses Öffnen aber vor sich ging und durch eine Schwingung dem Schreibstift fast momentan mitgeteilt wurde, war der Druck im Steigrohr noch lange nicht zu der Höhe gelangt, welche dem im Zylinder herrschenden Druck entsprach, und diese Hörner blieben unsichtbar.

v. Reiche erkennt richtig den Einfluß der Massen des Indikators, besonders auch das Nacheilen der Anzeigen desselben. Seine Erklärung des Nichtsichtbarwerdens der Hörner jedoch allein durch dieses Nacheilen der Indikatoranzeigen dürfte nicht ganz zutreffen (vgl. S. 51 u. f.).

Noch 1885 teilt Riedler mit[1]), daß er trotz der Bemängelungen, die seine Beobachtungen und Schlußfolgerungen hinsichtlich des Ventilüberdrucks gefunden hätten, diese Schlußfolgerungen nicht zu ändern vermöge, da sie sich auf Beobachtungen und Versuche stützten.

Die Frage des Ventilüberdrucks war in der Mitte der 80er Jahre, wie aus dem Vorstehenden folgt, noch durchaus ungeklärt, die Anschauungen gingen noch sehr weit auseinander. Nicht viel besser stand es bezüglich der Größe des Ventilgewichts, da die durch Versuche festgestellte Grundlage zur Berechnung der Kraft, welche der ein geöffnetes Ventil passierende Flüssigkeitsstrom gegenüber diesem betätigt und deren Größe die erforderliche Ventilbelastung bestimmt, noch vollständig fehlte. Ganz gleich verhält es sich, wie dem Folgenden zu entnehmen ist, mit den Erfahrungszahlen zur Beurteilung des Widerstandes, welchen Ventile dem Durchfluß der Flüssigkeit bei verschiedenen Hubhöhen entgegensetzen, sowie der Kontraktions- und Geschwindigkeits- bzw. Ausflußziffer.

3. Ausflußziffer und Ventilwiderstand.

Bezüglich dieser Größen liegen vor den Bachschen Versuchen nur die Versuchsergebnisse von Weisbach[2]) vor, die aber bei einer Sachlage genommen wurden, die weit von derjenigen abweicht, welche den

[1]) Vgl. Lit.-Verz. 15 u. S. 19. [2]) Vgl. Lit.-Verz. 31 und 33.

praktischen Ausführungen entspricht. Weisbach hat neben der Kontraktionsziffer α, der Geschwindigkeitsziffer φ und der Ausflußziffer $\mu = \alpha \cdot \varphi$ den Begriff der Widerstandzahl ζ eingeführt, „als diejenige Zahl, mit welcher die Geschwindigkeitshöhe $\frac{c_1^2}{2g}$ zu multiplizieren ist, um die, einem durch die Verengung usw. gebildeten Hindernis entsprechende Widerstandshöhe zu erhalten“. Bei vollem Ausfluß, d. h. dann, wenn der ausfließende Strahl das Rohr oder wenigstens die Mündung voll ausfüllt, ist $\zeta = \frac{1}{\mu^2} - 1$. Füllt der Strahl das Rohr nicht ganz voll aus, dann ist statt $\mu = \varphi$ zu setzen $\mu = \alpha\,\varphi$. Aus der Ausflußziffer μ für irgendeinen Ausflußapparat und der Ausflußziffer μ_1 für denselben bei Hinzutritt eines Hindernisses ergibt sich die diesem Hindernis entsprechende Widerstandsziffer $\zeta = \frac{1}{\mu_1^2} - \frac{1}{\mu^2}$.

Für das nach Abb. 8 in ein an einen rechteckigen Kasten angeschlossene Rohr eingebaute Ventil mit kegelförmiger Sitzfläche hat Weisbach μ_1 und ζ, bezogen auf den Endquerschnitt des Rohres, als Ausflußöffnung für verschiedene Hubhöhen bestimmt aus

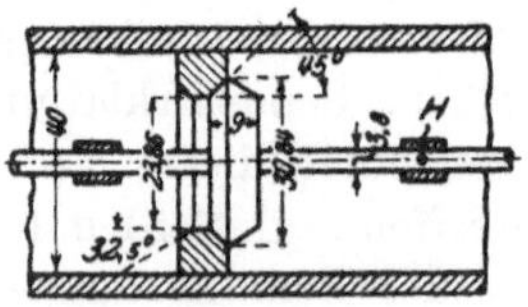

Abb. 8.

$$\mu_1 = \frac{F_w}{f_A} \cdot \frac{H_1 - H_2}{t\sqrt{2gH}},$$

worin:

F_w der Querschnitt des Wasserbehälters, von dem das Wasser dem Versuchsrohr zufloß,

f_A der Querschnitt der Ausflußöffnung,

H_1 der Abstand des Wasserspiegels im rechteckigen Kasten von Mitte Ausflußöffnung zu Beginn und

H_2 dieser Abstand zu Ende jedes Versuchs,

$H = \left(\frac{\sqrt{H_1} + \sqrt{H_2}}{2}\right)^2$ und

t die Zeit, die verstrich, bis der Wasserspiegel um $H_1 - H_2$ sank.

Er fand für den

Ventilhub h mm	25,3	22,8	20,2	17,7	15,2	12,6	10,1	7,6	6,3	5,1	3,8	2,5
Ausflußzeit t sek	137,5	137,5	138	138,5	140	142	147	150	175	212	296	485,5
Ausflußziffer μ_1	0,2859	0.2859	0,2848	0,2838	0,2808	0,2768	0,2674	0,2620	0,2246	0,1854	0,1328	0,0810
Widerstandziffer $\zeta = \frac{1}{\mu_1^2} - \frac{1}{\mu^2}$	10,61	10,61	10,71	10,79	11,06	11,42	12,36	12,93	18,19	27,46	55,08	150,93

Hierbei war die Ausflußziffer für das einfache gerade Rohr ohne Hindernis $\mu = 0{,}7822$ und $\frac{1}{\mu^2} = 1{,}634$.

Bei der Beurteilung der Versuchsergebnisse ist zu beachten, daß die Abmessungen des Ventils klein waren, seine Form und vor allem die Querschnittsverhältnisse den Ausführungen bei Pumpenventilen im Betrieb nicht entsprechen, daß ferner die Ventilachse horizontal angeordnet, die Wassergeschwindigkeit also in verschiedenen Punkten des Ventilspalts nicht gleich war, die Gefällshöhe während der Versuche sich änderte, und daß das Ventil in seiner Lage jeweils festgehalten wurde. Weiter sind die Ergebnisse von den Widerständen im Rohr und denjenigen beim Eintritt in dasselbe und beim Austritt aus diesem beeinflußt[26 u. 45]).

Weisbach setzt allgemein, wenn bei vollständiger Öffnung F_r der Rohrquerschnitt, A_1 die kreisförmige Durchflußöffnung im Ventilsitz, A_2 der ringförmige Querschnitt zwischen Ventilumfang außen und Rohrinnenumfang, A_3 die zylindrische Durchflußöffnung zwischen Ventil und Ventilsitz (Spaltöffnung), indem er $A = \frac{A_1 + A_2}{2}$ und ζ bei $h \gtreqless r$ hauptsächlich als von $\frac{A_1}{F_r}$ und $\frac{A_2}{F_r}$ abhängig annimmt

$$\zeta = \left(\frac{F_r}{\alpha A} - 1\right)^2.$$

Mit $\frac{A_1}{F_r} = 0{,}356$, $\frac{A_2}{F_r} = 0{,}406$, $\frac{A}{F_r} = 0{,}381$ ist nach vorstehender Zusammenstellung für $h \gtreqless$ als dem halben Sitzdurchmesser $\zeta = 11$, also $11 = \left(\frac{1}{0{,}381\,\alpha} - 1\right)^2$ und damit Kontraktionsziffer $\alpha = 0{,}608$ und Widerstandsziffer $\zeta = \left(\frac{F_r}{0{,}608\,A} - 1\right)^2 = \left(1{,}645\frac{F_r}{A} - 1\right)^2$.

Grashof[32]) hält die Einführung des arithmetischen Mittels von A_1 und A_2 ohne besondere Versuche nicht für begründet und setzt für Teller- und Kegelventile $\zeta = \left(1{,}537\,\frac{F_r}{A} - 1\right)^2$ $\left[\text{wobei mit } \zeta = 11 \text{ und } \frac{A}{F_r} = 0{,}356 \text{ aus } 11 = \left(\frac{1}{0{,}356\,\alpha} - 1\right)^2 \text{sich } \alpha = 0{,}651 \text{ ergibt}\right]$.

Bis zu den im folgenden besprochenen Versuchen Bachs wurde der Druckverlust, hervorgerufen durch den Einbau eines Ventils, allgemein berechnet aus

$$\zeta \cdot \frac{c_1^2}{2g} = \frac{G_w}{1000 \cdot f_1},$$

wohl auf Grund der Angabe von Fink[2 u. 3]), daß die Wassersäulenhöhe, die dem Ventilgewicht entspricht, gleichzeitig Widerstandshöhe für den Durchgang des Wassers durch das Ventil sei und daß diese Widerstandshöhe unabhängig von der Förderhöhe und nur abhängig von der Geschwindigkeit der Pumpe sei.

II. Die Versuche von Bach.

1. Versuche über Ventilbelastung und Ventilwiderstand.

Die Erkenntnis, daß sich durch allgemeine Betrachtungen wohl gewisse Sätze hinsichtlich des Einflusses von Gewicht und Masse des Ventils, von Sitzbreite, Hubhöhe usw. auf die Wirkungsweise aufstellen lassen, daß aber durch das bisher Erkannte für die Beurteilung der Wirkungsweise und der Bewegung der Ventile noch viel zu wenig gewonnen sei, weil, wie bereits S. 27 ausgesprochen, eben die zur Bestimmung des Ventilgewichts nötige Kraft des Wasserstroms gegen das Ventil, ebenso wie der Ventilwiderstand und der nötige Druck zum Öffnen des Ventils, die sich nur auf dem Weg des Versuchs mit praktisch ausgeführten Ventilen ermitteln lassen, ihrer wirklichen Größe nach noch unbekannt seien, führte Bach in der ersten Hälfte der achtziger Jahre dazu, die Verhältnisse auf dem Weg des Versuchs zu klären.

Zunächst ermittelte er die Kraft P, mit welcher das geöffnete Ventil belastet werden muß, um sich in dieser Lage gegenüber der von der strömenden Flüssigkeit betätigten Wirkung im Gleichgewicht zu befinden, sowie den Ventilwiderstand, d. h. die Summe der hydraulischen Bewegungswiderstände, welche mit dem Strömen der Flüssigkeit durch das Ventil bei verschieden großer Erhebung desselben vom Sitz verknüpft sind.

Sodann bestimmte Bach ebenfalls durch Versuch mit in der Pumpe arbeitenden Ventilen: das gerade noch zum rechtzeitigen stoßfreien Schluß des Ventils erforderliche Ventilgewicht; ferner die Umdrehungszahl n_2, bis zu welcher ein gegebenes Ventil beim Kolbenhub s_2 noch rechtzeitig und stoßfrei schließt, wenn bekannt ist, daß das gleiche Ventil beim Kolbenhub s_1 unter sonst gleichen Verhältnissen dies tut bis zur Umdrehungszahl n_1, d. h. er bestimmte die mittlere Kolbengeschwindigkeit u_{m_2} bei n_2 Umdrehungen, bis zu welcher ein gegebenes Ventil noch rechtzeitig und stoßfrei schließt, wenn bekannt ist, daß dasselbe Ventil bei der Kolbengeschwindigkeit u_{m_1} und der Umdrehungszahl n_1 noch richtig wirkt. Weiter ermittelte Bach den Einfluß, den die Änderung der Hubhöhe h auf die zulässige Umdrehungszahl n oder den zulässigen Kolbenhub s ausübt; und endlich stellte er fest, wie es sich mit dem zum Eröffnen des Ventils erforderlichen Überdruck verhält.

Die zuerst genannten Versuche, betr. Ventilgewicht und Ventilwiderstand, durchgeführt im Jahre 1884[26]) erstreckten sich auf 9 verschiedene Gewichtsventile nach den Abb. 9 bis 13, 6, S. 16, Abb. 4a u. 4b, (S. 15) und Abb. 14. Die Ventile Abb. 9 bis 13, 6, und 14 waren an der ganzen Unterfläche bearbeitet, die Ventile Abb. 4a und 4b nur an den Dichtungsflächen und den führenden Flächen der Rippen. Die Gestaltung der Mehrzahl der Ventile entspricht wirklichen Ausführungen; bei einigen ist die Formgebung so gewählt, daß der Einfluß der Sitzbreite, der Form der Unterfläche des Ventiltellers und von Führungsrippen deutlich zur Geltung kommt. Beim Versuch selbst war die Geschwindigkeit, mit der das Wasser durch die Ventilöffnung strömt, möglichst unveränderlich gehalten, so daß der Bewegungszustand der Flüssigkeit in jedem Stromquerschnitt während des ganzen Versuchs als gleichbleibend angesehen werden konnte. Die von Bach benützte Versuchsein-

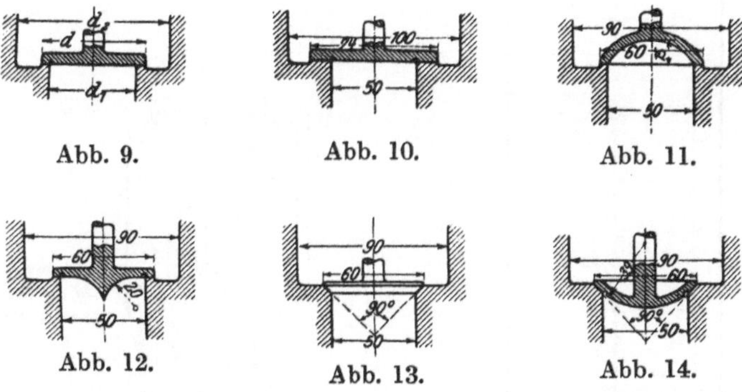

Abb. 9. Abb. 10. Abb. 11.

Abb. 12. Abb. 13. Abb. 14.

richtung zeigt Abb. 15[45]). Bei A tritt so viel Wasser in ein mit Überlauf versehenes Gefäß, daß über diesem stets Wasser abfließt. Die Scheidewand B lenkt den Wasserstrom ab. Durch D gelangt das Wasser zu dem bei F eingebauten Ventil, das im gleichen Gehäuse eingesetzt war, in dem später das Ventil in der Pumpe Verwendung fand. Der Stutzen G des Gehäuses war verschlossen. Nach Durchströmen des Ventils steigt das Wasser in dem trichterförmigen Gefäß H hoch, um über dessen obere, wagerechte einstellbare Kante nach einem auf einer Wage stehenden Meßbehälter abzufließen. Die Holzscheibe $\mathfrak{H}$ sollte die Ruhe des Wasserspiegels sichern. Die Wassermessung erfolgte durch Wägung. Die Form des Gefäßes H ermöglicht, daß sich ein Teil der Geschwindigkeit, die sich im Ventilspalt gebildet hatte, wieder in Druck umsetzen kann. Dies wird auch bei Ventilgehäusen ausgeführter Pumpen eintreten, wenn Höhe und Weite ausreichend bemessen sind, so daß axiale Wasserführung gesichert ist, solange der Strahl das Ventil durchströmt, und erst nachher allmähliche seitliche Ablenkung erfolgt. Der Höhenunterschied H der beiden Wasserspiegel am Überfall des zylindrischen Gefäßes und dem Gefäß H war mittels der Schrauben I innerhalb der

Grenzen 80 und 960 mm einstellbar. Die Größe dieses Höhenunterschieds, die während der Dauer jedes Versuchs konstant blieb, wurde während desselben mehrmals gemessen. Die Belastung des Ventils konnte durch Auflegen von Gewichten in die Schale S verändert werden. Je nach der Größe dieser Belastung stellte sich eine gewisse Hubhöhe ein, die gemessen wurde und für welche Gleichgewicht bestand zwischen Ventilbelastung

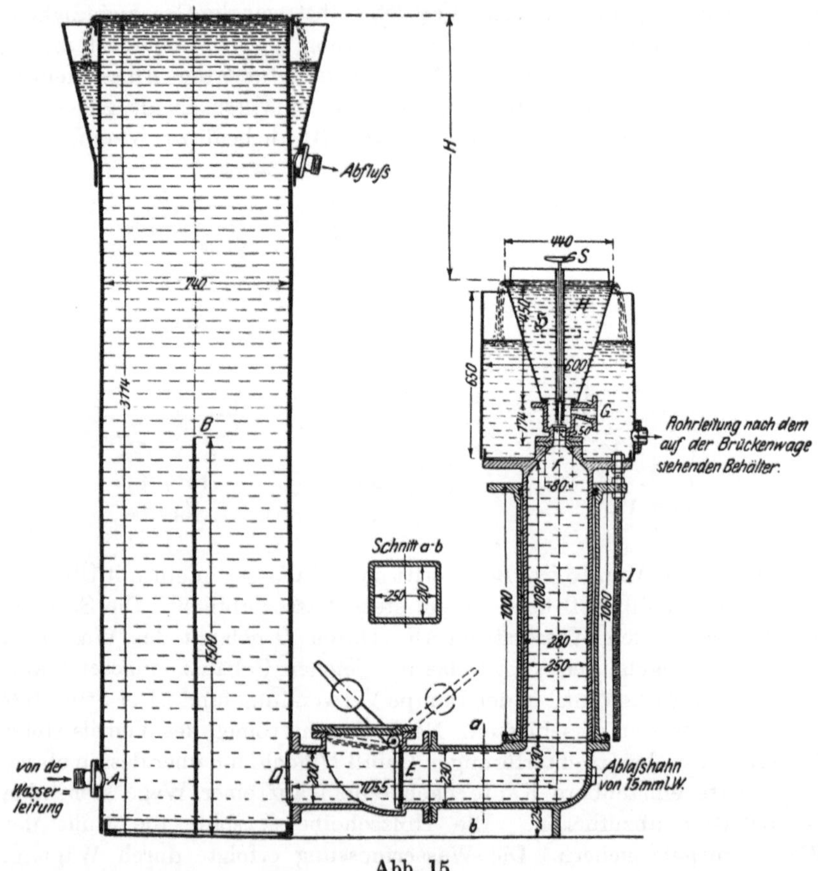

Abb. 15.

und der vom Wasserstrom auf das Ventil geäußerten Kraft. Bei jedem Versuch wurde beobachtet: die Hubhöhe h des Ventils, der Höhenunterschied des Wasserspiegels H, die Versuchsdauer t, die in der Zeit t durch den Querschnitt f_1 der Ventilsitzöffnung mit der Geschwindigkeit c_1 durchgeflossene Wassermenge in Kilogrammen und die Ventilbelastung P (Gewicht des Ventils im Wasser + Gewicht der in das Ventil eingeschraubten Stange samt Gewichtsschale im Wasser, soweit sie sich in diesem befand, in der Luft, soweit sie außerhalb des Wassers stand + Gewichte in der Schale).

Die Widerstandsziffer ζ_H des Ventils bestimmte Bach aus den beobachteten Größen durch die Überlegung, daß die Druckhöhe H verwendet wird zur Erzeugung der Geschwindigkeit c_1 $\left(\frac{c_1^2}{2g}\right)$; zur Überwindung der Bewegungswiderstände des Wassers in den Gefäßen bis zum Ventil und zur Überwindung der Bewegungswiderstände, die das entweichende Wasser vom Austritt aus dem Ventilgehäuse bis zum Überfall aus dem Trichter H findet $\left(\zeta_0 \frac{c_1^2}{2g}\right)$ und zur Überwindung des Ventilwiderstandes $\left(\zeta_H \frac{c_1^2}{2g}\right)$, also

$$H = \frac{c_1^2}{2g} + \zeta_0 \frac{c_1^2}{2g} + \zeta_H \frac{c_1^2}{2g} = \frac{c_1^2}{2g}(1 + \zeta_0 + \zeta_H)\,, \text{ woraus } \zeta_H = \frac{H}{\frac{c_1^2}{2g}} - (1 + \zeta_0)\,.$$

Besondere Versuche bei herausgenommenem Ventil ergaben $\zeta_0 = 0{,}011$, womit $\zeta_H = \frac{H}{\frac{c_1^2}{2g}} - 1{,}011$ wird.

Bach erkannte dabei richtig, daß die erste Beziehung für ζ_H die Rückbildung von Geschwindigkeitshöhe in Druckhöhe auf dem Weg durch das trichterförmige Gefäß H nicht berücksichtigt. Durch die Art der Feststellung von ζ_o ist aber diese Rückbildung in Rechnung genommen; infolgedessen erscheint eben ζ_o kleiner, als es der Fall wäre, wenn eine solche Umwandlung nicht stattgefunden hätte. Außerdem wäre ζ_o beim eingesetzten Ventil etwas größer geworden als ermittelt, da durch die Stege für die Ventilführung eine Verengung eintritt. Die Stege sind aber verhältnismäßig dünn und zugeschärft. Bach hält es aber für im Sinne des Zweckes der technischen Rechnungen liegend, wenn durch ein etwas zu kleines ζ_0 der Wert von ζ_H eher etwas zu groß als zu klein ermittelt wird.

Die durch das Ventil hervorgerufenen Bewegungswiderstände, deren Summe als Ventilwiderstand bezeichnet wird, entstehen nun nach Bach „durch Ablenkung des Flüssigkeitsstroms von der achsialen Richtung, durch die Änderung der Geschwindigkeit beim Übergang dieses Stromes aus f_1 nach $h \cdot l_1$, durch die Reibung an der unteren Fläche des Ventils und der vom Flüssigkeitsstrom berührten Fläche des Ventilsitzes, durch die Richtungs- und Querschnittsänderungen der Flüssigkeit im Ventilgehäuse und bei unterer Führung des Ventils, außerdem noch durch die von der letzteren veranlaßten Querschnittsänderungen, sowie durch die Reibung an den Flächen des Führungskörpers". Er setzt, da die genannten Widerstände einzeln zu bestimmen damals nicht möglich war (und auch heute noch nicht möglich ist), für ein und dasselbe Ventil in einem bestimmten Ventilgehäuse die Widerstände zum Teil proportional der Geschwindigkeitshöhe $\frac{c_1^2}{2g}$, zum andern proportional $\frac{c_{sp_i}^2}{2g}$, so daß der gesamte Ventilwiderstand

$$\zeta_H \frac{c_1^2}{2g} = \zeta_1 \frac{c_1^2}{2g} + \zeta_2 \frac{c_{sp_i}^2}{2g},$$

worin ζ_H die Widerstandsziffer des Ventils, ζ_1 und ζ_2 Erfahrungszahlen.

Mit $\quad c_1 f_1 = \alpha_{sp_i} c_{sp_i} h\, l_1 \quad$ und $\quad c_{sp_i} = c_1 \frac{f_1}{\alpha_{sp_i} h\, l_1}$

wird $\quad \zeta_H = \zeta_1 + \frac{\zeta_2}{\alpha_{sp_i}^2}\left(\frac{f_1}{h\, l_1}\right)^2$

und für die Versuchsventile mit $f_1 = \frac{\pi d_1^2}{4}$ und $l_1 = \pi d_1$,

$$\zeta_H = \zeta_1 + \frac{\zeta_2}{16\,\alpha_{sp_i}^2}\left(\frac{d_1}{h}\right)^2 \quad \text{und mit} \quad \zeta_1 = a \quad \text{und} \quad \frac{\zeta_2}{16\,\alpha_{sp_i}^2} = b,$$

$$\zeta_H = a + b\left(\frac{d_1}{h}\right)^2.$$

Für die nötige Ventilbelastung fand Bach bereits 1883[8]) die Beziehung (vgl. S. 14)

$$P \geqq \frac{c_1^2}{2g} f_1 \cdot \gamma \left[\left(\frac{f_1}{\mu h\, l_1}\right)^2 + \varkappa\right] \quad \text{und mit} \quad f_1 = \frac{\pi d_1^2}{4} \quad \text{und} \quad l_1 = \pi d_1,$$

für Tellerventile ohne untere Führung

$$P \geqq \frac{c_1^2}{2g} f_1 \gamma \left[\left(\frac{d_1^2}{4\,\mu h}\right)^2 + \varkappa\right].$$

Die vorstehend besprochenen Versuche gestatten nun zu prüfen, inwieweit die Gleichungen für ζ_H und P gültig sind, und zu ermitteln, welche Werte von a und b bzw. $\varkappa$ und μ einzuführen sind.

In Abb. 16 sind die von Bach beobachteten Werte der Ventilbelastung P jeweils bei annähernd gleicher Druckhöhe H in Abhängigkeit vom Ventilhub h für die verschiedenen Ventile eingezeichnet. (Die nötigen Angaben sind in der Abbildung eingetragen.) In Tafel I sind für dieselben Ventile die durch den Versuch gewonnenen und mit Hilfe der Gleichung $\zeta_H = \frac{H}{\frac{c_1^2}{2g}} - 1{,}01$ berechneten Werte von ζ_H in Abhängigkeit vom Ventilhub dargestellt. In Zahlentafel 8 (am Schluß) sind die Werte für ζ_H eingetragen.

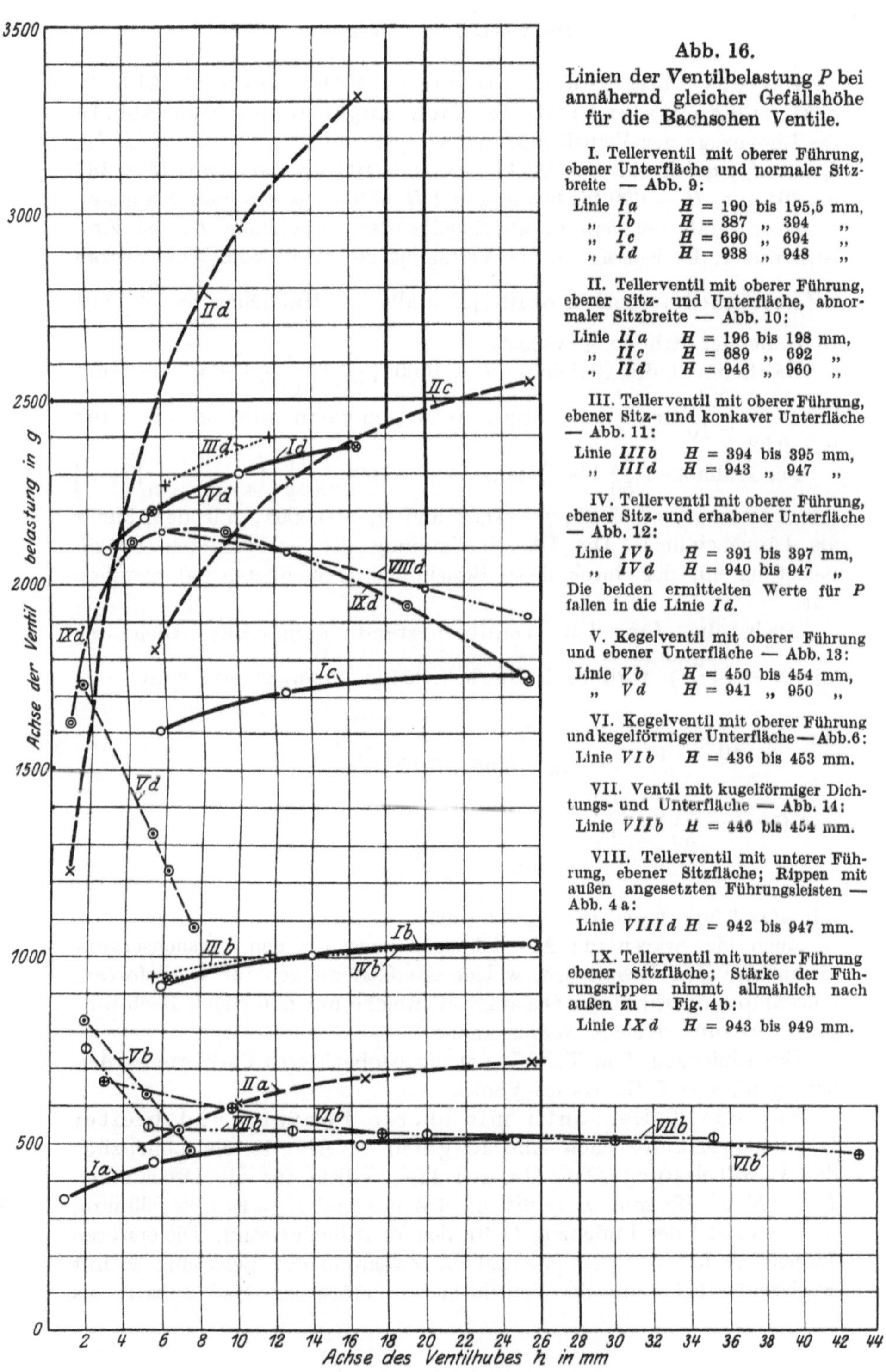

Abb. 16.
Linien der Ventilbelastung *P* bei annähernd gleicher Gefällshöhe für die Bachschen Ventile.

I. Tellerventil mit oberer Führung, ebener Unterfläche und normaler Sitzbreite — Abb. 9:

Linie *Ia*	H = 190 bis 195,5 mm,
„ *Ib*	H = 387 „ 394 „
„ *Ic*	H = 690 „ 694 „
„ *Id*	H = 938 „ 948 „

II. Tellerventil mit oberer Führung, ebener Sitz- und Unterfläche, abnormaler Sitzbreite — Abb. 10:

Linie *IIa*	H = 196 bis 198 mm,
„ *IIc*	H = 689 „ 692 „
„ *IId*	H = 946 „ 960 „

III. Tellerventil mit oberer Führung, ebener Sitz- und konkaver Unterfläche — Abb. 11:

Linie *IIIb*	H = 394 bis 395 mm,
„ *IIId*	H = 943 „ 947 „

IV. Tellerventil mit oberer Führung, ebener Sitz- und erhabener Unterfläche — Abb. 12:

Linie *IVb*	H = 391 bis 397 mm,
„ *IVd*	H = 940 bis 947 „

Die beiden ermittelten Werte für *P* fallen in die Linie *Id*.

V. Kegelventil mit oberer Führung und ebener Unterfläche — Abb. 13:

Linie *Vb*	H = 450 bis 454 mm,
„ *Vd*	H = 941 „ 950 „

VI. Kegelventil mit oberer Führung und kegelförmiger Unterfläche — Abb. 6:

Linie *VIb* H = 436 bis 453 mm.

VII. Ventil mit kugelförmiger Dichtungs- und Unterfläche — Abb. 14:

Linie *VIIb* H = 446 bis 454 mm.

VIII. Tellerventil mit unterer Führung, ebener Sitzfläche; Rippen mit außen angesetzten Führungsleisten — Abb. 4a:

Linie *VIIId* H = 942 bis 947 mm.

IX. Tellerventil mit unterer Führung ebener Sitzfläche; Stärke der Führungsrippen nimmt allmählich nach außen zu — Fig. 4b:

Linie *IXd* H = 943 bis 949 mm.

Für das Tellerventil mit oberer Führung nach Abb. 9, S. 31, und normaler Breite der Dichtungsfläche gelten in Abb. 16 die Linienzüge der Ventilbelastung, bezogen auf den Ventilhub, I_a, I_b, I_c und I_d, gültig für die Druckhöhen $H = 190$ bis 195,5 mm; $H = 387$ bis 394 mm, $H = 690$ bis 694 mm und $H = 938$ bis 948 mm. Sie lassen erkennen, daß bei nahezu gleichbleibender Druckhöhe H, die zum Ausströmen der Flüssigkeit zur Verfügung steht, die vom Wasserstrom auf das Ventil ausgeübte Kraft $\left(\text{jedenfalls für Hubhöhen bis } \frac{d_1}{2}\right)$ mit zunehmender Erhebung wächst.

Bach findet die Gleichung $P = 1000\, f_1 \frac{c_1^2}{2g}\left[\left(\frac{d_1}{4\,\mu h}\right)^2 + \varkappa\right]$ für Hubhöhen $h = \frac{d_1}{10}$ bis $\frac{d_1}{4}$ bestätigt, wenn genommn wird $\varkappa = 2{,}5$ und $\mu = 0{,}62$.

Für Hubhöhen $\frac{d_1}{50}$ bis $\frac{d_1}{2}$ setzt er $P = 1000\, f_1 \frac{c_1^2}{2g}\left[\left(\frac{d_1}{4\,\mu(a_1 + h)}\right)^2 + \varkappa\right]$ und bestimmt $\varkappa = 1{,}85$; $\mu = 0{,}52$ und $a_1 = 0{,}0008$, mit dem Meter als Längeneinheit. Die Übereinstimmung der beobachteten Ventilbelastung mit der durch diese Beziehungen errechneten war ziemlich gut.

Auch die für den Ventilwiderstand aufgestellte Gleichung $\zeta_H = a + b\left(\frac{d_1}{h}\right)^2$ wird nach Bach bestätigt, wenn gesetzt wird

für $h = \frac{d_1}{10}$ bis $\frac{d_1}{4}$:

$$\zeta_H = 0{,}55 + 0{,}15\left(\frac{d_1}{h}\right)^2$$

und für $h = \frac{d_1}{50}$ bis $\frac{d_1}{2}$:

$$\zeta_H = a + b\left(\frac{d_1}{a_2 + h}\right)^2$$

mit $a = 0{,}30$, $b = 0{,}18$; $a_2 = 0{,}0005$.

Auch hier waren die Abweichungen zwischen den Versuchsergebnissen und den Resultaten, welche die Gleichungen für ζ_H lieferten, vollständig innerhalb der Genauigkeit, welche mit derartigen Rechnungen überhaupt erreicht werden kann.

Der Linienzug I in Tafel I gibt die beobachteten ζ_H-Werte in Abhängigkeit von h für dieses Ventil.

Für das Tellerventil mit oberer Führung und breiter Dichtungsfläche nach Abb. 10 gelten in Abb. 16 die Linienzüge der Ventilbelastung IIa, IIc und IId, gültig für die Druckhöhen $H = 196$ bis 198 mm, $H = 689$ bis 692 mm und $H = 946$ bis 960 mm, und in Tafel I der Linienzug II für den Ventilwiderstand. Die ersteren Linienzüge lassen erkennen, daß die Zunahme der Belastung P mit wachsender Erhebung des Ventils hier in stärkerem Maß auftritt als beim Ventil mit gewöhnlicher Dichtungsfläche. Der Einfluß der Dichtungsfläche ist also scharf ausgeprägt. Der Linienzug *II* in Tafel I zeigt eine nicht unbedeutende Vergrößerung von ζ_H als Folge der Verbreiterung der Dichtungsfläche.

Für dieses Ventil gilt nach Bach

für Hubhöhen $h = \frac{d_1}{10}$ bis $\frac{d_1}{4}$:

$$P = 1000\, f_1 \frac{c_1^2}{2g}\left[\left(\frac{d_1}{4\,\mu h}\right)^2 + \varkappa\right]$$

mit $\varkappa = 5{,}15$ und $\mu = 0{,}605$,

und für Hubhöhen $h = \frac{d_1}{50}$ bis $\frac{d_1}{2}$:

$$P = 1000\, f_1 \frac{c_1^2}{2g}\left[\left(\frac{d_1}{4\,\mu (0{,}0016 + h)}\right)^2 + \varkappa\right]$$

mit $\varkappa = 3{,}4$ und $\mu = 0{,}435$.

Ferner für Hubhöhen $h = \frac{d_1}{10}$ bis $\frac{d_1}{4}$:

$$\zeta_H = 1{,}1 + 0{,}155\left(\frac{d_1}{h}\right)^2$$

und für Hubhöhen $h = \frac{d_1}{50}$ bis $\frac{d_1}{2}$:

$$\zeta_H = 0{,}7 + 0{,}19\left(\frac{d_1}{0{,}0005 + h}\right)^2.$$

Die Gleichungen für P und ζ_H der beiden Ventilarten zeigen, daß die Änderung der Sitzbreite unter sonst gleichen Verhältnissen bei größeren Hubhöhen einen verhältnismäßig bedeutenderen Einfluß ausübt als bei kleinen.

Ganz allgemein setzt Bach für Tellerventile ohne untere Führung nach Maßgabe der Abb. 9

bei Hubhöhen $h = \frac{d_1}{10}$ bis $\frac{d_1}{4}$:

$$P = 1000\, f_1 \frac{c_1^2}{2g}\left[\left(\frac{d_1}{4\,\mu h}\right)^2 + \varkappa\right]$$

mit

$$\varkappa = 2{,}5 + 19\,\frac{b_s - 0{,}1\, d_1}{d_1};$$

bei Breiten b_s der Dichtungsfläche von $\frac{d_1}{10}$ bis $\frac{d_1}{4}$,

$$\mu = 0,60 \text{ bis } 0,63$$

und

$$\zeta_H = a + b\left(\frac{d_1}{h}\right)^2$$

mit

$$a = 0,55 + 4\,\frac{b_s - 0,1\,d_1}{d_1},$$

bei Breiten b_s von $\frac{d_1}{10}$ bis $\frac{d_1}{4}$,

$$b = 0,15 \text{ bis } 0,16\,.$$

Für das Tellerventil Abb. 11 mit oberer Führung und konkaver Unterfläche lassen die punktierten Linien *IIIb* und *IIId* für P bei $H = 394$ bis 395 und $H = 943$ bis 947 mm, in Abb. 16 erkennen, daß bei gleicher Gefällshöhe nur wenig größere Werte von P nötig sind als beim Tellerventil mit ebener Unterfläche und normaler Sitzbreite. Die Linie *III* in Tafel I zeigt, daß für das vorliegende Ventil der Ventilwiderstand etwas kleiner wird als beim eben bezeichneten Tellerventil mit normaler Sitzbreite.

Für das Ventil Abb. 11 findet Bach

für $h = \frac{d_1}{10}$ bis $\frac{d_1}{4}$:

$$P = 1000\,f_1\,\frac{c_1^2}{2\,g}\left[\left(\frac{d_1}{4\,\mu\,h}\right)^2 + \varkappa\right]$$

mit $\varkappa = 2,34$ und $\mu = 0,63$ und

$$\zeta_H = 0,65 + 0,132\left(\frac{d_1}{h}\right)^2.$$

Beim Tellerventil mit oberer Führung und erhabener Unterfläche nach Abb. 12 fallen die zu h gehörigen Werte von P bei gleicher Gefällshöhe ziemlich dicht an die entsprechende Linie für das Tellerventil nach Abb. 9 (vgl. den Linienzug *IV b* in Abb. 16 und die durch ⊗ bezeichneten Werte für $H = 940$ und 947 mm, die auf dem Linienzug *Id* liegen). Bach unterließ es deshalb auch, eine Gleichung für P aufzustellen, ebenso wie er die Versuche nicht so weit ausdehnte, um $\varkappa$ und μ sicher zu bestimmen.

Auch die in Tafel I eingezeichnete Linie *IV* der Werte von ζ_H führen zu dem Schluß, daß auch der Ventilwiderstand dieses Ventils nicht wesentlich verschieden ist von demjenigen für das Tellerventil mit ebener Unterfläche nach Abb. 9.

Beim Kegelventil mit oberer Führung und ebener Unterfläche nach Abb. 13, vgl. die beiden Linienzüge *Vb* und *Vd* in Abb. 16

für P bei $H = 450$ bis 454 und $H = 941$ bis 950 mm, nimmt für Hubhöhen unter 7,5 mm bei nahezu gleicher Druckhöhe für das Ausströmen durch das Ventil die vom Wasserstrom auf das Ventil ausgeübte und auf Offenhaltung hinwirkende Kraft im Gegensatz zu den bisher betrachteten Tellerventilen mit zunehmender Erhebung ab. Beide Linienzüge brechen bei $h = 7{,}5$ bis 7,6 mm plötzlich ab. Für größere Hubhöhen ist ein stabiler Gleichgewichtszustand nicht mehr vorhanden.

Die erstere Erscheinung des Abnehmens von P mit h erklärt Bach an Hand der S. 13 u. f. gegebenen Ableitung der Beziehung für P, die sich zusammensetzt aus dem Teil $\varkappa_1 \frac{c_1^2}{2g} f_1 \gamma$, der durch die Ablenkung des Flüssigkeitsstroms an der unteren Ventilfläche entsteht, und dem Teil $(p_u - p_o) f_1$, welcher von der Verschiedenheit der Pressungen unter- und oberhalb des Ventils herrührt. Die erste Kraft wird um so kleiner sein, je geringer die Ablenkung des Flüssigkeitsstromes ist. Beim Kegelventil ist diese nun weit kleiner als beim Tellerventil mit normaler Sitzfläche, also wird die erste Kraft hier relativ klein sein. Die zweite Kraft nimmt aber mit der Ventilerhebung sehr rasch ab, so daß selbst mit wachsendem c_1 die Summe der beiden Teilkräfte ziemlich schnell sinkt. Wird also ein Kegelventil durch eine bestimmte Druckhöhe geöffnet, so wird nach Bach die Kraft zum Offenhalten desselben mit zunehmender Hubhöhe rasch sinken und die Hubhöhe selbst klein bleiben.

Die zweite Erscheinung des Aufhörens des stabilen Gleichgewichtszustandes bei Überschreiten einer bestimmten Hubhöhe führt Bach darauf zurück, „daß der Flüssigkeitsstrom, der bei kleiner Hubhöhe in ganz bestimmter Richtung seitlich abgelenkt wird, bei 7,5 bis 7,6 mm Hub diese bestimmte Führung plötzlich verliert, da deren Wirksamkeit bei konstanter Breite der Dichtungsfläche und wegen horizontaler Begrenzung der Unterfläche mit wachsender Stärke des Flüssigkeitsstromes abnehmen muß. Schon bei $h = 5$ mm (vgl. Abb. 17) beginnt die Ventilunterfläche AB über die Ebene CD der Sitzfläche emporzusteigen. Je weiter sich nun AB über CD erhebt, um so mehr wächst für die in der Richtung AB zuströmenden Flüssigkeitsteilchen die Möglichkeit, den ausströmenden Wasserkegel von der Richtung BE abzudrängen. Bei $h = 7{,}5$ bis 7,6 mm scheint dies einzutreten, der Beharrungszustand ist gestört, das Ventil steigt plötzlich, die Geschwindigkeit wächst und damit der Wasserstoß, infolgedessen hebt sich das Ventil noch weiter, um dann wieder zu fallen usw. Die horizontale Begrenzung der Unterfläche ist also von wesentliehem Einfluß". Den Beweis für diese letzte Behauptung gibt Bach in der P-Linie für das Ventil mit kugelförmiger Unter-

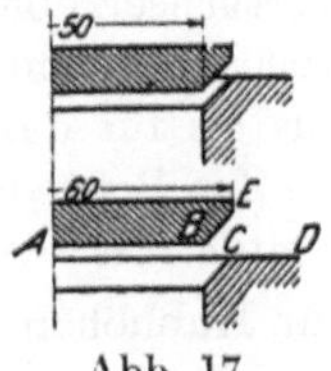

Abb. 17.

und kugeliger Sitzfläche nach Abb. 14, die in Abb. 16 als Linie *VII* festgelegt ist. Die Stetigkeitsunterbrechung verschwindet; an den ziemlich steil abfallenden Ast der Linie schließt sich ein sehr flach verlaufender, einem indifferenten Gleichgewichtszustand entsprechender Ast an.

Bach gibt für dieses Kegelventil mit ebener Unterfläche, Abb. 13, für Hubhöhen $h = 0{,}1\,d_1$ bis $0{,}15\,d_1$:

$$P = 1000\,f_1 \frac{c_1^2}{2g}\left[\left(\frac{d_1}{4\,\mu\,h}\right)^2 + \varkappa\right]$$

mit $\varkappa = -1{,}05$ und $\mu = 0{,}89$ ($b_s = 0{,}1\,d_1$), obgleich es mit Rücksicht auf den kegelförmigen Austrittsquerschnitt

$$\pi\left(d_1 - 2\cdot\frac{1}{2}h\cos^2 45°\right)h\cdot\cos 45° = \pi\left(d_1 - \frac{h}{2}\right)h\sqrt{0{,}5}$$

richtiger wäre, zu setzen:

$$P = 1000\,f_1\frac{c_1^2}{2g}\left[\left\{\frac{d_1^2}{4\sqrt{0{,}5}\cdot\mu\left(d_1 - \frac{h}{2}\right)h}\right\}^2 + \varkappa\right].$$

Der Ventilwiderstand würde mit

$$l_1 = \pi\left(d_1 - 2\cdot\frac{1}{2}h\cos^2 45°\right) = \pi\left(d_1 - \frac{h}{2}\right)$$

und der Höhe des Querschnitts $h\cos 45° = h\sqrt{0{,}5}$ folgen

$$\zeta_H = a + b\left[\frac{d_1^2}{\left(d_1 - \frac{h}{2}\right)h}\right]^2.$$

Für diese Gleichung gelang es Bach nicht, die Erfahrungszahlen a und b so zu bestimmen, daß die Gleichung für ζ_H Werte liefert, die sich mit den Versuchsergebnissen deckten. Der Linienzug *V* in Tafel I, den Versuchsergebnissen entsprechend, gibt ein Bild über die Veränderlichkeit von ζ_H mit h. Die Widerstandsziffer fällt hier bedeutend geringer aus als für das normale Tellerventil nach Abb. 9.

Zur Befriedigung der Bedürfnisse der Praxis setzt Bach für Kegelventile mit ebener Unterfläche nach Maßgabe der Abb. 13 allgemein für Hubhöhen $h = 0{,}1\,d_1$ bis $0{,}25\,d_1$:

$$\zeta_H = a + b\left(\frac{d_1}{h}\right) + c\left(\frac{d_1}{h}\right)^2$$

mit $a = 2{,}6$, $b = -0{,}8$ und $c = 0{,}14$ ($b_s = 0{,}1\,d_1$).

Für das Kegelventil mit oberer Führung und kegelförmiger Unterfläche nach Abb. 6, S. 16, ist in Linie *VI b*, Abb. 16, die Abhängigkeit der Belastung P vom Ventilhub bei der Gefällshöhe $H = 436$ bis 453 mm wiedergegeben. Abweichend vom Kegelventil mit ebener Unterfläche läßt sich hier in jeder Hubhöhe bis 43 mm Gleichgewicht herstellen. Aber auch bei diesem Ventil nimmt die vom Flüssigkeitsstrom auf das Ventil ausgeübte Kraft mit zunehmender Erhebung ab, anfangs rasch, dann etwas langsamer.

Die Abhängigkeit der Widerstandsziffer vom Ventilhub zeigt Linie *VI* in Tafel I. Die Widerstandsziffern für das vorliegende Ventil sind weit größer als beim Kegelventil mit ebener Unterfläche. Der untere Kegel erhöht also den Widerstand bedeutend. Ähnlich, aber weit weniger ungünstig verhält sich die erhabene Unterfläche beim Tellerventil. Das Gegenteil fand sich für das Tellerventil mit hohler Unterfläche. Der Vergleich der Linie der Widerstandsziffer des vorliegenden Ventils mit derjenigen des Tellerventils mit ebener Unterfläche und normaler Sitzbreite (Linie *I* in Tafel I) lehrt, daß für Hubhöhen von rund $\frac{d_1}{4}$ die Widerstandszahlen für beide Ventile gleich sind. Bei größeren Hubhöhen wird die Widerstandszahl fürs Kegelventil kleiner, bei kleineren Hubhöhen wird sie zunächst etwas größer, dann wieder kleiner. Für $h = \frac{d_1}{8}$ bis $\frac{d_1}{4}$ kann man nach Bach die gleichen Widerstandszahlen nehmen wie für das Tellerventil mit ebener Unterfläche und normaler Sitzbreite.

Er setzt allgemein:

für Hubhöhen $\frac{d_1}{8}$ bis $\frac{d_1}{4}$:

$$P = 1000\, f_1 \frac{c_1^2}{2g}\left[\left(\frac{d_1}{4\mu h}\right)^2 + \varkappa\right]$$

mit $\varkappa = 0{,}38$ und $\mu = 0{,}68$ und

für Hubhöhen $\frac{d_1}{8}$ bis $\frac{d_1}{4}$:

$$\zeta_H = a + b\left(\frac{d_1}{h}\right)^2$$

mit $a = 0{,}55$ und $b = 0{,}15$.

Auch bei dem Ventil mit kugelförmiger Unter- und kugelförmiger Dichtungsfläche nach Abb. 14 nehmen gemäß Linie *VIIb* in Abb. 16 die Werte von P bei annähernd gleicher Druckhöhe mit wachsender Hubhöhe ab (vgl. auch S. 39 u. 40).

Bach setzt hier

für Hubhöhen $h = \frac{d_1}{10}$ bis $\frac{d_1}{4}$:

$$P = 1000\, f_1 \frac{c_1^2}{2g}\left[\left(\frac{d_1}{4\mu h}\right)^2 + \varkappa\right]$$

mit $\varkappa = 0{,}96$ und $\mu = 1{,}15$ und

$$\zeta_H = 2{,}7 - 0{,}8\left(\frac{d_1}{h}\right) + 0{,}14\left(\frac{d_1}{h}\right)^2.$$

Beim Tellerventil mit unterer Führung, wobei die Rippen außen angesetzte Führungsleisten besitzen, s. Abb. 4a, S. 15, ergeben die bei Gefällshöhen $H = 942$ bis 947 mm beobachteten Werte von P bezogen auf die Hubhöhe h die Linie *VIIId* in Abb. 16. Sie unterscheidet sich von den Linienzügen für das Tellerventil mit oberer Führung dadurch, daß sie nach der anderen Richtung hin geneigt ist; mit Zunahme von h nimmt P ab.

Der Linienzug *VIII* für den Ventilwiderstand in Tafel I läßt bedeutende Erhöhung von ζ_H bei diesem Ventil gegenüber allen übrigen Ventilen erkennen.

Hier gibt Bach

für Hubhöhen $h = \frac{d_1}{10}$ bis $\frac{d_1}{4}$:

$$P = 1000 f_1 \frac{c_1^2}{2g}\left[\left(\frac{f_1}{\mu h (\pi d_1 - i s_r)}\right)^2 + \varkappa\right]$$

mit $\varkappa = 2{,}18$ und $\mu = 0{,}553$.

Allgemein setzt er für Hubhöhen $\frac{d_1}{8}$ bis $\frac{d_1}{4}$ 10% kleinere Werte von $\varkappa$ und μ, als sie für Tellerventile ohne untere Führung nach Maßgabe der Abb. 9 auf S. 31 gegeben wurden.

Für den Ventilwiderstand fand er bei Hubhöhen $h = \frac{d_1}{8}$ bis $\frac{d_1}{4}$

$$\zeta_H = a + b\left(\frac{d_1^2}{(\pi d_1 - i s_r) h}\right)^2 = 1{,}35 + 1{,}7\left[\frac{d_1^2}{(\pi d_1 - i s_r) h}\right]^2;$$

oder er sagt allgemein, „in dieser Gleichung für ζ_H sind Werte von a einzusetzen, welche die für das Tellerventil nach Abb. 9 gegebenen um 0,8 bis 1,6 überschreiten, entsprechend einer Querschnittsverengung im Sitzdurchgang um 13% bzw. 20%, während $b = 1{,}7$ bis 1,75 zu wählen ist".

Beim Tellerventil mit nach außen allmählich zunehmender Rippenbreite nach Abb. 4b, S. 15, ergibt die Einzeichnung der Werte P bei $H = 943$ bis 949 mm in Abb. 16 die strichpunktierte Linie *IXd*. Bei kleinen Hubhöhen wächst P mit h, erreicht bei $P = 2152$ g den Höchstwert — die zugehörige Hubhöhe ließ sich nicht genau ermitteln — und nimmt mit weiter wachsender Hubhöhe wieder ab. Die ζ_H-Werte bezogen auf h sind in Linie *IX*, Tafel I, ersichtlich. Der Ventilwiderstand ist für Hubhöhen über 8 mm bedeutend höher als bei dem Ventil mit außen angesetzten Rippen. Das entspricht dem Umstand, daß die Querschnittsverengung durch die Rippen hier bedeutend größer ist (19,8 gegen 12,9%) als beim Ventil mit außen angesetzten Führungsleisten. Bach widerlegt damit eine früher von ihm ausgesprochene Ansicht, daß die Führungsrippen mit äußerem Randansatz den radialen Ausfluß des Wassers so stark beeinträchtigen würden, daß die allmähliche Verstärkung der Rippen den Vorzug verdiene. Auf die Ableitung einer Gleichung für P verzichtete Bach wegen des großen Ventilwiderstands.

Auf Grund dieser neuen Erkenntnisse weist Bach darauf hin, daß die bisher übliche Art der Bestimmung des Druckhöhenverlustes aus $\zeta_H \frac{c_1^2}{2g} = \frac{G_w}{1000 \cdot f_1}$ (vgl. S. 29) für ein in eine Rohrleitung eingebautes Ventil unrichtig, daß dieser Verlust vielmehr wie folgt zu berechnen ist: „Aus einer der Bachschen Gleichungen für P (passend für das entsprechende Ventil) wird unter Einführung des Ventilgewichts G_w an Stelle von P die Ventilerhebung h bestimmt und mit diesem Wert von h aus einer der Bachschen ζ_H-Gleichungen der Wert ζ_H ermittelt. Der gesuchte Druckhöhenverlust ergibt sich dann aus $\zeta_H \frac{c_1^2}{2g}$.

Bach fand z. B., daß die alte Gleichung für das Tellerventil Abb. 9, S. 31, um 69% zu hohe Werte, für ein Kegelventil mit ebener Unterfläche um 23% zu niedere Werte liefert.

2. Versuche zur Klarstellung der Bewegung selbsttätiger Pumpenventile.

Zur Durchführung der S. 30, vorletzter Absatz, bezeichneten Versuche, deren Ergebnisse in der Schrift „Versuche zur Klarstellung der Bewegung selbsttätiger Pumpenventile“[27]) niedergelegt sind, benützte Bach eine kleine, einfach wirkende, zu dem Zweck von ihm konstruierte Pumpe nach Abb. 18 mit 70 mm Plungerdurchmesser und zwischen 0 und 300 mm verstellbarem Hub. Der Antrieb erfolgte mittels Riemenscheiben und Riemen; die Umdrehungszahl war in den Grenzen 30 und 180 stufenweise durch Änderung der Scheiben auf der Transmission und der Pumpenwelle änderbar. Alles weitere läßt Abb. 18 erkennen. Die Beschränktheit der Geldmittel nötigte zu Einschränkungen in den Abmessungen der Pumpe usw. Diese Verhältnisse, wozu auch noch die überaus große Inanspruchnahme durch die Unterrichtsverpflichtung kam, gestatteten auch nicht die Ausdehnung des Versuchsgebiets, die ohne die Beschränkung angestrebt worden wäre.

Bach schuf als erster für diese Versuche eine Einrichtung zur Aufzeichnung der Ventilbewegung. Wie Abb. 18 zeigt, überträgt ein in das Ventil eingeschraubter Stift die Bewegung desselben nach außen. Durch eine besondere Einrichtung wurde reibungsfreie Führung dieses Stiftes ermöglicht. Ein Indikatorschreibzeug überträgt diese Bewegung vierfach vergrößert auf eine Indikatorpapiertrommel, die durch den Pumpenkolben so bewegt wird, daß in jedem Augenblick Proportionalität zwischen Kolbenwegen und Trommelwegen besteht. Der Schreibstift zeichnet somit einen Linienzug, aus dem zu jeder Kolbenstellung

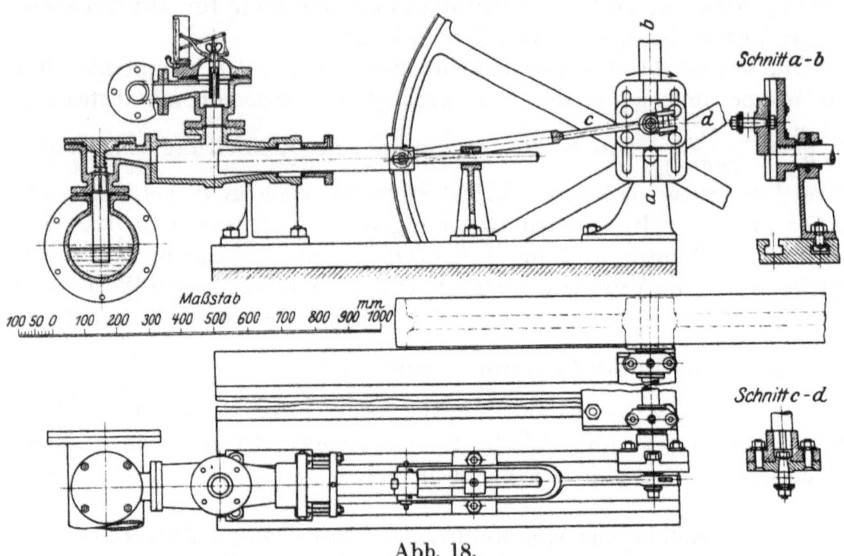

Abb. 18.

die zugehörige Ventilerhebung entnommen werden kann, das sog. Ventilerhebungs- oder kurz Ventildiagramm (Abb. 19). Da für die wichtigsten Teile der Ventilbewegung — für das Öffnen und den Schluß — dieses „normale" Ventildiagramm nur wenig Auskunft gibt, weil in diesen Punkten der Papierzylinder nur noch kleine Strecken zurücklegt und sich selbst sehr langsam bewegt, schuf Bach eine Einrichtung zum Abnehmen sog. „versetzter" oder verschobener Diagramme (Abb. 20). Der Papierzylinder erhält seine Bewegung durch eine Kurbelschleife, deren Kurbel um 90° gegen die Kurbel der Pumpe versetzt ist. Der Schreibstift bewegt sich wie oben angegeben.

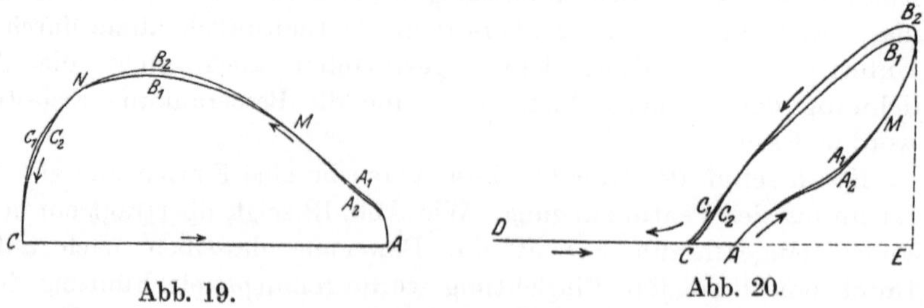

Abb. 19. Abb. 20.

In der Ebene durch die Achse des Druckventilgehäuses senkrecht zur Kolbenachse war am Pumpenzylinder zum Abnehmen von gewöhnlichen Indikatordiagrammen (Abb. 21) ein Indikator derart geneigt angebracht, daß die Luft aus ihm bequem entweichen konnte. Die Entfernung zwischen Pumpenzylinder-Innerem und Indikatorkolben war dabei möglichst kurz, die Hahnbohrung 9 mm gewählt. Mit der gleichen Einrichtung, wie sie zum Abnehmen verschobener Ventildiagramme benützt wurde, konnten, um auch die Pressungsänderungen im Pumpenzylinder beim Öffnen und Schließen der Ventile besser verfolgen zu können, „verschobene" Pumpendiagramme (Abb. 22) abgenommen werden.

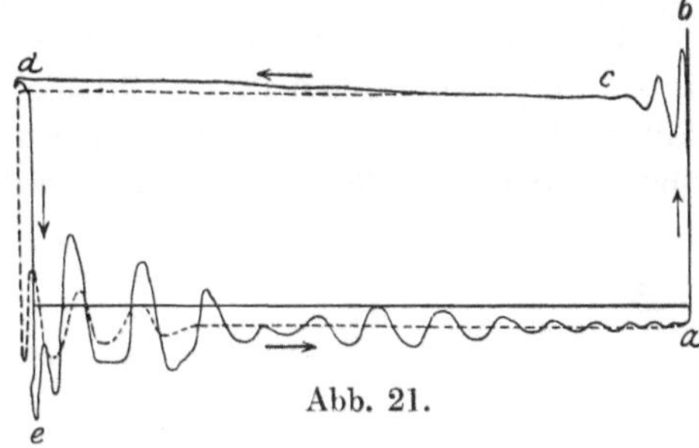

Abb. 21.

Das Ventildiagramm läßt nach Bach die Bewegung des Ventils klar erkennen. Es öffnet ziemlich rasch, mehr einem Aufstoßen entsprechend, mit dumpfem Ton, deutlich vernehmbar bei A. Der tangentiale Anschluß der Kurve im verschobenen Ventildiagramm bei C an die Horizontale deutet auf allmählichen, ruhigen, kaum hörbaren Schluß hin. Er stellt fest, daß das Ohr den Unterschied in der Art des Anschlusses der zuletzt genannten Linie an die Horizontale deutlich vernimmt. Er findet ferner, daß das Ventil unter den gleichen Verhältnissen nicht immer dieselbe Linie beschreibt. Nach dem Aufstoßen steigt es zunächst rascher als die eigentlich maßgebende Wassergeschwindigkeit verlangt, infolgedessen tritt bald eine Verzögerung ein, an die sich nochmals Beschleunigung anschließt. Je höher das Ventil bei der ersten Beschleunigung gestiegen, um so weniger wirksam wird sich die zweite Beschleunigung erweisen und umgekehrt. Das höher gestiegene Ventil beginnt auch früher zu fallen und schließt etwas früher, s. Abb. 19 und 20.

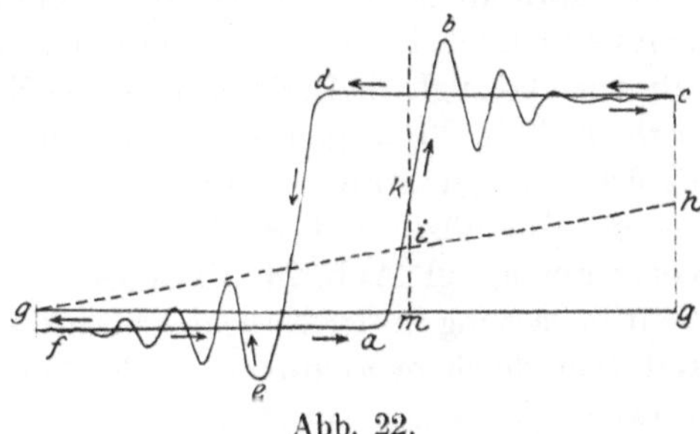

Abb. 22.

Bach untersuchte zunächst ein Tellerventil mit oberer Führung und ebener Unterfläche nach Abb. 9, S. 31, als Druckventil in die Pumpe eingebaut, bei gleicher Umdrehungszahl und verschiedenen Kolbenhüben. Dabei stellte er fest, daß mit Verringerung des Hubes, d. h. bei geringerer Kolbengeschwindigkeit der tangentiale Anschluß der Ventilhublinie im verschobenen Diagramm ausgeprägter wird, das

Ventil also ruhiger schließt, daß bei Vermehrung des Hubs zunächst Punkt B im normalen Ventildiagramm mehr ans Ende des Hubes rückt (vgl. Abb. 19 und 23), daß die Kurvenstücke BC des Abschließens steiler abfallen, daß aber der Anschluß an die Horizontale im verschobenen Diagramm noch immer tangential bleibt, das Ventil also noch ruhig, ohne Schlag, auf den Sitz gelangt, daß ferner bei weiterer Hubvergrößerung die Strecken BC noch steiler werden und von einem bestimmten

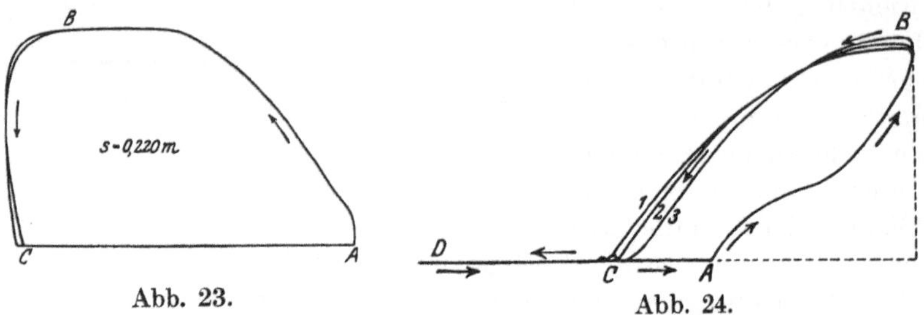

Abb. 23. Abb. 24.

Kolbenhub an im verschobenen Diagramm der Anschluß an die Horizontale nicht mehr tangential wird, das Ventil sich schlagend auf seinen Sitz aufsetzt, vgl. die Erzitterungen des Schreibstifts bei C in der Abb. 24; auch in Abb. 23 zeigen sich solche bei C. Dabei kann es nach den Beobachtungen Bachs vorkommen, daß unter den gleichen Verhältnissen Abschlüsse mit Schlag und solche ohne Schlag nebeneinander vorkommen, vgl. Abb. 24. Hierbei beeinflußt eine kleine Änderung der Ventilbelastung in der Nähe der höchsten zulässigen Kolbengeschwindigkeit (bei gleichem n) die Ruhe des Abschlusses, weshalb Bach darauf hinweist, daß wegen dieser Empfindlichkeit große Sorgfalt beim Nehmen der Ventildiagramme geboten ist, da starkes Andrücken des Schreibstiftes beim Sinken das Ventil entlastet.

Bei weiterer Hubvergrößerung trat dann außer dem Schlagen des Ventils Anlegen desselben an die Hubbegrenzung und verspäteter Schluß — Abrücken des Punktes C, Abb. 23, vom Ende des Hubs — ein.

Als Kennzeichen für stoßfreien Ventilschluß legte Bach folgendes fest: Tangentialer Anschluß des abfallenden Kurvenastes an die Horizontale im verschobenen Ventildiagramm und Nichtvorhandensein von Erzitterungen in beiden Arten von Ventildiagrammen beim Auftreffen des Schreibstifts auf die Horizontale. Die Grenze des stoßfreien Ventilschlusses bestimmte er wie folgt: Zunächst wurden Umdrehungszahl oder Kolbenhub soweit vergrößert oder auch die Ventilbelastung soweit vermindert, bis der tangentiale Anschluß an die Horizontale aufhörte und sich Erzitterungen einstellten; dann wurde bis zu dem Punkt zurückgegangen, bei dem die genannten Kennzeichen wieder verschwanden. Bach betont dabei, daß unter normalen Verhältnissen der stoßfreie Abschluß auch der rechtzeitige sei, weil das schlagende Auftreffen des Ventils die Folge des Eingreifens der Pressung des rückströmenden Wassers sei und daß daher unter sonst gleichen Umständen schlagendes Auftreffen des Ventils auch um so kräftiger eintrete, je größer diese Pressung sei.

Bach findet nun zunächst für das oben genannte, mit 3 Bleischeiben belastete Tellerventil nach Abb. 9, daß das Ventil, welches bei einer Umdrehungszahl n_1 der Pumpenkurbelwelle und bei einem Kolbenhub s_1, entsprechend einer mittleren Kolbengeschwindigkeit $u_1 = \frac{s_1 n_1}{30}$, gerade noch stoßfrei schließt, dies unter den gleichen Verhältnissen auch bei der Umdrehungszahl n_2, dem Kolbenhub s_2, entsprechend einer mittleren Kolbengeschwindigkeit u_2 tut, wenn die Beziehung besteht

$$\boldsymbol{n_1^2 s_1 = n_2^2 s_2 = \text{konst.} = A},$$

woraus

$$\boldsymbol{n_1 : n_2 = \frac{1}{\sqrt{s_1}} : \frac{1}{\sqrt{s_2}}} \quad \text{oder} \quad \boldsymbol{n_1 u_1 = n_2 u_2 = \text{konst.} = a^2},$$

also auch $n_1 : n_2 = \frac{1}{u_1} : \frac{1}{u_2}$.

Oder allgemein

$$\boldsymbol{n^2 s = A; \quad n \cdot u_m = a^2 = \frac{A}{30}}.$$

Unter sonst gleichen Umständen verhalten sich also bei gegebener Größe der Kolbenhübe die zugehörigen Umdrehungszahlen umgekehrt wie die Wurzeln aus den Kolbenhüben; bei gegebener Größe der Umgangszahlen die zugehörigen Kolbenhübe umgekehrt wie die Quadrate dieser Zahlen. Die Umgangszahl äußert sich also im quadratischen Verhältnis, der Kolbenhub nur im einfachen; Umgangszahl und Kolbengeschwindigkeit im gleichen Verhältnis.

Nach Bach entspricht der erkannte Zusammenhang zwischen n und s dem Gesetz der Pendelbewegung. Schwingungsdauer t des Pendels von der Länge $l = s$ ist $t = \pi \sqrt{\frac{l}{g}}$ und mit n-Doppelschwingungen in der Minute $t = \frac{30}{n}$, also $\frac{30}{n} = \pi \sqrt{\frac{l}{g}}$ oder $n^2 s = \frac{900\, g}{\pi^2} = \text{konst.}$

Die Gleichung $n \cdot u_m = a^2$ ist diejenige einer gleichseitigen Hyperbel. Eine Hyperbel dieser Gleichung begrenzt somit nach Bach für ein gegebenes unter sonst gleichen Verhältnissen arbeitendes Ventil das Gebiet, innerhalb dessen die Umgangszahlen und die mittleren Kolbengeschwindigkeiten geändert werden dürfen, ohne daß der Ventilschluß schlagend erfolgt, vgl. Abb. 25.

Für kleine, mit großen, bedeutend über 120 liegenden Umdrehungszahlen verknüpfte Hübe erweist sich nach Bach das Produkt $n \cdot u_m$ bzw. $n^2 s$ nicht als konstant, sondern mit dem Hub s abnehmend.

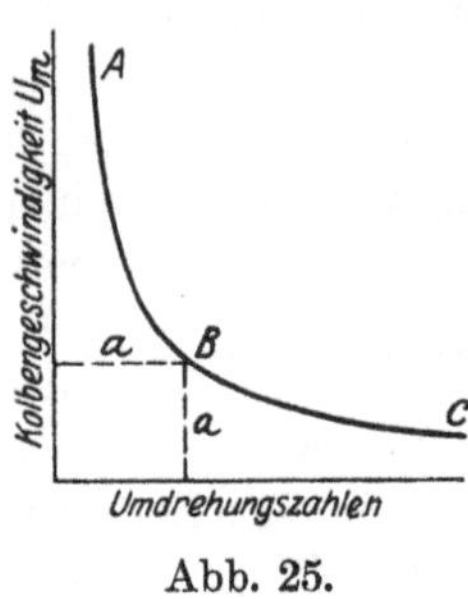

Abb. 25.

Bach sucht alsdann weiter die Erfahrung, daß die zulässige Umgangszahl und die zulässige Kolbengeschwindigkeit durch Vergrößerung der Ventilbelastung höher gelegt werden können, durch Versuche zu erhärten und den Zusammenhang zwischen n, s und Ventilbelastung P an der Grenze des stoßfreien Ventilschlusses festzustellen. Diese Versuche ergaben, daß für ein unter sonst gleichen Verhältnissen tätiges Ventil die Konstante a^2 in der Gleichung $n \cdot u_m = a^2$ gleich dem Produkt aus der wirksamen Ventilbelastung P und einer Erfahrungszahl α sei, d. h. also

$$\boldsymbol{n \cdot u_m = a^2 = \alpha P}.$$

Schließt also ein Ventil der untersuchten Art bei der Umdrehungszahl n, der mittleren Kolbengeschwindigkeit u_m und der Ventilbelastung P gerade noch stoßfrei und werden Änderungen in diesen Größen vorgenommen, so wird das unter sonst gleichen Verhältnissen tätige Ventil noch richtig wirken, wenn bei diesen Änderungen die Beziehung

$$\boldsymbol{n \cdot u_m \leqq \alpha P}$$

befolgt wird.

Mit $u_m = \frac{s \cdot n}{30}$ ergibt sich, mit Bach weitergehend,

$$n^2 s \leqq 30\,\alpha\,P \quad \text{oder} \quad n \leqq \sqrt{30\,\alpha \frac{P}{s}} \leqq \beta \sqrt{\frac{P}{s}}, \quad \text{sofern} \quad \beta = \sqrt{30\,\alpha}.$$

Ferner

$$s \leqq 30\,\alpha \frac{P}{n^2}\,; \qquad \boldsymbol{P \geqq \frac{n\,u_m}{\alpha} \geqq \frac{n^2 s}{30\,\alpha}}.$$

Demnach ist an der Grenze des gerade noch stoßfrei erfolgenden Ventilschlusses die wirksame Ventilbelastung proportional dem Produkt aus Kolbenhub und Quadrat der Umgangszahl oder proportional dem Produkt aus mittlerer Kolbengeschwindigkeit und Umgangszahl.

Um den Einfluß des Kolbendurchmessers auf a^2 bzw. α festzustellen, führte Bach auch noch Versuche mit einem kleineren Kolben durch (50,25 mm statt 70 mm). Er fand, daß die Werte von $\alpha = \frac{a^2}{P}$ sich unter sonst gleichen Verhältnissen umgekehrt wie die Kolbenquerschnitte, verhalten.

Wird also mit Bach gesetzt:

$$a^2 = \frac{\text{Koeffizient}}{\text{Kolbenquerschnitt}} = \frac{C}{F} = n \cdot u_m$$

oder

$$\alpha = \frac{\text{Koeffizient}}{\text{Kolbenquerschnitt}} = \frac{\varepsilon}{F} = \frac{n^2 s}{30 P},$$

womit

$$n \cdot F u_m = \quad C = \frac{n^2}{30} s F,$$

$$n F \cdot u_m = \varepsilon P = \frac{n^2}{30} s \cdot F$$

und

$$\boldsymbol{P = \frac{1}{\varepsilon} \cdot n \cdot u_m F = \frac{1}{30\,\varepsilon} n^2 s \cdot F,}$$

so ist zu erkennen, daß der Einfluß des Kolbenquerschnitts gleich ist dem Einfluß des Kolbenhubs. Die weitere Beziehung

$$\boldsymbol{\varepsilon P = n \cdot F u_m = n \cdot f_1 c_{1m} = n \cdot V}$$

zeigt, daß unter sonst gleichen Verhältnissen an der Grenze des stoßfreien Ventilschlusses die wirksame Ventilbelastung proportional dem zu fördernden Wasservolumen V und der Umdrehungszahl n ist.

Aus der Beziehung $n^2 s F = 30\,C$ folgert Bach, da für ein und dasselbe Ventil f_1 konstant ist, $30\,C = B \cdot f_1 = n^2 s \cdot F$ und $n^2 s \frac{F}{f_1} = B$. Die Beziehung $n^2 s = A$ entspricht, wie auf voriger Seite gezeigt, dem Gesetz der Pendelbewegung, wenn statt der Pendellänge der Kolbenhub gesetzt wird. Gemäß der neuen Beziehung $n^2 s \frac{F}{f_1} = B$ beeinflußt der Kolbenquerschnitt nach Bach diese Pendellänge dahin, daß sie proportional $s \frac{F}{f_1}$ zu setzen wäre. Daraus folgt dann für ein und dasselbe Ventil bei gleicher Ventilbelastung

$$\boldsymbol{n_1 : n_2 = \frac{1}{\sqrt{s_1 \frac{F_1}{f_1}}} : \frac{1}{\sqrt{s_2 \frac{F_2}{f_1}}} = \frac{1}{\sqrt{s_1 F_1}} : \frac{1}{\sqrt{s_2 F_2}} = \frac{1}{\sqrt{V_1}} : \frac{1}{\sqrt{V_2}},}$$

d. h. an der Grenze des stoßfreien Ventilschlusses verhalten sich unter sonst gleichen Verhältnissen die Umgangszahlen umgekehrt wie die Quadratwurzeln aus dem vom Kolben beschriebenen Volumen.

Bezüglich der *Hubhöhe des Ventils* galt bis zu den Versuchen *Bachs* die Regel: „Hub möglichst klein", obgleich Versuche, welche die Notwendigkeit dieser Regel bestätigten, nicht vorlagen und trotz der Schwierigkeit bei der Ausführung. Man ging bis auf 4 mm herab; 10 mm Hub bei Pumpen mit größerer Hubzahl galt als viel zu hoch. Die *Bach*schen Versuche ergaben zunächst für das gewöhnliche Tellerventil mit oberer Führung und ebener Unterfläche an der Grenze des stoßfreien rechtzeitigen Ventilschlusses z. B. Hübe von 17,6, 17,7, 16,4 und 13 mm bei Umdrehungszahlen von 89, 93, 120 und 120 in der Minute. *Bach hält weit größere Ventilhübe, als sie bisher üblich waren, nicht bloß für zulässig, sondern sogar für geboten.* Er verlangt genügend hohe Führung und Fortfall der bisher üblichen, das Ventilspiel nachteilig beeinflussenden starren Hubbegrenzung, und findet überhaupt, daß die Größe der Ventilerhebung nicht in dem Zusammenhang mit Umdrehungszahl und Kolbenhub steht und nicht von der Bedeutung ist, wie bisher angenommen wurde.

Den Einfluß der allerdings nicht ganz starren Hubbegrenzung (durch Holz) zeigen deutlich die Abb. 26 und 27. Sie lassen erkennen, daß eine Verkleinerung des Hubs Steilerwerden des abfallenden Kurventeils und

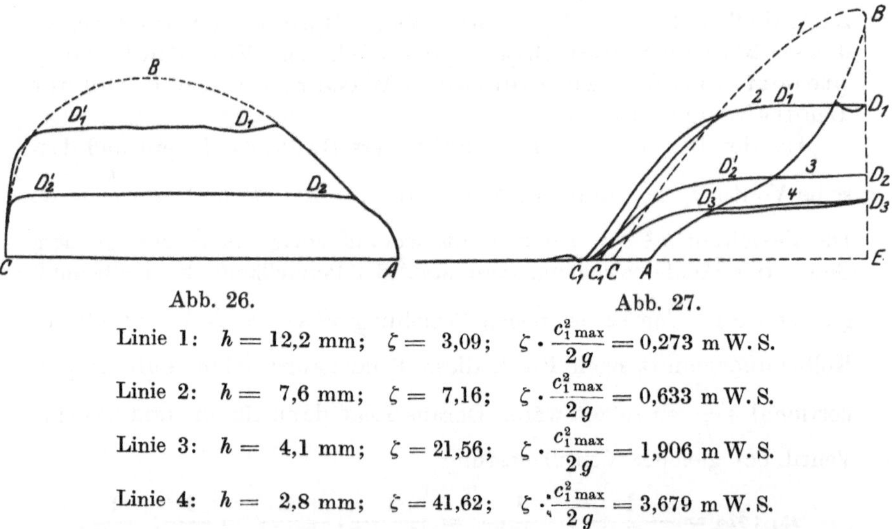

Abb. 26. Abb. 27.

Linie 1: $h = 12{,}2$ mm; $\zeta = 3{,}09$; $\zeta \cdot \frac{c_{1\,max}^2}{2g} = 0{,}273$ m W. S.

Linie 2: $h = 7{,}6$ mm; $\zeta = 7{,}16$; $\zeta \cdot \frac{c_{1\,max}^2}{2g} = 0{,}633$ m W. S.

Linie 3: $h = 4{,}1$ mm; $\zeta = 21{,}56$; $\zeta \cdot \frac{c_{1\,max}^2}{2g} = 1{,}906$ m W. S.

Linie 4: $h = 2{,}8$ mm; $\zeta = 41{,}62$; $\zeta \cdot \frac{c_{1\,max}^2}{2g} = 3{,}679$ m W. S.

späteren Abschluß zur Folge hat, daß die Hubbegrenzung die Ruhe des Abschlusses nur ungünstig beeinflußt, es sei denn, daß die Größe des Ventilhubs auf einen Betrag vermindert wird, der mit Rücksicht auf den Ventilwiderstand wenigstens im allgemeinen nicht zulässig erscheint.

Bach stellt damit fest, daß Verringerung des Ventilhubs nur zulässig ist durch Vermehrung der Ventilbelastung, sei es durch Vergrößerung des Ventilgewichts oder durch Anordnung von Federn. Die Hubbegrenzung soll nur Zufälligkeiten gegenüber vorhanden sein; das Ventil soll für gewöhnlich auf dem Flüssigkeitsstrom schweben.

Federnde Hubbegrenzungen, die beim Sinken des Ventils die Ventilbelastung ergänzend beeinflussen, sind nach Bach anders zu beurteilen.

Bei diesen Untersuchungen stellte auch Bach fest, daß man mit dem Indikator am Pumpenzylinder leicht vollkommen rechteckige Diagramme schreiben könne, welche die Schwingungen bei *b* oder einen Höhenunterschied zwischen *b* und *c*, in welchem man ein Maß für den zum Eröffnen des Druckventils nötigen Überdruck erblickte (vgl. Abb. 21 und 22), nicht aufweisen, und zwar durch Drosselung des Indikatorhahnes. Riedler[1]) schloß aus solchen rechteckigen Diagrammen auf das Nichtvorhandensein eines Überdrucks beim Öffnen des Ventils. Bach gelang es nun mit Hilfe des verschobenen Indikatordiagrammes Abb. 22 in Verbindung mit dem verschobenen Ventildiagramm Abb. 20 die Pressung festzustellen, welche der Indikator in dem Augenblick anzeigt, in welchem sich das Ventil zu öffnen beginnt. Das Öffnen zeigt Punkt A im verschobenen Ventildiagramm, die Druckperiode die Linie $a\,b$ im versetzten Indikatordiagramm. Die Länge der Diagramme, die unmittelbar nacheinander aufzunehmen sind, ist wegen verschiedener Trommeldurchmesser und verschiedener Schnurlängen verschieden. (Die Abb. 20 und 22 wurden leider verschiedenartig verkleinert.) Bach zieht nun ins verschobene Indikatordiagramm Abb. 22 $g\,h = DE$ aus dem verschobenen Ventildiagramm Abb. 20 ein, macht $h\,i = EA$, d. h. er überträgt den Öffnungspunkt aus dem verschobenen Ventildiagramm in das verschobene Indikatordiagramm, zieht durch i die Senkrechte $i\,m$, welche die Drucklinie $a\,b$ in k schneidet, und legt damit fest, daß der Indikator im Augenblick der Ventilöffnung eine Pressung $m\,k$ anzeigt, die weit kleiner ist als die Pressung im Druckraum und noch viel kleiner als die Pressung in *b*. Da nach Bach zum Öffnen des Ventils aber unter allen Umständen eine etwas höhere Pressung als diejenige im Druckraum gehört, folgert er, daß der Indikator nacheilt, d. h. daß er rasch sich ändernde Pressungen bedeutend verspätet anzeigt, und daß er den im Arbeitszylinder herrschenden Druck genau nur im Beharrungszustand mißt. Bach schließt daraus weiter, daß somit keine Rede davon sein könne, daß die Höhenlage von *b* in Abb. 21 und 22 den zum Eröffnen des Ventils erforderlichen Überdruck bestimme und daß der gebräuchliche Indikator außerstande ist, durch sein gewöhnliches Diagramm (Abb. 21) die Frage des Ventilüberdrucks zu entscheiden. Dadurch erklärt sich nach Bach auch die Beobachtung Riedlers, für die dieser eine stichhaltige Erklärung

---

[1]) Vgl. auch S. 25 u. f.

nicht abgeben konnte, daß die Ventileröffnung augenscheinlich vor Erreichung des hydrostatischen Drucks erfolgt, vgl. S. 25 u. f.

v. Reiche, vgl. S. 26 u. f., erkannte ebenfalls das verspätete Aufzeichnen aller Vorgänge, die dem Indikator mitgeteilt werden können, „nur durch Verschiebung der ganzen Flüssigkeitssäule im Verbindungsrohr, also aller kontinuierlichen Druckänderungen". Seine Erklärung der eben genannten Riedlerschen Beobachtung steht aber derjenigen Bachs, besonders hinsichtlich der Klarheit der Beweisführung, bedeutend nach.

Wellen in der Sauglinie der Diagramme, z. B. nach Abb. 21, ausgezogene Linie (vgl. hierzu Riedler, S. 10), zeugen nach Bach von Erzitterungen des ganzen Pumpwerkes bei mit Stoß vor sich gehendem Ventilschluß.

Auf besondere Erscheinungen in den Diagrammen weist Bach hin und wirkt durch Klarstellung des Grundes für das Auftreten solcher Erscheinungen außerordentlich fördernd in der weiteren Erkenntnis der Ventilbewegung. So rührt z. B. im Diagramm nach Abb. 21 das Ansteigen der Drucklinie $c\,d$ (ausgezogene Linie) von zu kleinem Druckwindkessel her. Den zu spät erfolgenden Schluß des Druckventils zeigt deutlich der Verlauf der ausgezogenen Linie $d\,e$ in Abb. 21. Dasselbe zeigt die Vertiefung in der Drucklinie in Abb. 28 unmittelbar vor d. Beginnt nämlich der Kolben zu saugen, ehe das Druckventil geschlossen hat, so ändert die vorher nach dem Druckwindkessel strömende Wassermasse den Sinn ihrer Bewegung; dadurch entsteht im Pumpenzylinder Sinken der Pressung, angezeigt durch die Vertiefung in der Drucklinie. Die Flüssigkeit strömt aber rasch wieder zurück, die Pressung wächst wieder. Inzwischen schließt dann das Ventil.

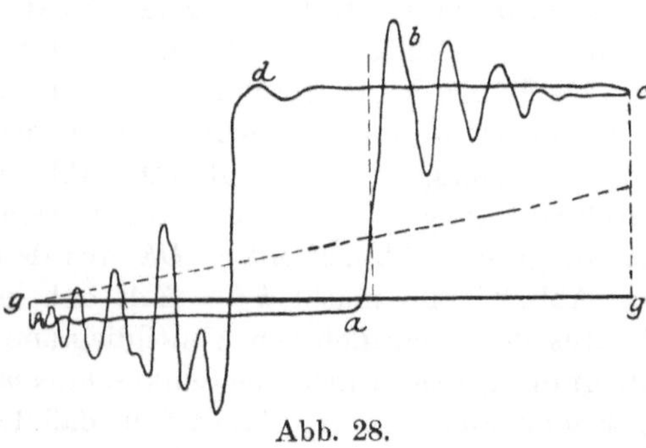

Abb. 28.

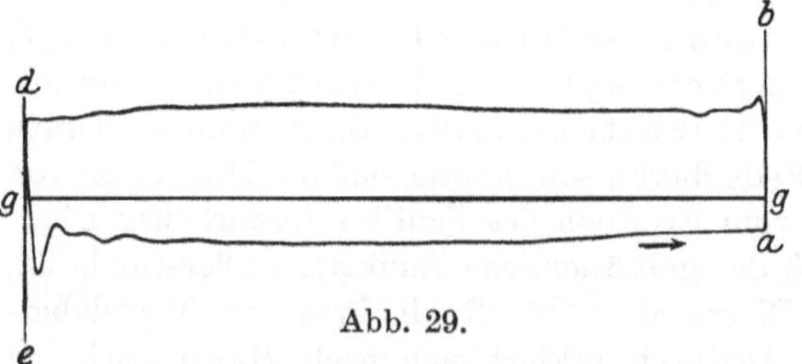

Abb. 29.

Bei Hubbegrenzung zeigt sich nach den Beobachtungen von Bach folgendes: Wegen des kleineren Ventilhubs steigt mit wachsender Kolbengeschwindigkeit die Pressung bedeutend, um nach Überschreiten der Hubmitte wieder zu sinken (vgl. Abb. 29). Am Ende des Hubes steigt, wie besonders Abb. 30 durch die Erhöhung *d* erkennen läßt, der Druck nochmals rasch an. In Abb. 29 erscheint diese Erhöhung am Ende des Hubs in eine Linie zusammengezogen. Nach Bach nähert sich das infolge der Hubbegrenzung beschleunigt sinkende Ventil seinem Sitz rascher, als es der Geschwindigkeit des der Ventilsitzöffnung entströmenden Wassers entspricht. Das Ventil findet in dem Wasser gewissermaßen einen „Puffer", wobei die Flüssigkeitspressung etwas ansteigt. Durch Übertragen von *DE* aus dem verschobenen Ventildiagramm Abb. 31 nach *g h* im verschobenen Indikatordiagramm (Abb. 30) und von *h n* (*n* Beginn der Druckerhöhung) aus letzterem ins erstere, findet Bach im Punkt *F* des verschobenen Ventildiagramms den Ort, der in Abb. 30 der durch *n* gezogenen Vertikalen entspricht, und das ist da, wo, wie Abb. 31 deutlich zeigt, das sinkende Ventil eine ziemlich plötzliche Verzögerung erfährt. Da der Indikator Pressungsänderungen nacheilend anzeigt, müssen Druckerhöhung im Zylinder und ziemlich plötzlich erfolgende Verzögerung des dem Sitz sich nähernden Ventils zusammengehören. Bach erblickt in dieser, für die Beurteilung des Ventilspiels äußerst interessanten Pufferwirkung des Wassers gegen das sinkende Ventil und der damit verknüpften Druckerhöhung, die bei größeren Pressungen und stärkeren Indikatorfedern im Diagramm fast verschwinden, keinen Nachteil.

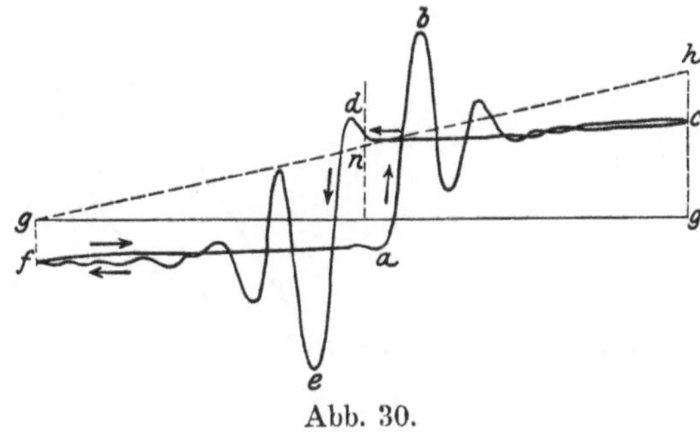

Abb. 30.

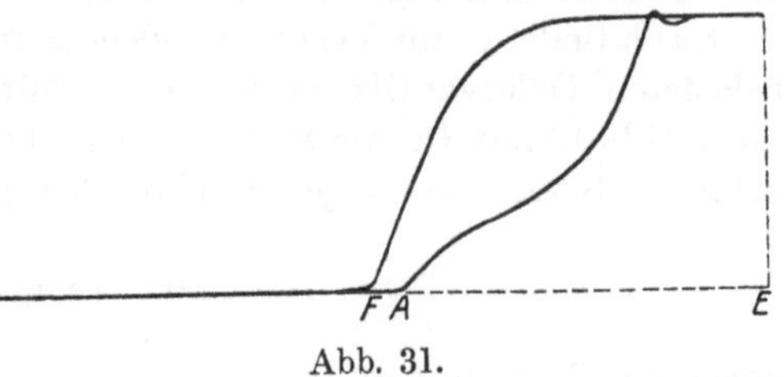

Abb. 31.

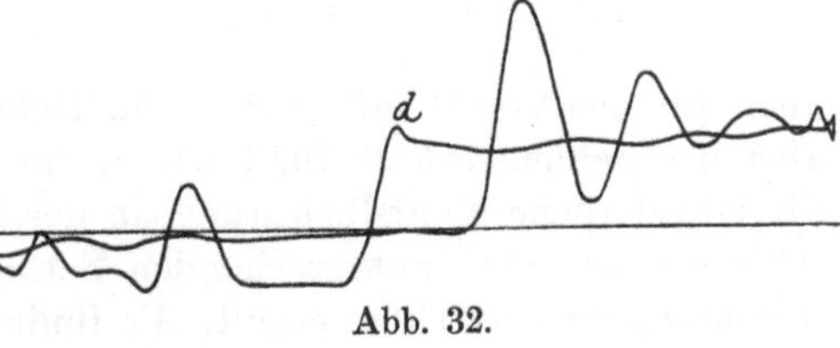

Abb. 32.

Schließt das Ventil mit Schlag, dann ist die Pressungssteigerung am Ende der Druckperiode bedeutend geringer oder sie verschwindet, wenn sich das Ventil dem Sitz zu spät nähert. Eine Pufferwirkung kann dann nicht mehr entstehen, vgl. z. B. Abb. 32.

Die ziemlich weit nach rechts gerückte und weniger plötzlich ansteigende Erhöhung d in Abb. 44, S. 81, ist nach Bach die Folge davon, daß das Ventil gemäß Abb. 33 sich dem Sitz ziemlich frühzeitig nähert,

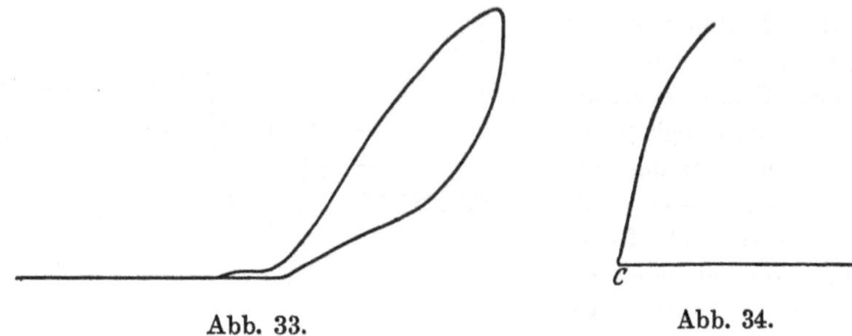

Abb. 33. Abb. 34.

infolgedessen die Pufferwirkung früher beginnt. Dies prägt sich übrigens auch im gewöhnlichen Ventildiagramm bei C durch Beginn einer Nase aus, Abb. 34 (Ventilgewicht zu groß).

Bach findet dann ferner, nachdem er an Stelle des mit 3 Bleischeiben belasteten Tellerventils nach Abb. 9 mit 5 mm Sitzbreite ein solches nach Abb. 10 mit 12 mm Sitzbreite einsetzte, daß das für das Ventil mit schmaler Sitzfläche ausgesprochene Bewegungsgesetz

$$n^2 s = A \quad \text{oder} \quad n \cdot u_m = \frac{A}{30} = a^2,$$

sowie die Beziehungen

$$a^2 = \alpha P; \quad n \cdot u_m \leqq \alpha P;$$

$$n \leqq \sqrt{30\,\alpha \frac{P}{s}} = \beta \sqrt{\frac{P}{s}}; \quad s \leqq 30\,\alpha \frac{P}{n^2}; \quad P \geqq \frac{n \cdot u_m}{\alpha} \geqq \frac{n^2 s}{30\,\alpha}$$

auch für das Ventil mit breiter Sitzfläche Gültigkeit haben; daß sich aber der Zahlenwert α für letzteres um rund 26% kleiner und damit die erforderliche Ventilbelastung an der Grenze des stoßfreien Ventilschlusses um den entsprechenden Betrag größer als bei dem Ventil mit normaler Sitzfläche ergibt. Er findet weiter, daß das Ventil mit schmaler Sitzfläche beim Eröffnen viel rascher steigt als das mit breiter Sitzfläche, daß aber letzteres unter sonst gleichen Verhältnissen höher steigt; daß das hinsichtlich der Hubhöhe für das normale Ventil Gesagte auch hier zutrifft und daß endlich die Pufferwirkung zwischen dem sinkenden Ventil und dem der Sitzöffnung entsteigenden Flüssigkeitsstrom beim Ventil mit breiter Sitzfläche in noch etwas größerem Maß vorhanden ist.

Hier befaßt sich Bach nochmals mit der Frage des Ventilüberdrucks. Er gibt für den zum Öffnen des Ventils erforderlichen Überdruck die bereits S. 22 angeführte Beziehung

$$p_u - p_o = \frac{M k_v}{f_1} + \frac{P}{f_1} + \frac{f_s}{f_1}(p_o - p_s),$$

worin er M als „zu beschleunigende Masse“ und k_v als Beschleunigung im Augenblick des Anhebens bezeichnet.

Er spricht aber aus, daß es zur Zeit unmöglich sei, den Ventilüberdruck auf rechnerischem Weg zu ermitteln, weil von M nur der von der Masse des Ventils gebildete Teil, nicht aber der von der zu beschleunigenden Masse des Wassers herrührende Teil bekannt sei; weil es schwierig sei, für k_v einen richtigen Wert zu setzen, und endlich wegen der Unsicherheit der Größe der Pressung p_s, die hauptsächlich von der Vollkommenheit der Ausführung (der Sitzflächen), der Reinheit der Flüssigkeit und der Beschleunigung, mit der die Berührung beim Beginn des Steigens aufgehoben wird, abhänge. Bezüglich k_v könnte man sich nach Bach dadurch helfen, daß man k_v proportional der Beschleunigung annimmt, mit der das Wasser die Ventilsitzöffnung zu durchströmen beginnen würde, wenn das Ventil nicht vorhanden wäre, d. h., daß man bei der Kurbelpumpe unter Vernachlässigung des Einflusses der endlichen Stangenlänge k_v proportional der Beschleunigung des Kolbens im toten Punkt, multipliziert mit $\frac{F}{f_1}$, also etwa $k_v = \varphi \frac{F}{f_1} r \omega^2 = \vartheta n^2 s$ nimmt.

Bach gelang es erstmals, eine Einrichtung und ein überaus einfaches Verfahren zur Bestimmung des Überdrucks zu finden und die Schwierigkeit zu überwinden, die dabei darin liegt, daß der größte Wert der Flüssigkeitspressung während der Öffnung des Ventils nur einen Augenblick vorhanden ist und die Druckmeßeinrichtungen in solchem Fall bedeutend nacheilen, dann über das Ziel hinausgehen oder dasselbe nicht erreichen. Bach schiebt zwischen den Kopf am Ende der Indikatorkolbenstange, der das Kugellager für die Lenkstange bildet, und den Deckel des Indikatorzylinders eine Gabel mit konischen Schenkeln nach Abb. 35. Dadurch erhält die Feder des Indikators eine Spannung. Solange nun diese Spannung noch kleiner ist, als es dem größten im Zylinder auftretenden Druck entspricht, so lange vollführt der Schreibstift noch Zuckungen nach außen.

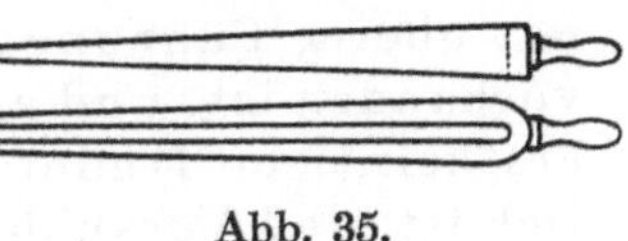

Abb. 35.

In dem Augenblick, in welchem die Gabel so weit hineingeschoben ist, daß das Zucken der gespannten Feder gerade aufhört, mißt die Federspannung den größten Druck, also auch die zum Eröffnen des Ventils nötig gewesene Pressung im Zylinder. Dieser Augenblick des Aufhörens der Zuckungen wird nach Bach nun am sichersten erhalten, wenn man dem Schreibstift im verschobenen Indikatordiagramm die Zuckungen ausführen läßt (Abb. 36). Je mehr die Gabel eingeschoben wird, d. h. mit Zunahme des Abstandes von der wagrechten Drucklinie von der Nullinie $g\,g$, werden die Zuckungen immer kleiner. Die Drucklinie $n\,n$ ist die erste gerade Linie ohne Zuckung. Ihr Abstand von der Nullinie gg mißt die Pressung p_u. Der Unterschied zwischen p_u und der gleichzeitigen Pressung p_o über dem Druckventil ist der gesuchte Ventilüberdruck. Ist m der gemäß dem S. 51 angegebenen Verfahren aus dem zugehörigen verschobenen Ventildiagramm übertragene Punkt, der der Eröffnung des Ventils entspricht, so erkennt man, daß sich nach oben hin die Zuckungen der Vertikalen $m\,i$ nähern, woraus wiederum folgt, daß das Nacheilen des Indikators immer kleiner wird und schließlich mit den Zuckungen verschwindet. Linie $n\,n$ ist wiederholt zu schreiben. p_o müßte eigentlich durch einen zweiten am Druckventilgehäuse angebrachten Indikator ermittelt werden. Für praktische Zwecke genügt es aber nach Bach, als Ventilüberdruck den Höhenunterschied zwischen der vom Indikator angezeigten Pressung im Pumpenzylinder gegen Ende der Druckperiode, jedoch vor einer etwaigen Erhöhung bei d (vgl. S. 52 u. f.) und der Linie $n\,n$ einzuführen. Bei stark veränderlicher Pressung im Druckraum muß aber p_o besonders ermittelt werden.

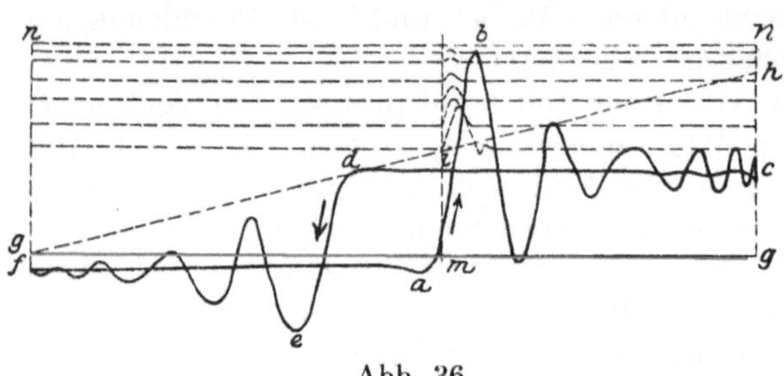

Abb. 36.

Für das Ventil mit breiter Sitzfläche nach Abb. 10 findet Bach den Ventilüberdruck bedeutend größer, als nach der Gleichung für $p_u - p_o$ auf S. 55 zu erwarten war.

Er schließt aus seinen Versuchen mit den Tellerventilen mit oberer Führung, daß der Ventilüberdruck tatsächlich vorhanden ist, und zwar in einer Größe, die von Bedeutung erscheint; er findet, daß der Ventilüberdruck veränderlich ist, daß Versuche zu verschiedenen Zeiten nicht selten zu sehr verschiedenen Werten führten, besonders wenn das Ventil inzwischen herausgenommen oder gar frisch aufgeschliffen wurde. Weiter stellt Bach fest, daß für das erwähnte

Tellerventil Abb. 10 der Ventilüberdruck wächst, wenn die Pressung zunimmt, daß eine Verminderung der Pressung auf die ursprüngliche Größe einen Einfluß zunächst nicht äußert und daß erst bei weiterem Herabsinken auch der Ventilüberdruck abnimmt. Er findet weiter, in Übereinstimmung mit der Gleichung für $p_u - p_o$ auf S. 55 (nach Einsetzen von $\vartheta n^2 s$ an Stelle von k_v), daß der Ventilüberdruck mit dem Kolbenhub abnimmt; daß mit Änderung der Umdrehungszahl bei gleichbleibendem Hub sich der Ventilüberdruck ganz bedeutend ändert, und zwar weit bedeutender als bei Änderung des Kolbenhubs bei gleichbleibendem n.

Für das Tellerventil mit unterer Führung nach Abb. 4a, S. 15, findet Bach das Bewegungsgesetz $n^2 s = A$ oder $n \cdot u_m = \frac{A}{30} = a^2$ ebenfalls gültig. Dieses Ventil erfordert aber unter sonst gleichen Verhältnissen eine etwas größere Belastung als das Tellerventil nach Abb. 9. Dieses Mehr — im Durchschnitt 8,4% — wird um so bedeutender, je höher die Ventilbelastung ist. Weiter steigt das Ventil mit unterer Führung zu Anfang viel rascher als das oben geführte Ventil mit ebener Unterfläche; der Ventilüberdruck ist unter sonst nahezu gleichen Verhältnissen etwas größer, auch ist der Einfluß der Umdrehungszahl auf den Ventilüberdruck von besonderer Bedeutung. Für dieses in der Pumpe arbeitende Ventil fand übrigens Bach den Ventilwiderstand bei vier verschiedenen, durch Hubbegrenzung herbeigeführten Hubhöhen nahezu gleich wie den bei denselben Hubhöhen mit der S. 30 u. f. beschriebenen Versuchseinrichtung gefundenen Widerstand des auf dem Strom schwebenden Ventils.

Das Kegelventil mit ebener Unterfläche und oberer Führung nach Abb. 13, das schon bei den Versuchen über Ventilbelastung und Ventilwiderstand eigentümliche Erscheinungen zeigte, vgl. S. 38 u. f., verhielt sich auch beim Arbeiten in der Pumpe wesentlich anders als das normale Tellerventil nach Abb. 9, vgl. Abb. 37. Das Kegelventil nach Abb. 13 erhebt sich unter sonst nahezu den gleichen Verhältnissen nur 0,38 mal so hoch als das normale Tellerventil. Es steigt zu Anfang des Hubs rascher, trifft schärfer auf den Sitz (Verdickung der Kurve da, wo der Schreibstift die Horizontale erreicht), der Schluß erfolgt nicht stoßfrei.

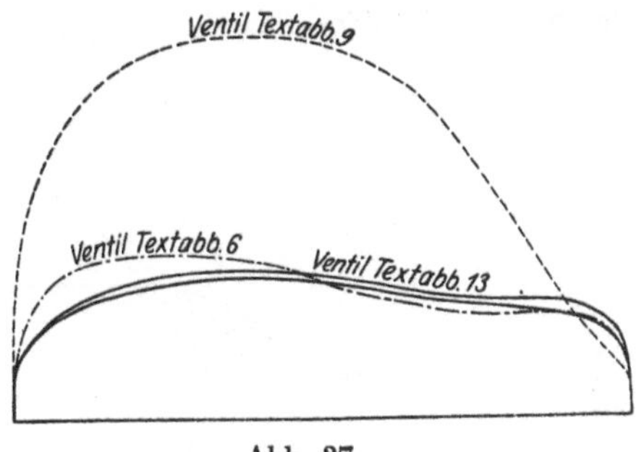

Abb. 37.

Das letztere zeigt auch das verschobene Ventildiagramm Abb. 38. Trotzdem sich also das Kegelventil nur 0,38 mal so hoch hebt, als das unter denselben Verhältnissen noch ohne Stoß absperrende Tellerventil, schließt das erstere nicht stoßfrei.

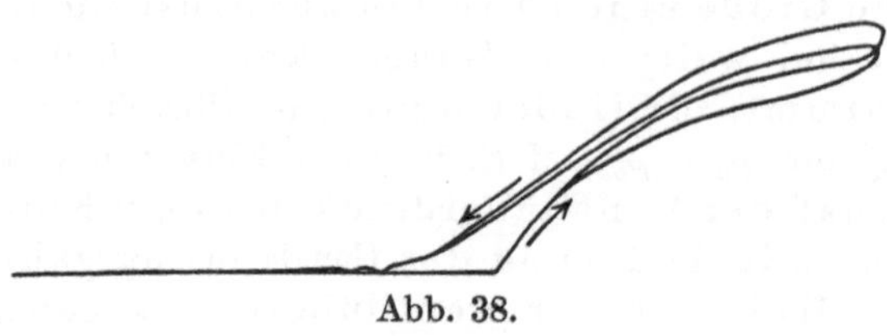
Abb. 38.

Die Verminderung des Kolbenhubs bei annähernd der gleichen wirksamen Belastung *P* liefert selbst beim kleinsten Hub keinen tangentialen Anschluß der abfallenden Linie im verschobenen Ventildiagramm. Von einem eigentlichen Stoß kann man in diesem Fall nach Bach zwar nicht reden, aber man fühlt bei Berührung des Schreibstifts die Härte, mit der die Dichtungsflächen aufeinandertreffen.

Bach sucht den Grund für dieses Verhalten der Kegelventile im Verschwinden der dünnen Wasserschicht zwischen den Sitzflächen unmittelbar vor dem Auftreffen. „Beim Tellerventil, das sich senkrecht zur Dichtungsfläche bewegt, erfolgt die Entfernung des Wassers durch Herauspressen nach innen und außen; es ist gewissermaßen ein Herausquetschen, welches gegenüber dem sinkenden Ventil mit einer energischen Pufferwirkung verknüpft sein muß. Das Kegelventil dagegen bewegt sich nicht senkrecht zur Dichtungsfläche, sondern geneigt zu dieser; infolgedessen wird es die Flüssigkeitsschicht nicht bloß pressen, sondern auch von der Dichtungsfläche abschieben. Hierdurch aber muß die erwähnte Pufferwirkung beeinträchtigt werden, und zwar um so mehr, je kleiner der Winkel an der Spitze des Kegels ist, welchem die Dichtungsfläche angehört."

Eine willkürliche Vergrößerung des an und für sich kleinen Ventilhubs ändert nach Bach an der Rechtzeitigkeit des Schlusses nichts. Auch der beim Auftreffen des Ventils hörbare Ton bleibt derselbe. Der Einfluß der Hubbegrenzung wirkt beim Kegelventil ebenso nachteilig wie beim Tellerventil, s. Abb. 39.

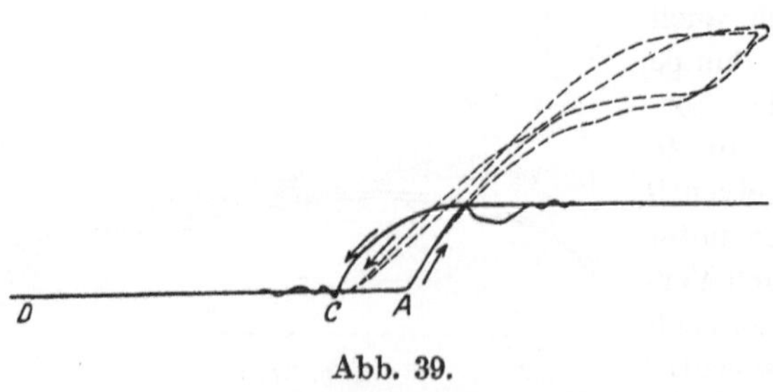

Abb. 39.

Bach wies weiter den Weg zur Ermittlung der Verhältnisse, unter denen der Schluß des Kegelventils gerade noch rechtzeitig erfolgt, was bei diesem insofern Schwierigkeiten bietet, als es trotz des Schlagens beim Auftreffen noch rechtzeitig schließen kann. Er findet, daß, solange das Ventil noch rechtzeitig schließt, der Abstand des Punktes C im verschobenen Ventildiagramm (vgl. Abb. 39) von A nahezu gleich bleiben wird, und daß das Ventil aufhört, rechtzeitig zu schließen, sobald dieser Abstand AC zu wachsen, d. h. C nach links zu rücken beginnt. Dabei ist natürlich vorausgesetzt, daß Punkt A seine Lage nicht ändert. Bach macht darauf aufmerksam, daß der Fall der Verschiebung von Punkt A nach links, also das Aufhören des rechtzeitigen Schließens, bei Saugventilen dann eintreten kann, wenn die zur Ventileröffnung zur Verfügung stehende Pressung nicht mehr ausreicht, um die den Größen s und n entsprechende Ventilbeschleunigung zu erzeugen. In solchen Fällen ist dann die Lage des Punktes C durch den Abstand von Punkt D zu bestimmen.

Abgesehen davon, daß die Überschreitung des rechtzeitigen Schlusses im verschobenen Ventildiagramm an den Schwingungen der Kurve über und unter die Horizontale zu erkennen ist, bemerkt man dieselbe nach Bach auch daran, daß der Schlag an Stärke zunimmt infolge des Eingreifens der Pressung des rückströmenden Wassers, und daran, daß im gewöhnlichen Indikatordiagramm die Saug- und die Drucklinie durchaus wellig werden, infolge der Erzitterungen, welche der ganze Pumpenkörper durch das zunehmende Schlagen erfährt.

Nach Bach ist weiter das für das Tellerventil gefundene Gesetz, nach welchem sich an der Grenze des stoßfreien und rechtzeitigen Ventilschlusses die Umdrehungszahlen umgekehrt verhalten wie die Wurzeln aus den Kolbenhüben auch gültig für den rechtzeitigen, wenn auch nicht mehr stoßfreien Schluß des Kegelventils. Auch hier fällt der Wert α in der Gleichung $P = \frac{n \cdot u_m}{\alpha}$ für das unbelastete, also niedrigere Ventil kleiner und damit die erforderliche Ventilbelastung größer aus als für das mit 3 Bronzescheiben belastete, also höhere Ventil. Je höher somit der Rücken des Ventils liegt, um so weniger wirkt der aufsteigende Wasserstrom gegenüber demselben pressungsvermindernd, eine um so geringere Ventilbelastung genügt.

Hinsichtlich des Ventilüberdruckes fand Bach auch hier den starken Einfluß der Umdrehungszahl. Er ermittelte denselben unter sonst gleichen Verhältnissen etwas größer als für das normale Tellerventil.

Hinsichtlich des Kegelventils mit kegelförmiger Unterfläche und oberer Führung nach Abb. 6, S. 16, gilt nach Bach das, was bezüglich Ventilschluß und Hubbegrenzung für das Kegelventil mit ebener Unterfläche gesagt wurde, auch hier. Ebenso trifft die genannte Beziehung zwischen Umdrehungszahl und Kolbenhub auch hier zu. Das Kegelventil mit kegelförmiger Unterfläche erfordert aber nach den Versuchen Bachs unter sonst gleichen Verhältnissen eine größere Belastung als das Kegelventil mit ebener Unterfläche. Immerhin ergab sich aber die Belastung des ersteren Ventils an der Grenze des rechtzeitigen Schlusses noch bedeutend kleiner als für das Tellerventil nach Abb. 9. Der Einfluß der größeren Sitzbreite auf den Ventilüberdruck zeigte sich deutlich auch hier.

In weiterer Ausdehnung der Versuche ermittelte Bach auch noch den Einfluß der Weite des Ventilgehäuses und der Höhenlage der seitlichen Abflußöffnung. Er fand für die Tellerventile nach Abb. 9 und 10, daß die Weite des Ventilgehäuses den Wert α und damit die erforderliche Ventilbelastung P in der Weise beeinflußt, daß unter sonst gleichen Verhältnissen P wächst mit abnehmender Gehäuseweite und sich vermindert, wenn diese vergrößert wird; daß also ein Ventil, das in einem gewissen Ventilgehäuse gerade noch stoßfrei schließt, in einem engeren, sonst aber gleichen Gehäuse bei gleichem n und s derselben Pumpe stoßend schließt und daß andererseits innerhalb gewisser Grenzen der schlagende Schluß eines Ventils beseitigt werden kann mittels Ersetzung des engen Gehäuses durch ein weiteres, und daß schließlich das Ventil im engen Gehäuse höher stieg als im weiteren.

Fließt das Wasser nach Verlassen der Ventilsitzmündung sofort seitlich ab, anstatt daß es erst 50 oder 100 mm hoch steigen muß, so gilt das Gesetz für rechtzeitigen Ventilschluß $n^2 s = A$ oder $n \cdot u_m = \frac{A}{30} = a^2$ nach Bach ebenfalls. Auch die Beziehung $P = \frac{n \cdot u_m}{\alpha} = \frac{n^2 s}{30\,\alpha}$ behält ihre Gültigkeit. Der Wert α wird aber größer und damit P geringer.

Die Größen a^2 und α und damit auch ε (vgl. S. 49) hängen nach dem Gesagten also insbesondere ab: von der Art und den Abmessungen des Ventils, von der Weite des Ventilgehäuses und von der Höhe, in welcher das Wasser aus letzterem abgeführt wird.

Bach prüft nun weiter auch das Verhalten des Ventils als Saugventil und benützt für diese Versuche das Tellerventil mit breiter Sitzfläche nach Abb. 10, S. 31, in 100 mm weitem Gehäuse, unterste Mantellinie des seitlichen Abflußstutzens 100 mm über Ventilsitz, da dieses Ventil nach seiner Ansicht etwa vorhandene Unterschiede gegenüber dem Ventil als Druckventil am schärfsten zum Ausdruck bringen müsse.

Er fand, daß der Einfluß der Hubbegrenzung der gleiche nachteilige ist, wie beim Druckventil, daß die für das Druckventil gefundenen Gesetze für stoßfreien Ventilschluß auch für das Saugventil gelten.

Für die Eröffnung des Saugventils steht eine Pressungsdifferenz $p_u - p_o$ zur Verfügung, die jedenfalls kleiner ist als der Atmosphärendruck. Daraus folgt nach **Bach**, daß der Beschleunigung des Saugventils zu Beginn der Eröffnung $k_v = \frac{f_1(p_u - p_o) - f_s(p_o - p_s) - P}{M}$ eine bestimmte Grenze gezogen ist und daß die Eröffnung des Saugventils wenigstens zu Anfang des Kolbenhubs verspätet erfolgen muß, wenn sich der Pumpenkolben so rasch bewegt, daß eine über die genannte Grenze hinausgehende Beschleunigung nötig wäre. Dabei ergeben sich dann Diagramme nach Abb. 40a bis 40d. Das Saugventil öffnet mehr allmählich, während die Eröffnung des unter den gleichen Verhältnissen arbeitenden Druckventils ziemlich plötzlich erfolgt. „Mit dumpfem Ton eröffnet das Druckventil, kaum hörbar das Saugventil", sagt **Bach**. Das Ohr bemerkt den Unterschied ganz deutlich. Das Druckventil wird eben durch die vom Kolben erzeugte hohe Pressung aufgestoßen. Bei geringerem n (= 100) steigt die Ventilerhebungslinie beim Saugventil ziemlich plötzlich an beim Öffnen, bei $n = 120$ allmählich, und bei $n = 128$ erscheint dieselbe im Eröffnungspunkt ziemlich abgerundet (Abb. 40a bis 40d.) Der Punkt A rückt immer mehr von C ab. Die Ventilerhebungslinien zeigen nach **Bach** den bedeutenden Einfluß von n auf die Ventilbeschleunigung bei beschränkter Pressungsdifferenz $p_u - p_o$. Trotz der Abnahme von s derart, daß $n^2 s$ nahezu konstant bleibt, öffnet das Saugventil immer langsamer.

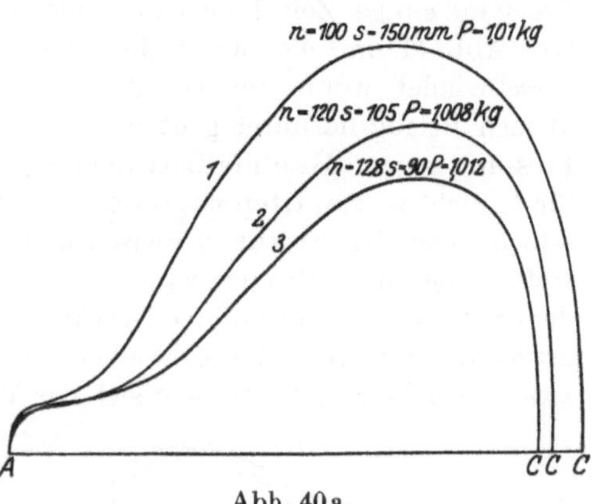

Abb. 40a.

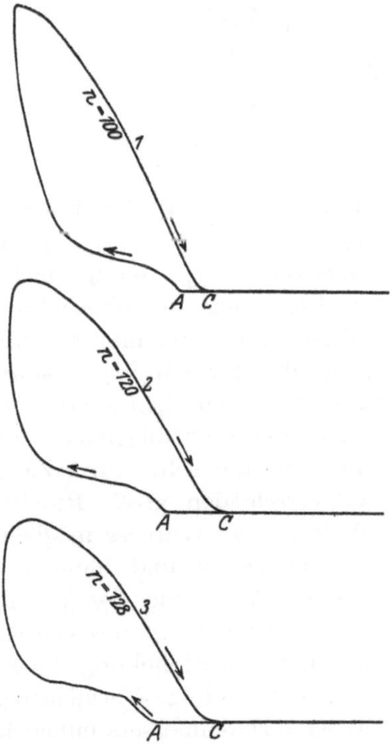

Abb. 40b bis 40d.

Er zeigt dann weiter, wie nach Erhöhung der Pressung im Druckwindkessel A sich noch mehr von C entfernt, das Ventil also noch langsamer und noch mehr verspätet öffnet und sich weniger hoch erhebt, und daß durch Zurückgehen auf die alte Pressung bei ein und derselben Pressung einige Zeit lang das Ventil an verschiedenen Stellen öffnet (vgl. Abb. 41 und 42), sowie daß diese Veränderlichkeit am raschesten verschwindet, wenn man von der hohen Pressung sofort auf einen sehr kleinen Betrag herunter geht und hierauf wieder auf die ursprüngliche Pressung steigt. Bach erklärt diese Erscheinung, die aus der Gleichung für k_v nicht zu erwarten ist, durch das Vorhandensein einer Flüssigkeitsschicht von der Stärke y zwischen den Dichtungsflächen beim Auftreffen, die um so dünner sein werde, je größer die Pressung sei, die auf dem Saugventil während der Druckperiode laste, sowie in der Ungleichartigkeit, überhaupt der Unvollkommenheit der Dichtungsflächen, und zwar wie folgt: „Denkt man sich das Ventil sehr rasch um z gehoben,

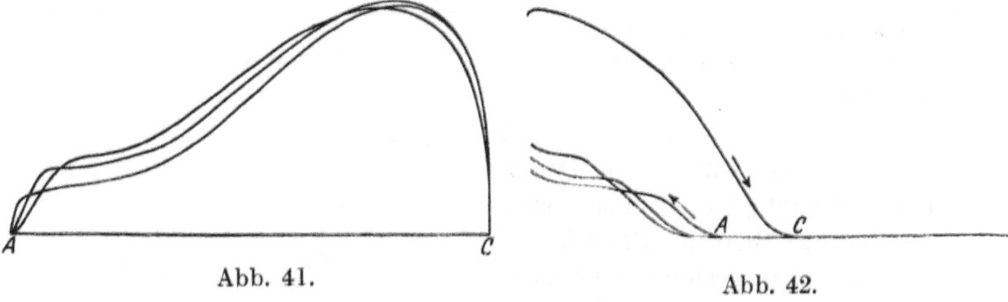

Abb. 41. Abb. 42.

so ist momentan der Raum zwischen den Dichtungsflächen f_s von der Größe $f_s y$ auf $f_s(y + z)$ vermehrt worden. Das vorhandene Flüssigkeitsvolumen $f_s y$ genügt nicht mehr, denselben zu erfüllen; es muß ein leerer, nur von Wasserdampf erfüllter Raum entstehen, sofern das Wasser durch die mantelförmigen Querschnitte $\pi d_1 y$ und $\pi d y$ nicht ausreichend rasch folgen konnte. Je größer nun y, d. h. je geringer das Ventil von oben gepreßt wurde, um so weniger leicht wird ein Abreißen der Dichtungsfläche des Ventils von der Flüssigkeit, wenn auch nur für eine sehr kurze Zeit, eintreten. Dieses Abreißen wird sich auf verschieden große Ringflächen erstrecken können, je nach dem Wert von y. Wäre es möglich, daß sich die Dichtungsflächen mathematisch genau und ohne Wasserschicht berührten, dann müßte bei rascher Abhebung des Ventils das Abreißen eine Fläche $\pi(d^2 - d_1^2)$ betreffen. Läßt man y von o an wachsen, so wird bei gleicher Raschheit der Ventilerhebung die Ringfläche, auf welche sich das Abreißen erstreckt, infolge Vermehrung ihres inneren und Verminderung ihres äußeren Durchmessers immer kleiner und schließlich bei einem gewissen Wert von y gleich o werden.“ Damit erklärt sich nach Bach auch die

Veränderlichkeit des zum Eröffnen des Druckventils nötigen Überdrucks.

Zur Messung des zur Eröffnung des Saugventils erforderlichen Überdrucks schlägt Bach folgendes Verfahren vor: Zur Bestimmung derjenigen Lage des Indikatorkolbens, in welcher derselbe, von seiner Feder auswärts gezogen und von der Atmosphäre einwärts gedrückt, gerade noch ruht, wird durch die Schraube *c*, Abb. 43, unter Vermittlung der Gabel *d* der Kolben so lange einwärts gedrückt, bis die Zuckungen gerade verschwinden. Auf diese Weise ist p_o ermittelt. Der Indikator muß nach den Angaben Bachs dabei am Saugventilgehäuse angeschlossen werden, damit die Pressungsverminderung, die der umkehrende, aus der Druck- in die Saugperiode übergehende Pumpenkolben erzeugt, gleich rasch an den Indikatorkolben wie an das Ventil gelangt. p_u ist aus Diagrammen zu bestimmen, abgenommen am Saugraum unmittelbar unter dem Ventil.

Von 1886 ab dienten die Ergebnisse der in jeder Beziehung hervorragenden Versuche Bachs, welche die Richtigkeit der bereits 1881 aufgestellten Regeln und Vorschläge für die Konstruktion von Ventilen (vgl. S. 7) mit Ausnahme derjenigen für die Größe des Ventilhubs vollauf bestätigten, als Grundlage für den Entwurf und die Berechnung von den untersuchten ähnlichen Ventilen, und zwar von reinen Gewichtsventilen und für größere Umdrehungszahlen von solchen, bei denen ein Teil des Gewichts durch Federbelastung ersetzt wird. Noch heute behalten diese Ergebnisse bei nicht zu hohen Umdrehungszahlen für entsprechende Ventile ihre volle Gültigkeit.

Abb. 43.

Später — im Jahre 1889 — von Hoppe[34]) im Anschluß an die Bachschen Versuche veröffentlichte irrtümliche Anschauungen (z. B. betr. das Zittern der Ventile beim Öffnen und Schließen) sowie von Hoppe unrichtig aufgefaßte und ausgelegte Erklärungen Bachs über von letzterem festgestellte Beobachtungen (z. B. über den Einfluß der Pressungsänderung im Druckwindkessel auf das Öffnen der Saugventile (s. S. 61 und 62) widerlegt bzw. klärt Bach selbst treffend in seinen Erwiderungen zu den Hoppeschen Arbeiten[35]). Die von Hoppe, der ebenfalls einen erheblichen Einfluß der Dichtungsflächenbreite feststellt, gegebene Beziehung zur Berechnung dieser Breite $b_s = 0{,}01\, d_1 + 0{,}2$ cm oder $b_s = 0{,}001\, p d_1 + 0{,}2$ cm bezeichnet Bach bei dieser Gelegenheit mit Recht als für praktische Ausführungen beim spielenden Ventil viel zu gering; ebenso wie er darauf hinweist, daß das Gesetz, gemäß welchem unter sonst gleichen Verhältnissen dasjenige Ventil das bessere sei, welches das spezifisch schwerere ist, das Hoppe als erster erkannt und ausgesprochen zu haben behauptet, damals bereits Gemeingut der Pumpeningenieure war.

III. Durch die Bachschen Versuche unmittelbar angeregte Arbeiten von Tobell und Westphal, sowie die Arbeiten von Müller, Rudolf und Schröder.

1. J. Tobell.

J. Tobell[28]) stellte 1889, veranlaßt durch die Bachschen Versuche, eine theoretische Untersuchung der Ventilbewegung, zunächst derjenigen des Schlusses, an, um die Bedingungen zu erhalten, durch deren Erfüllung der Ventilschlag vermieden bzw. möglichst abgeschwächt wird. In einer zweiten Arbeit 1890[29]) ging sein Bestreben auf die Erkenntnis des Gesetzes der Ventileröffnung, gegeben durch die Größen: Zeit, Geschwindigkeit und Beschleunigung, sowie der Veränderlichkeit der Pressung während der Eröffnung. Er berücksichtigte dabei insbesondere die Frage des Ventilüberdrucks im Hinblick auf die verschiedenartigen Versuchsergebnisse besonders von Bach und Riedler. Auch der Einfluß der bewegten Massen des Indikators, vor allem die der Eröffnung folgenden Wellenlinien im Indikatordiagramm wurden näher untersucht, um festzustellen, wieviel von jenen Wellenlinien auf den Masseneinfluß des Indikators und welcher Anteil auf Schwankungen der Pressung in der Pumpe zurückzuführen ist. Als erstes Ergebnis seiner Untersuchungen findet Tobell eine einfache Ableitung der von Bach auf dem Versuchsweg gefundenen Gesetze und die Erklärung der gesetzmäßigen Abweichungen mancher seiner Versuchsergebnisse von den Gesetzen. Auch der Einfluß anderer Größen, die Bach bei seinen Versuchen nicht ändern konnte, oder nicht berücksichtigte, wie z. B. der Ventilsitzabmessungen, der Federbelastung, des schädlichen Raumes usw., wird aus den Darstellungen Tobells ersichtlich. Außerdem berücksichtigt er neben den allgemeinen auch noch einige besondere Gesetze des Antriebs und dehnt seine Betrachtungen auch auf Gebläse, Kompressoren usw. aus.

Ausgehend von den durch Bach festgestellten Tatsachen, daß

1. sämtliche verschobenen Ventildiagramme deutlich erkennen lassen, daß der Schluß stets nach der Totlage erfolgt,

2. daß da, wo ein Schlag nachgewiesen wird, nie eine tangentiale Anschmiegung der Ventilerhebungslinie an die Nullinie erscheint, wie dies der Pufferwirkung der Wasserschicht zwischen den Sitzflächen bei Vermeidung des Schlages entspricht, daß also in jenem Fall ein leichtes Ausweichen des Wassers unter dem Ventil möglich sein müsse,

3. daß an der Grenze des Auftretens des Ventilschlages $\frac{n^2 s \cdot F}{P} = \text{const}$ ist,

4. daß der Schlag, der schon bei geringer Vergrößerung von n, F und s und Verkleinerung von P eintritt, einen scharfen Klang hatte,

während sonst der Schluß des Ventils kaum hörbar, dagegen die Eröffnung stets von einem dumpfen Ton begleitet war,

5. daß im Falle eines Schlages insbesondere in den verschobenen Ventil- und Indikatordiagrammen mit Sicherheit stets das Vorhandensein eines Überdrucks auf das Ventil nachweisbar ist, gelangte Tobell zu folgenden Erwägungen: „Eine scharfe Grenze in der Art des Ventilschlusses muß bei Veränderung der maßgebenden Größen n, F, s und P sich dann zeigen, wenn ein Überdruck auf das Ventil, von ungleichen Pressungen zu beiden Seiten desselben herrührend, entsteht. Ein solcher kann sich aber nach jener Totlage des Kolbens bilden, welche dem Schluß des Ventils entspricht. Für die Bewegungsphase des Ventils nach jener Totlage bewegen sich Kolben und Ventil gleichsinnig. Die zwischen Kolben und Ventil befindliche Flüssigkeit wird vom Kolben gedrückt und folgt dem schließenden Saugventil, oder sie folgt dem Kolben und ihr folgt das schließende Druckventil. Eine Druckwirkung der Flüssigkeit auf das Ventil im Sinne der Schlußbewegung kann nun nicht stattfinden, wenn die Bewegung von Kolben und Ventil im ganzen Verlauf der Schlußphase so ist, daß sie die Pressung jener Flüssigkeitsmasse nicht zu ändern strebt, und dies ist der Fall, wenn in jedem Zeitelement der Schlußphase die vom Kolben durchlaufenen Räume kleiner sind als die von der unteren Ventilfläche durchlaufenen. Im selben Verhältnis müßten demnach auch die gleichzeitigen Geschwindigkeiten stehen. Beim Druckventil bildet sich somit ein Überdruck dann, wenn die durch die wirksame Belastung beeinflußte Geschwindigkeit des Ventils in einem Augenblick der Schlußphase kleiner wird als die durch die Kolbenbewegung sich ergebende Senkungsgeschwindigkeit der Flüssigkeit unter dem Ventil. Wäre die Ventilgeschwindigkeit größer als jene Senkungsgeschwindigkeit, so würde eine hemmende Wirkung auf das Ventil ausgeübt werden. Beim Saugventil bildet sich ein Überdruck dann, wenn die Geschwindigkeit des durch seine Belastung beeinflußten Ventils kleiner ist als die Geschwindigkeit, mit der die Flüssigkeitsmasse über dem Ventil infolge der Kolbenbewegung dem Ventil folgt. Auch hier bewirkt dieser Überdruck die erhöhte Ausflußgeschwindigkeit des Rückströmens am Ventilumfang. Würde das Ventil eine größere Geschwindigkeit als die ihm folgende Flüssigkeit über ihm annehmen, so müßte die neuerliche Saugwirkung das Ventil schwebend erhalten. Die Grenze also, bei welcher sich ein Überdruck auf das Ventil bildet, der sich durch einen metallischen Schlag zwischen Ventil und Sitz bei den Bachschen Versuchen geltend machen mußte, ist dadurch gegeben, daß die Geschwindigkeit des Ventils am Ende der Schlußbewegung (oder genauer in einer solch geringen, nur Bruchteile eines Millimeters betragenden, sonst von der Sitzbreite abhängigen Entfernung vom Sitz, wo die

Pufferwirkung sicher zum Ausdruck kommt) zur gleichzeitig stattfindenden Kolbengeschwindigkeit im umgekehrten Verhältnis der dem Kolben zugewendeten freien Ventilfläche f' und der Kolbenfläche F stehen muß. Dabei ist unter f' diejenige Ventilfläche oder Summe von Flächen zu nehmen, in welcher die dem Kolben zugewandte Flüssigkeitsmenge sich freier, ohne verhältnismäßig bedeutende Widerstände bewegen kann, also beim Druckventil die Ventilsitzdurchgangsfläche (f_1), während beim Saugventil die ganze ebene Ventilfläche (f) hierfür genommen werden kann."

Für den Grenzfall der Vermeidung des Schlags muß also nach Tobell sein: $f' v_s = F \cdot u_s$ oder $\frac{v_s}{u_s} = \frac{F}{f'}$, wenn v_s und u_s die Geschwindigkeiten von Ventil bzw. Kolben beim Schluß des Ventils bedeuten.

Für den Grenzfall der gleichförmig beschleunigten Ventilbewegung findet Tobell, wenn k_v die durch seine wirksame Belastung und seine Masse gegebene Beschleunigung des Ventils für die kleine Strecke h_0 bedeutet, die vom Augenblick der Kolbentotlage bis zum Ventilschluß noch zurückzulegen ist, und wenn v_{s_0} die Geschwindigkeit des Ventils im Augenblick der Totlage des Kolbens ist, die Endgeschwindigkeit aus

$$v_s^2 - v_{s_0}^2 = 2\,k_v\,h_0,$$

die Zeit des Schlusses nach der Kolbentotlage aus

$$t_0 = \frac{v_{s_0}}{\frac{F}{f'}\,k_0 - k_v}$$

und die Ventilbeschleunigung

$$k_v = \frac{F}{f'}\,k_0 - \left[\frac{v_{s_0}^2}{4\,h_0} + \sqrt{\frac{v_{s_0}^2}{2\,h_0}\cdot\frac{F}{f'}\,k_0 + \frac{v_{s_0}^4}{16\,h_0^2}}\right]$$

$$= \frac{F}{f'}\,k_0 - \left[\frac{a}{2} + \sqrt{a\left(\frac{F}{f'}\,k_0 + \frac{a}{4}\right)}\right],$$

worin $a = \frac{v_{s_0}^2}{2\,h_0}$ und k_0 die Anfangsbeschleunigung des Kolbens, dessen Bewegung als gleichförmig beschleunigt angenommen sei, bedeutet.

Unter Beachtung, daß $\frac{v_{s_0}^2}{2\,h_0} = a$ eine Verzögerung darstellt, welche die Vernichtung der Geschwindigkeit v_{s_0} auf der Strecke h_0 hervorbringen würde, ferner daß die für $v_{s_0} = 0$ sich ergebende notwendige größte Beschleunigung $\frac{F}{f'} \cdot k_0 = k_v'$ die Beschleunigung der Flüssigkeit ist, welche mit der dem Kolben zugewendeten Ventilfläche geht, ergibt sich nach Tobell bei Vernachlässigung der Bewegungswiderstände des Ventils die notwendige Mindestbeschleunigung

$$k_{v_{\min}} = k'_v - \left[\frac{a}{2} + \sqrt{a\left(k'_v + \frac{a}{4}\right)}\right].$$

Unter Berücksichtigung des Umstandes, daß das niedergehende Ventil, das anfangs rascher fällt als die Flüssigkeitsschicht an ihm, durch diese relative Bewegung eine Verzögerung erfährt, welche höchstens einer relativen Höchstgeschwindigkeit v_{s_0} entsprechen könnte, erhält Tobell $k_{v_{\max}} = k_{v_{\min}} + \zeta \cdot v_{s_0}^2$.

Ist a konstant, was Tobell nachweist, dann muß die Beschleunigung k_v konstant sein, wenn $k'_v = \frac{F}{f'} \cdot k_0 = \text{const}$ ist. Bei Kurbelantrieb ist

$$k_0 = \left(1 \pm \frac{s}{2L}\right)\left(\frac{\pi n}{30}\right)^2 \cdot \frac{s}{2} = \frac{r}{L}\left(\frac{\pi n}{30}\right)^2 \cdot \frac{s}{2}\,^{1)},$$

also

$$k'_v = \frac{F}{f'}\,\frac{r}{L}\left(\frac{\pi n}{30}\right)^2 \cdot \frac{s}{2} = \text{const}.$$

Bach fand

$$n^2 \cdot F \cdot s = \text{const} \quad \text{oder} \quad n \cdot u_m \cdot F = \text{const}.$$

Die Beziehung Tobells läßt somit außerdem erkennen, daß an der Grenze des stoßfreien Schlusses das Quadrat von n bzw. die Kolbengeschwindigkeit, der Hub und der Kolbenquerschnitt in geradem Verhältnis zur Ventilfläche f' (beim Druckventil $= f_1$, beim Saugventil $= f$) stehen müssen.

Die Bachschen Diagramme gestatteten Tobell eine Nachprüfung der gegebenen Beziehung

$$k_{v_{\min}} = k'_v - \left[\frac{a}{2} + \sqrt{a\left(k'_v + \frac{a}{4}\right)}\right].$$

Bei allen Versuchen ist, wie es die Gleichung für $k_{v_{\min}}$ fordert, die aus der wirksamen Belastung P und der Ventilmasse $\frac{G}{g}$ folgende wirksame Beschleunigung $k_{v_P} = \frac{P}{G} \cdot g < k'_v$.

---

[1]) Tobell bemerkt zu dieser Gleichung, daß der Einfluß von $\frac{r}{L} = 1 \pm \frac{s}{2L}$ es mit sich bringe, daß die Ventile hinsichtlich ihrer notwendigen Belastung an der Grenze des schlagfreien Schlusses sich ungleich verhalten müssen, und daß diese Verschiedenheit um so größer werde, je kleiner das Antriebsverhältnis $\frac{2L}{s}$ ist, und daß diese Verschiedenheit zusammen mit der, welche durch diejenige von f_1 für Saug- und Druckventile hervorgeht, an einer doppeltwirkenden Pumpe bewirke, daß das hintere Druckventil am schlechtesten, das hintere Saugventil am besten daran ist, während bei den vorderen Ventilen die beiden gekennzeichneten Einflüsse sich subtrahieren.

Ebenso lassen nach Tobell alle Diagramme erkennen, daß beim Eintreten des Schlagens die auf den Querschnitt f' reduzierte Kolbengeschwindigkeit $\frac{F}{f'} u_s$ im Augenblick des Auftreffens des Ventils auf seinem Sitz größer ist als die Geschwindigkeit des Ventils, d. h. $\frac{F}{f'} u_s > v_s$, und daß, wenn kein Schlag eintritt, das Gegenteil der Fall ist, d. h. $\frac{F}{f'} u_s < v_s$. In allen Fällen, wo ein Schlag eintritt, steht also das Ventil (vgl. S. 65 und 66), wie auch Bach ausdrücklich bemerkt (s. S. 46 u. f.) und wie sich aus den verschobenen Indikatordiagrammen nachweisen läßt, unter einem Überdruck, der eben die Folge des Unterschiedes der Geschwindigkeiten $\frac{F}{f'} u_s$ und v_s ist.

In allen Fällen ohne Stoß ergab sich nach Tobell aus den Diagrammen

$$k_{v_P} > k_v' - \left[\frac{a}{2} + \sqrt{a\left(k_v' + \frac{a}{4}\right)}\right].$$

In den Grenzfällen war die Differenz

$$k_{v_P} - \left[k_v' - \left\{\frac{a}{2} + \sqrt{a\left(k_v' + \frac{a}{4}\right)}\right\}\right],$$

nur einige Prozente von k_{v_P}, die den Bewegungswiderständen des Ventils zugesprochen werden können.

Bei den Versuchen, bei denen ein Schlag nachgewiesen wurde, fand die Beziehung

$$k_{v_P} < k_v' - \left[\frac{a}{2} + \sqrt{a\left(k_v' + \frac{a}{4}\right)}\right]$$

nicht immer statt. Bei Berücksichtigung der Widerstandsverzögerung im Wasser $\zeta v_{s_0}^2$ und der Reibungswiderstände des Ventils hat man nach Tobell auch in diesen Fällen

$$k_{v_P} < k_v' - \left[\frac{a}{2} + \sqrt{a\left(k_v' + \frac{a}{4}\right)}\right] + \zeta \frac{v_{s_0}^2}{2g}.$$

Die Gleichung für $k_{v_{\min}}$ zeigt auch, daß $k_{v_{\min}}$ zunimmt, wenn $a = \frac{v_{s_0}^2}{2h_0}$ kleiner wird, und das geschieht, wie die Diagramme zeigen, mit zunehmender Umdrehungszahl, die h_0 vergrößert.

Auch der Einfluß der Hubbegrenzung macht sich nach Tobell in der Größe von a geltend, die sich bei Konstanz der übrigen Faktoren mit dem Hub ändert. Wie die Diagramme zeigen, bleibt v_{s_0} bei Anordnung einer mäßigen Hubbegrenzung konstant, während h_0 bedeutend größer wird. Daher wird a kleiner, k_v größer. Bei weitergehender Hubbegrenzung zeigen die Diagramme, daß $\frac{v_{s_0}}{h_0}$ nahezu konstant bleibt, v_{s_0} selbst aber immer kleiner (die Tangenten an der Ventilhublinie werden immer weniger steil, vgl. Abb. 27, S. 50), somit $\frac{v_{s_0}^2}{2\,h_0} = a$ immer kleiner und damit k_v größer wird, so daß der Schluß, wie dies die Diagrammgruppen auch zeigen, für ein konstantes k_v durch die Hubbegrenzung schlagend werden kann. Wird mit dieser Begrenzung unter eine gewisse Hubgröße gegangen, für die aber dann die Ventilwiderstände allein schon unstatthaft groß werden, so kommt nach Tobell wieder die Pufferwirkung der Flüssigkeit zwischen Ventil und Sitz zur Geltung, so daß der Schlag wieder verschwindet.

Tobell zeigt ferner an Hand der Gleichung für $k_{v_{\min}}$, daß eine Veränderung von n und s in zweierlei Weise auf die Größe der Ventilbelastung P einwirkt, nämlich durch die gleichzeitige Änderung von k_v' und a. Bei Steigerung von n wächst k_0 und k_v', gleichzeitig aber auch a, denn die Diagramme für solche Änderungen zeigen, daß v_{s_0} und h_0 annähernd proportional wachsen, so daß $\frac{v_{s_0}^2}{2\,h_0} = a$ größer wird. Diese Änderungen von k_v' und a wirken einander in der Gleichung von k_v entgegen; doch überwiegt der Einfluß von k_v', und zwar so, daß mit wachsendem k_v' ein größeres als proportionales Wachsen von k_v stattfindet.

Weiter läßt die Gleichung für $k_{v_{\min}}$ nach Tobell auch erkennen, daß k_v bei konstantem a mit wachsendem n wächst, da für $k_v' = 0$ der Ausdruck für $k_{v_{\min}}$ ein Minimum wird. Er weist darauf hin, daß auch die Bachschen Versuche ergeben haben, daß bei bedeutender Steigerung von n die Kolbenhübe für die Grenze des stoßfreien Schlusses noch kleiner sein müssen, als es der Gleichung $n^2\, s =$ const. entsprechen sollte.

Tobell glaubt, aus der Übereinstimmung der theoretischen Ableitungen mit den Ergebnissen an der kleinen Bachschen Versuchspumpe die erhaltenen Gesetze allgemein ausdehnen zu dürfen, welche ergaben, daß es hinsichtlich der notwendigen Ventilbelastung auf die Beschleunigung des Kolbens in der Totlage, bei welcher der Schluß der Ventile stattfindet und den Quotienten $\frac{F}{f}$ ankommt, da beide Größen bei den Bachschen Versuchen Werte gehabt haben, welchen diejenigen in der Praxis entsprechen.

Der Wert a war nun für die Versuchspumpe Bachs schon klein und wird bei Pumpen in der Praxis, die kleinere Hübe haben, sehr klein sein, so daß mit aller Sicherheit zur Vermeidung eines schlagenden Schlusses nach der Beziehung für $k_{v_{\min}}$

$$\boldsymbol{k_v = k_0 \frac{F}{f'}} \quad \text{oder} \quad \boldsymbol{\frac{F}{f'} s \cdot n^2 = \text{const}}$$

zu nehmen wäre.

Auch nach Bach ist es vornehmlich die Beschleunigung des Kolbens beim Hubbeginn, welche den Schluß der Ventile beeinflußt. Größere Beschleunigung erfordert für richtigen Ventilgang größere wirksame Belastung, vornehmlich um rechtzeitigen Schluß zu erzielen.

Tobell stellt ausdrücklich fest, daß die aus seinen Betrachtungen folgenden Gesetze nur gelten für Pumpen und Gebläse, die durch gleichförmige Kurbelbewegung angetrieben werden. Für andere Antriebsarten ist der Wert k_0 für die Anfangsbeschleunigung des Kolbens eine andere. Bei Balanciermaschinen mit Hilfsumlauf z. B. ist dem Werk k_0, wenn gleichförmige oder annähernd gleichförmige Umdrehung vorausgesetzt wird, noch ein Faktor hinzuzufügen, der von den Abmessungen der Vorrichtung abhängig ist, welcher die schwingende Kolbenbewegung mit dem Kurbelumlauf verbindet.

Bei sehr ungleichförmiger Kurbelbewegung, wie dies z. B. bei mit stark veränderlicher Umdrehungszahl laufenden Wasserhaltungsmaschinen bei langsamem Gang der Fall ist, ist nach Tobell der Ausdruck

$$k_0 = \left(1 \pm \frac{s}{2L}\right)\left(\frac{\pi n}{30}\right)^2 \frac{s}{2}$$

nicht mehr verwendbar. In diesem Falle hat man nach Tobell für die Grenze des stoßfreien Ventilschlusses mit $k_0 = \omega_0^2 \frac{s}{2} = \text{const}$, anstatt $\frac{F}{f'} s \cdot n^2 = \text{const}$,

$$\boldsymbol{\frac{F}{f'} s \left(n - \frac{45A}{n}\right)^2 = \text{const}},$$

worin ω_0 die Winkelgeschwindigkeit des Umlaufs für die Totlage der Kurbel, $2A = \omega_1^2 - \omega_0^2$, und ω_1 eine auf ω_0 irgendwann folgende Höchstgeschwindigkeit und A den für das Wachsen der Geschwindigkeit maßgebenden Überschuß der aktiven und passiven Arbeiten für die auf den Einheitskreis reduzierte Masseneinheit der bewegten Gewichte im Augenblick der Geschwindigkeit ω_1 bedeutet.

Für die direkt wirkenden Dampfpumpen ohne Umlauf, die mit voller oder nahezu voller Füllung im Dampfzylinder arbeiten und bei denen die Kolbenbewegung anfangs beschleunigt, dann über den größten Teil des Hubs konstant und gegen Ende verzögert ist, findet Tobell für die Anfangsbeschleunigung $k_0 = a \cdot n^2 s^2$ (worin a eine Konstante), so daß man **für die Grenze des stoßfreien Schlusses** die Beziehung erhält:

$$\frac{F}{f'} n^2 s^2 = \text{const}.$$

Eine Erhöhung von n wirkt also nach Tobell bei diesen Pumpen nur einfach auf die erforderliche Hubverminderung, eine Erhöhung von F nur in der Quadratwurzel. Diese Pumpen ertragen also mit Rücksicht auf den Schluß der Ventile eine Vergrößerung der quantitativen Leistung besser als die Pumpen mit gleichförmigem Umlauf.

Daß der Ventilschluß noch bedeutend verbessert wird durch Hubpausen, wie sie bei den sog. Duplexpumpen (zwei nebeneinander liegenden, sich gegenseitig steuernden, direkt wirkenden Dampfpumpen gleicher Bauart) auftreten — die Kolben bleiben infolge der Eigenart der Steuerung einen Augenblick in der Totlage stehen, ehe sie den neuen Hub beginnen —, soll hier ebenfalls erwähnt werden. Während der Hubpause schließt das durch die Endverzögerung schon seinem Sitz sehr nahe gekommene Ventil völlig ab. Der Schluß erfolgt hier nicht nach Kolbenumkehr; das Ventil bewegt sich vielmehr im ruhenden Wasser gegen den Sitz; das unter ihm befindliche Wasser kann nur durch den Spalt entweichen, wobei, wie wir später sehen werden, eine sehr dünne Wasserschicht zwischen den Sitzflächen zurückbleiben muß, wodurch wiederum geräuschloser Ventilschluß gesichert ist.

In der bezeichneten zweiten Arbeit stellt Tobell mit Hilfe der Bachschen verschobenen Ventildiagramme zunächst fest, daß das Ventil, besonders aber das Druckventil, bei seiner Eröffnung in äußerst geringen, manchmal verschwindend kleinen Hubhöhen eine Geschwindigkeit besitzt, die zunächst langsam abnimmt, um erst mit der gleichzeitig wachsenden Kolbengeschwindigkeit wieder zuzunehmen. Die Eröffnungsgeschwindigkeit v_0, welche durch die im Eröffnungsbeginn auftretenden, das Ventil beschleunigenden Kräften hervorgebracht wird, bestimmte Tobell aus dem Neigungswinkel der Erhebungslinie gegen die Grundlinie, außerdem ermittelte er ebenfalls aus diesen Diagrammen die Kolbengeschwindigkeit u_0 zur Zeit der Ventileröffnung. Er fand, daß die Eröffnung mit einer Geschwindigkeit erfolgt, die mit der gleichzeitigen Kolbengeschwindigkeit zunimmt und daß für die Bachschen Versuche mit dem normalen Tellerventil nach Abb. 9, S. 31 $\left(\frac{F}{f_1} = 1{,}96\right)$ sich die Eröffnungsgeschwindigkeit v_0 im Mittel stets kleiner als $\frac{F}{f_1} u_0$,

d. h. als die Durchgangsgeschwindigkeit des Wassers im Ventilsitz ergibt, und zwar im Mittel gleich 1,568 u_0 anstatt 1,96 u_0 [1]).

Weiter findet Tobell, daß die Ventilerhebung am Ende der Beschleunigungsperiode der Eröffnung bei der erreichten Eröffnungsgeschwindigkeit nur 0,1 bis 0,2 mm betrug (in einzelnen Diagrammen war sie etwas größer, im Maximum 0,4 mm) und zeigt, auf welch geringen Betrag der Überdruck, den die Diagramme so bedeutend anzeigen, bei so geringen Erhebungen herabgesunken ist, wenn ein solcher überhaupt noch besteht. Der Ansatz der Eröffnungslinie im verschobenen Ventilerhebungsdiagramm war dabei eckig. Nach Tobell wird derselbe um so schärfer, je später die Eröffnung nach der Totlage beginnt. Zur Verfolgung des Zusammenhangs des Eröffnungsbeginns des Druckventils mit dem vorhergehenden Schluß des Saugventils und dem gleichzeitigen Anstieg der Saug- zur Druckpressung zeichnet Tobell den Zeitpunkt der Eröffnung auch in das verschobene Indikatordiagramm ein und findet so zunächst, daß in diesem Zeitpunkt der Indikatorkolben im allgemeinen auf einer Höhe steht, welche bedeutend über der der Saugspannung in der Totlage entsprechenden liegt, woraus, wenn auch noch den nacheilenden Indikatoranzeigen Rechnung getragen wird, ersichtlich ist, daß eine Beschleunigung des schließenden Saugventils durch die vom Kolben geschobene Wassermasse in der Pumpe erfolgte. Bei rechtzeitigem Schluß des Saugventils, oder wenn die durch die Federbelastung gegebene Beschleunigung das Ventil vor jener Wassermasse hertreiben würde, könnte eine solche Drucksteigerung nicht vorkommen, es müßte im Gegenteil eine Abnahme der Pressung vor dem Anstieg zur Druckpressung eintreten. Dieser frühzeitige Schluß des Saugventils wird sich mit zunehmender Beschleunigung des Pumpenkolbens in den Totlagen immer weniger geltend machen, was Tobell aus den verschobenen Diagrammen mit den verhältnismäßig größten Beschleunigungen auch feststellte, denn diese zeigen die geringste Senkung der Sauglinie nach der der Totlage entsprechenden Mitte. Er findet aber, daß in diesen Fällen bei der großen Kolbengeschwindigkeit und Beschleunigung nach dem Schluß des Saugventils durch den eindringenden Kolben eine so rasche Drucksteigerung

---

[1]) Tobell stellt dies als richtig fest, da für den Beginn der Eröffnung durch die von dem vordringenden Kolben hervorgebrachte Kompression infolge der Ausdehnung der Pumpenwände der Inhalt des geschlossenen Pumpenraums vergrößert und damit die der wirklichen Pressungsänderung entsprechende Wasser-Menge kleiner und zwar für die Bachsche Pumpe das 0,8fache der ursprünglichen menge wird, und weil infolge dieser Verminderung der gegen das Ventil tretenden Flüssigkeitsmenge die Durchgangsgeschwindigkeit in der Ventilöffnung auch nur $0{,}8 \cdot \frac{F}{f_1} u_0 = 1{,}568\, u_0$ wird. Eröffnungs- und Durchgangsgeschwindigkeit werden also im Mittel gleich.

in dem nun geschlossenen Pumpenraum eintritt, daß der Indikator wegen der Trägheit seiner Massen die Drucksteigerung mit der größten Verspätung anzeigt. Der in jenen Diagrammen eingetragene Eröffnungspunkt A fällt nach Tobell durchweg in den Beginn des Anstiegs der Sauglinie zur Drucklinie hinein, während er sonst mehr oder weniger in diesen Anstieg selbst zu liegen kommt. Ein deutlicher Abfall der Sauglinie entspricht nach Tobell auch einer früheren Eröffnung des Druckventils, während eine spätere Eröffnung eintritt, wenn der Punkt in den Anstieg hineinfällt. An Hand derjenigen Bachschen Diagramme, in welche die wahre Größe und Lage des höchsten Druckes während der Eröffnung eingetragen ist, weist Tobell aus der Lage der Zuckungen nach, daß der höchste Druck während der Eröffnungsbeschleunigung des Ventils, d. h. während 0,1 bis 0,2 mm Hub, stattfindet, daß die höchste Druckpressung sehr rasch zurückgeht und die normale Druckpressung bereits zu jener Zeit erreicht sein wird, in der der Indikatorkolben seinen höchsten Stand hat.

Die Diagrammlinie für den Abfall der Druckspannung beim Beginn des Saugens verglichen mit der Ventilschlußlinie ergibt nach Tobell folgendes: Eröffnung des Saugventils hat statt nach Schluß des Druckventils. Der Augenblick des Schlusses des Druckventils aus dem verschobenen Ventildiagramm ins verschobene Indikatordiagramm eingetragen, zeigt, daß in den Fällen, in denen die Ventilschlußlinie eine Ecke bildet, das Ventil also mit Stoß schließt, die übertragene Schlußpunktsordinate im Indikatordiagramm den abfallenden Teil der Diagrammlinie schneidet, und daß in allen den Fällen, in denen die Ventilschlußlinie tangential an die Grundlinie anschließt, seine Ordinate in den einer Drucksteigerung am Ende der Drucklinie nach der Diagrammmitte entsprechenden kurzen Kurvenanstieg (Abb. 30, S. 53, Punkt d) fällt. Diese Drucksteigerung findet nach Tobell immer statt, wenn durch die Belastung des Ventils in Verbindung mit seiner in der Totlage des Kolbens erreichten Geschwindigkeit ein rascherer Niedergang des Druckventils erfolgt, als der Beschleunigung des Kolbens entspricht. Jedoch kann auch das Fehlen einer solchen Drucksteigerung ein Zeichen richtigen Schlusses des Druckventils sein, wenn dieses mit geringer Geschwindigkeit und in geringem Abstand sich vom Sitz befindet.

Die Übertragung des Eröffnungspunktes des Saugventils ins verschobene Indikatordiagramm zeigt, wie bereits gesagt, daß das Saugventil nach Schluß des Druckventils öffnet und außerdem, daß auch die Eröffnung des Saugventils eine Beschleunigungsperiode aufweist, die mit Erzielung einer Eröffnungsgeschwindigkeit abgeschlossen erscheint, welche hierauf ab- und erst mit wachsender Kolbengeschwindigkeit wieder zunimmt. Diese Ventilerhebung bei Eröffnung kann aber wesentlich höhere Werte ergeben (bis 1 mm) als beim Druckventil, da die Beschleunigungsgröße des Ventils durch die Atmosphäre bzw. den im Windkessel herrschenden Druck begrenzt ist.

Aus den eben besprochenen Ergebnissen der Bachschen Versuche folgert nun Tobell hinsichtlich der Eröffnungsart, daß trotz der S. 71 und 72 festgestellten Übereinstimmung von Eröffnungsgeschwindigkeit und Ventilsitzdurchgangsgeschwindigkeit die Eröffnung des Druckventils nicht als einfaches Mitnehmen desselben angesehen werden könne. Ebensowenig dürfe man sich ein Aufstoßen des Ventils lediglich durch die dem Ventilsitzdurchgang zuströmende Flüssigkeit vorstellen, denn dann müßte infolge der elastischen Rückwirkungen die Ventilgeschwindigkeit größer als jene Strömgeschwindigkeit sein. Nach seiner Ansicht ist aber die Eigenschaft der stoßweisen Eröffnung nicht zu verkennen, da der Ansatz der Eröffnungslinie in den meisten Fällen so scharf erfolgt, daß ein Übergang oft gar nicht zu erkennen ist.

Der langsame Anstieg beim Saugventil bis zur Erreichung der Eröffnungsgeschwindigkeit ist nach Tobell ein unverkennbares Zeichen dafür, daß die Beschleunigung des Saugventils unter ruhigem Druck erfolgt. Auch die unmittelbare Beobachtung Bachs „mit dumpfem Ton öffnet das Druckventil, kaum hörbar das Saugventil" deutet nach Tobell auf stoßweise Eröffnung des Druckventils hin.

Bei einem solchen Stoß (in dynamischem Sinn) werden nach Tobell durch den Einfluß der bewegten Wassermasse an der vom Wasser getroffenen Grenzfläche des Ventils Molekularkräfte geweckt, welche dem Ventil eine Geschwindigkeit erteilen, die hinreicht, das Ventil von seinem Sitz, wenn auch um eine sehr kleine Größe, zu heben und so den Druckausgleich zwischen dem Pumpeninnern und dem Druckraum zu ermöglichen. Dieser Ausgleich kann schon durch die während der Stoßzeit stattfindende Formänderung des Ventils an der Sitzfläche begünstigt werden. Denn als erwiesen ist nach Tobell aus dem Vorgehenden anzunehmen, daß nach Erreichung der Eröffnungsgeschwindigkeit keinerlei Überdruck auf das Ventil stattfindet. Der stattgefundene Druckausgleich ermöglicht durch die strömende Bewegung der Flüssigkeit, daß das Ventil offen gehalten, und durch die Steigerung der Strömgeschwindigkeit, daß es weiter geöffnet wird.

Die Möglichkeit der Entstehung eines Stoßes bei der Eröffnung des Druckventils erklärt Tobell wie folgt: „Die Flüssigkeit in der Pumpe befindet sich nach der Totlage des Kolbens vor diesem zum noch nicht geschlossenen Saugventil in Bewegung. In dem Maß, als das Saugventil sich schließt, teilt sich diese Geschwindigkeit auch der Wassermasse mit, die zum Druckventil führt. Nach erfolgtem Schluß des Saugventils kann man es daher in der Pumpe mit einer Wassermasse zu tun haben, welche sich vom Kolben gegen das Druckventil in Bewegung befindet. Das Ergebnis müßte demnach ein Stoß sein, welcher durch die bewegte

Masse des Pumpengestänges vermittels der Wassermasse mit einer durch die eben stattfindende Kolbengeschwindigkeit bestimmten Stärke ausgeübt wird und welcher das Ventil bewegt. Wenn die gleichzeitig stattfindende Druckausgleichung vollendet ist, hält diese infolge der fortschreitenden Kolbenbewegung das Druckventil offen, und die Steigerung der Kolbengeschwindigkeit verursacht dessen weitere Eröffnung. Durch die verschobenen Ventildiagramme bestärkt, muß man annehmen, daß während des Stoßes eine Bewegung der ganzen oder eines Teils der Wassermasse über dem Ventil nicht stattzufinden braucht, wie die scharfen Ansätze der Erhebungslinien zeigen; der während des Stoßes erfolgende Antrieb des Ventils durch die an der Stoßfläche erweckten Elastizitätskräfte kann lediglich innerhalb der Formänderungswege erfolgen. Während des Stoßes wird in der Flüssigkeit die Pressung, die sich während des Schlusses des Saugventils heranbildete, erhöht, so daß eine Höchstpressung entsteht, die abhängig sein wird von den Abmessungen und den Belastungsverhältnissen des Ventils sowie von der Gangart der Pumpe. Insbesondere ist der Einfluß der Saugventile, welche die Pressung und die Kolbengeschwindigkeit zu Beginn des Stoßes bestimmen, hervorzuheben. Die Erkenntnis der Entstehung der Höchstpressung in der Flüssigkeit unter dem Ventil bei der Eröffnung durch Stoß läßt nun folgern, daß diese nicht unbedingt die Pressung im Druckraum übersteigen muß, wenn das Saugventil verspätet schließt. Im Ventil selbst muß allerdings, wenn eine Bewegung der oberen Ventilfläche eintreten soll, eine Pressung größer als jene im Druckraum herrschen. Diese kann aber durch den Einfluß der von der unteren Seite in Bewegung gesetzten Ventilmasse erreicht werden, gleichsam als dynamische Pressung entstehen. Bei verspätetem Schluß des Saugventils hat man also eine zweite mögliche Art der Eröffnung, nämlich die durch den Druck des vom Kolben gepreßten Wassers im Pumpenzylinder.

Ist für den Grenzfall das Saugventil in der Kolbentotlage geschlossen, dann ist es unter der Voraussetzung, daß sich in der Pumpe kein flüssigkeitsfreier Raum befindet, undenkbar, daß bewegte Flüssigkeit das Ventil vor der Eröffnung trifft. Die Flüssigkeit im Pumpeninnern muß dann auf eine Pressung zusammengedrückt werden, welche das Ventil zu heben imstande ist; dann muß ein Überdruck auftreten, und der Höchstwert desselben ist bestimmt durch die während des ersten Anhubes durch den pressenden Kolben und das nachgebende Ventil bestimmte Zusammenpressung der Flüssigkeit.

Ist jedoch durch die Bauart der Pumpe und ihrer Ventile sowie die Art des Saugens die Möglichkeit gegeben, daß sich unter dem Druckventil eine Luftblase bildet, dann kann bei genügender Größe derselben auch bei Schluß des Saugventils in der Totlage der Stoß der vom Kolben gehobenen Flüssigkeit gegen das Ventil noch vor Erreichung des sonst notwendigen Höchstdrucks das Ventil öffnen, auch da kann die wirklich eintretende Höchstpressung unter der Pressung im Druckraum bleiben. Der notwendige Ausgleich der Pressungen zu beiden Seiten des Druckventils erfolgt, das beweisen die Bachschen Diagramme, schon bei äußerst geringen Zwischenräumen zwischen Ventil und Sitz.

Zwischen den beiden eben hervorgehobenen Grenzfällen der Eröffnung durch reinen Stoß oder Druck ist nun mit Rücksicht auf die beschleunigte Kolbenbewegung nach der Totlage und die Form des Pumpenkörpers eine Kette von Eröffnungserscheinungen denkbar, welche die Verbindung jener Grenzfälle darstellt."

Tobell kennzeichnet also die Eröffnung des Druckventils als eine durch den Stoß bewegter Wasser- und Gestängemassen unterstützte Druckwirkung, deren Natur von der Bauart der Pumpe und der Ventile, von der Gangart, den Saug- und Druckverhältnissen abhängt.

Tobell erwähnt dann auch andere Versuche, insbesondere diejenigen Riedlers[9]), welche durch die bei ihnen beobachteten Erscheinungen die Ansicht unterstützen, daß möglicherweise bei der Eröffnung der Druckventile ein Stoß mitwirkt. Er nimmt an, daß bei den Riedlerschen Versuchen wenigstens in einzelnen Fällen ein Überdruck nicht vorhanden war. Dies und die Tatsache, daß eine bedeutende Änderung der Sitzfläche das Druckventil unter sonst gleichen Umständen keinen Einfluß zeigte, vgl. S. 25 u. f., erklärt Tobell durch die Annahme eines Eröffnungsstoßes.

Auch die von Riedler gefundene Erscheinung beim Öffnen der Etagenventile[1]), daß sich die Platten nacheinander von oben nach unten zu öffnen, erklärt Tobell durch die Annahme eines Stoßes. Bei Eröffnung durch ruhigen Druck, abhängig von der Sitzfläche, müßten sich die Platten von unten nach oben öffnen oder mindestens alle gleichzeitig. Denn der Stoß der bewegten Masse in der Pumpe, und zwar gleichgültig, ob gleichzeitig das ganze zusammengesetzte Ventil oder ob im besonderen Fall, wenn Luft sich im Ventilraum befindet, nur ein Teil getroffen wird, pflanzt sich im ganzen Ventil nach aufwärts fort und kommt zunächst in einer Eröffnung der obersten Ventilplatte zum Ausdruck, während die anderen Platten nach Maßgabe der Stärke des Stoßes in der Reihenfolge von oben nach unten folgen. Daß die Eröffnung jeder der Platten den Rückgang eines Teils der Stoßpressung bewirken muß, weil er durch den Rückgang der Deformation bei dem hier unvollkommen elastischen Stoß bedingt ist, erkennt man nach Tobell an den Rückgängen in den Diagrammen[2]), wenn sie auch der Massenträgheit im Indikator wegen nicht richtig verzeichnet erscheinen.

---

[1]) Vgl. Lit.-Verz. 9, S. 21. [2]) Vgl. Lit.-Verz. 9, Taf. 14.

Auch die Eröffnungsweise der mit Hilfsventilen versehenen Glockenventile derart, daß sich gewöhnlich die Glocke gar nicht, sondern bloß die Hilfsventile oder aber mindestens die letzteren zuerst öffnen, erklärt Tobell durch Stoß. Bei ruhigem Druck müßte sich die Glocke früher öffnen als die auf ihrem Rücken befindlichen Hilfsventile. Ein Stoß aber, der die Glocke trifft, hebt zuerst die Hilfsventile. Die Diagramme von Riedler, aufgenommen mit gleichförmig bewegter Indikatortrommel[1]), zeigen auch eine Anzahl gleich hoher Zacken, wie dies den Rückgängen der Stoßpressung beim Öffnen der Hilfsventile entsprechen würde.

Tobell ist mit Riedler derselben Meinung, daß ein vollkommen entlastetes Glockenventil sich durch Überdruck nicht öffnen kann. Durch Stoß aber, der nur einseitig wirkt, ist nach seiner Ansicht die Eröffnung ganz gut möglich. Das von Riedler beobachtete Fehlen des Horns an direkt wirkenden Maschinen mit Hubpause erklärt Tobell ebenfalls durch das stoßweise Eröffnen, insofern sich bei diesen Pumpen während oder nach der Saugperiode im Ventilraum ein flüssigkeitsfreier Raum bildet, der dann die Entstehung eines Stoßes ermöglicht.

Die Beobachtung Riedlers, daß bei Pumpen unter niederem Druck bei raschem Gang die Hörner bedeutend höher sind als bei höherem Druck, ist nach Tobell, abgesehen vom Masseneinfluß des Indikators, den Erwartungen bei der Eröffnungart durch ruhigen Druck entgegengesetzt, gemäß welchen bei größerer Druckpressung ein größerer Überdruck entstehen müßte. Die Eröffnung durch Stoß läßt aber jene Tatsache folgern. Der verspätete Schluß des Saugventils wird zwar durch die Druckpressung mit beeinflußt; immer aber geschieht dies durch die Ventilbelastung und den Pumpengang. Ein rascherer Pumpengang wird im allgemeinen eine größere Stoßgeschwindigkeit für das Druckventil ergeben. Die Stoßpressung aber, die sich zu der nach Schluß des Saugventils im Pumpenzylinder vorhandenen, von der Druckpressung unabhängigen Pressung, addiert, kann bei niederer Druckpressung eher deutlicher im Diagramm sichtbar werden als bei hoher Pressung. Auf diese Beobachtung ist aber der Masseneinfluß des Indikators von großer Bedeutung, weshalb nach Tobell die Druckanstieglinien der Pumpendiagramme bei hohen Drücken mit besonderer Vorsicht zu betrachten sind.

Während Tobell auf Grund des Bisherigen die Eröffnung der Druckventile durch Stoß für möglich hält, kann nach seiner Ansicht davon bei der Eröffnung der Saugventile im allgemeinen keine Rede sein. Das Saugventil muß durch die in der Saugsäule durch den Überdruck der Atmosphäre oder der Pressung im Saugwindkessel sich

[1]) Vgl. Lit.-Verz. 9, Abb. 27.

bildende Pressung eröffnet werden. Nur wenn sich durch ungünstige Saugverhältnisse während der Druckperiode ein wasserfreier Raum unter dem Saugventil bildet, kann nach Tobell auch hier ein Eröffnungsstoß eintreten.

Ehe Tobell an die rechnungsmäßige Behandlung der auf die Eröffnung bezüglichen Fragen herantritt, untersucht er den Einfluß der bewegten Massen des Indikators auf die Form der Diagrammlinien. Früher wurde dieser Einfluß unterschätzt oder vergessen, was zu irrigen Schlüssen führte (Bochkoltz und Hrábak — vgl. S. 18 u. f. — glaubten den Ventilüberdruck durch das Horn im Diagramm erwiesen und ermittelt zu haben), oder es wurde diesem Einfluß ein wesentlicher Anteil an den Hörnern zugeschrieben (Riedler, S. 26), oder das Fehlen der Hörner im Diagramm durch das Nacheilen des Indikators bei den raschen Pressungsänderungen zu Beginn der Eröffnung erklärt (Reiche, S. 26 und 27). Bach war der erste (vgl. S. 26 und 51 sowie S. 55 u. f.), der das Nacheilen der Indikatoranzeigen und die Zweifelhaftigkeit ihrer Angaben eingehend besprach, durch den Vergleich der verschobenen Ventil- und Indikatordiagramme das wirkliche Bestehen des Nacheilens bewies und ein Verfahren angab zur unmittelbaren Bestimmung der höchsten und niedersten Pressung, durch deren Anwendung er weiter feststellte, daß die höchste Spitze im Diagramm unter oder über der dem wahren Wert der Pressung entsprechenden Lage zu liegen kommen kann.

Als entschieden (und zwar von Bach festgestellt) kann bis zur Zeit der Arbeiten Tobells nur angenommen werden, daß bei raschen Druckänderungen der Indikator nicht die Pressung angibt, die im betrachteten Augenblick in der Pumpe herrscht, und daß eine schnell auftretende Pressung durch den Indikator verspätet angezeigt wird.

Tobell ist mit Bach und noch weiten Kreisen der Ansicht, daß die dem Horn im gewöhnlichen Diagramm folgenden Wellenlinien, die im verschobenen Diagramm abgerundeter erscheinen, größtenteils vom Masseneinfluß im Indikator herrühren. Über die Größe dieses Einflusses und die Erkenntnis des wirklichen Druckes in der Pumpe fehlen aber bis zu den Untersuchungen Tobells bestimmte Angaben. Deshalb ist es auch erklärlich, wenn die entgegengesetzte Meinung auftrat, daß die Wellenlinien im Indikatordiagramm das Bild entsprechender Pressungsänderungen in der Pumpe, hervorgerufen durch Ventilschwingungen, zu Beginn der Eröffnung seien [z. B. von Hoppe[34])], welche Ansicht Bach in einfachster und treffendster Weise widerlegt hat[35]).

Nach den Untersuchungen Tobells sind tatsächlich die Wellenlinien in den Bachschen Indikatordiagrammen — und jene bei der Druckventileröffnung ausnahmslos — ein Bild der elastischen Schwingungen, welche der Indikatorkolben unter dem Einfluß einer nahezu unveränderlichen Pressung in der Pumpe vollführt.

Tobell stellt bei diesen Untersuchungen zunächst eine Beziehung auf für die Beschleunigung des Indikatorkolbens, die erkennen läßt, daß, abgesehen von den Widerständen, die Bewegung desselben eine harmonische Schwingung ist um den konstanten Wasserdruck als Basis oder Mittellinie. Dann folgt die Angabe von Beziehungen für Schwingungsdauer, Schwingungsweite und Schwingungsstärke und die Untersuchung des Einflusses der Bewegungswiderstände, einschließlich desjenigen der Flüssigkeit im Indikatorzylinder und im Verbindungsrohr, die eine Verschiebung der Schwingung aus der Mittellage heraus bedingen. (Die Schwingungsdauer wird bei der Abwärtsbewegung größer als bei der Aufwärtsbewegung; in umgekehrtem Verhältnis stehen die beiden Schwingungsstärken zueinander; die Bewegungswiderstände werden bei der Abwärtsbewegung durch das im Indikator und der Leitung befindliche und mitzubewegende Wasser so wesentlich vergrößert und dadurch die Anzeigen des Indikators noch mehr verzögert.) Er vergleicht alsdann die Wellenlinien der Bachschen Indikatordiagramme mit den Schwingungen, welche der Kolben des bei den Versuchen benützten Indikators unter dem Einfluß einer unveränderlichen Pressung in der Pumpe vollführen würde, und findet gute Übereinstimmung bezüglich Schwingungsdauer und Schwingungsstärke, woraus er schließt, daß die der Druckventileröffnung folgenden regelmäßigen Wellenlinien in den Bachschen Diagrammen das Bild von Schwingungen des Indikators sind, welche bei sehr nahe unveränderlicher Pressung stattfinden.

Er weist aber auch darauf hin, daß, wenn man die ganze Wellenlinie, von der er nur 2 Eigenschaften prüfte, graphisch untersuchen würde, man wohl ein vollständiges Schwingungsbild erhielte, das um so deutlicher hervortritt, je größer n ist, das aber in der Wellenform verschieden sein dürfte, weil die Widerstände im Indikatorzylinder, im Schreibwerk, am Schreibstift und die unvermeidlich nicht ganz genaue Wiedergabe der Diagramme eine Rolle spielen und weil die Pressung im Zylinder sich nach Maßgabe von Ventileröffnung und Kolbengeschwindigkeit etwas ändert. Die Meinung, daß in der Pumpe eine Schwingung der Pressungsgröße wohl mit derselben Schwingungsdauer, aber mit geringerer Schwingungsweite als jene des Indikatorkolbens und der Diagramme vorhanden wäre, ist nach Tobell undenkbar, da ein Zusammenfallen der Schwingungsdauer bei allen so verschiedenen Verhältnissen entsprechenden Versuchen, also eine Abhängigkeit der Pressung vom Indikator bei offenem Ventil unerklärlich wäre. Tobell hat außerdem auch an anderen verschobenen Diagrammen von Pumpen der Praxis die auftretenden Wellenlinien entsprechend den Schwingungen bei unveränderlichem Pumpendruck gefunden wie bei den Bachschen.

Tobell nimmt danach als erwiesen an, daß bei den Bachschen Versuchen zur Zeit, als die höchste Spitze im Diagramm geschrieben wurde, der Druck in der Pumpe seinen gewöhnlichen, den Durchgangsverhältnissen im Ventil und der Kolbengeschwindigkeit entsprechenden Wert bereits erreicht hatte, und daß von einer Schwingung der Pressung selbst, von der die Wellenlinien das richtige Bild darstellen sollen, unmöglich die Rede sein könne.

Auch die der Saugventileröffnung folgenden Schwingungen untersuchte Tobell und fand nur in einigen Fällen die gleichen Eigenschaften wie bei der Eröffnung des Druckventils, d. h. daß die Wellenlinien von regelmäßiger Gestalt auf Schwingungen des Indikatorkolbens bei unveränderter Pressung in der Pumpe hindeuten. Dabei erfolgte dann der Abfall der Druckpressung verhältnismäßig nahe hinter der Totlage des Kolbens; die vorhandene Erhebung am Ende der Drucklinie bedeutet zugleich, daß der Schluß des Druckventils ohne Stoß mit einer Pufferwirkung der Flüssigkeit zwischen Ventil und Sitz erfolgt ist, was auch die zugehörigen verschobenen Ventildiagramme erkennen lassen. In den meisten Diagrammen, in welchen die Wellenlinien eine von der regelmäßigen abweichende und nicht gleichbleibende Form haben, erfolgt nach Tobell der Druckabfall wesentlich später nach dem Totpunkt, und es sind die Anfangsbeschleunigungen oder Überdrücke größer als im vorigen Fall. Tobell schließt daraus, daß in den ersteren Fällen die Pressung in der Pumpe zur Zeit, als der Schreibstift die tiefste Spitze im Diagramm schrieb, bereits auf den den Saugverhältnissen entsprechenden Wert gekommen sein konnte, so daß unter dem Einfluß dieser nahezu unveränderlichen, bloß durch die zunehmende Kolbengeschwindigkeit und den wachsenden Ventilhub sich etwas verändernden Saugpressung jene harmonischen Schwingungen sich ausbilden können.

In allen Fällen, welche eine unregelmäßige Form der Wellenlinien zeigen, nimmt Tobell an, daß die normale Saugpressung sich erst später herausbildet, und daß die veränderliche Pressung im Zylinder die von der tiefsten Spitze im Diagramm eingeleiteten Schwingungen beeinflußt und diese unregelmäßig gestaltet. Bei verspäteter Eröffnung des Saugventils veranlaßt die eindringende angesaugte Wassersäule durch Umsetzung ihrer lebendigen Kraft in Pressung die Einleitung einer Pressungsschwingung, welche die Schwingungen des Indikatorkolbens beeinflußt und sie sowie die Wellenlinien im Diagramm ungleichmäßig gestaltet.

Aus der bloßen Betrachtung der Saugwellenlinien in den Bachschen Diagrammen, besonders der ersten Welle, kommt Tobell zu der Annahme, daß bei sehr verspätetem Schluß der Druckventile und großen Angangsbeschleunigungen der Druck in der Pumpe herabsinkt auf die Spannung der gesättigten Wasserdämpfe für die herrschende Temperatur, und daß bei dieser Spannung die Einleitung der ersten Schwingung und diese selbst unter dem Einfluß der steigenden Pressung erfolgt. Dieser Anstieg der Pressung, fortgesetzt durch die Umsetzung der lebendigen

Kraft des angesaugten Wassers in Pressungsarbeit weit über die normale Saugpressung hinaus, treibt den Indikatorkolben wieder hinauf. Tobell findet bei dieser Betrachtung der Diagramme weiter, daß, wenn der Druckabstieg zur Saugpressung bei rechtzeitigem Schluß der Druckventile gleich nach dem Totpunkt entsprechend langsam erfolgt, die erste Schwingung wegfällt (vgl. z. B. Abb. 44), daß die Drucklinie zunächst nahezu in gleicher Tiefe, entsprechend der richtigen Saugspannung verläuft, bis durch die dynamische Wirkung des eindringenden angesaugten Wassers die Pressung steigt und so eine Pressungsschwingung entsteht, welche in der unregelmäßigen Gestalt der Indikatorkolbenschwingung und der Wellenlinien zum Ausdruck kommt, und daß ferner erst, wenn die Saugspannung ihren normalen, nahezu unveränderlichen Wert erreicht hat, die Schwingungen und Wellenlinien wieder regelmäßig werden. Andererseits kann nach Tobell auch die ursprünglich vorhandene regelmäßige Schwingung durch wesentliche Änderungen der Saugpressung unregelmäßig verändert werden.

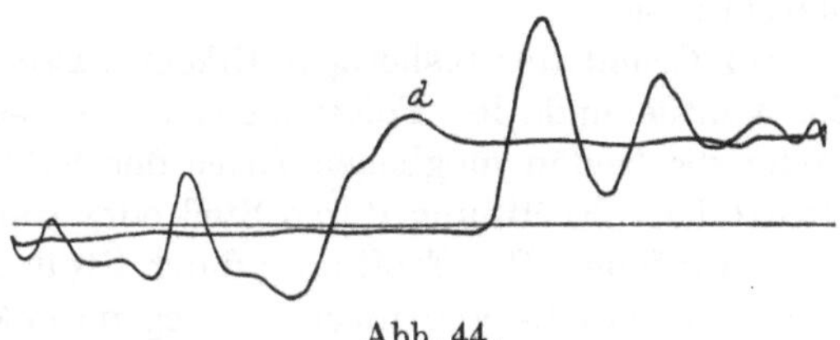

Abb. 44.

Weiter verfolgt Tobell die Übergangslinien von der Saug- zur Drucklinie und umgekehrt und stellt entsprechend der Erkenntnis, daß zur Zeit, als die höchste Spitze im Diagramm beschrieben wurde, bereits die normale Druckpressung in der Pumpe herrschte, fest, daß die Übergangslinie zum Druck das Bild des ganzen Druckübergangs richtig wiedergibt, daß also die Pressungsänderung wohl sehr schnell, aber nicht plötzlich vor sich geht, daß dagegen die absteigende Übergangslinie nur in einzelnen Fällen das richtige Bild des ganzen Übergangs zur normalen Saugpressung liefert — nämlich dann, wenn ihr die bekannten regelmäßigen Wellenlinien folgen — und daß wegen der unrichtigen, verspäteten Anzeigen des Indikators hinsichtlich der Lage der Wellen (hinsichtlich der Größe kann nichts Bestimmtes gesagt werden) die wirkliche Übergangslinie wesentlich von der in den Diagrammen geschriebenen abweichen wird. Tobell zeigt auch einen Weg zur graphischen Bestimmung der wirklichen Drucklinie; er hält aber selbst die Genauigkeit dieser Methode wegen der Kleinheit und Ungenauigkeit der Diagramme infolge der Wiedergabe nur geeignet für näherungsweise Ausführung. Er schließt sich deshalb Bachs Ansicht an, bloß allgemeine Schlüsse aus der Gestalt der Diagramme zu ziehen. Ganz Ähnliches gilt nach Tobell für die Übergangslinien von der Druckzur Saugpressung. Nach ihm ist lediglich die Bachsche Methode zur Bestimmung des Überdrucks, die man, wenn es sich nur um die Ermittlung der Größe des höchsten Druckes handelt, an jedem Druckmesser durch einseitige Hemmung des Zeigers einrichten könne, entscheidend.

Ganz allgemein werden auch nach Tobell die Abweichungen der Indikatoranzeigen von den wirklichen Drücken um so fühlbarer sein, je größer die auf die Flächeneinheit des Indikatorkolbens reduzierte Masse ist, je rascher die Druckänderung erfolgt und je größer der Federmaßstab ist.

Auf Grund der bisherigen Erkenntnisse hinsichtlich der Eröffnung der Ventile und der Folgerungen aus diesen unterzieht nun Tobell weiter die beiden möglichen Arten der Eröffnung des Druckventils als Grenzfälle: „Eröffnung durch Stoß oder durch Druck", einer rechnerischen Prüfung. Bei Eröffnung durch Stoß errechnet Tobell unter der Annahme, daß die Ventilmasse M gegen die Masse der starren stoßenden Teile (Kolben, Stange, Kurbel usw.) sehr klein ist, zuerst die durch den Stoß erreichte Geschwindigkeit des Ventils

$$v_0 = u_0 + \sqrt{u_0^2 - \frac{2A}{M}},$$

worin A die beim Stoß an lebendiger Kraft verlorene Arbeit ist, also mit $A = 0$ bei vollkommen elastischem Stoß $v_{0_{\max}} = 2\,u_0$.

Bei der Bestimmung von v_0 und u_0 aus den Diagrammen (vgl. S. 71 und 72) fand Tobell, daß die Eröffnungsgeschwindigkeit des Ventils stets kleiner als die doppelte gleichzeitige Kolbengeschwindigkeit ist, was zu erwarten steht, weil ein Teil der Stoßgeschwindigkeit immerhin durch den vorhandenen Überdruck aufgezehrt werden kann.

Mit P_1' als höchster Stoßkraft, die sich infolge der Formänderung an der Stoßfläche f_1 entwickelt, mit V_w als Flüssigkeitsvolumen zwischen Kolben und Ventil, E_i als Elastizitätsmodul irgendeines der stoßenden Materialien, mit $\varkappa_i$ als Erfahrungszahl, abhängig von Form und Größe der stoßenden Teile, E als Druckmodul für Wasser, findet Tobell den höchsten spezifischen Druck in der Stoßfläche

$$p' = \frac{P_1'}{f_1} = u_0 \sqrt{\frac{M}{f_1^2 \sum \frac{\varkappa_i}{E_i} + \frac{V_w}{\varkappa_w E}}},$$

und schließlich unter der Annahme, daß von den Formänderungsarbeiten der einzelnen starren Teile während des Stoßes nach der höchsten Stoßpressung allgemein das $\mu_i$fache, vom Wasser $\mu_w$fache zurückgegeben wird, und nach Feststellung des Verlustes an lebendiger Kraft

$$v_0 = u_0 \left[1 + \sqrt{\frac{\sum \mu_i \frac{\varkappa_i}{E_i} + \frac{\mu_w \cdot V_w}{\varkappa_w E f_1^2}}{\sum \frac{\varkappa_i}{E_i} + \frac{V_w}{\varkappa_w E f_1^2}}} \right],$$

worin μ_i für starre Teile durch Versuche bekannt (z. B. für Gußeisen $\mu_i = 1$, für Stahl und Schmiedeeisen $\mu_i = 0{,}31$), während μ_w für Wasser nicht bekannt ist.

Für die Bachsche Versuchspumpe stellt dann Tobell unter Vernachlässigung des ersten Summengliedes im Nenner gegen das zweite die folgenden Grenzwerte für p' und v_0 auf:

$$p' = u_0 \sqrt{\frac{\varkappa_w M E}{V_w}} \quad \text{und} \quad v_0 = u_0 + \sqrt{\frac{\sum \mu_i \frac{\varkappa_i}{E_i} + \frac{\mu_w V_w}{\varkappa_w E f_1^2}}{\frac{V_w}{\varkappa_w E f_1^2}}}$$

Würde man auch im Zähler unter der Wurzel das Summenglied, von den starren Gliedern herrührend, gegen das andere vernachlässigen, was nach Tobell allerdings nicht zulässig ist, weil man μ_w nicht kennt, dann erhielte man $v_0 \gtreqless \mu_0 (1 + \sqrt{\mu_w})$, und es müßte mit dem unwahrscheinlichen Wert $\mu_w = 0{,}25$ schon $v_0 \gtreqless \frac{3}{2} u_0$ sein. Tobell fand aus den Bachschen Diagrammen $\frac{v_0}{u_0}$ im Mittel $= 1{,}48$, schwankend zwischen 1,18 und 1,95. Außerdem ermittelte er für nahezu gleiche Kolbengeschwindigkeiten auch gleiche Eröffnungsgeschwindigkeiten. Es müßte also, wenn die zur Gleichung $v_0 \gtreqless u_0 (1 + \sqrt{\mu_w})$ führenden Vernachlässigungen wirklich begründet sein würden, das Verhältnis $\frac{v_0}{u_0}$ stets das gleiche, nämlich $1 + \sqrt{\mu_w}$ sein. Die tatsächlich vorhandenen Abweichungen können nach Tobell erklärt werden: durch den Einfluß der starren stoßenden Massen in den $\sum$-Gliedern, durch die Volumenänderung in der Pumpe, durch die unvermeidlichen Ungenauigkeiten in der Bestimmung von v_0 und u_0 aus den Diagrammen, durch den Einfluß einer noch etwa vorhandenen äußeren Überdruckkraft, die selbst für die äußerst kleinen Ventilerhebungen bis zum Druckausgleich einen Teil der durch den Stoß dem Ventil gegebenen lebendigen Kraft verbraucht.

Tobell berechnete dann weiter mit $\varkappa_w = 0{,}8$ nach $p' = u_0 \sqrt{\frac{\varkappa_w \cdot M \cdot E}{V_w}}$ die Stoßpressungen und stellte fest, daß diese Stoßpressung immer kleiner ist als der Unterschied zwischen Saug- und Druckpressung, daß sie in den allermeisten Fällen sogar kleiner ist als der Unterschied der vom Indikator angezeigten — allerdings unrichtigen — Pressung im Augenblick der Eröffnung und der normalen Druckpressung, und daß sie kleiner ist als der Unterschied zwischen Indikatoranzeige im Eröffnungsaugenblick und jenes mit der Bachschen Gabel gefundenen Höchstdrucks. Durch Aufzeichnen der wirklichen Drucklinie stellt er fest, daß die Stoßpressung, zu der im Eröffnungsaugenblick herrschenden Pressung addiert, die höchste Pressung gibt, und findet darin eine weitere Bestärkung für die Möglichkeit des Statthabens eines Stoßes.

Tobell bestimmt auch noch die kleinste Stoßzeit und findet für diese Werte, welche den verschwindend kleinen Breiten, die die Spitzen der wirklichen Drucklinie in den Diagrammen erhalten, entsprechen; er stellt weiter fest, daß die Ventilbewegung nach Erreichung der Eröffnungsgeschwindigkeit und nach Rückgang der Stoßpressung durch die Größe des Ventils sowie durch seine und des Kolbens Geschwindigkeit beeinflußt wird.

Auf Grund des Vorstehenden kommt Tobell zu dem Schluß, daß die Eröffnung des Druckventils bei einer Höchstpressung stattfinden könne, welche die Druckpressung nicht übersteigen müsse, da sie durch die Summe der vor dem Stoß vorhandenen und der durch den Stoß entstehenden Pressung gebildet wird und daß die Behauptung Riedlers, wonach ein Überdruck bei der Eröffnung des Druckventils nicht auftreten müsse, richtig sei, wenn auch die Riedlerschen Diagramme, wie der besprochene Masseneinfluß zeigt, nichts beweisen können. Die Möglichkeit der Eröffnung durch Druck ist aber nach Tobell doch noch da, sie wird bei geringen Beschleunigungen des Ventils im Totpunkt, bei wirksamer Belastung und bei Ventilen mit gesteuerter Schlußbewegung fast gewiß sein. Im Falle des Eintretens einer solchen Eröffnungsart muß aber nach seiner Ansicht die Bildung eines inneren Überdrucks unbedingt zugegeben werden. Trotzdem Bach den Ventilüberdruck in einigen Fällen überzeugend nachgewiesen hat, können diese Versuche nach Tobell die Frage nicht entscheiden, da wegen der Kleinheit der Bachschen Versuchspumpe der Druck beim Schluß des Saugventils schon so hoch ist, daß auch bei der Entstehung des Eröffnungsstoßes beim Druckventil durch die hinzukommende Stoßpressung ein Überdruck entsteht. Die unter Annahme eines Stoßes sich ergebenden Werte passen auch, wie gezeigt, in die Bachschen Versuchsergebnisse. Andererseits ergibt die Annahme einer Eröffnung durch Druck auch keine Widersprüche.

In der Gleichung Bachs für den Ventilüberdruck (vgl. S. 55)

$$p_u - p_o = \varphi \frac{F}{f_1} r \omega^2 M + \frac{P}{f_1} + \frac{f - f_1}{f_1} (p_o - p_s),$$

dürfte nach Tobell der Anteil der über dem Ventil lastenden mitbewegten Wassermasse sehr gering sein, so daß die Größe des Gliedes $\frac{M k_v}{f_1}$ weniger durch die Größe der Masse M als durch die Beschleunigung k_v bestimmt ist. Nach seiner Ansicht verdrängt das Ventil allerdings selbst bei den verschwindend kleinen Erhebungen während der Beschleunigungszeit Flüssigkeit; allein es bietet durch seine Erhebung vom Sitz wieder neuen Raum, der auch während der Druckausgleichung eingenommen wird[1]). Bezüglich der Beschleunigung kann man nach Tobell zunächst nur von einem mittleren Wert k_{v_m} sprechen, da der beschleunigende Überdruck stetig von dem im Augenblick der Eröffnung stattfindenden Betrag bis zu einem Höchstwert steigt und dann wieder bis nahezu Null sinkt. Er faßt als mittlere Beschleunigung diejenige auf, die unveränderlich auf dem Weg h_0 dem Ventil die Geschwindigkeit v_0 erteilt, also $k_{v_m} = \frac{v_0^2}{2g}$. Er findet tatsächlich die Beschleunigung k_{v_m} aus den Bachschen Diagrammen recht bedeutend und stellt außerdem aus diesen fest, daß die von Bach vorausgesetzte Proportionalität zwischen Ventil- und Kolbenbeschleunigung nicht besteht und daß eine solche wegen der Abhängigkeit von der gleichzeitigen Kolbengeschwindigkeit nicht gut anzunehmen sei.

Könnte man h_0 aus den Diagrammen mit Sicherheit entnehmen, so würde man mit k_{v_m} auf die Größe des Überdrucks und die Druckverhältnisse in der Sitzfläche $f - f_1$ schließen können.

Seit den Versuchen Bachs und den Untersuchungen Tobells wird denn auch den Sitzflächen und der Beschleunigung des Ventils auf die Größe des Ventilüberdrucks ein wesentlicher Einfluß eingeräumt[2]).

Bei der Eröffnung des Saugventils ist nach Tobell, wie schon gesagt, ein Eröffnungsstoß durch die bewegte Saugwassersäule nur dann möglich, wenn durch ungünstige Saugverhältnisse die Bildung eines flüssigkeitsfreien Raumes unter dem Saugventil möglich ist. Gewöhnlich erfolgt die Eröffnung hier durch ruhigen Druck von seiten der durch

[1]) Wollte man nach Demeure (vgl. S. 23) die ganze auf dem Ventil lastende Wassermasse in M berücksichtigen, so wäre das gleichbedeutend mit der Annahme, daß das Ventil wie ein Kolben sich in einem Kasten bewegt.

[2]) Reuleaux[36]) machte allerdings 1889 wieder eine Ausnahme. Er will wieder $p_s = p_u$ setzen, da er glaubt, daß beim raschen Anstieg der Druckpressung diese sich ungeschwächt auf die Sitzfläche fortpflanzt. Auch vernachlässigt er wieder die Anfangsbeschleunigung des Ventils. Der Überdruck sollte nach ihm lediglich der Belastung entsprechen. Er stützt sich dabei auf Versuche von Robinson mit einem Tellerventil, das durch Gewichtsdruck gehoben wurde, während über und unter dem Ventil Dampf von verschiedener Spannung war. Diese Versuche ergaben einen viel geringeren Überdruck, als erwartet wurde, so daß die Annahme einer bedeutenden Spannung p_s berechtigt war. Robinson nimmt an, daß in der ganzen Sitzfläche Spannung herrscht, und erhält eine Formel, die mit den Versuchen gut übereinstimmende Resultate lieferte. Da diese Formel für $p_o = p_u$ auch $p_s = p_u$ liefert, findet Reuleaux hierin eine Stütze für seine Ansicht. Abgesehen davon, daß bei dem Versuchsventil das Verhältnis $\frac{f - f_1}{f_1} = 4{,}76$ derart ist, wie es bei Pumpen nie vorkommt, sind auch die Verhältnisse bei Dampf andere als bei Wasser, so daß ein Rückschluß auf Pumpenventile nicht angängig ist (was Reuleaux selbst bemerkt). Außerdem bildet sich bei längerer

bei Atmosphären- oder Windkesselpressung gedrückten Saugwassersäule. Für die Pressungsdifferenz gilt nach Tobell auch hier die Bachsche Gleichung

$$p_u - p_o = \frac{f - f_1}{f_1}(p_o - p_s) + \frac{P}{f_1} + \frac{M k_v}{f_1},$$

worin für M, wie beim Druckventil, die Ventilmasse genügen dürfte, höchstens könnte ein geringer Teil des Pumpeninhalts hinzukommen. Der Pressungsunterschied ist aber hier nicht unbegrenzt; p_o kann nur bis auf die Spannung p_w der gesättigten Wasserdämpfe sinken, während p_u höchstens die der Höhenlage des Saugventils entsprechende Pressung p_a — kleiner als die Atmosphäre — bei wirklichem Saugen erreichen kann (vgl. auch Bach S. 60). Für diesen Grenzfall würde, wenn wegen des geringen Druckes zur Dichtung des Ventils $p_s = p_u = p_a$ angenommen wird, der höchstmögliche Wert von k_v sich ergeben aus

$$f(p_a - p_w) = P + M \cdot k_v$$

Tobell bestimmt aus den wenigen Bachschen Diagrammen wie beim Druckventil den mittleren Wert der Beschleunigung k'_{v_m} und findet ihn ebenfalls reichlich groß und recht verschieden. Die Abhängigkeit der Ventilbeschleunigung von der Größe der Druckpressung, die Bach hervorhebt (vgl. S. 61 und 62) erklärt sich nach Tobell einerseits aus der Abhängigkeit der Pressung p_s im Sitz von der Druckpressung, aber auch durch die Verschiedenheit im Sinken der Druck- zur Saugpressung während und nach dem Schluß des Druckventils, welche das Gesetz des entstehenden Überdrucks und der Beschleunigung des Ventils bestimmt.

Zur Bestimmung des Überdrucks bei Eröffnung durch ruhigen Druck nimmt Tobell für die Drücke zu Beginn der Eröffnung die erste Gleichung v. Reiches:

$$p_u - p_o = \frac{P}{f_1} + \frac{f - f_1}{f_1}(p_o - p_s),$$

wobei p_s eine mittlere Pressung in der ganzen Sitzfläche $f - f_1$ ist. In Wirklichkeit wird diese Pressung abhängig sein von der Druckpressung

---

Dauer der Pressungsverhältnisse (wie bei den Versuchen) in den Sitzflächen ein anderer Zustand heraus, der auch durch die Hebung infolge besonderer Kräfte ganz anders beeinflußt wird, als es bei den raschen Druckänderungen vor der Eröffnung der Pumpenventile geschieht. Würde schließlich wirklich zu Beginn der Eröffnung $p_s = p_u$ und der Überdruck Null sein, wie dies bei geringen Drücken und elastischen Ventilen immerhin möglich ist, dann muß sich ein Überdruck doch während des Anhubs heranbilden, den eben das Glied $\frac{M k_v}{f_1}$ berücksichtigt und der bei schnellem Gang und verspätetem Schluß des anderen Ventils bedeutend werden kann, vgl. Tobell[29]).

sowie der Beschaffenheit und der Form der Sitzflächen, sie wird sich vom äußeren Umfang auf eine solche Tiefe fortpflanzen, in welcher sich ein durch die Rauhigkeit der Flächen bedingter Abschluß durch eine Reihe sich berührender Erhebungen bildet.

Der Anfangsdruck p_{u_0} zu Beginn der Eröffnung des Druckventils wird nach Tobell im ersten Teil der Eröffnung eine von dieser wesentlich beeinflußte Steigerung zu einem Höchstwert, der wieder rasch zurückgeht (bei Hüben $h_0 = 0{,}1$ bis 0,2 mm) erfahren. Für den Fall, daß keine Luft im Pumpenzylinder ist, und wenn p'_u die Pressung im Pumpenzylinder beim Schluß des Saugventils, s irgendein Kolbenweg von diesem Augenblick an, V_w der für die zu betrachtende kurze Zeit der folgenden Kompression nahezu unveränderliche Inhalt des Zylinders, $\varkappa_w$ die Ausdehnungszahl (< 1, abhängig von der Form, den Abmessungen und Anordnung der Pumpe und beeinflußt durch Undichtheit und Porosität des Baustoffes), M die bewegte Masse von Ventil und Flüssigkeit ist, gibt Tobell folgende Beziehungen:

Für eine der ursprünglichen Pressung p'_u folgende Pressung bis zum Beginn der Eröffnung des Druckventils

$$p_u = p'_u + \frac{\varkappa_w s F E}{V_w},$$

für die Pressungsänderung $d p_u$ in der Zeit dt nach der nun erfolgten Eröffnung

$$\frac{d p_u}{d t} = \frac{\varkappa_w E}{V_w}\left(u \cdot F - v f_1 - l \cdot h \alpha \sqrt{20 g \Delta p}\right),$$

mit Δp als Pressungsunterschied, auf den Ausfluß durch $l h$ hinwirkend.

Andererseits findet er für die Ventilbeschleunigung

$$M \frac{d v}{d t} = M \frac{d^2 h}{d t^2} = p_u f_1 + (f - f_1) p_s - p_0 f - P.$$

Nach Vernachlässigung des Ausflusses[1]) und nach Annahme von p und P als unveränderlich, findet Tobell

$$\frac{d p_u}{d t} = \frac{\varkappa_w E}{V_w}(u F - v f_1) \quad \text{und} \quad \frac{d^2 v}{d t^2} = \frac{\varkappa_w E f_1}{V_w M}(u F - v f_1)$$

als Grenzdifferentialgleichung der Ventilbewegung für den Eröffnungsbeginn.

---

[1]) Diese Vernachlässigung war nötig, weil sich sonst eine Reihe simultaner Differentialgleichungen ergeben hätte.

Unter der weiteren Annahme, daß die Kolbengeschwindigkeit während der kurzen Zeitdauer des Eröffnens unveränderlich $= u_0$ sei, bestimmt Tobell das Integral dieser Gleichung zu

$$v_0 = \frac{u_0 F}{f_1}\left(1 - \cos t f_1 \sqrt{\frac{\varkappa_w E}{V_w \cdot M}}\right)$$

und den Höchstwert

$$v_{0\,\max} = 2\, u_0 \frac{F}{f_1}.$$

Für die wirklich stattfindende Bewegung würde diese Geschwindigkeit also kleiner sein müssen. Die von Tobell aus den Bachschen Diagrammen errechnten Eröffnungsgeschwindigkeiten erfüllen diese Bedingung.

Für die Zeit T, in welcher die Höchstgeschwindigkeit erreicht wurde, findet Tobell:

$$T = \frac{\pi}{f_1}\sqrt{\frac{V_w \cdot M}{\varkappa_w \cdot E}}$$

und daraus so kleine Werte (höchstens 0,003 sek), daß ihnen in den verschobenen Ventildiagrammen die äußerst kleinen Breiten der Angangskrümmungen entsprechen können.

Die höchste Steigerung des Überdrucks, vom Anfangswert p_{u_0} ausgehend, bestimmt er aus

$$\max\,(p_{u_1} - p_{u_0}) = \frac{u_0 F}{f_1}\sqrt{\frac{\varkappa_w E M}{V_w}},$$

spricht aber aus, daß die wirkliche Drucksteigerung kleiner sein werde, nämlich

$$p_{u_1} - p_{u_0} = z\,\frac{u_0 F}{f_1}\sqrt{\frac{\varkappa_w E M}{V_w}},$$

worin z, abhängig von Größe, Art und Form der Dichtfläche sowie der Druckpressung, < 1 ist.

Dieser Wert hätte nach Tobell in den Formeln für den höchsten Überdruck an die Stelle des Gliedes $\frac{M k_v}{f_1}$ zu treten.

Für die Stoßpressung fand Tobell für die Bachsche Versuchspumpe

$$p' = u_0\sqrt{\frac{\varkappa_w E M}{V_w}},$$

(vgl. S. 83).

Die errechnete höchste Pressungssteigerung bei Eröffnung durch ruhigen Druck ist also das $z\frac{F}{f_1}$fache der Stoßpressung.

Der Ausdruck für die höchste Pressungssteigerung läßt den ungünstigen Einfluß der Kolbenfläche und des Ventilgewichts, sowie den Einfluß des schädlichen Raumes der Pumpe erkennen. Letzterer wirkt auf die Drucksteigerung in entgegengesetztem Sinn. All das ist aber nach Tobell nur dann der Fall, wenn das Saugventil bedeutend verspätet schließt, da dann u_0 wesentlich hierdurch bestimmt wird. Je näher der Schluß an der Totlage erfolgt, desto mehr nähert sich u_0 einem unteren Grenzwert, der nur von V_w abhängig ist. Für den Fall des Schlusses des Saugventils im Totpunkt, bei dem die Kompression des Volumens V_w sofort beginnen würde, errechnet Tobell das Minimum der Kolbengeschwindigkeit

$$\min u_0 = \sqrt{2 k_0 V_w \frac{p_{u_0} - p_{s_a}}{\varkappa_w F \cdot E}}$$

(worin k_0 die unveränderlich angenommene Kolbenbeschleunigung vom Anhub an und p_{s_a} die Saugpressung bedeutet), ferner die kleinste Pressungssteigerung

$$\min (p_{u_1} - p_{u_0}) = \frac{1}{f_1} \sqrt{2 k_0 F (p_{u_0} - p_{s_a}) M}\,.$$

In diesem Ausdruck fehlt V_w und damit der schädliche Raum, während der Einfluß von F sich wohl dem Sinn, nicht aber der Größe nach verringert hat. Da der Ausdruck ein Grenzwert ist, kann man nach Tobell schließen, daß der schädliche Raum auf den Überdruck nicht ungünstig einwirkt. Dagegen wirkt die Druckpressung und die Angangsbeschleunigung bei Erhöhung ungünstig, letztere sowie die Masse M in der Quadratwurzel, während man eher die erste Potenz vermutete. Verkleinerung von f_1 vergrößert den Überdruck. Pumpen, die bei gleicher Kolbenfläche eine bestimmte Wassermenge durch großen Hub fördern, sind nach Tobell, was den Überdruck betrifft, besser dran als solche mit der größeren Hubzahl. Großer Hub wirkt auch günstig auf die Inanspruchnahme der Pumpe, da der Druck des größeren Inhalts V_w wegen, langsamer ansteigt; die dynamische Inanspruchnahme, die bei plötzlichem Druckanstieg um das Doppelte der statischen sich ändern würde, nähert sich dieser, d. h. der statischen Beanspruchung, mehr; die durch die dynamische Beanspruchung eingeleitete Schwingung ist infolgedessen von geringerer Weite und Stärke.

Schließlich untersucht Tobell noch den Einfluß von Luft im Zylinder, die am Ende der Saugzeit das Volumen V_l hätte, auf die Eröffnung der Druckventile durch Druck.

Ist V_w das Volumen der Flüssigkeit, also $V_w + V_l = V$, so bleibt V_w sehr nahe unveränderlich gegenüber V_l. Unter der Annahme, daß in der allerersten Eröffnungsperiode keine Luft austritt, findet Tobell bei größeren Luftblasen zunächst folgenden Näherungsausdruck für die Pressungssteigerung

$$p_{u_1} - p_{u_0} = z \cdot u_0 \frac{F}{f_1} \sqrt{\frac{\varkappa_w M p_{u_0}^2}{V_l p_{s_a}}}$$

und nach Einführung des Wertes u_0 für Schwungradpumpen mit unveränderlicher Umfangsgeschwindigkeit w

$$p_{u_1} - p_{u_0} = \frac{\lambda \cdot z \cdot w}{f_1} \sqrt{\frac{4\,\varkappa_w M}{s} \frac{p_{u_0}}{p_{s_a}} (p_{u_0} - p_{s_a}) \left(1 - \frac{V_l}{F \cdot s} \cdot \frac{p_{u_0} - p_{s_a}}{p_{u_0}}\right)},$$

woraus ersichtlich ist, daß diese Druckzunahme mit zunehmendem Luftinhalt kleiner wird, daß also die Luft als elastisches Mittel günstig wirkt. Auch der Ort, an dem sich die Luftblase befindet, ist nach Tobell von Einfluß. Ist die Luft außerhalb des Ventilraums, dann kann sie lediglich besänftigend auf die Eröffnung des Druckventils einwirken, indem sie die Pressungszunahme im ersten Eröffnungszeitraum verkleinert. Befindet sie sich aber im Ventilsitz, so kann sie auch einen Einfluß auf p_{u_0} ausüben; Luft wird leichter zwischen die Sitzflächen eindringen als Wasser und demnach die Zwischenpressung p_s höher, also p_{u_0} kleiner ausfallen.

Nach Tobell kann also die Eröffnung der Ventile durch Druck oder Stoß erfolgen; im ersteren Fall muß, im letzteren Fall kann ein Überdruck auftreten.

Aus der Bachschen Gleichung für die Größe der Ventilbelastung bei einer bestimmten Strömgeschwindigkeit im Ventilsitzdurchgang, die das Ventil in bestimmter Hubhöhe schwebend erhält, nämlich:

$$P = \frac{1000\, f_1}{2g} \left(u \frac{F}{f_1}\right)^2 \left\{\varkappa + \left(\alpha \frac{d_1}{h}\right)^2\right\}$$

ist nach Tobell das Gesetz für die Ventilbewegung dadurch gegeben, daß die Differenz zwischen jenem das Gleichgewicht bestimmenden Betrag P einerseits und der wirklichen Ventilbelastung P', sowie den sonstigen Ventilwiderständen $\mathfrak{p}$ andererseits, die Bewegung bestimmt. Er gibt für die Aufwärtsbewegung die Gleichung

$$m \frac{d^2 h}{dt^2} = P - P' - \mathfrak{p}$$

und für die Abwärtsbewegung

$$m \frac{d^2 h}{dt^2} = P - P' + \mathfrak{p}\,.$$

Mit $P = P' \mp \mathfrak{p}$ erhielte man aus der Gleichung für P einen Wert für h für das schwebende Ventil; für die wirkliche Bewegung ist der jedesmalige Hub ein anderer. Anfangs ist dieser nach Tobell kleiner als jener, da die geringe Erhebung den Überdruck liefern muß, welcher die beschleunigte Bewegung nach aufwärts ergibt. Später und insbesondere im ganzen Verlauf der Abwärtsbewegung ist der wirkliche

Hub größer als der aus der Gleichung für P mit $P = P \mp \mathfrak{p}$ errechnete. Eine Integration der Differentialgleichung $m \frac{d^2 h}{dt^2} = P - P' \mp \mathfrak{p}$ ist nun leider nicht möglich und damit auch nicht ein unmittelbarer Vergleich mit den Bachschen Diagrammen. Tobell schlug, um einen solchen Vergleich zu ermöglichen, folgenden, leider nur andeutungsweise gekennzeichneten Weg ein: „Die Reduktion einer Erhebungskurve auf den Kurbelwinkel und die zweimalige graphische Differentiation der erhaltenen Kurve geben die Kurve der faktischen $\frac{d^2 h}{dt^2}$. Eine zweite Kurve erhält man aus den jedesmal berechneten Beträgen $\frac{P - P'}{m}$ mit P aus der obenstehenden Gleichung. Die Differenz der Ordinaten beider Kurven gibt also mit $\frac{d^2 h}{dt^2} = P - P' \mp \mathfrak{p}$ den auf $\frac{\mathfrak{p}}{m}$ entfallenden Anteil.“ Diese Differenz nahm nach Tobell tatsächlich von der Hubmitte nach dem Totpunkt hin ab.

Die Abweichung der wirklichen Ventilbewegung[1]) von der idealen Schwebung schreibt auch Tobell dem Masseneinfluß zu. Ein leichtes Ventil mit Federbelastung wird somit der schwebenden Bewegung viel näher kommen als ein Ventil, dessen Belastung ausschließlich durch Masse bewirkt wird. Bei Federbelastung werden nach seiner Ansicht die Bachschen Gesetze genauer zutreffen als bei Gewichtsbelastung, auch wird in diesem Fall der Einfluß der Hubbegrenzung geringer sein.

Für den Grenzfall der Schwebung bei der Schlußbewegung gibt Tobell ebenfalls Beziehungen für h, $\frac{dh}{dt}$ und $\frac{d^2 h}{dt^2}$, bezüglich welcher auf die Arbeit selbst verwiesen werden soll, da dieselben hier von geringer Bedeutung sind.

Die im Vorstehenden wiedergegebenen Schlußfolgerungen Tobells aus dem Verlauf der Bachschen Ventil- und Indikatordiagramme und die daran anschließenden Rechnungen sind deshalb besonders wertvoll, weil sie neben der weiteren Klarlegung alter Erkenntnisse zunächst eine Bestätigung der von Bach auf dem Versuchsweg gewonnenen Gesetze bilden und weil sie weiterhin manches beachtenswerte Neue, hauptsächlich hinsichtlich des Einflusses der bewegten Massen des Indikators auf die Form der Diagrammlinien, ferner hinsichtlich der Wellen in der Ansauglinie sowie bezüglich der Art der Eröffnung des Druck- und des Saugventils liefern.

---

[1]) Die wirkliche Bewegung wird der idealen nacheilen; der aufsteigende Ast der wirklichen Erhebungslinie ist nach Tobell sanfter, der abfallende steiler, als bei der idealen Bewegung. Die Abweichungen werden um so geringer, je langsamer die Bewegung ist.

2. M. Westphal[37]).

Westphal weist 1893 zunächst darauf hin, daß das Bachsche Versuchsventil durch seine große Masse, die nach seiner Ansicht einen nicht zu unterschätzenden Einfluß auf den Schluß des Ventils ausübt, von den meisten Ventilausführungen der Wirklichkeit abweicht.

Dann stellt er die Bewegungsgleichung für das Ventil auf

$$\frac{G}{g} \cdot \frac{d^2 h}{d t^2} = G_w + \mathfrak{F} - f_1 \cdot p = P - f_1 \cdot p\,,$$

worin p den Flächendruck in Flüssigkeitshöhe gemessen, $f_1 p$ also die Kraft bedeutet, die von der Flüssigkeit auf das Ventil ausgeübt wird, um es zu heben. $\mathfrak{F}$, die Federspannung, nimmt Westphal als konstant an.

Die Änderungen von p werden gemäß dieser Gleichung bei der Bewegung des Ventils um so geringer sein, je kleiner $\frac{G}{g} \frac{d^2 h}{d t^2}$ ist; desto leichter und schneller wird sich auch das Ventil der Kolbenbewegung anschließen.

Bei den Bachschen Versuchen war $\mathfrak{F} = 0$; meist werden aber Belastungsfedern gewählt, so daß $\mathfrak{F}$ also nicht $= 0$ genommen werden darf. Die Versuche Bachs näherten sich nach Westphal also mehr oder weniger einem Grenzfall, bei dem die Ventilmasse im Verhältnis zur gesamten niederdrückenden Kraft groß ist. Dazu wird die Ventilmasse noch durch das Indikatorschreibzeug samt Stange erhöht. Die Bestrebungen des ausführenden Pumpenbaus, nach denen die Ventile mit möglichst kleiner Masse und kleinem Hub, die sie belastende Feder möglichst stark, ausgeführt werden, führen zu dem anderen Grenzfall, zu dem der masselosen Ventile, indem also die Größe $\frac{G}{g} \cdot \frac{d^2 h}{d t^2}$ so klein ausfällt, daß sie gegen P verschwindet. Aus der Bewegungsgleichung folgt

$$p = \frac{P}{f_1}\left(1 - \frac{1}{g} \frac{d^2 h}{d t^2} \cdot \frac{G}{P}\right).$$

Ist nun P groß gegen G, oder $\frac{d^2 h}{d t^2}$ klein gegen g, oder findet beides statt, so kann p als konstant angesehen werden, also $p = \frac{P}{f_1}$.

Unter dieser Voraussetzung leitet Westphal auf rein mathematischem Weg die Gesetze des Ventilspiels, wenigstens soweit es den Ventilschluß betrifft, ab, bestimmt die zulässige größte Geschwindigkeit, mit der das Ventil auf seinen Sitz auftreffen darf, unter der Voraussetzung ganz schmaler Sitzflächen, und stellt dabei den Einfluß von Größe und Form des Ventils auf den Ventilschluß fest.

Nach Westphal wird, wenn Wasser im Beharrungszustand durch ein Ventil strömt, wobei es gleichgültig ist, ob letzteres aus einem Kegel oder Teller, aus Ringen, Glocken oder Klappen besteht, das Ventil infolge des unter ihm herrschenden Überdrucks gehoben und in der Schwebe gehalten, und es verursacht dieser Überdruck das Durchströmen des Wassers durch das Ventil. Die Durchgangsgeschwindigkeit durch den Zylinderumfang kann man nach seiner Ansicht nach den Gesetzen über die Ausflußgeschwindigkeit namentlich für geringe Ventilhübe und genügend weite Ventilgehäuse bestimmen.

Auf Grund der Betrachtung, daß, wenn der Kolben um eine kleine Wegstrecke vorrückt, der von ihm durchlaufene Raum gleich sein muß der durch das Ventil geflossenen Flüssigkeitsmenge, vermehrt oder vermindert um den Raum, den die Fläche f des Ventils dabei durchläuft, je nachdem das Ventil steigt oder fällt, kommt Westphal für ∞ lange Pleuelstange zu der Beziehung

$$F \cdot w \cdot \sin\psi \, dt = \mu \cdot l h \sqrt{2 g p}\, dt \pm f_1 \frac{dh}{dt} dt$$ [1])

und daraus durch Integrieren

$$h = e^{-\frac{m}{f_1}\psi} C + \frac{q}{m^2 + f_1^2}(m \cdot \sin\psi - f_1 \cos\psi)\,,$$

wenn

$$m = l \frac{\mu \sqrt{2 g p}}{\omega} \quad \text{und} \quad q = F \cdot r\,.$$

Mit $h = 0$ für $\psi = 0$ bestimmt Westphal die Konstante $C = \dfrac{q \cdot f_1}{m^2 + f_1^2}$ und damit den Ventilhub

$$h = \frac{q \cdot f_1}{m^2 + f_1^2}\left\{e^{-\frac{m}{f_1}\psi} + \frac{m}{f_1}\sin\psi - \cos\psi\right\},$$

die Ventilgeschwindigkeit

$$v = \frac{dh}{dt} = \frac{q m \cdot \omega}{m^2 + f_1^2}\left\{- e^{-\frac{m}{f_1}\psi} + \cos\psi + \frac{f_1}{m}\sin\psi\right\}$$

und die Ventilbeschleunigung

$$k_v = \frac{d^2 h}{dt^2} = \frac{q f_1 \omega^2}{m^2 + f_1^2}\left\{\frac{m^2}{f_1^2} e^{-\frac{m}{f_1}\psi} - \frac{m}{f_1}\sin\psi + \cos\psi\right\}.$$

[1]) In der Arbeit Westphals ist es zweifelhaft, was unter f_1 zu verstehen ist. Nach Abb. 1, S. 382 seiner Arbeit wäre f_1 die Ventilsitzdurchgangsfläche. In der zuletzt dargestellten Gleichung müßte anstatt f_1 die Ventiltellerfläche f eingeführt werden. Die Gleichung gilt also nur für die Sitzbreite 0.

Tobell hat übrigens bei seinen Betrachtungen über die Eröffnungsart die Bewegung des Ventils selbst bei Durchfluß des Wassers ebenfalls berücksichtigt.

Für $\psi = 0$ wird damit

$$v = \frac{dh}{dt} = 0 \quad \text{und} \quad \frac{d^2h}{dt^2} = \omega^2 \frac{q}{f_1}$$

und für $\psi = \pi$

$$h = \frac{q f_1}{m^2 + f_1^2}\left\{e^{-\frac{m}{f_1}\pi} + 1\right\}; \qquad \frac{dh}{dt} = -\frac{m \cdot q \cdot \omega}{m^2 + f_1^2}\left\{e^{-\frac{m}{f_1}\pi} + 1\right\};$$

$$\frac{d^2h}{dt^2} = \omega^2 \frac{q f_1}{m^2 + f_1^2}\left\{\frac{m^2}{f_1^2} e^{-\frac{m}{f_1}\pi} - 1\right\}.$$

Westphal stellt als erster an Hand des Ausdrucks für h durch Rechnung fest, daß der Ventilschluß nie im toten Punkt erfolgen kann, sondern stets nach demselben, da q und f_1 größer als Null und m endlich sein müssen.

Für den Winkel δ nach dem toten Punkt, bei welchem der Ventilschluß erfolgt, findet Westphal:

$$\delta = \frac{f_1}{m} = \frac{f_1 \omega}{\mu l \sqrt{2gp}}.$$

Nach Ermittlung der Integrationskonstanten C aus der Bedingung, daß $h = 0$ nicht für $\psi = 0$, sondern für $\psi = \delta = \frac{f_1}{m}$ eintritt, findet Westphal schließlich

$$\boldsymbol{h = \frac{q f_1}{m^2 + f_1^2}\left\{\frac{m}{f_1}\sin\psi - \cos\psi\right\};}$$

$$\boldsymbol{v = \frac{dh}{dt} = \frac{q \cdot m \cdot \omega}{m^2 + f_1^2}\left(\cos\psi + \frac{f_1}{m}\sin\psi\right)}$$

und

$$\boldsymbol{k_v = \frac{d^2h}{dt^2} = \frac{q \cdot f_1 \cdot \omega^2}{m^2 + f_1^2}\left\{-\frac{m}{f_1}\sin\psi + \cos\psi\right\},}$$

und für $\psi = \pi + \delta$ die Geschwindigkeit, mit der das Ventil auf dem Sitz auftrifft

$$\left.\frac{dh}{dt}\right)_{\pi+\delta} = -\frac{q}{m}\omega = -\frac{\pi^2}{30^2} \cdot \frac{n^2 F r}{\mu l \sqrt{2gp}}$$

Unter der Annahme, daß z. B. bei $\psi = \frac{\pi}{4}$ Hubbegrenzung stattfindet, ermittelt Westphal den Verspätungswinkel δ ebenfalls zu $\frac{f_1}{m}$ und die Ventilschlußgeschwindigkeit zu $-\frac{q}{m}\omega$ oder verschwindend kleiner, so daß also nach ihm die Hubbegrenzung keine Änderung im Ventilschluß bewirkt, was im Widerspruch zu den Beobachtungen Bachs steht.

Westphal stellt dann weiter fest, daß die bei Aufstellung der Bewegungsgleichung gemachte Annahme $\frac{1}{g} \cdot \frac{d^2 h}{d t^2}$ sehr klein gegen $\frac{P}{G}$, d. h. $\frac{d^2 h}{d t^2} \cdot \frac{1}{g \cdot \frac{P}{G}}$ sehr klein gegen 1 und damit $p = \text{const}$ nur für den Beginn der Ventilbewegung nicht oder bei ganz geringmassigen Ventilen nur annähernd zutrifft und spricht aus, daß dieser Teil (also der Beginn) der Ventilbewegung ohne Berücksichtigung der Massen und der Materialelastizität nicht berechnet werden könne, daß aber im weiteren Verlauf der Bewegung, namentlich beim Schluß des Ventils, bei den in der Praxis üblichen Ausführungen diese Annahme zutreffe. Er findet ferner, daß je geringer die Masse des Ventils ist, d. h. je mehr das Gewicht durch eine hier konstant angenommene Federkraft ersetzt wird, die gegebenen Gleichungen seine Bewegung um so genauer wiedergeben und daß die größere Masse des Ventils die Grenze des stoßfreien Schlusses herabzieht.

Westphal ermittelte für die Bachschen Ventile sowie für verschiedene ausgeführte Ring-, Etagen- und Glockenventile die Werte von $\frac{P}{G}$, die Ventilerhebungen h_o im Totpunkt sowie h für den Kurbelwinkel $\psi = 90°$, ferner die Ventilschlußgeschwindigkeit sowie den Wert $\frac{d^2 h}{d t^2} \cdot \frac{1}{g \frac{P}{G}}$ und zog aus diesen Rechnungen den Schluß, daß bei den gewöhnlichen praktischen Ausführungen, d. h. wenn das Ventil nicht mehr als durch den Auftrieb des Wassers entlastet wird, eine Ventilschlußgeschwindigkeit von 1 dcm (Dezimeter) einen normalen Ventilschluß zur Folge habe.

Unter Zugrundelegung des Wertes von 1 dcm für die Ventilgeschwindigkeit beim Schluß und einer Ausflußziffer $\mu = 0{,}55$ gibt dann Westphal für die Berechnung der Ventilbelastung bei gegebenem Ventilumfang l_s (gemessen in der Mitte der Sitzfläche) oder für die Berechnung des Ventilumfangs bei gegebener Belastung die Beziehungen

$$\frac{n^2 F}{l_s \sqrt{p}} = 1400\,, \quad \text{wenn alle Maße in dcm}$$

und

$$\frac{n^2 F}{l_s \sqrt{p}} = 44\,, \quad \text{wenn alle Maße in m}$$

eingesetzt werden.

Daran schließt sich nach Westphal die Regel, daß die Größe

$$\delta = \frac{f_1}{m} = \frac{n \cdot x}{147\, l_s \sqrt{p}} \quad \text{(alle Maße in dcm)},$$

oder

$$\delta = \frac{f_1}{m} = \frac{n \cdot x}{46{,}5\, l_s \sqrt{p}} \quad \text{(alle Maße in m)},$$

ein kleiner echter Bruch sein muß. In der Gleichung für δ bedeutet x bei Teller- oder Kegelventilen den Halbmesser von f_1, bei Ring-, Glocken- und Doppelsitzventilen die radiale Breite der Fläche f_1.

Bei Berücksichtigung der endlichen Stangenlänge bleibt die Gleichung $\delta = \frac{f_1}{m}$ dieselbe; die Gleichung

$$\left.\frac{dh}{dt}\right)_{\pi+\delta} = -\frac{q}{m} \cdot \omega \quad \text{geht aber über in} \quad \left.\frac{dh}{dt}\right)_{\pi+\delta} = -\frac{q}{m} \cdot \omega \left(1 \pm \frac{r}{L}\right).$$

Westphal weist nun noch darauf hin, daß ein früherer Ventilschluß wohl ein kleines f_1 und große Werte von m und p verlange, daß aber eine Übertreibung zu dem Übelstand führen würde, daß die Füllung der Pumpe, die Saugperiode, nicht normal verlaufen würde. Er untersucht deshalb wegen des Zusammenhangs mit den Betrachtungen über den Ventilschluß noch die Verhältnisse während der Saugvorgänge und findet, daß je kleiner f_1 und je größer p (und damit P), sowie die Masse des Ventils, desto leichter Trennung der Wassersäule beim Saugen eintrete.

Die sehr wertvolle Arbeit Westphals, der als erster eine Bewegungsgleichung für das Ventil aufstellt, setzt voraus, daß die Ventilbelastung und die Ausflußziffer (zur Berechnung der aus dem Ventilspalt tretenden Wassermenge) unveränderlich seien. Erstere Annahme trifft nur für reine Gewichtsventile zu, letztere entspricht nicht der Wirklichkeit.

3. O. H. Müller jr.[38])

Müller entwickelt unter der Voraussetzung, daß die Spaltgeschwindigkeit konstant, die Breite der Sitzfläche gleich Null sei, ferner unter Fortlassung der Ausflußziffer μ und unter Vernachlässigung der Ventilmasse eine Theorie der Ventilbewegung.

Zunächst stellt er für die Bewegung der masselosen Platte, die sich unter der Einwirkung einer ebenfalls masselos gedachten unendlich langen Feder in einem Gefäß mit Wasser nach dem Boden hin bewegt, für die Entfernung h der Platte vom Boden zur Zeit t die Beziehung auf

$$h = h_0 : e^{\frac{l\, c_{sp}}{f} t} = h_0 \cdot e^{\frac{l\, c_{sp}}{f}(-t)},$$

worin h_0 den Abstand der Platte vom Boden zu Beginn der Bewegung, also zur Zeit $t = 0$ bedeutet.

Da diese Beziehung die Gleichung der Exponentiallinie ist, bei der erst bei $t = \infty$ $h = 0$ wird, so spricht Müller aus: „Ein Ventil kann niemals seinen Sitz erreichen, sofern zum Entweichen der unter demselben befindlichen Flüssigkeit nur der Spalt $h \cdot l$ zur Verfügung steht.“ Hieran ändert sich nach Müller nichts, auch wenn die Masse eingeführt wird, weil mit fortschreitendem Sinken die Geschwindigkeit und damit auch allmählich der Einfluß der Masse abnimmt.

Das Gewichtsventil in seiner Schlußbewegung nach den Fallgesetzen zu beurteilen, wie dies Bach tat (vgl. S. 8), hält Müller nicht für richtig.

In Wirklichkeit wird sich nach Müller das Ventil auf den Boden setzen; es bleibt aber eine Hubhöhe h übrig, die der Undichtigkeitshöhe gleich zu achten ist, indem nur einzelne Punkte den Sitz berühren.

Der betrachtete Vorgang ist nach Müller genau der bei Ventilen an Pumpen mit Hubpausen. Er spricht deshalb aus: „Für die Steigerung der Hubzahl bei Duplexpumpen liegt von seiten des Ventils kein Hindernis vor. Das Ventil kann höchst einfach sein und seine Masse spielt für den Ventilschluß keine Rolle. Man wird aber die Masse möglichst klein machen wegen des Öffnens.“

Bei seinen weiteren Untersuchungen, bei denen Müller das Druckventil einer Pumpe mit der Sitzfläche Null betrachtet, geht er von der Westphalschen Beziehung

$$F \cdot u = f \cdot v + h \cdot l \cdot c_{sp} ,$$

gemäß welcher zu jeder Zeit die Verdrängung des Kolbens gleich sein muß dem vom steigenden Ventil gleichzeitig freigegebenen Raum plus der Menge, welche durch die Spaltöffnung entweicht, und findet, wenn der Kolben plötzlich aus der Ruhe in gleichförmige Bewegung versetzt wird, für den Ventilhub h:

$$h = \frac{F \cdot u}{l\, c_{sp}} \left[1 - e^{\frac{l\, c_{sp}}{f}(-t)}\right]$$

und für die Ventilgeschwindigkeit

$$v = \frac{F}{f} u \cdot e^{\frac{l\, c_{sp}}{f}(-t)} ,$$

woraus folgt, daß die Hubhöhe eine Grenze erreicht von $h_{\max} = \frac{F u}{l\, c_{sp}}$, aber erst für $t = \infty$, wofür dann $v = 0$ wird, und daß für $t = 0$ die Ventilgeschwindigkeit am größten wird, und zwar $v_{\max} = \frac{F}{f} u$.

Wird der Kolben nach unendlich langer Zeit angehalten und wirft man ihn mit gleicher Geschwindigkeit plötzlich zurück, so wird nach Müller

$$h = \frac{F \cdot u}{l\, c_{sp}} \left[2\, e^{\frac{l\, c_{sp}}{f}(-t)} - 1\right] \quad \text{und} \quad v = 2 \frac{F}{f} u\, e^{\frac{l\, c_{sp}}{f}(-t)}$$

Der betrachtete Fall gleichmäßiger Vor- und Rückbewegung, der im Pumpenbau nicht vorkommt, ist nach Müller analog der Wirkung von Undichtheiten unter konstantem Druck. Hiernach kann also nach ihm der Einfluß solcher Undichtheiten auf die Ventilbewegung ermittelt werden.

Bei der Aufstellung der Beziehungen für h und v für den Fall, daß der Kolben aus der Ruhe in gleichförmig beschleunigte Bewegung übergeht, denkt sich Müller zunächst das Druckventil mit einem gleich großen Gegenkolben verbunden, durch dessen Bewegung das Glied $f\,v$ zunächst ausgeschieden wird. Um die Wirkung dieses Kolbens unschädlich zu machen, wird die Gegenseite des Hilfskolbens durch einen Kanal in Verbindung gebracht mit dem Druckraum und in diesem Kanal ein zweites Ventil von gleicher Größe angeordnet. Er stellt dann Beziehungen auf für den Hub jedes der beiden Ventile, setzt die Bewegung des Hauptventils zusammen mit der des Hilfsventils und findet schließlich für die zusammengesetzte Bewegung

$$h = \frac{F \cdot k}{l \cdot c_{sp}} \left[t - \frac{f}{l\,c_{sp}} \left(1 - e^{\frac{l\,c_{sp}}{f}(-t)} \right) \right] \quad \text{und} \quad v = \frac{F\,k}{l\,c_{sp}} \left[1 - e^{\frac{l\,c_{sp}}{f}(-t)} \right].$$

Bei verzögerter Bewegung des Kolbens von einer Geschwindigkeit u_0 aus findet Müller:

$$h = \frac{F}{l\,c_{sp}} \left[u_0 - k \cdot t + \frac{k \cdot f}{l\,c_{sp}} \left\{ 1 - e^{\frac{l\,c_{sp}}{f}(-t)} \right\} \right] \quad \text{und} \quad v = \frac{F\,k}{l\,c_{sp}} \left[e^{\frac{l\,c_{sp}}{f}(-t)} - 1 \right].$$

Die beschriebene Kolbenbewegung, die im Pumpenbau ebenfalls nicht vorkommt, ist nach Müller gleichbedeutend mit der Bewegung einer Wassersäule unter gleichbleibendem Druck bzw. Gegendruck und findet statt beim Eintritt einer Saugwassersäule in eine nicht vollgefüllte Pumpe.

Für die Untersuchung des Ventilspiels bei Pumpen mit Kurbelantrieb endlich denkt sich Müller das Ventil mit einem gleich großen Gegenkolben verbunden, dessen Spiel die Raumverdrängung des Ventils beim Steigen und Fallen ausgleicht. Aus

$$h' l\,c_{sp} = F\,u = F \cdot w \cdot \sin \omega t$$

findet er die Hubhöhe h' des Ventils

$$\boldsymbol{h' = \frac{F}{l\,c_{sp}} \cdot w \cdot \sin \omega t}$$

und die Ventilgeschwindigkeit:

$$\boldsymbol{v' = \frac{F}{l\,c_{sp}} \cdot \omega \cdot w \cdot \cos \omega t}.$$

Da aber nicht nur der Hauptkolben Pumpwirkung ausübt, sondern auch der Hilfskolben, so entspricht das Spiel des Ventils nach der Gleichung für h' der Wirkung **beider** Kolben. Es ist also

$$F \cdot u + f v' = F w \left\{ \sin \omega t + \frac{f \omega}{l c_{sp}} \cdot \cos \omega t \right\}.$$

Müller vereinigt dann beide Kolben in einen vom Querschnitt F, so daß $F u + f v' = F \cdot u'$ und damit die Geschwindigkeit dieses Kolbens

$$u' = w \left(\sin \omega t + \frac{f \omega}{l c_{sp}} \cos \omega t \right)$$

wird.

Er zeichnet hiernach die Sinuslinie $F u$, die Kosinuslinie $f \cdot v'$ und die Resultierende $F u'$ (ebenfalls eine Sinuslinie), welcher also das Ventilspiel nach der Gleichung

$$h' = \frac{F}{l c_{sp}} \cdot w \cdot \sin \omega t$$

entspricht (vgl. Abb. 45), und stellt an Hand dieser Aufzeichnung fest, „daß das Ventil erst dann zu öffnen beginnt, wenn $F u'$ schon einen gewissen Wert angenommen hat, noch offen steht, wenn $F u'$ bereits wieder Null geworden ist, und erst dann schließt, wenn $F u'$ denselben, jedoch negativen Wert hat wie zu Beginn des Öffnens. Die Ventilerhebungslinie erscheint demnach zur Linie der Kolbengeschwindigkeit zeitlich verschoben.“

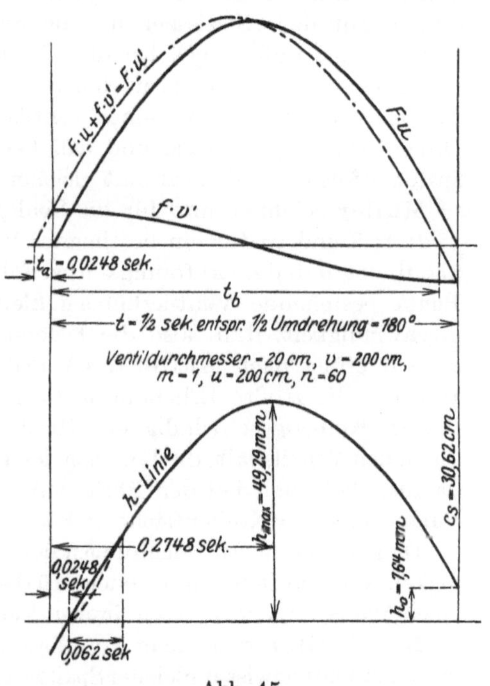

Abb. 45.

Für die wirkliche Erhebung des Ventils $h = \frac{h' \cdot u}{u'}$ findet **Müller** dann die Beziehung

$$h = \frac{F \cdot w}{l c_{sp} \sqrt{1 + \left(\frac{f \omega}{l c_{sp}} \right)^2}} \sin \left\{ \omega t + \operatorname{arc} \left(\operatorname{tg} - \frac{f \omega}{l c_{sp}} \right) \right\},$$

d. i. eine verschobene Sinuslinie nach Abb. 45 unten, und für die Ventilgeschwindigkeit

$$v = \frac{F w}{l c_{sp} \sqrt{1 + \left(\frac{f \omega}{l c_{sp}}\right)^2}} \omega \cos \left\{ \omega t + \operatorname{arc} \left(\operatorname{tg} - \frac{f \omega}{l c_{sp}} \right) \right\}.$$

Die Ventilerhebungslinie läßt neben verspätetem Öffnen und Schließen erkennen, daß das Ventil den Maximalhub später erreicht als der Kolben seine größte Geschwindigkeit. Müller folgert aus derselben weiter, daß das negative Kurvenstück von $t = 0$ bis zum Schnitt der h-Linie mit der Abszissenachse die Schlußbewegung des Saugventils darstellt, und daß umgekehrt die h-Linie des Druckventils in ihrer Verlängerung über die Hubzeit hinaus in die Saugperiode hineinreicht, daß ferner der Schluß des einen Ventils zeitlich zusammenfällt mit dem Öffnen des Gegenventils, und daß beide gegen den Hubwechsel verspätet erfolgen, und zwar mit gleicher — größter — Geschwindigkeit.

Müller zeichnet nun für die Spaltgeschwindigkeiten $c_{sp} = 0$; 0,5; 1; 2; 4; 8 und ∞ für ein bestimmtes Ventil, die Ventilerhebungslinien und findet, daß die Eröffnungs- bzw. Schlußverspätung und die im toten Punkt bestehende Ventilerhebung kleiner wird, je größer die Spaltgeschwindigkeit, d. h. also die Federspannung, genommen wird. Für $c_{sp} = 0$ öffnet nach Müller das Ventil in der Mitte des Hubs, hat am Hubende die größte Erhebung und schließt in der Mitte des Rückhubs mit der Kolbengeschwindigkeit. (In diesem Grenzfall tritt kein Wasser durch den Ventilspalt, die Leistung der Pumpe ist $= 0$.) Müller schließt daraus, daß auch bei den übrigen Annahmen für c_{sp} die Leistung der Pumpe nicht = Kolbenfläche $\times$ Hub sein könne.

Da gemäß den Aufzeichnungen der Ventilschluß stets mit Geschwindigkeit verknüpft ist, muß nach Müller, sofern diese Geschwindigkeit einer Masse angehört, auch immer Ventilschlag eintreten.

Nach Müller erhält man ganz dieselben Linien, wie eben besprochen, wenn man mit gewisser gleicher Spaltgeschwindigkeit, d. h. gleicher Federbelastung, das Verhältnis $\frac{f}{l}$ ändert $\left(\frac{f}{l} = 0;\ 1{,}25;\ 2{,}5;\ 5;\ 10;\ 20 \text{ und } \infty\right)$

Er bringt dadurch den günstigen Einfluß großen Sitzumfangs oder der Wahl mehrerer kleiner Ventile anstelle eines mehrspaltigen Ringventils zur Erkenntnis. Er verlangt zur Verminderung des Ventilschlags kleinen Ventilhub, erzielt nicht durch Hubbegrenzung, sondern durch starke Federbelastung und großen Sitzumfang. Für die größte Ventilerhebung findet Müller:

$$h_{\max} = \frac{F w}{l c_{sp} \sqrt{1 + \left(\frac{f}{l c_{sp}} \omega\right)^2}}$$

oder, da für gewöhnlich in der Praxis vorkommende Fälle der Klammerausdruck unter dem $\sqrt{}$-Zeichen so klein ist, daß er = 0 gesetzt werden kann,

$$h_{\max} \cong \frac{F \cdot w}{l\, c_{sp}} = \frac{F \cdot r\,\omega}{l\, c_{sp}}.$$

Ferner für die Ventilerhebung im Hubwechsel:

$$h_0 = h_{\max} \cdot \frac{f\,\omega}{l\, c_{sp}}$$

und für die Verspätung des Schlusses bzw. Öffnens des Ventils:

$$\operatorname{tg} \delta = \frac{f\,\omega}{l\, c_{sp}},$$

welche Beziehung zeigt, daß die Schlußverspätung für ein und dasselbe Ventil bei gleicher Umdrehungszahl stets die gleiche und unabhängig von Abmessungen und Hub des Kolbens ist.

Da für alle praktischen Fälle der Verspätungswinkel δ sehr klein ist, setzt Müller dessen Tangente gleich dem Bogen und erhält damit für die Schlußverspätung

$$t_s = \frac{f}{l\, c_{sp}},$$

wonach also bei ein und demselben Ventil die Schlußverspätung stets dieselbe und unabhängig von der Pumpe überhaupt wäre. Zum Beweis zeichnet er die verschobenen Ventilerhebungsdiagramme eines Gewichtsventils aus den Bachschen Versuchen übereinander, das bei $n = 60$ mit 4 verschiedenen Kolbenhüben arbeitete (Kolbenweg war Abszissenachse) und stellte fest, daß die Ventilerhebungslinien immer im gleichen Punkt zu steigen beginnen, wie es sein müsse, da der Verspätungswinkel δ im Kurbelkreis bei gleichem n immer derselbe sei. Da bei diesen Versuchen das Saugventil ein federbelastetes Ventil war, so folgert Müller, daß dieses Ventil auch stets im gleichen Punkt zum Schluß kam, vgl. auch die neuesten Versuche von Berg unter V, 2.

Für die Schlußgeschwindigkeit des Ventils fand Müller

$$v_s = -\frac{F}{f}\, u_s$$

(u_s Kolbengeschwindigkeit zur Zeit des Schlusses), was auch die Versuche Bachs bestätigen (vgl. auch S. 66).

In anderer Form, bezogen auf $h_{\max}$ oder h_o (h_o = Ventilhub im Totpunkt vor dem Schluß), ergibt sich

$$v_s = \frac{F \cdot w \cdot \pi n}{30\, l\, c_{sp}} = h_{\max} \cdot \omega \quad \text{bzw.} \quad v_s = h_o \frac{l\, c_{sp}}{f},$$

woraus folgt, daß die Schlußgeschwindigkeit ein und desselben Ventils der Ventilerhebung im Hubwechsel des Kolbens proportional ist und daß aus den Erhebungslinien eines Ventils stets die Schlußgeschwindigkeit beurteilt werden kann.

Nach Einführung des Pumpeninhalts findet Müller schließlich noch für v_s:

$$v_s = \frac{F \cdot s \cdot \pi^2 n^2}{30 \cdot 60 \cdot l \cdot c_{sp}} = 0{,}00584 \frac{F s \cdot n^2}{l c_{sp}}$$

und nach Einführung der minutlichen Fördermenge:

$$v_s = 0{,}00584 \frac{n \cdot Q_{\min}}{l c_{sp}}$$

und hält damit das erste Bachsche Gesetz, gemäß welchem an der Grenze des stoßfreien Schlusses $n^2 s = \text{const}$ bzw. $Q n = \text{const}$ sein muß, für bestätigt.

Bezüglich der Ventile mit kegelförmiger Sitzfläche findet Müller, im Einklang mit Bach:

1. daß diese unter sonst gleichen Verhältnissen mit größerer Geschwindigkeit, also stärkerem Schlag schließen als flachsitzige,

2. daß diese keine gleichbleibende Spaltgeschwindigkeit ermöglichen wegen der Verkleinerung der Angriffslinie mit der Erhebung für den von unten wirkenden Druck und der damit sich ändernden spez. Belastung des Ventils,

3. daß die Erhebung dieser Ventile kleiner wird und daß die Erhebungslinie des Kegelventils gegenüber der des flachsitzigen Ventils anfänglich rascher steigt, sich bald verflacht, schließlich steil abfallen und im ganzen zeitlich mehr gegen die Kolbenbewegungsphasen verschoben sein wird.

Nach den Bachschen Diagrammen (vgl. Abb. 37, S. 57) tritt nach Müller die Verflachung früher ein, als das nach seinen Darlegungen zu erwarten ist. Den Grund dafür sucht er in dynamischen Verhältnissen.

Den Einfluß des Widerstandes des Ventilkörpers gegen die ihn hebende Flüssigkeit, der von dessen Größe, Form und Oberflächenbeschaffenheit abhängt, berücksichtigt Müller nicht, da nach ihm beim Öffnen und Schluß und in der Sitznähe die relative Geschwindigkeit des Ventils gegenüber dem Flüssigkeitsstrom = 0 bzw. so gering ist, daß sie den Vorgang nicht beeinflussen kann und weil ja das Ziel seiner Studien dahin geht, die Vorgänge beim Öffnen und Schließen sowie in der Sitznähe kennenzulernen.

Auch die Weite des Ventilgehäuses wird nicht berücksichtigt. Nach seiner Ansicht wird der Einfluß der Gehäuseweite, der sich in der Vergrößerung der Ventilerhebung ausdrückt, durch die Zunahme der Federspannung mit wachsendem Hub größtenteils aufgehoben, außerdem ist derselbe in der Sitznähe und beim Schluß = 0.

Die infolge verspäteten Schlusses der Ventile eintretende Lieferungsverminderung ermittelte Müller aus:

$$\frac{Q_v}{Q} = \frac{30\, l\, c_{sp}}{\sqrt{(l\, c_{sp} \cdot 30)^2 + (\pi f n)^2}},$$

wenn Q_v die tatsächlich geförderte und Q die theoretische Wassermenge ist.

Des weiteren folgert Müller aus den bisherigen Ergebnissen, daß wegen des verspäteten Eröffnens und Schließens der Ventile die bisher übliche Anschauung betr. Anfangsbeschleunigung der Saug- und Druckwassersäulen falsch ist, daß, luftfreies Wasser, absolut starrer Pumpenkörper nebst starren Ventilen und Gestängen sowie Nichtvorhandensein von Luftsäcken vorausgesetzt, von einem sanften Inbewegungsetzen der Wassersäulen bei einer Pumpe mit Kurbelbetrieb nicht die Rede sein könne, daß vielmehr die Ingangsetzung der Massen mit Stoß, welcher nur bei sehr kleinem t_0 (t_0 = Öffnungsverspätung) durch Nebeneinflüsse, wie Undichtheiten, Elastizität des Gehäuses, der Gestänge und Ventile, und natürlichem Luftgehalt gemildert oder beseitigt werden kann. Müller findet durch Aufzeichnen der Weg- und Geschwindigkeitslinien für die Saugwassersäule und den Pumpenkolben, daß sich die Wassersäule beim Öffnen des Saugventils, also beim Vorlauf des Kolbens von der Unterfläche des Druckventils, trennt und diese bald wieder mit Stoß trifft[1]), daß ferner beim Rückhub die Saugsäule ein Stück rückläufig bewegt wird und daß beim Schluß des Saugventils das im Saugrohr befindliche Stück unterhalb des Ventils ebenfalls abreißt und unter Einwirkung des Saugwindkesseldrucks zu diesem unter Stoß zurückkehrt. Müller empfiehlt deshalb, die an den Ventilen hängenden Flüssigkeitsmassen zur Herabminderung der Stöße, klein, ihren Beschleunigungsdruck groß zu halten. Nach ihm rühren die häufig beobachteten Schwingungen beim Beginn der Sauglinie im Indikatordiagramm demnach nicht allein von der Massenwirkung des Schreibzeugs und dem Öffnungsdruck her, sondern bedeuten in manchen Fällen ein wirkliches Abreißen und Zusammenstoßen der Saugsäule mit dem Saugventil. Zeigt sich beim Indizieren im Saugrohr dicht unter dem Ventil nach Vollendung des Saughubs eine Doppelschwingung, so ist nach Müller diese Erscheinung vorhanden (vgl. hierzu Tobell, S. 80 u. f.).

[1]) Er widerlegt dadurch die Behauptung, daß in diesem Fall sich die Saugsäule nicht mehr innerhalb der ersten Hälfte des Kolbenhubs schließen würde.

Zur Verminderung der genannten Übelstände empfiehlt Müller:

1. Vergrößerung der Saugbeschleunigung durch Opfer an Saughöhe bzw. Saugfähigkeit,
2. Verkleinerung der Spaltgeschwindigkeit, jedoch nur zu Anfang des Hubes, im weiteren Verlauf des Saughubs soll dieselbe aber möglichst groß gehalten werden (veränderliche Federbelastung),
3. Verkürzung der Wassersäule zwischen Druckventil und Saugwindkesselspiegel,
4. möglichste Verkleinerung der Saugventilmasse.

Auf Grund obiger Betrachtungen kommt er weiter zu dem Schluß, daß, der Saugsäulenbewegung entsprechend, das Saugventil sich nicht mit seiner Maximalgeschwindigkeit öffnen kann und demnach dessen Erhebungslinie von derjenigen des Druckventils abweichen muß (vgl. Abb. 45 unten, gestrichelte Linie).

Auf Grund der Anschauung, daß beim Druckventilschluß nur die über dem Ventil befindliche Masse in Betracht kommt, und daß im Augenblick des Saugventilschlusses die gesamte über dem Saugventil befindliche Wassermasse zum Stillstand kommt, zieht Müller den Schluß, daß auch bei masselosen Ventilen ein Ventilschlag auftreten muß, der proportional ist der Summe der Produkte aus den zwischen Saugventil und Druckwindkesselspiegel befindlichen Wassermassen und den Quadraten ihrer Geschwindigkeiten im Augenblick des Ventilschlusses plus dem Produkt aus Ventilmasse und dem Quadrat der Ventilschlußgeschwindigkeit, außerdem daß bei ein und derselben Pumpe der Ventilschlag mit der vierten Potenz der Umläufe in der Minute wächst[1]).

Müller verlangt deshalb möglichst kleines Ventilgewicht, kleinen Wasserweg vom Saug- zum Druckventil sowie kleine Wasserhöhe über dem Druckventil bis zum Spiegel des Druckwindkessels und möglichst große Querschnitte für diese Wasserwege und weiter mit zunehmenden Abmessungen der Pumpe kleineren Ventilhub unter Anwendung großen Sitzumfangs und großer Spaltgeschwindigkeit.

Da die Spaltgeschwindigkeit annähernd proportional der Wurzel aus der Ventilbelastung oder Federspannung ist, so vermindert sich nach Müller unter sonst gleichen Umständen der Ventilschlag annähernd proportional mit wachsender Federspannung, was er als durch die Er-

[1]) Müller mißt den Stoß durch den Betrag der bei demselben vernichteten Arbeit und findet ihn zu

$$E = \frac{1000 f \cdot v_s^2}{2g}\left(\sum \frac{L}{m}\right) = 0{,}00174\,\frac{(F s)^2 f \cdot n^4}{(l\,c_{sp})^2}\sum \frac{L}{m}$$

(worin L die Länge der zum Stoß kommenden Einzelmassen gemessen, in der Stromrichtung, und m die Summe dieser Einzelmassen).

fahrung bestätigt, aber im Gegensatz zum zweiten Bachschen Gesetz $P = \frac{n^2 s}{30\,\alpha}$ stehend findet. Er bemerkt aber dazu, daß eben bei reinen Gewichtsventilen, wie sie Bach untersuchte, mit der Ventilbelastung auch die Masse sich ändere und daher eine Übereinstimmung mit dem für federbelastete Ventile gefundenen Gesetz nicht möglich sei, um so weniger, als Bachs Versuchsventile, als Druckventile angewendet, einen außergewöhnlichen Ballast besaßen und mit übermäßig schweren Ventilen zu vergleichen seien, die von unten durch eine Feder teilweise entlastet wurden, also einer Bauart entsprachen, wie sie in der Praxis nicht vorkomme. Müller erscheint der experimentelle Beweis für das Bachsche Gesetz durch den Versuch mit dem Saugventil, als reinem ballastfreien Gewichtsventil, als zu schwach, weil diese Versuche mit zu geringer Belastungsänderung durchgeführt wurden. Er will jedoch die allgemeine Gültigkeit des zweiten Bachschen Gesetzes für Gewichtsventile nicht allgemein bestreiten, möchte dasselbe aber nur für das Druckventil der Versuchspumpe gelten lassen.

Auch Müller widerlegt durch seine Untersuchungen die Ansicht, daß der Ventilschlag nur erzeugt würde, indem nach Kolbenumkehr der Druck auf das Ventil sich umkehre und dasselbe zuschlage. Nach seinen Darlegungen bedarf es zum Ventilschlag keines Druckwechsels; derselbe könne in den meisten Fällen gar nicht eintreten, weil die Verdrängerleistung des Ventils $f \cdot v$ im und nach dem Hubwechsel ja größer sei als diejenige des Kolbens $F u$, und weil sie daher einen Überdruck unter dem Ventil erzeuge (vgl. auch Bach, S. 6, 52 und 53).

Bei dieser Gelegenheit kommt Müller auch auf die Dämpfungseinrichtungen vermittels Gegenfedern zu sprechen, durch welche die Senkungsgeschwindigkeit kurz vor Schluß des Ventils verlangsamt und dadurch der Schlag vermindert werden soll und spricht aus, daß derartige Einrichtungen nur den Schluß verschleppen, der dann unter Wirkung der Druckumkehr bei einer der größeren Kolbengeschwindigkeit entsprechenden höheren Ventilgeschwindigkeit erfolgt, also gerade das Gegenteil von dem Beabsichtigten erreicht. Auch Federn, die in der Ruhelage des Ventils ungespannt sind oder gar einen Zug auf dasselbe ausüben, haben nach Müller die gleiche Wirkung wie die Dämpfung, sie vergrößern die Schlußverspätung.

Die Frage des Öffnungsdrucks hängt nach Müller mit dem oben, S. 104, geschilderten Stoß der Wassermassen gegen die Unterfläche des Ventils zusammen. Während beim Öffnen des Saugventils der Öffnungsdruck durch die Saughöhe begrenzt ist, ist derselbe beim Öffnen des Druckventils theoretisch unendlich groß, in Wirklichkeit aber endlich wegen Undichtheiten des Ventils, Luftgehalt des Wassers und Elastizität der Baustoffe der Pumpe. Den wirklichen Betrag hält

Müller nicht für meßbar; er hält es aber nicht für gefährlich, wenn der Eröffnungsdruck auch unendlich wäre, da er nur unendlich kurze Zeit wirken würde und in dieser Zeit kein Teil zugrunde ginge, weil allen Brüchen Dehnungen vorausgingen und dazu Zeit nötig sei!

Als Mittel zur Verminderung des Ventilschlags empfiehlt auch Müller:

1. Verkleinerung der zum Stoß gelangenden Massen; durch Teilung des Stoßes (indem der größte Teil der Ventilmasse vor dem eigentlichen Schluß des Ventils zur Ruhe gebracht wird [Fernis-Ventil]). Durch Auflösen des Ventils in einzelne unabhängig voneinander arbeitende Körper ist nach Müller das Ziel nicht zu erreichen, da der letzte offenbleibende Körper mit desto größerer Geschwindigkeit schließen muß.

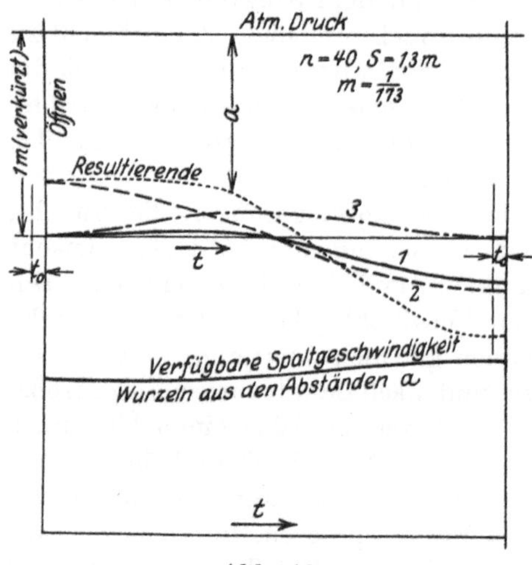

Abb. 46.

2. Abschwächung der Massenwirkung durch elastisches Material (Gummi).

3. Verkleinerung der Ventilschlußgeschwindigkeit und damit auch der Schlußverspätung durch Vergrößerung des Sitzumfangs und der Spaltgeschwindigkeit.

Hinsichtlich der Führung des Ventils verlangt Müller möglichste Reibungsfreiheit und geringste Vermehrung der Masse durch dieselbe.

Müller hält es ferner für berechtigt und nahezu zutreffend, die Spaltgeschwindigkeit als konstanten Wert den Betrachtungen zugrunde zu legen. Er findet nämlich durch Aufzeichnen der Linie der resultierenden Pumpenwiderstände während der Saugperiode in deren jeweiligen Abständen a von der Atmosphärenlinie den zur Erzeugung der Spaltgeschwindigkeit zur Verfügung stehenden Druck und in den Wurzeln aus diesen Abständen die verfügbare Spaltgeschwindigkeit (vgl. Abb. 46), die nahezu als gerade Linie sich ergibt.

Das Verlangen, die Spaltgeschwindigkeit etwa 1 m/sec und abnehmend mit schnellerem Gang der Pumpe zu nehmen, hält er für falsch, empfiehlt vielmehr, dieselbe so groß zu wählen als mit Rücksicht auf die jeweils gegebenen Saugverhältnisse und den Kraftbedarf irgendwie vereinbar ist.

Bei Pumpen mit sehr geringen Förderhöhen und sehr geringer Saughöhe kann nach Müller große Spaltgeschwindigkeit genommen werden, wenn der Betrieb nur zeitweise und die Leistung gering ist. Bei großen Leistungen aber ist, weil durch hohe Spaltgeschwindigkeit der Widerstandsverlust einen bedeutenden Teil der Förderhöhe ausmacht, die Spaltgeschwindigkeit klein zu nehmen. Bei Pumpen, bei denen die ganze Förderhöhe hauptsächlich Saughöhe ist, ist geringe Spaltgeschwindigkeit nötig. Bei hohen Pressungen kann fast immer mit der Spaltgeschwindigkeit hochgegangen werden; ähnlich liegen die Verhältnisse bei unterirdischen Wasserhaltungen, bei denen das Sumpfwasser durch besondere Zubringepumpen zugeführt wird. Bei städtischen Wasserhaltungsmaschinen ist die Spaltgeschwindigkeit wenigstens der Saugventile niedrig zu wählen.

Die Trägheit der Ventilmasse macht sich nach Müller geltend in Schwankungen des Ventils um das Bewegungsgesetz des gleichwertigen masselosen Ventils, deren Endergebnis je nach Gangart der Pumpe ein früherer Schluß unter kleinerer oder ein späterer Schluß unter größerer Geschwindigkeit ist, als bei gleicher Gangart der Pumpe dem masselosen Ventil entspräche.

In den Fällen, in denen das Ventil vorzeitig und mit großer Geschwindigkeit seinem Sitz zueilt und dann fast plötzlich innehält, äußert sich nach Müller in dem fast plötzlichen Anhalten die Aufzehrung der lebendigen Kraft durch die Druckhöhe der naturgemäß bei diesem Vorgang bedeutend erhöhten Spaltgeschwindigkeit, die Bach auch durch den Haken im Diagramm am Schluß der Druckperiode nachgewiesen hat (vgl. S. 52 und 53) mit der Bemerkung, daß darin etwas Nachteiliges nicht erblickt werden könne. Nach Müller mag das wohl sein beim Druckventil, sicherlich aber nicht beim Saugventil, weil es hier geschehen könnte, daß kurz vor Hubende die Saugsäule abreißt. Bei den Diagrammen Bachs, die zu den Versuchen mit dem Gewichtsventil als Saugventil gehören, zeigt jener Haken 2 m Widerstandserhöhung an; ein Betrag, der bei größerer Saughöhe als der sehr geringen des betreffenden Versuchs ungünstig auf die Saugwirkung sein würde.

Die gleich ungünstige Wirkung wie beim Abgeben der lebendigen Kraft — also beim Schluß — übt die Masse beim Aufnehmen derselben — d. h. beim Öffnen. Masse wirkt also nach Müller doppelt schädlich, sie erzeugt zwei kritische Perioden während des Ansaugens.

Müller findet ferner durch Vergleich der Schlußlinien eines Bachschen Gewichtsventils mit dem eines federbelasteten Ventils, daß dem stetigen Wachsen des Ventilschlags beim federbelasteten Ventil gegenübersteht beim Gewichtsventil: zuerst sehr geringer, jedenfalls nicht hörbarer Schlag, später, nach Überschreitung einer ganz bestimmten Grenze, heftiger, rasch sich verstärkender Schlag, womit es nach seiner Ansicht klar werde, daß der experimentelle Nachweis des Gesetzes für die Schlußgeschwindigkeit nur durch Gewichtsventile geliefert werden können, leider auch, daß die bezeichnete Grenze für jede Bauart und jede Größe von Gewichtsventilen durch Versuche festgestellt werden müßte. Weiter gehe aus der Verschiedenheit beider Ventilarten hervor, daß das Gewichtsventil eine scharfe Grenze für die Steigerungsfähigkeit der Pumpe ziehe, während diese Grenze dehnbar sei beim Ventil mit Federbelastung, und daß bei ersterem, wenigstens als Saugventil, die Spaltgeschwindigkeit gegen die Hubenden weitaus am größten sei.

Bantlin[39])

weist in seiner Besprechung der Arbeit Müllers darauf hin, daß sich in den Rechnungsergebnissen deutlich der Einfluß der gemachten Voraussetzungen zeige. Ganz abgesehen z. B. von der Annahme unveränderlicher Spaltgeschwindigkeit, hält es Bantlin für unmöglich zutreffend, daß jedes, auch das richtig arbeitende Ventil mit der größten vorkommenden Geschwindigkeit auf den Sitz schlägt. Schuldig an diesem Fehlschluß ist nach ihm unter anderem die Außerachtlassung der Ventilsitzbreite und damit das Wegfallen der Pufferwirkung der Flüssigkeitsschicht zwischen Ventil und Sitz kurz vor dem Abschluß. Für die Beurteilung der Schlußbewegung ist aber gerade diese Pufferwirkung von entscheidender Bedeutung. Nach Bantlin versagt die Müllersche Theorie gerade an den wichtigsten Stellen der Erhebungslinie, am Schluß und bei der Eröffnung. Damit hält es Bantlin auch für zwecklos, aus der Ventilerhebungslinie die Ventilerhebung bei Kolbenumkehr oder die Verspätungszeit für Öffnung und Schluß und die Ventilschlußgeschwindigkeit zu berechnen, da diese doch nicht richtig sich ergeben würden. Wenn Müller auch feststellt, daß die Schlußgeschwindigkeit in Übereinstimmung mit den Bachschen Versuchen mit dem Quadrat der Umgangszahl wächst, so besagt das für die allgemeine Richtigkeit des Bewegungsgesetzes nach Bantlin sehr wenig, da die Schlußgeschwindigkeit, die sich aus der Müllerschen Formel berechnen läßt, nicht diejenige an der Grenze des rechtzeitigen stoßfreien Ventilschlusses ist. Auch die von Müller zur Ableitung der Ventilerhebungsgleichung angewendete Hilfsvorstellung hält Bantlin mit Recht für anfechtbar; ebenso hält er die Feststellung Müllers, wonach das Ventil nicht ganz auf den Sitz auftreffen kann, für absonderlich.

Wenn auch wegen der erwähnten Vernachlässigungen die von Müller gegebenen Gleichungen zur Ermittlung von Zahlenwerten nicht ohne weiteres benützbar sind und die aus ihnen gezogenen Schlüsse durch das tatsächliche Verhalten der Ventile nicht in vollem Maß bestätigt werden, so muß doch, wie dies auch Bantlin in seinem Schlußwort hervorhebt, die Arbeit Müllers als recht förderlich für das allgemeine Verständnis der Vorgänge in der Pumpe bezeichnet werden.

4. Rudolf[40])

kommt 1901 auf Grund derselben Annahmen wie Müller für die Pumpe mit Kurbeltrieb ($r:L=\infty$), ausgehend von der Westphalschen Kontinuitätsgleichung auf schnellere und übersichtlichere Weise zu den gleichen Beziehungen für h und v wie Müller[1]).

Er gibt aber außerdem für die Ventilbeschleunigung noch die Beziehungen an: $k_v = -\omega^2 h$ und

$$k_v = \frac{F\cdot w\cdot \omega^2}{\sqrt{1+\left(\frac{f\cdot\omega}{l c_{sp}}\right)^2}} \sin\left\{\omega t - \operatorname{arc\,tg}\frac{f\omega}{l c_{sp}}\right\}.$$

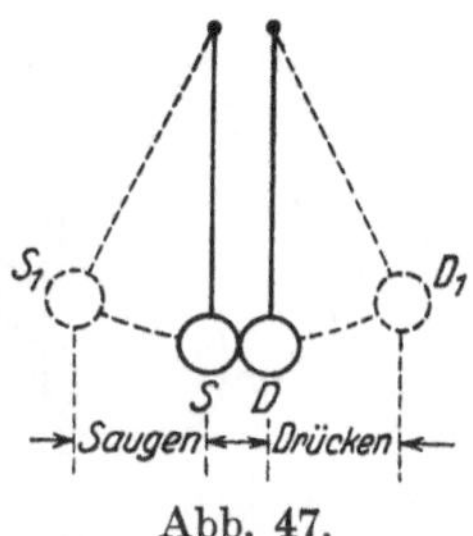

Abb. 47.

Da die Gleichung $k_v = -\omega^2 h$ die Definitionsgleichung der harmonischen Schwingung ist, so ist damit nach Rudolf die Bewegung des masselosen, konstant federbelasteten Ventils am einfachsten charakterisiert. Er denkt sich auf Grund dieser Gleichung das Ventilspiel wie folgt: Eine unelastisch vorausgesetzte und an einem Faden aufgehängte Kugel S, Abb. 47, die dem Saugventil entsprechen soll, wird nach S_1 verschoben

---

1) Aus $F u = f v + h l c_{sp}$ oder $F w\cdot\sin\psi = f v + h l c_{sp}$ ermittelt er den Wert $\psi=\delta$, für den $h=0$ ist, wie folgt: Mit $h=0$ wird $F\cdot w\cdot\sin\delta = f\cdot v_s$, worin v_s die dem Winkel δ entsprechende Ventilgeschwindigkeit ist. Dann setzt Rudolf $\psi=\delta+\beta$, wonach $\beta=0$ wird, wenn $h=0$ ist, und damit folgt: $F\cdot w\sin(\delta+\beta) = F\cdot w\sin\delta\cos\beta + F\cdot w\cos\delta\sin\beta = f v + h\cdot l\cdot c_{sp}$. Diese Gleichung zerfällt in die beiden Teilgleichungen

$$f\cdot v = F\cdot w\cdot\sin\delta\cos\beta$$

und

$$l\cdot h\cdot c_{sp} = F\cdot w\cdot\cos\delta\sin\beta,$$

da während eines Ventilspiels v und $\cos\beta$ als zweiwertige Größen die Zeichen ändern, während h und $\sin\beta$ als einwertige Größen dasselbe Vorzeichen behalten.

Aus diesen beiden letzten Gleichungen bestimmt Rudolf den unbekannten Winkel δ aus $\operatorname{tg}\delta = \frac{f\cdot\omega}{l c_{sp}}$, damit $\cos\delta = \frac{1}{\sqrt{1-\operatorname{tg}^2\delta}} \frac{1}{\sqrt{1-\left(\frac{f\omega}{l c_{sp}}\right)^2}}$ und $\beta = \psi-\delta = \psi - \operatorname{arc\,tg}\frac{f\cdot\omega}{l c_{sp}}$ und daraus

$$h = \frac{F\cdot w}{l c_{sp}\sqrt{1+\left(\frac{f\cdot\omega}{l c_{sp}}\right)^2}}\sin\left\{\omega t - \operatorname{arc\,tg}\frac{f\omega}{l c_{sp}}\right\}$$

und mit $\sin\delta = \operatorname{tg}\delta\cos\delta = \frac{\frac{f\omega}{l c_{sp}}}{\sqrt{1+\left(\frac{f\cdot\omega}{l c_{sp}}\right)^2}}$

$$v = \frac{F\cdot w\cdot\omega}{l c_{sp}\sqrt{1+\left(\frac{f\cdot\omega}{l c_{sp}}\right)^2}}\cos\left\{\omega t - \operatorname{arc\,tg}\frac{f\omega}{l c_{sp}}\right\}.$$

und dann frei gelassen. Sie wird in ihrer Ruhelage S die erlangte lebendige Kraft an die das Druckventil vergegenwärtigende, ebenfalls an einem Faden aufgehängte Kugel D, abgeben und selbst in Ruhe bleiben. D schwingt nach D_1 infolge der erlangten Geschwindigkeit, kehrt dort um und teilt die in D wieder erlangte Geschwindigkeit der Kugel S mit, worauf der Vorgang von neuem beginnt.

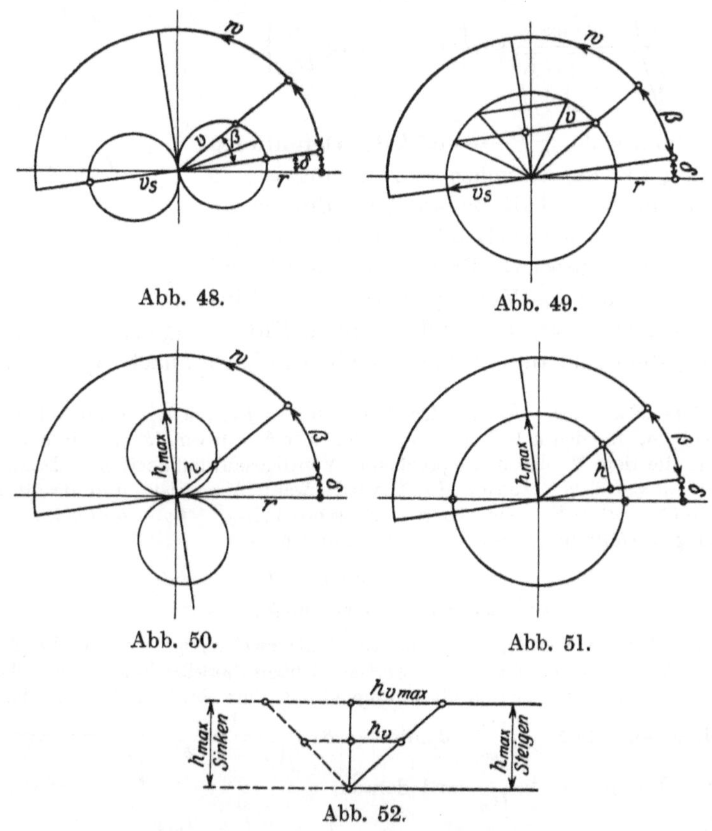

Abb. 48. Abb. 49.

Abb. 50. Abb. 51.

Abb. 52.

Die beiden Gleichungen $fv = F \cdot w \sin\delta \cos\beta$ und $l c_{sp} h = Fw \cos\delta \sin\beta$ benützt dann Rudolf zu einer übersichtlichen graphischen Darstellung der Ventilgeschwindigkeit und des Ventilhubs nach Art der Schieberdiagramme. Der Verspätungswinkel δ spielt dabei die Rolle eines Nacheilwinkels. Die Ventilbeschleunigung k_v läßt sich noch einfacher aus der Gleichung $k_v = -h\,\omega^2$ ermitteln (vgl. die Abb. 48—52).

Für den Verspätungswinkel δ, die Schluß- (und Öffnungs-) Verspätung t_s bzw. t_0, den Hub h_0 im Kolbenhubwechsel und den größten

Hub $h_{\max}$ findet Rudolf ebenfalls die gleichen Näherungsbeziehungen wie Müller; auch die maximale Geschwindigkeit beim Schluß

$$v_s = \frac{F w}{l c_{sp}} \cdot \omega = h_{\max} \cdot \omega$$

ist die gleiche wie bei Müller, nur bezeichnet Rudolf diese Geschwindigkeit auch als die größte Eröffnungsgeschwindigkeit, was Müller nicht tut.

Die Spaltgeschwindigkeit c_{sp} bestimmt Rudolf wie Westphal aus $c_{sp} = \sqrt{2 g \frac{p}{\gamma}}$, worin p der Druck unterhalb des Ventiltellers pro Flächeneinheit ist.

Das zweite Bachsche Gesetz will auch Rudolf korrigiert haben, und zwar soll an Stelle der einfachen Ventilbelastung die Quadratwurzel aus dieser gesetzt werden. Ebenso will er im dritten Bachschen Gesetz, betr. die Änderung der Kolbenfläche, die gleiche Korrektur angewendet haben.

Die Verschiedenheit seiner Ergebnisse von den Bachschen Gesetzen erklärt er teils durch den Umstand, daß Bach nur Gewichtsventile verwendete, teils durch die engen Grenzen, innerhalb welcher Bach seine Versuche vornahm, endlich aber auch aus den seiner Theorie zugrunde liegenden Annahmen.

Auch Rudolf sieht die Ventilverdrängung $f \cdot v$ als Grund für das verspätete Schließen und Öffnen des Ventils an.

Hinsichtlich Ventilschlag und Ventilüberdruck stellt er zunächst fest, daß Kraftäußerungen weder beim Schließen noch beim Öffnen eintreten können, solange das Ventil masselos ist. Nun kommt aber selbst beim masselosen Ventil die unter oder über ihm befindliche Wassermasse plötzlich in Bewegung bzw. zur Ruhe, und diese Massenwirkung muß die Ventilbelastung beeinflussen. Abgesehen vom Sitzwiderstand, hervorgerufen durch breite Sitzflächen, ist nach Rudolf der Ventileröffnungsdruck oder der Ventilüberdruck nur eine Folge der Massenwirkung des Wassers. Mit $\sum M$ als Masse des Ventils und der darauf ruhenden Flüssigkeit wird nach ihm, da die Beschleunigungsarbeit gleich der erzeugten lebendigen Kraft, also $\frac{S \cdot \varDelta s}{2} = \frac{1}{2}\left(\sum M\right) v_{\max}^2$, der Ventilüberdruck und damit auch gleichzeitig der Ventilschlag $S = \frac{\left(\sum M\right) v_{\max}^2}{\varDelta s}$, und unter der Annahme, daß der Wirkungsweg $\varDelta s =$ der Wegverspätung h_0, die der Ventilschlußverspätung t_s entspricht, ist, also $\varDelta s = h_0 = v_{\max} t_s$, auch

$$S = \frac{\sum M v_{\max}}{t_s} = \sum M \frac{F}{f} r \cdot \omega^2.$$

Damit wäre also nach Rudolf der Ventilüberdruck bzw. der Ventilschlag unter den gemachten Voraussetzungen gleich der nahezu plötzlich in Bewegung geratenden bzw. zur Ruhe kommenden Ventil- + Wassermasse mal der auf die Ventilfläche reduzierten maximalen Kolbenbeschleunigung.

Durch weitere Untersuchungen, ausgehend von den Gleichungen $f\,v = F\,w \cdot \sin\delta \cos\beta$ und $l \cdot h \cdot c_{sp} = F \cdot w \cos\delta \sin\delta\beta$, findet Rudolf, daß nur für konstante Spaltgeschwindigkeit unter den früheren Voraussetzungen eine solche periodische Ventilbewegung zu erwarten ist, daß das Ventil bei jedem Hub im selben Augenblick nach der Totlage öffnet und schließt. Er spricht aber auch aus, daß in Wirklichkeit die Spaltgeschwindigkeit nie ganz konstant sein könne wegen der unvermeidlichen Massenwirkungen.

Endlich stellt dann Rudolf noch eine allgemeine Differentialgleichung der Ventilbewegung auf unter Berücksichtigung der Massen- und Gewichtskräfte sowie der hydraulischen Berichtigungsziffern, jedoch unter Vernachlässigung der Reibungskräfte.

Mit

$$c_{sp} = \varphi \sqrt{\frac{2g}{\gamma}\left(G_w + \mathfrak{F} + M\frac{d^2 h}{dt^2}\right)}$$

ergibt sich aus

$$F\,u = f\frac{dh}{dt} + \alpha\, l\, h\, c_{sp}$$

und $u = w \sin\omega t$, sowie $\mu = \alpha\varphi$:

$$\frac{dh}{dt} + \mu\frac{lh}{f}\sqrt{\frac{2g}{\gamma}\left(G_w + \mathfrak{F} + M\frac{d^2 h}{dt^2}\right)} = \frac{F}{f}\,w \cdot \sin\omega t$$

als allgemeine Differentialgleichung (zweiter Ordnung) der Ventilbewegung, die allgemein leider nicht integrierbar ist, die aber nach Rudolf einen Fingerzeig gibt, welch verwickelter Natur die Bewegung des Ventils ist.

Die Ableitungen Rudolfs, mit Ausnahme der zuletzt gegebenen Gleichung für den Ventilhub, kranken wie diejenigen Müllers an den gemachten unzutreffenden Voraussetzungen. Die Kritik Bantlins an letzteren trifft somit auch für diese Ableitungen zu. Immerhin hat es Rudolf wenigstens am Schluß seiner Arbeit noch versucht, die Ausflußziffer, Gewichts- und Massenkräfte zu berücksichtigen. Eine brauchbare Gleichung erhält er aber nicht; da sie allgemein nicht integrierbar und die Größe der Masse M nicht bekannt ist[1]).

---

[1]) Über den Einfluß der bei der Eröffnung in Betracht kommenden Wassermasse siehe Tobell, S. 84 u. f.

5. Schröder[41]).

Nach den rein theoretischen Arbeiten von Tobell, Westphal, Müller und Rudolf führte Schröder 1902 zur weiteren Klärung der Frage der Ventilbewegung und zur Feststellung der Größe der Widerstandsunterschiede gesteuerter und selbsttätiger federbelasteter Ventile Versuche durch an zwei im laufenden Betrieb befindlichen großen Pumpmaschinen mit 4- und 5ringigen, ebensitzigen Ventilen, bei denen jeweils dieselben Ventile als gesteuerte und als selbsttätig mit Federbelastung wirkende Ventile untersucht wurden. An der einen Maschine erfolgte die Abnahme der normalen und versetzten Ventilerhebungsdiagramme in der bisher üblichen Weise unter Zuhilfenahme der Indikatortrommel.

Diese Versuche ergaben hinsichtlich der Ventilbewegung nur insofern etwas Neues, als sich herausstellte, daß bei bestimmten Versuchen mit dem Saugventil als einem Gewichtsventil die Hubbegrenzung nicht ungünstig, wie Bach bei seinen Versuchen feststellte, sondern günstig auf den Schluß des Ventils einwirkte. Er legte dem Unterschied keine große Bedeutung bei, da die bei seinen Versuchen benützten Ventile als reine Gewichtsventile zu leicht waren und nach seiner Ansicht die entsprechenden Bachschen Versuche nur für bestimmte Fälle Gültigkeit haben, und setzte leider die Versuche nach dieser Richtung hin nicht weiter fort.

In Erkenntnis der Tatsache, daß die auf die bisher übliche Weise gewonnenen Ventildiagramme von der Bewegung der Ventile sowie der Art ihrer Eröffnung und ihres Schließens wohl ein Bild geben, dagegen aber nicht genau erkennen lassen, daß die Eröffnung bzw. der Schluß nicht in den Totpunktlagen der Kurbel stattfindet, sondern verspätet eintritt, schuf Schröder eine neue Einrichtung zum Aufzeichnen der Ventilerhebungsdiagramme, die es ermöglichte, den Ventilhub in natürlicher Größe über dem wirklichen Kolbenhub aufzuzeichnen und die nach seiner Mitteilung gestattete, die Totpunktslagen genau anzugeben. Die Ventilbewegungen wurden dabei (vgl. Abb. 53) mittels einer Stange, deren abgerundetes Ende sich gegen eine abgedrehte Fläche des Ventils legte, zunächst auf einen im Ventilgehäuse befindlichen Hebel übertragen. Die Drehachse dieses Hebels war in der Gehäusewand gedichtet und trug außen einen gleich langen, zu jenem parallel aufgesetzten Schreibstifthebel. Eine mit dem Schreibstifthebel verbundene Spannfeder sorgte für eine stete Berührung der Stange mit dem Ventil. Anstatt nun die Bewegungen des Schreibstifts auf eine Indikatortrommel zu übertragen, ließ Schröder jetzt diese Bewegungen auf einen Papierstreifen aufzeichnen, der auf der Innenseite eines parallel mit dem Pumpenkolben laufenden, oben und unten durch Rollen gut geführten Holzrahmens befestigt war. Dieser erhielt seinen Antrieb durch einen an der Kupplungsmuffe zwischen Dampf- und Pumpenkolbenstange befestigten schmiedeeisernen Arm, der durch eine leichte, aber steife Holzstange fest mit ihm verbunden war, vgl. Abb. 54 a und b. Gleichzeitig war aber auch die Abnahme von Ventildiagrammen mittels Indikatortrommel möglich.

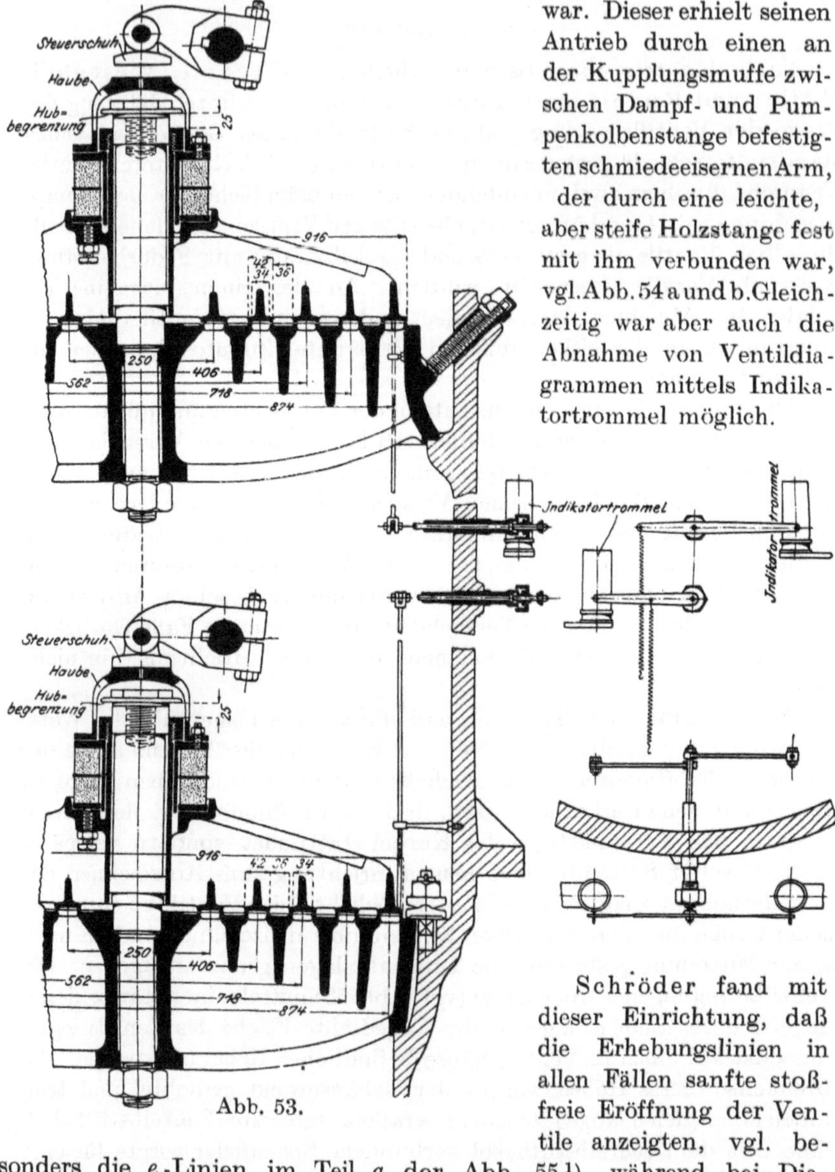

Abb. 53.

Schröder fand mit dieser Einrichtung, daß die Erhebungslinien in allen Fällen sanfte stoßfreie Eröffnung der Ventile anzeigten, vgl. besonders die e-Linien im Teil a der Abb. 55 [1]), während bei Diagrammen, die unter sonst gleichen Verhältnissen auf der Indikator-

[1]) In dem mit b bezeichneten Teil der Abb. 55 ist die Erhebungslinie in natürlicher Größe über dem auf 100 mm reduzierten Kolbenweg aufgetragen, dagegen ist sie in dem mit a bezeichneten Teil so wiedergegeben, wie sie im ersten und letzten Zwanzigstel des Kolbenwegs auf den Originaldiagrammen verzeichnet war.

Abb. 54 a.

Abb. 54 b.

trommel verzeichnet wurden, der Anstieg der Erhebungslinie auf einen Eröffnungsstoß hindeutet, vgl. z. B. Abb. 56.

Schröder hält deshalb die Annahme für berechtigt, daß die Eröffnung der Ventile der von ihm untersuchten Pumpen trotz der gegenteiligen Erscheinung in den mittels Indikators geschriebenen Erhebungsdiagrammen ohne Stoß erfolgt sei, ebenso auch die Annahme, „daß die irreleitende Erscheinung lediglich eine Folge des Antriebs sowie überhaupt der Verwendung der Indikatortrommel für diese Zwecke sei". Die äußerst geringe Geschwindigkeit der Indikatortrommel zu Anfang und am Ende des Kolbenhubs sowie die starke Reduktion, welche der Kolbenhub auf der Indikatortrommel erfährt, machen nach Schröder die Trommel eben ungeeignet für eine genaue und unzweideutige Aufzeichnung der Ventilbewegung in unmittelbarer Nähe der Kurbeltotpunktslagen.

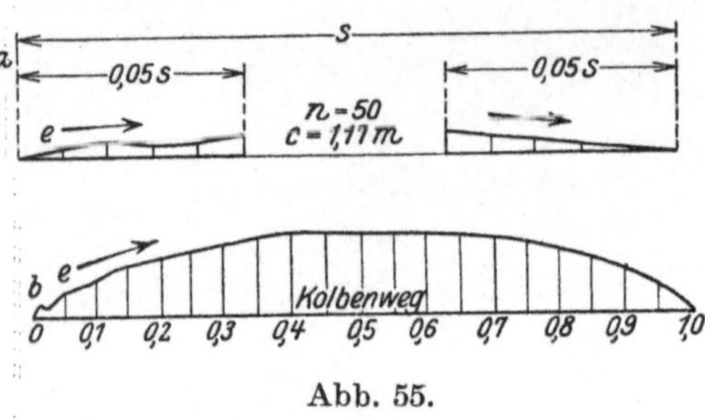

Abb. 55.

Auch Schröder erkennt in der in den Diagrammen kurz nach Eröffnungsbeginn auftretenden und bei Zunahme von n sich mehr nach der Hubmitte verschiebenden Verzögerung der Ventilbewegung den Einfluß der vorausgehenden plötzlichen Entlastung, die entsteht, sobald das Wasser beim Anhub unter die Sitzfläche getreten ist und der Auftrieb zur Geltung gelangt. Diese Entlastung bewirkt ein schnelleres Ansteigen des Ventils, als es die Geschwindigkeit des durch den Sitzquerschnitt und den Umfangsspalt hindurchtretenden Wassers bedingt.

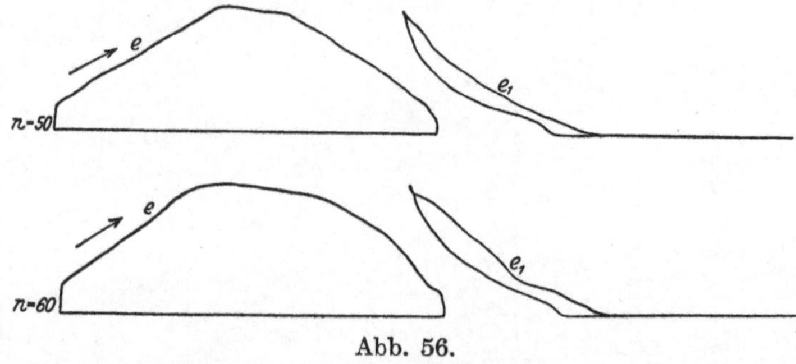

Abb. 56.

Aus welchem Grund Schröder die aus einzelnen Diagrammen hervorgehenden geringen Eröffnungs- und Schlußverspätungen als „scheinbare" Verspätungen bezeichnet, ist nicht näher angegeben. Auch er fand unter gleichen äußeren Verhältnissen bei zeitlich getrennt vorgenommenen Versuchen Verschiedenartigkeiten in den Erhebungslinien, welcher Umstand erkennen lasse, welche Schwierigkeiten selbst in bezug auf federbelastete selbsttätige Ventile der Auffindung eines praktisch brauchbaren Gesetzes entgegenständen. Er nimmt aber an, daß eine für mittlere Verhältnisse gültige Formel zur Berechnung der Bewegung sich finden lasse, es bedürfe dazu aber eines außerordentlich umfangreichen Versuchsmaterials.

Auf die recht wertvollen Ergebnisse der Schröderschen Arbeit hinsichtlich des Unterschiedes des Widerstandes gesteuerter und selbsttätiger federbelasteter Ventile sowie hinsichtlich des Wertes gesteuerter Ventile überhaupt soll, weil nicht hierher gehörend, nur verwiesen werden.

IV. Die Versuche von Berg und Klein und die daran anschließenden Erörterungen (Baumann), sowie die Arbeiten von Lindner, Sieglerschmidt und Körner.

1. Versuche von Berg[42]).

Im Jahre 1904 sucht Berg die Wirkungsweise federbelasteter Ventile auf dem Weg des Versuchs klarzustellen, um die Übereinstimmung der bis dahin vorhandenen Theorie mit dem wirklichen Verhalten der Ventile zu prüfen und die Berechnung der Ventile zu vervollkommnen. Er zieht bei seinen Untersuchungen das Druckventil einer einfach wirkenden Pumpe mit Kurbelantrieb, und zwar der ihm von Bach zur Verfügung gestellten Bachschen Pumpe (S. 43 u. f.), in Betracht und nimmt, um den allgemeinen Charakter der Ventilbewegung kennenzulernen, zunächst an, daß sich das Ventil in jedem Augenblick auf dem Wasserstrom schwimmend, in Ruhe befindet. Außerdem nimmt er zunächst die Ausflußziffer μ, trotzdem diese mit dem Ventilhub veränderlich aber unabhängig von der Austrittsgeschwindigkeit sei, als konstant an, ebenso wie die Spaltgeschwindigkeit c_{sp_a}.

Er findet aus $\mu\, c_{sp_a}\, l \cdot h = f_1\, c_1 = F \cdot u$, d. h. Spaltmenge = Kolbenverdrängung, $h = \frac{F u}{\mu\, c_{sp_a}\, l}$, und bei Vernachlässigung der endlichen Stangenlänge als Gleichung für den Ventilhub: $h = \frac{F r \cdot \omega}{\mu\, c_{sp_a}\, l} \sin \psi$, der somit proportional dem Sinus des Kurbelwinkels ist. Für die Ventilgeschwindigkeit erhält er $v = \frac{d h}{d t} = \frac{F r \cdot \omega^2}{\mu\, c_{sp_a}\, l} \cos \psi$, d. h. eine Cosinuslinie, so daß die Geschwindigkeit beim Abheben vom Sitz und beim Auftreffen auf demselben am größten, bei 90°, dem höchsten Stand des Ventils $= 0$ ist. Die Änderung der Ventilgeschwindigkeit wird $k_v = \frac{d v}{d t} = \frac{F r\, \omega^3}{\mu\, c_{sp_a}\, l} \sin \psi$, also wieder eine Sinuslinie. Die

Gleichungen für die Ventilgeschwindigkeit und die Änderung derselben ergeben, daß die Bewegung des Ventils beim Steigen verzögert und beim Fallen beschleunigt ist; diejenigen für k_v und h liefern ferner $\frac{k_v}{h} = -\omega^2$ oder $k_v = -\omega^2 h$, was bedeutet, daß die Ventilbeschleunigung dem Ventilhub proportional ist (vgl. auch Rudolf S. 109).

Bei Berücksichtigung des Umstandes, daß sich das Ventil selbst in Bewegung befindet, folgert Berg aus dem Westphalschen Gesetz

$\mu c_{spa} l h = f_1 c_1 - f v$, d. h. Spaltmenge = Wassermenge in der Sitzöffnung — Ventilverdrängung,

$= F \cdot u - f \cdot v$, d. h. Spaltmenge = Kolbenverdrängung — Ventilverdrängung,

$$h = \frac{1}{\mu c_{spa} l}(F \cdot u - f v) = \frac{1}{\mu c_{spa} l}\left(F u - f \frac{dh}{dt}\right),$$

welche Gleichung integrierbar ist, wenn μ und c_{spa} konstant angenommen werden.

Berg findet, ausgehend von

$$h = \frac{1}{\mu c_{spa} l}(F \cdot u - f v) \quad \text{und} \quad v = \frac{dh}{dt} = \frac{1}{\mu c_{spa} l}\left(F \frac{du}{dt} - f \frac{dv}{dt}\right),$$

unter Vernachlässigung des Gliedes $f \frac{dv}{dt}$, da $\frac{dv}{dt}$ ein kleiner Wert ist, und zwar um so kleiner, je mehr sich das Ventil dem Sitz nähert, $v = \frac{F}{\mu c_{spa} l} \frac{du}{dt}$ und schließlich als Gleichung für den Ventilhub der Pumpe mit Kurbelantrieb

$$h = \frac{1}{\mu c_{spa} l}\left(F u - \frac{f \cdot F}{\mu c_{spa} l} \frac{du}{dt}\right) = \frac{F r \omega}{\mu c_{spa} l}\left(\sin\psi - \frac{f \omega}{\mu c_{spa} l} \cos\psi\right).$$

Setzt man in der Westphalschen Gleichung (S. 94) $q = F r$ und $m = \frac{\mu l c_{spa}}{\omega}$, unter der Annahme, daß $\sqrt{2 g p} = c_{spa}$ sei, ein, dann erhält man nach Westphal

$$h = \frac{F r \cdot \omega}{\mu c_{spa} l \left[1 + \left(\frac{f \cdot \omega}{\mu c_{spa} l}\right)^2\right]} \left\{\sin\psi - \frac{f \omega}{\mu c_{spa} l} \cos\psi\right\},$$

aus welcher die Bergsche Gleichung folgt, wenn man $\left(\frac{f\omega}{\mu c_{sp_a} \cdot l}\right)^2$ vernachlässigt.

Aus der Ventilhubgleichung erhält Berg durch Multiplikation mit $\mu c_{sp_a} l$ die Beziehung

$$\mu c_{sp_a} l h = F r \omega \sin\psi - \frac{F r \omega^2 f}{\mu c_{sp_a} l} \cos\psi ,$$

d. h. wieder den Satz: Spaltmenge = Kolbenverdrängung — Ventilverdrängung.

Er zeichnet dann nach dem Vorgang Müllers (vgl. S. 99) die Linie der Spaltmenge, die gleichzeitig Ventilhublinie ist (die Ordinaten sind nur mit $\mu c_{sp_a} l$ zu dividieren), auf, durch Summierung der Ordinaten der als Sinuslinie erscheinenden Kolbenverdrängungslinie

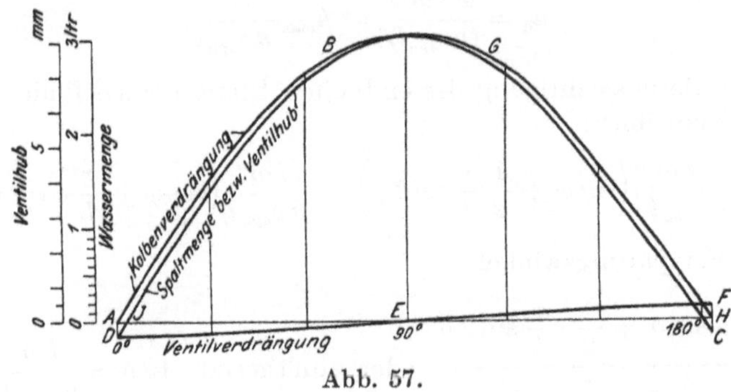

Abb. 57.

sowie der als Cosinuslinie erscheinenden Ventilverdrängungslinie und zieht aus dem Verlauf dieser Ventilhublinie die gleichen Schlüsse wie Müller bezüglich der Ventileröffnung und des Ventilschlusses (vgl. S. 99 u. f.), nämlich: „Das Ventil beginnt erst zu öffnen, nachdem der Kolben umgekehrt ist und nach der Totlage einen bestimmten Weg *AJ* (vgl. Abb. 57) zurückgelegt hat; es erreicht seinen höchsten Stand bei einem Kurbelwinkel $> 90°$, trotzdem der Einfluß der Stangenlänge unberücksichtigt blieb; es ist bei Kolbenumkehr, d. h. beim Kurbelwinkel 180°, noch um einen gewissen Betrag geöffnet und schließt erst, nachdem der Kolben seine Bewegung umgekehrt hat und sich auf dem Rückweg befindet, also mit Verspätung. Die Tatsache, daß das in Betracht gezogene Druckventil sich nicht sofort öffnet, wenn der Kolben den Druckhub beginnt, ist ohne weiteres einleuchtend, wenn man bedenkt, daß ebenso wie das Druckventil auch das Saugventil eine Schlußverspätung hat, und daß das Druckventil sich erst öffnen kann, wenn das Saugventil geschlossen hat.“

Ohne Berücksichtigung der endlichen Stangenlänge findet Berg wie Westphal
für den Verspätungswinkel:

$$\operatorname{tg}\delta = \frac{f\omega}{\mu c_{sp_a} \cdot l}\ ^{1)}$$

und wie Müller[1]) für den größten Ventilhub:

$$h_{\max} = \frac{F r \cdot \omega}{\mu c_{sp_a} l},$$

sowie für die Ventilschlußgeschwindigkeit:

$$v_s = \frac{F r \omega}{f} \sin\delta$$

und den Ventilhub im toten Punkt der Kurbel:

$$h_0 = \frac{F r \omega^2 f}{(\mu c_{sp_a} l)^2} = h_{\max} \frac{f\omega}{\mu c_{sp_a} l}.$$

Unter Berücksichtigung der endlichen Stangenlänge findet Berg für den Ventilhub:

$$h = \frac{F r \omega}{\mu c_{sp_a} l}\left[\left(\sin\psi \pm \frac{1}{2}\frac{r}{L}\sin 2\psi\right) - \frac{f\omega}{\mu c_{sp_a} l}\left(\cos\psi \pm \frac{r}{L}\cos 2\psi\right)\right],$$

für den Verspätungswinkel:

$$\frac{-\sin\delta \pm \frac{1}{2}\cdot\frac{r}{L}\sin 2\delta}{-\cos\delta \pm \frac{r}{L}\cos 2\delta} \quad \text{oder annähernd} \quad \operatorname{tg}\delta = \frac{f\omega}{\mu c_{sp_a} l},$$

für den größten Ventilhub:

$$h_{\max} = \frac{F r \omega}{\mu c_{sp_a} l}\left(1 \pm \frac{f\omega}{\mu c_{sp_a} l}\cdot\frac{r}{L}\right) \quad \text{oder annähernd} \quad = \frac{F r \omega}{\mu c_{sp_a} l},$$

für den Ventilhub bei Kolbenumkehr:

$$h_0 = \frac{F r \omega^2 f}{(\mu c_{sp_a} l)^2}\left(1 \pm \frac{r}{L}\right)$$

und für die Schlußgeschwindigkeit:

$$v_s = \frac{F r \omega}{f}\left(\sin\delta \mp \frac{1}{2}\frac{r}{L}\sin 2\delta\right)$$

Berg sucht nun den Umstand zu berücksichtigen, daß die Ausflußziffer nicht konstant, sondern mit dem Ventilhub veränderlich ist, und

---

[1]) Bei den Gleichungen Müllers fehlt nur die Ausflußziffer μ im Nenner.

daß ebenso die Spaltgeschwindigkeit nicht konstant ist, wenn das Ventil durch eine Feder belastet ist, deren Spannung sich mit dem Ventilhub ändert. In dem Zusammenhang von h und c_{sp_a}, sowie in demjenigen von h und μ, d. h. in dem Bekanntsein der Werte c_{sp_a} und μ für einen bestimmten Ventilhub erkennt Berg dann ein Mittel, die Ventilhublinie punktweise zu bestimmen.

Den Zusammenhang zwischen Ventilhub h und Spaltgeschwindigkeit c_{sp_a} bestimmt Berg aus der Beziehung

$$c_{sp_a} = \sqrt{2g \frac{G_w + (y_0 + h) C}{f \cdot \gamma}},$$

den Zusammenhang zwischen Ausflußziffer μ und dem Ventilhub h, der auch durch die Konstruktion des Ventils bedingt ist, hat Berg auf dem Versuchsweg ermittelt.

Die Gleichung für c_{sp_a} erhielt Berg unter der Annahme, daß die theoretische Ausflußgeschwindigkeit aus dem Spalt $= \sqrt{2g(h_u - h_o)}$ sei, worin $h_u - h_o$ den Überdruck darstellt, unter welchem das Wasser durch den Ventilspalt strömt, und daß dieser Überdruck erzeugt werde durch die Ventilbelastung $G_w + \mathfrak{F}$, wenn man von einer Massenkraft des Ventils und von einem Bewegungswiderstand, hervorgerufen durch Reibung in der Ventilführung, absehe. Er setzt also $f(h_u - h_o)\gamma = G_w + \mathfrak{F}$ oder $h_u - h_o = \frac{G_w + \mathfrak{F}}{f \cdot \gamma}$ und erhält damit $c_{sp_a} = \sqrt{2g \frac{G_w + \mathfrak{F}}{f\gamma}}$ oder, da $\mathfrak{F} = (y_0 + h) C$, wenn y_0 die Zusammendrückung der Feder beim Aufsitzen bedeutet, die obige Gleichung für c_{sp_a}.

Diese Beziehung für die Spaltgeschwindigkeit und die daraus errechneten Werte für μ erklärte Klein (S. 147) für unrichtig bzw. als „unter Annahme einer noch nicht durch Versuche bestätigten Beziehung zwischen Ventilbelastung und Austrittsgeschwindigkeit errechnet“. Nach längeren Auseinandersetzungen zwischen Berg und Klein (vgl. ebenfalls später) hat ersterer in seinem umgearbeiteten Bericht gleichen Titels vom Jahre 1906 [42a]) an Stelle des Zusammenhangs zwischen c_{sp_a} und h eine Beziehung abgeleitet für den Ventilhub h in Abhängigkeit von der Ventilbelastung, er hat also die Spaltgeschwindigkeit als Unbekannte ausgeschieden.

Aus diesem Grund soll hier auf die erste Arbeit Bergs, die von der späteren übrigens nur insofern abweicht, als in allen Gleichungen an Stelle der Spaltgeschwindigkeit die Ventilbelastung tritt, nicht mehr weiter eingegangen werden.

Berg änderte in dieser Umarbeitung auch Ungenauigkeiten seiner Ableitungen hinsichtlich μ, wies aber nach, daß die in der ersten Arbeit auf dem Rechnungsweg mit Hilfe des Ventildiagramms bestimmten Werte der Ausflußziffer μ gültig sind für die in der neuen Arbeit als

Berichtigungszahl bezeichnete Größe μ; die hier in Zukunft mit μ_P bezeichnet werden soll.

In der Neubearbeitung tritt in allen bisher gegebenen Gleichungen Bergs an Stelle der Ausflußziffer μ die Kontraktionsziffer α.

Um nun die bisher in Abhängigkeit von der Spaltgeschwindigkeit gegebene Gleichung für den Ventilhub $h = \frac{F \cdot r \cdot \omega}{\alpha c_{sp_a} l}\left(\sin\psi - \frac{f\omega}{\alpha c_{sp} l}\cos\psi\right)$ in eine solche, abhängig von der Ventilbelastung, umzuwandeln, benützt Berg die für ein auf dem Wasserstrom in gleichbleibendem Abstand vom Sitz schwebendes Ventil gültige Bachsche Gleichung

$$P_1 = \gamma \cdot f_1 \frac{c_1^2}{2g}\left[\varkappa + \left(\frac{f_1}{\mu l_1 h}\right)^2\right]$$

wie folgt: Er setzt den Klammerausdruck $= \zeta_1$ und erhält also

$$\frac{P_1}{f_1 \gamma} = \zeta_1 \frac{c_1^2}{2g}.$$

Die vom Wasserstrom auf ein bewegtes Ventil ausgeübte Kraft ist $\frac{P_1}{f_1\gamma} = \zeta_1 \frac{(c_1 \mp v)^2}{2g}$, denn die Geschwindigkeit mit der das Wasser gegen das sich bewegende Ventil strömt, ist $c_1 \mp v$, wobei das $-$-Zeichen für das steigende und das $+$-Zeichen für das sinkende Ventil gilt.

Nun ist aber $\alpha c_{sp_a} l h = f_1 c_1 \mp f v \cong f_1 (c_1 \mp v)$, und damit

$$\frac{c_{sp_a}}{c_1 \mp v} = \frac{f_1}{\alpha l h},$$

d. h. es ist die Spaltgeschwindigkeit angenähert proportional $c_1 \mp v$. Somit gilt auch:

$$\frac{P_1}{f_1\gamma} = \zeta_2 \frac{c_{sp_a}^2}{2g}$$

oder, wenn die Ventilfläche f eingeführt wird

$$\frac{P_1}{f\gamma} = \zeta \frac{c_{sp_a}^2}{2g} \quad \text{und} \quad c_{sp_a} = \frac{1}{\sqrt{\zeta}}\sqrt{2g\frac{P_1}{f\gamma}}.$$

Auf das Ventil wirkt nun aufwärts der Druck P_1 des Wasserstroms, abwärts die Ventilbelastung $(G_w + \mathfrak{F})$. Der Unterschied $P_1 - (G_w + \mathfrak{F})$ bewirkt eine Geschwindigkeitsänderung des Ventils, wodurch eine weitere am Ventil wirkende Wasserkraft $M_v k_v$ entsteht. Da beim steigenden Ventil die Geschwindigkeitsänderung negativ, d. h. seine Bewegung verzögert ist, muß die der Verzögerung entgegenwirkende Massenkraft somit positiv, also nach oben gerichtet sein. Beim Sinken des Ventils ist die Geschwindigkeitsänderung ebenfalls negativ (vgl. S. 117 und 118), seine Bewegung beschleunigt, die dieser Beschleunigung entgegenwirkende Massenkraft nach oben gerichtet, also wieder positiv.

Es ist also

$$+ P_1 + M_v k_v - (G_w + \mathfrak{F}) = 0$$

oder

$$P_1 = G_w + \mathfrak{F} - M_v k_v\,^{1)} = \text{der wirksamen Ventilbelastung,}$$

bestehend aus der tatsächlichen Belastung $G_w + \mathfrak{F}$ und der ihr entgegenwirkenden, sie vermindernden Massenkraft $M_v k_v$.

Es wird also

$$\frac{G_w + \mathfrak{F} - M_v k_v}{f\gamma} = \zeta \frac{c_{spa}^2}{2g} \quad \text{und} \quad c_{spa} = \frac{1}{\sqrt{\zeta}} \sqrt{2g \frac{G_w + \mathfrak{F} - M_v k_v}{f\gamma}}$$

Berg denkt sich nun die wirksame Ventilbelastung durch eine Wassersäule vom Querschnitt f und der Höhe b hervorgebracht, indem er setzt: $G_w + \mathfrak{F} - M_v k_v = f \cdot b\gamma$ und erhält damit $c_{spa} = \frac{1}{\sqrt{\zeta}} \sqrt{2gb}$, worin $b = \frac{G_w + \mathfrak{F} - M_v k_v}{f\gamma}$ oder bei Vernachlässigung der Massenkraft des Ventils $b = \frac{G_w + \mathfrak{F}}{f\gamma}$.

Mit $c_{spa} = \frac{1}{\sqrt{\zeta}} \sqrt{2gb}$ tritt jetzt an Stelle des Produktes αc_{spa} in den früheren Gleichungen der Ausdruck $\frac{\alpha}{\sqrt{\zeta}} \sqrt{2gb}$ und, wenn $\frac{\alpha}{\sqrt{\zeta}}$ zu der „Berichtigungsziffer" μ_P zusammengefaßt wird, das Produkt $\mu_P \sqrt{2gb}$, wobei μ_P, von der Größe des Ventilhubs abhängig, die Kontraktion im Ventilspalt und die Beziehung zwischen Ventilbelastung und Spaltgeschwindigkeit berücksichtigt.

Nimmt man wieder wie oben α (bzw. μ) und c_{spa} jetzt μ_P und $\sqrt{2gb}$ als unveränderlich an, so erhält man nach Berg als Gleichungen zur Berechnung des Ventilspiels

ohne Berücksichtigung der endlichen Stangenlänge:

$$h = \frac{F r \omega}{\mu_P \cdot l \sqrt{2gb}} \left(\sin\psi - \frac{f \cdot \omega}{\mu_P l \sqrt{2gb}} \cos\psi \right),$$

$$\operatorname{tg}\delta = \frac{f\omega}{\mu_P l \sqrt{2gb}}; \quad h_{\max} = \frac{F r \omega}{\mu_P l \sqrt{2gb}},$$

$$h_0 = \frac{F r \omega^2 f}{(\mu_P l \sqrt{2gb})^2} \quad \text{und} \quad v_s = \frac{F r \omega}{f} \sin\delta;$$

---

1) In der Bergschen Arbeit ist $M_v k_v$ mit umgekehrten Vorzeichen, d. h. unrichtig, eingesetzt.

mit Berücksichtigung der endlichen Stangenlänge:

$$h = \frac{F r \omega}{\mu_P l \sqrt{2 g b}} \left[\left(\sin\psi \pm \frac{1}{2}\frac{r}{L} \sin 2\psi\right) - \frac{f \omega}{\mu_P l \sqrt{2 g b}} \left(\cos\psi \pm \frac{r}{L} \cos 2\psi\right)\right]$$

$$\frac{-\sin\delta \pm \frac{1}{2}\frac{r}{L}\sin 2\delta}{-\cos\delta \pm \frac{r}{L}\cos 2\delta} \cong \operatorname{tg}\delta = \frac{f\omega}{\mu_P l \sqrt{2 g b}},$$

$$h_{\max} = \frac{F r \omega}{\mu_P l \sqrt{2 g b}} \left(1 \pm \frac{f \omega}{\mu_P l \sqrt{2 g b}} \cdot \frac{r}{L}\right) \cong \frac{F r \omega}{\mu_P l \sqrt{2 g b}}$$

$$h_0 = \frac{F r \omega^2 f}{(\mu_P l \sqrt{2 g b})^2} \left(1 \mp \frac{r}{L}\right); \quad v_s = -\frac{F r \omega}{f} \left(\sin\delta \mp \frac{1}{2}\frac{r}{L}\sin 2\delta\right).$$

Zur punktweisen Ermittlung der Ventilhublinie unter Berücksichtigung des Umstandes, daß μ_P und die Ventilbelastung, d. h. die Kontraktionsziffer und die Spaltgeschwindigkeit, mit dem Ventilhub veränderlich sind, verfährt nun Berg wie folgt: Er nimmt bei beliebigem Hub h die Werte μ_P und b nur für ganz kurze Zeit als unveränderlich an. Dabei bewegt sich das Ventil in jedem Augenblick nach den gegebenen Gleichungen für h; es gelten aber jeweils andere Werte von μ_P und b. Aus der Kenntnis des Zusammenhangs von h und μ_P, sowie von h und b, d. h. aus der Kenntnis von μ_P und b bei einem bestimmten Ventilhub h, rechnet Berg für einen angenommenen Hub die zugehörigen Werte μ_P und b, wodurch er in der Lage ist, aus den Gleichungen für h zu dem angenommenen Ventilhub den zugehörigen Kurbelwinkel ψ zu berechnen und die Ventilhublinie punktweise zu bestimmen.

Die Beziehung zwischen Ventilhub h und Ventilbelastung ist, wenn die Ventilmasse unberücksichtigt bleibt, nach Berg bestimmt durch

$$b = \frac{G_w + (y_o + h)\, C}{f \cdot \gamma}.$$

Den Zusammenhang zwischen μ_P und h, der durch die Konstruktion des Ventils bedingt ist, bestimmt er auf dem Versuchsweg.

Er benützte dabei die von Bach gebaute und ihm zur Verfügung gestellte Versuchseinrichtung (s. Abb. 18, S. 44); als Saugventil war jedoch ein Tellervetil mit unterer Rippenführung und Federbelastung, als Druckventil ein solches mit oberer Stiftführung und ebenfalls Federbelastung eingebaut. Die Bewegungen des Druckventils bildeten den Gegenstand der Untersuchung; Änderung der Belastung erfolgte durch Anwendung von Federn verschiedener Ausführung. Zum Antrieb der Trommel des Indikators für die Ventilhublinien benützte Berg eine etwas andere Einrichtung als Bach (s. Abb. 58a und b). Dieselbe gestattete die Abnahme der normalen und der verschobenen Diagramme unmittelbar nacheinander, und zwar durch Umstecken des Zapfens Z aus Hülse I nach Hülse II. Außerdem schuf B e r g eine neue Einrichtung zur Ermittlung

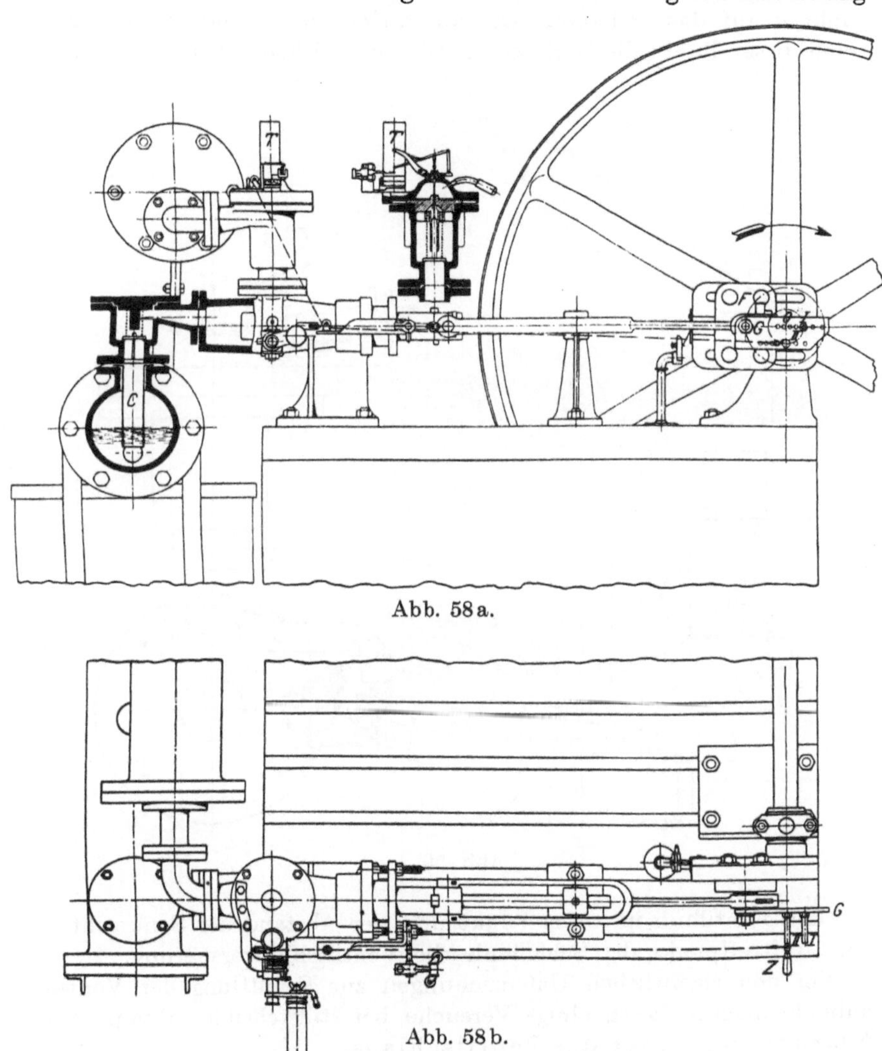

Abb. 58a.

Abb. 58b.

des Ventilhubs in dem Augenblick, in dem sich der Kolben im toten Punkt befindet und der Verspätung, mit welcher der Ventilschluß nach Kolbenumkehr erfolgt, da sich der Punkt der Ventilerhebungslinie, welcher der Totlage des Kolbens entspricht, wegen des unbekannten Einflusses der Schnurdehnung auf rechnerischem und zeichnerischem

Weg nicht mit genügender Genauigkeit ermitteln läßt. Er ließ (vgl. Abb. 59) auf elektrischem Weg, in dem Augenblick, in welchem die Maschinenkurbel durch den toten Punkt geht, mittels Schreibstifts einen Punkt *a* auf das Indikatordiagramm aufzeichnen[1]) und zog alsdann durch diesen Punkt die Senkrechte. Die entsprechende Kurvenordinate

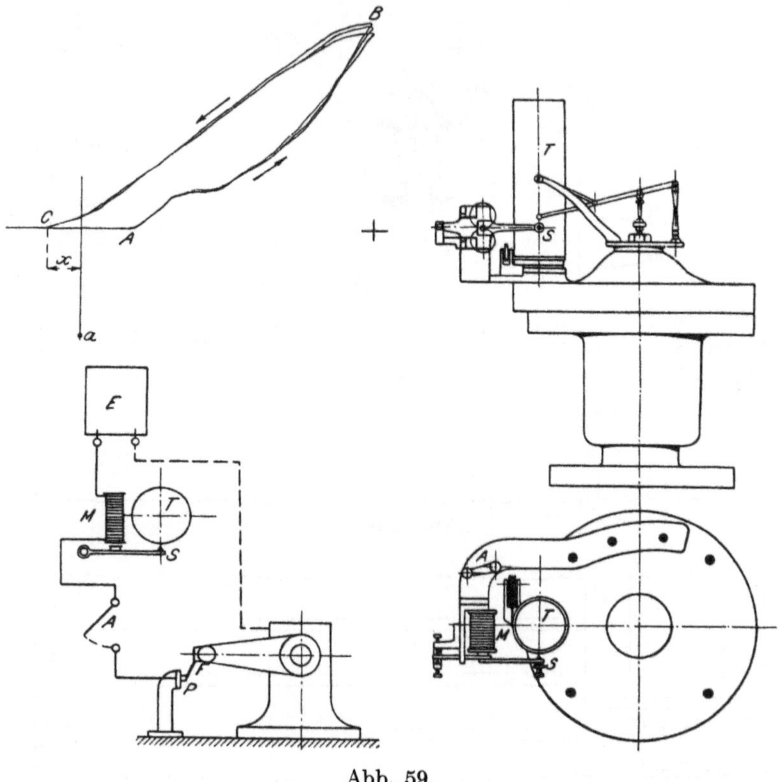

Abb. 59.

gab den Ventilhub im toten Punkt und der Abstand der Senkrechten vom Auftreffpunkt der Schlußlinie die Ventilschlußverspätung.

Vor den eigentlichen Untersuchungen zur Ermittlung der Ventilhublinie machte **Berg** einige Versuche bei stillstehender Pumpe zur **Klärung der Frage des Ventilschlags.**

---

[1]) Die Stromquelle *E* steht einerseits mit dem Elektromagneten *M* und über den Ausschalter *A* mit dem Kontakt *P* in Verbindung. Andererseits ist sie verbunden mit dem Maschinengestell und der an der Kurbel befestigten Kontaktfeder *F*. In dem Augenblick, in dem die Kurbel durch den Totpunkt läuft, streift *F* an *P*; dadurch wird der Stromkreis geschlossen und der Schreibstift *S* vom Elektromagneten *M* angezogen, so daß er das Papier auf der Trommel *T* berührt.

Er ließ zunächst bei leerem Pumpenzylinder und Ventilgehäuse das Ventil, das mit einem dünnen Stängchen mit dem Indikatorschreibzeug verbunden war, nach Anheben niederfallen. Das Ventil eilte zuerst mit zunehmender, dann mit gleichbleibender Geschwindigkeit dem Sitz zu, bis es diesen mit Schlag erreichte. Dann wiederholte er den Versuch bei gefüllter, aber wiederum stillstehender Pumpe, und zwar ohne Belastung und mit Belastung des Ventils durch eine Feder. Der Schluß des Ventils erfolgte in beiden Fällen lautlos. Die Ventilgeschwindigkeit nahm kurz vor Erreichen des Sitzes plötzlich sehr rasch ab bis auf Null; die metallischen Dichtungsflächen trafen auch bei starker Federbelastung nicht aufeinander, es verblieb eine sehr dünne Wasserschicht zwischen Teller und Sitz.

Berg erklärt diese Erscheinung wie folgt: Es muß die am Umfang des Ventiltellers austretende Wassermenge gleich der vom Ventil beim Niedergehen verdrängten sein, also $\alpha c_{sp_a} l h = f \cdot v$, woraus $v = \frac{c_{sp_a} l h}{f}$, wenn $\alpha = 1$ gesetzt wird. Würde das Ventil nun, wie beim Niedergang in der Luft, mit unveränderter Geschwindigkeit v den Sitz erreichen, so müßte c_{sp_a} in gleichem Maße wachsen wie h abnimmt. Bei $h = 0$ müßte c_{sp_a} unendlich groß werden. c_{sp_a} hängt aber von der Belastung ab und kann eine gewisse Größe nicht überschreiten, so daß damit die rasche Abnahme der Ventilgeschwindigkeit mit Abnahme von h erklärt ist. Eine Erklärung dafür, daß das Ventil den Sitz gar nicht erreicht, gibt Berg ebenfalls. Nach ihm ist, wenn p der Überdruck unter dem Ventilteller und ζp derjenige Teil dieser Druckhöhe ist, der zur Überwindung der Ausströmwiderstände gebraucht wird, die Druckhöhe, welche die Spaltgeschwindigkeit erzeugt, $= p - \zeta p$ und demnach die Spaltgeschwindigkeit

$$c_{sp_a} = \sqrt{2 g (p - \zeta p)} .$$

Wächst nun nach Berg durch Verengung des Austrittsquerschnitts die Widerstandshöhe ζp auf p, was der Fall sein kann, ehe $h = 0$ wird, so wird $c_{sp_a} = 0$ und deshalb auch $v = 0$, d. h. das Ventil bleibt stehen. Anders liegt die Sache beim Niedergang des Ventils in der Luft. Dort kann die unter dem Ventil befindliche Luft nicht bloß durch den Ventilspalt ins Gehäuse, sondern auch durch den Ventilsitz unter geringer Kompression der im Zylinder enthaltenen Luft in diesen entweichen.

Berg bestätigt also durch den Versuch, was schon Müller auf theoretischem Wege — allerdings mit weit von der Wirklichkeit abweichenden Voraussetzungen — gefunden (vgl. S. 97) und was Bantlin infolgedessen als absonderlich erklärt hat (vgl. S. 108), daß ein Ventil sich im Wasser mit beliebig großer Geschwindigkeit gegen seinen Sitz bewegen und daß trotzdem kein Ventilschlag entstehen kann, wenn das vom Ventil verdrängte Wasser keinen anderen Ausweg als den durch den Ventilspalt hat.

Bei der Pumpe mit Kurbelbetrieb beginnt nach Berg das Ventil seinen Niedergang ebenfalls mit der Geschwindigkeit Null und bewegt sich mit stetig zunehmender Geschwindigkeit gegen seinen Sitz. Im Kolbentotpunkt hat es noch einen bestimmten Abstand vom Sitz, und es bewegt sich mit einer gewissen Geschwindigkeit nach diesem hin. In diesem Augenblick ist aber die Wassergeschwindigkeit im Ventilsitz Null, und die Strömungsverhältnisse unter dem Ventil sind die gleichen, wie beim Niedergang des Ventils bei stillstehender Pumpe. Beim nun folgenden Rückgang des Kolbens strömt nach Berg das Wasser nicht nur unter dem Druck der Ventilbelastung durch den Spalt ins Ventilgehäuse, sondern es entweicht auch durch den Ventilsitz in den Pumpenzylinder, in dem Maß, wie es vom Pumpenkolben angesaugt wird. Im weiteren Verlauf wird die Spaltmenge entsprechend dem kleiner werdenden h abnehmen und schließlich $= 0$ werden, während die angesaugte Wassermenge mit zunehmender Kolbengeschwindigkeit wächst. Das Ventil wird demnach nach Berg bei kleiner Schlußverspätung mit annähernd der gleichen, bei größer werdender Verspätung mit größerer Geschwindigkeit auf den Sitz treffen, als diejenige ist, welche es im Augenblick der Kolbenumkehr hat.

Da der beim Ventilschluß entstehende Schlag der Größe der vernichteten lebendigen Kraft $\frac{M_v v_s^2}{2}$ entspricht (vgl. auch Müller S. 104), so ist nach Berg dafür Sorge zu tragen, daß die Schlußgeschwindigkeit v_s des Ventils klein wird.

Seine Versuche haben nun ergeben, daß die Bewegung des Ventils nach Kolbenumkehr, also auch seine Schlußgeschwindigkeit, sich nicht mit genügender Genauigkeit bestimmen lassen, besonders wenn der Ventilhub im toten Punkt sehr klein ist. Der Ventilschluß, d. h. das Aufsitzen nach vollständigem Absaugen der zwischen den Dichtungsflächen befindlichen Wasserschicht durch den Kolben, erfolgt nach Berg unter sonst gleichen Verhältnissen früher bei größerer Kolbengeschwindigkeit. Er empfiehlt deshalb, der Berechnung der Ventile nicht wie Westphal (vgl. S. 95) die Schlußgeschwindigkeit zugrunde zu legen, sondern dahin zu wirken, daß die Geschwindigkeit des Ventils im Augenblick des Hubwechsels klein ist und daß es in diesem Augenblick einen kleinen Abstand von seinem Sitz, also nur noch einen kleinen Weg bis zu diesem zurückzulegen hat; d. h.

$$h_0 = \frac{F r \omega^2 f}{(\mu_P l \sqrt{2 g b})^2}\left(1 \mp \frac{r}{L}\right)$$

möglichst klein.

Den Zusammenhang zwischen der Berichtigungsziffer μ_P **und dem Hub** h (vgl. S. 124) bestimmt **Berg** nun aus einer größeren Anzahl Ventildiagramme mittels der Gleichung

$$h = \frac{F r \omega}{\mu_P l \sqrt{2 g b}} \left(\sin \psi - \frac{f \cdot \omega}{\mu_P l \sqrt{2 g b}} \cos \psi \right)$$

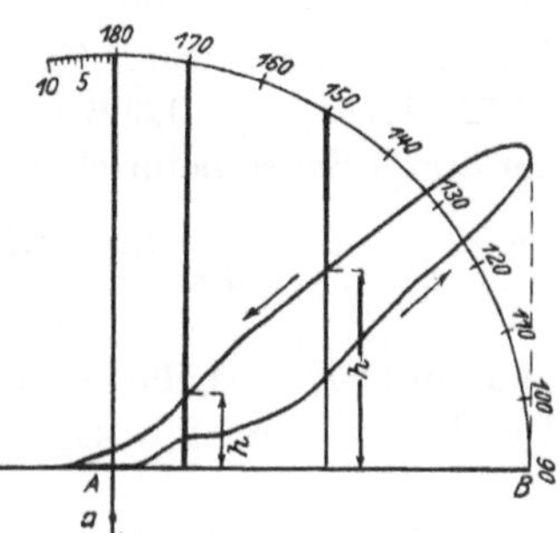

Abb. 60.

Er entnimmt aus dem versetzten Diagramm den zu einem bestimmten Kurbelwinkel ψ gehörigen Ventilhub h (vgl. Abb. 60), berechnet dann die zu diesem Ventilhub gehörige Ventilbelastung aus

$$b = \frac{G_w + (y_0 + h) C}{f \cdot \gamma}$$

und kann dann aus der Gleichung für h, in der nun ψ, h und b bekannt sind, μ_P berechnen. Dabei benützt er nur Punkte des absteigenden Astes der Ventilhublinie und Kurbelwinkel von 90 bis 180°. Auf diese Weise ermittelt er aus jedem Diagramm den Wert μ_P für eine Anzahl verschiedener Hübe und erhält für jedes Diagramm eine μ_P-Kurve. Die in Abb. 61 dargestellte μ_P-Linie ist eine Durchschnittslinie für Hübe von 0 bis 18 mm. Die folgende Zahlentafel 1 enthält die Zahlenwerte für μ_P und außerdem die Werte $\frac{d}{4h}$, entsprechend dem Durchmesser des Versuchsventils $d = 60$ mm ($d_1 = 50$ mm).

Zahlentafel 1.

h mm	μ_P	$\frac{d}{4h}$ oder $\frac{f}{lh}$	h mm	μ_P	$\frac{d}{4h}$ oder $\frac{f}{lh}$
0,0	0,650	—	6,0	0,532	2,50
0,1	0,710	150,00	6,5	0,522	2,31
0,2	0,780	75,00	7,0	0,515	2,14
0,3	0,845	50,00	7,5	0,507	2,00
0,4	0,890	37,50	8,0	0,500	1,87
0,5	0,911	30,00	8,5	0,493	1,76
0,6	0,913	25,00	9,0	0,485	1,67
0,8	0,902	18,75	9,5	0,477	1,58
1,0	0,870	15,00	10	0,472	1,50
1,5	0,788	10,00	11	0,459	1,36
2,0	0,732	7,50	12	0,445	1,25
2,5	0,690	6,00	13	0,431	1,15
3,0	0,650	5,00	14	0,420	1,07
3,5	0,622	4,28	15	0,407	1,00
4,0	0,599	3,75	16	0,395	0,94
4,5	0,578	3,33	17	0,381	0,88
5,0	0,560	3,00	18	0,370	0,83
5,5	0,545	2,73			

Berg führte 18 Versuche durch, bei denen die Pumpe mit 61, 102 und 136 Umdrehungen lief, der Kolbenhub zwischen 70, 100, 160 und 250 wechselte und das Ventil (Tellerventil mit ebener Sitzfläche, oberer Stiftführung, $d = 60$ mm, $d_1 = 50$ mm) mit 3 verschieden starken Federn belastet war. ($G_w = 0{,}341$; 0,311; 0,313 kg und $\mathfrak{F}_o$ bei $h = 0$, 1,952; 1,138 und 0,306.) Die wirksame Ventilbelastung betrug infolge der durch Schreibeinrichtung bedingten Entlastung E

$$b = \frac{G_w - E + \mathfrak{F}}{f \cdot \gamma} = 0{,}3537\,(G_w - E + \mathfrak{F})$$

und mit $E = 0{,}1964 \cdot 2{,}5 = 0{,}491$ kg (bei einer durchschnittlichen Druckhöhe von 2,5 kg/qcm) bei 5 mm Hub 0,700 bzw. 0,384 bzw. 0,129 m Wassersäule. Die Ventilbelastungen verhielten sich also wie 5,5 : 3 : 1.

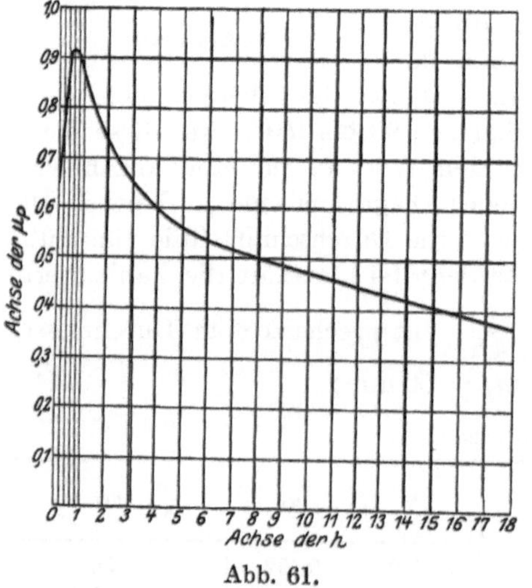

Abb. 61.

Berg erkennt, daß die beim Versuch geschriebenen Diagramme infolge des Kurbelantriebs der Papiertrommel insofern kein richtiges Bild geben, als sich die Papiertrommel in jedem Augenblick mit anderer Geschwindigkeit bewegt, daß infolgedessen die Neigung der Tangente an die Ventilhublinie die Ventilgeschwindigkeit fortwährend in einem anderen Maßstab angibt und daß solche Diagramme auch keinen Vergleich der Versuche untereinander gestatten. Er zeichnet deshalb die Diagramme auf Zeitbasis um unter hauptsächlicher Benützung des verschobenen Ventildiagramms. Alsdann berechnet er aus den Gleichungen für h (S. 123 u. 124) ohne und mit Berücksichtigung der endlichen Stangenlänge die Ventilhublinie und zeichnet die errechnete Linie zum Vergleich mit der tatsächlich geschriebenen, jedoch auf Zeitbasis umgezeichneten Linie, in das entsprechende Diagramm ein. Bei Berechnung der Ventilhublinie sind nach Berg zunächst zu einem gewählten Ventilhub h die zugehörigen Kurbelwinkel zu bestimmen; dabei wird der Wert für μ_P bei dem angenommenen Hub h der vorstehenden Zahlentafel 1 entnommen, der Federdruck $\mathfrak{F}$ aus $\mathfrak{F} = (y_0 + h)\,C$, damit b aus $b = 0{,}3537\,(G_w + \mathfrak{F} - E)$ und endlich $\mu_P \sqrt{2\,g\,b}$ berechnet. Alsdann ist in der Gleichung für h nur noch der Kurbelwinkel unbekannt, und es ergibt sich eine Gleichung von der Form $x = y \sin\psi - z \cos\psi$ (wenn die Länge der Schubstange nicht berücksichtigt wird. In dieser Gleichung $\cos\psi = \sqrt{1 - \sin^2\psi}$ gesetzt, liefert eine quadratische Gleichung nach $\sin\psi$ und damit zwei Winkel ψ für das Steigen und das Sinken des Ventils.

An Stelle des umständlichen rechnerischen Verfahrens gibt Berg dann ein einfacheres zeichnerisches zur Bestimmung der zum gewählten h gehörigen Winkel ψ. Er beschreibt zwei Kreise mit den Halbmessern y und z[1]) (vgl. Abb. 62), zieht einen beliebigen Fahrstrahl OA_1 und die senkrechte Ordinate A_1B_1. Auf A_1B_1 das Stück $A_1D_1 = OC_1$ abgetragen, gibt in B_1D_1 die rechte Seite der Gleichung $x = y \sin\psi - z \cdot \cos\psi$. Eine Wiederholung des Verfahrens mit anderen Fahrstrahlwinkeln gibt die Linie $D_1D_2D_3$, die alle Werte darstellt, welche die rechte Seite der Gleichung für Winkel ψ von 0 bis 180° hat. Für Winkel ψ größer als 90° ist die Strecke C_2O nach oben abzutragen, da hier der Kosinus negativ ist. Für die gesuchten Winkel ψ_1 und ψ_2 hat nun die rechte Seite der Gleichung den Wert x. Zieht man also im Abstand x eine Parallele zur Abszissenachse, die die Linie $D_1D_2D_3$ in y_1 und y_2 schneidet, so ergeben die zu diesen Punkten gehörigen Fahrstrahlen die gesuchten Winkel ψ_1 und ψ_2. Die ganze Linie $D_1D_2D_3$ ist dabei nicht zu zeichnen[2]). Bei Ermittlung der Winkel ψ_1 und ψ_2 unter Berücksichtigung der endlichen Stangenlänge ist sinngemäß zu verfahren.

In Abb. 64 sind die errechneten Ventilhublinien für $\frac{r}{L} = \infty$ und $\frac{r}{L} = 1:6$ sowie die tatsächliche Ventilhublinie, auf Zeitbasis umgezeichnet, eingetragen. Für alle übrigen Versuche hat Berg nur die theore-

[1]) Im vorliegend gezeichneten Fall ist für $h = 9$ mm, $b = 0{,}1952$ m, $\mu_P = 0{,}485$, $x = 52{,}4$, $y = 100$, $z = 10{,}1$, und somit lautet die Gleichung für ψ: $52{,}4 = 100 \sin\psi - 10{,}1 \cos\psi$.

[2]) Dahme (s. Lit.-Verz. 43) gibt für den gleichen Zweck ein anderes Verfahren. Er schreibt die Gleichung für h in der Form $h + c'' \cos\psi = c' \sin\psi$, worin

$$c'' = \frac{F\,r\,\omega^2 f}{(\mu_P \cdot l\sqrt{2gb})^2} \quad \text{und} \quad c' = \frac{F\,r\,\omega}{\mu_P l\sqrt{2gb}}.$$

Nach Berechnung bzw. Bestimmung von b und μ_P für ein bestimmtes h ergibt sich c'' und c'. Er beschreibt (Abb. 63) nun mit c' einen Halbkreis, errichtet die Lote $T_1A = c'' + h$ und $OB = h$; zieht AB, deren Schnittpunkte *1* und *2* mit dem Halbkreis ohne weiteres die zu h gehörigen Winkel ψ_1 und ψ_2 ergeben. Umständlicher wird das Verfahren, wenn man die endliche Länge der Schubstange berücksichtigen will. Dann lautet die Gleichung für h

$$h + c''\left(\cos\psi \pm \frac{r}{L}\cos 2\psi\right) = c' \sin\psi\left(1 \pm \frac{r}{L}\cos\psi\right),$$

und an Stelle des Halbkreises sowie der schrägen Geraden treten punktweise zu bestimmende Kurven.

tische Linie unter Berücksichtigung der endlichen Stangenlänge neben der tatsächlichen Ventilhublinie aufgezeichnet. An Hand der Abbildung 64 weist Berg auf den ungünstigen Einfluß der endlichen Stangenlänge hin, insofern z. B. beim Rücklauf des Kolbens der Ventilhub beim Sinken des Ventils vergrößert wird, was auch Müller (vgl. S. 99 u. 100) feststellte, woraus sich ergibt, daß bei der doppelt wirkenden Pumpe die beiden Ventile, die beim Rücklauf des Kolbens in Tätigkeit sind (hinteres Druck- und vorderes Saugventil), unter ungünstigeren Bedingungen arbeiten als die beiden andern. Das gleiche fand auch bereits Tobell (vgl. S. 67, Fußbemerkung).

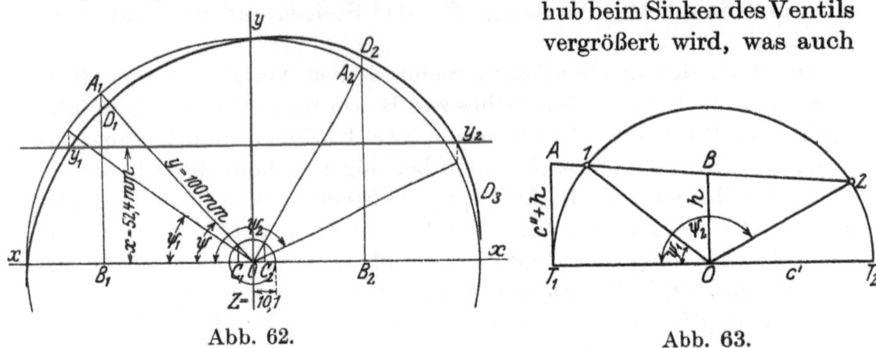

Abb. 62. Abb. 63.

Aus der Gleichung $b = \frac{G_w + \mathfrak{F} - M_v\, k_v}{f\,\gamma}$ (S. 123) schließt Berg weiter, daß durch die Massenkraft $M_v\, k_v$ die wirksame Ventilbelastung

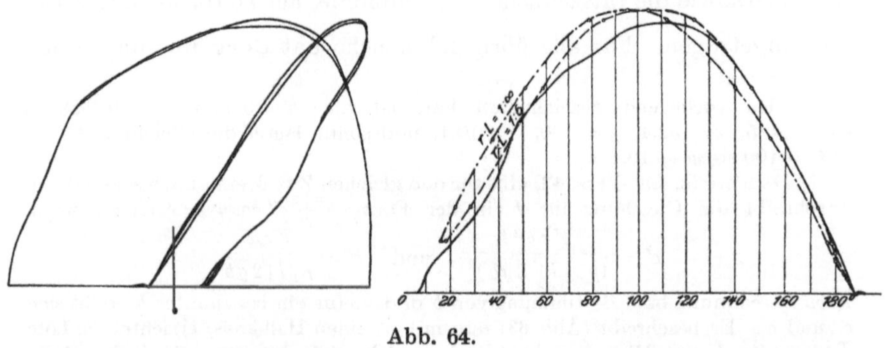

Abb. 64.

verkleinert wird, und zwar um so mehr, je größer die Masse des Ventils im Verhältnis zur Ventilbelastung ist, und daß dieses Verhältnis am größten wird für $\mathfrak{F} = 0$, d. h. für reine Gewichtsbelastung. Er zeigt an einem Zahlenbeispiel den Einfluß der Masse, indem er für das massenlose und das massenbegabte Ventil, allerdings unter Außerachtlassung der Ventilverdrängung und bei Annahme eines unveränderlichen Wertes von μ_P, die Ventilhublinien berechnet und aufzeichnet, und stellt mit diesen Annahmen fest, daß der Einfluß der Ventilmasse auf die Ventilbewegung in einer durchgängigen Vergrößerung des Ventilhubs besteht. Er spricht zugleich noch weiter aus, daß durch die Ventilmasse auch der Hub im toten Punkt vergrößert, die Entstehung eines Ventilschlags also begünstigt, und daß dieser um so heftiger sein werde, je größer die Ventilmasse und die Umdrehungszahl sei, und zwar weil in Wirklichkeit die Ventilhublinie infolge der Ventilverdrängung eine Verschiebung derart erleidet, daß das Ventil beim Niedergang im Augenblick der Kolbenumkehr noch eine gewisse Hubhöhe hat. Berg begründet dadurch ebenfalls die schon von Bach aufgestellte Forderung, daß das Ventil bei schnellaufenden Pumpen mit möglichst geringer Masse, d. h. mög-

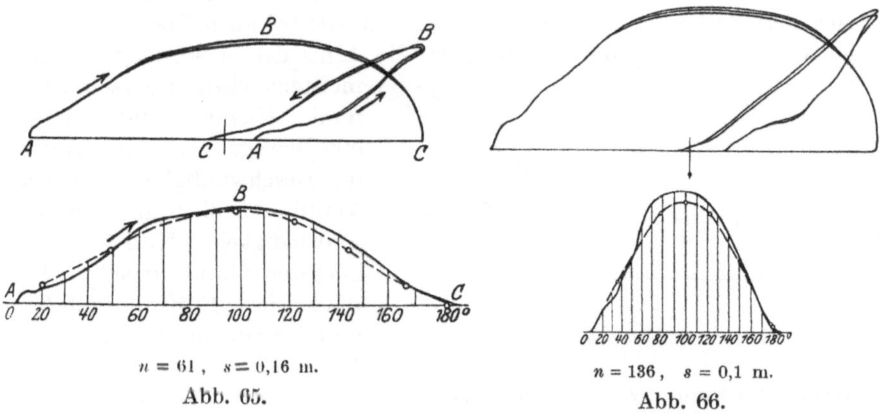

$n = 61$, $s = 0{,}16$ m.
Abb. 65.

$n = 136$, $s = 0{,}1$ m.
Abb. 66.

lichst leicht zu konstruieren und die Ventilbelastung durch eine Feder zu erzielen sei, deren Druck die Hubhöhe beschränkt.

Die Wirkung der Ventilmasse kommt in den Bergschen Diagrammen auch entsprechend zum Ausdruck. Bei kleiner Umdrehungszahl erhebt sich die tatsächliche Hublinie annähernd gleich hoch wie die theoretische, für das masselose Ventil berechnete, während bei höheren Umdrehungszahlen die Hublinie des masselosen Ventils von der tatsächlichen Hublinie im oberen Verlauf derselben überschritten wird (vgl. z. B. Abb. 65 mit Abb. 66). Einen Einfluß der Ventilmasse auf den Ventilschluß kann Berg nicht feststellen. Er führt dies zurück auf die Kleinheit der Ventilmasse im Vergleich zur Federbelastung. Die Ursache für die in allen Diagrammen auftretende wesentliche Abweichung der tatsächlichen Steiglinie des Ventils von der theoretischen Linie des masselosen Ventils erblickt Berg in der Ventilmasse und erklärt den abweichenden Verlauf als Folge des Stoßes, den das Ventil bei der Eröffnung erfährt. Er sagt: „Nach dem Ventilbewegungsgesetz wird das

Druckventil im gleichen Augenblick, wo das Saugventil schließt, vom Kolben plötzlich in Bewegung gesetzt, es wird von ihm aufgestoßen. Da das Ventil mit Masse begabt ist, so hat es das Bestreben, die empfangene Geschwindigkeit beizubehalten, anstatt sich, dem Bewegungsgesetz entsprechend, mit abnehmender Geschwindigkeit weiter zu bewegen. Es steigt demnach zunächst rascher, als dem Gesetz der Kolben- und Ventilbewegung entspricht. Der anfangs noch mit geringer Geschwindigkeit aus dem Ventilsitz kommende Wasserstrom ist aber nicht imstand, das Ventil in seiner Geschwindigkeit zu erhalten; es zeigt sich vielmehr sehr bald eine starke Abnahme der Ventilgeschwindigkeit, die in manchen Fällen so groß ist, daß das Ventil beinahe zum Stehen kommt. Da aber die Geschwindigkeit des Wassers im Ventilsitz stetig wächst, so steigert sich der Druck des Wasserstroms auf den Ventilteller, und es tritt wieder eine Periode beschleunigter Bewegung ein, die bei allen Versuchen von längerer Dauer ist, und bei welcher die Linie des masselosen Ventils meistens wieder überschritten wird. Hierauf folgt wieder eine Bewegung mit abnehmender Geschwindigkeit, bis das Ventil schließlich mit der Geschwindigkeit Null seinen höchsten Stand erreicht. Infolge des Eröffnungsstoßes und der mit ihm auftretenden Massenkraft entsteht eine Wechselwirkung zwischen dem Druck des Wasserstroms, der Ventilbelastung und der Massenkraft des Ventils, welche ein Ansteigen des letzteren in Sprüngen zur Folge hat. Diese Sprünge kommen um so stärker zum Ausdruck, je langsamer die Pumpe läuft. Der Eröffnungsstoß ist um so heftiger, je stärker die Ventilbelastung ist.“

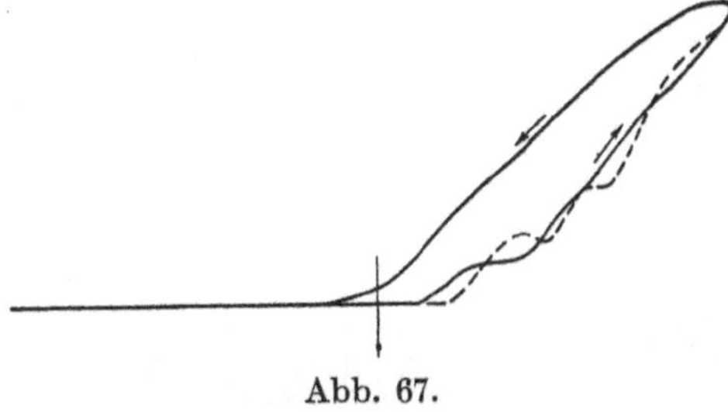

Abb. 67.

Berg untersucht weiter auch den Einfluß des Indikators auf das Ventilspiel und findet, daß bei geöffnetem Indikatorhahn das Ventil später öffnet, und zwar erst dann, wenn die Indikatorfeder auf den notwendigen Eröffnungsdruck zusammengepreßt ist, der Kolben also einen entsprechenden Weg zurückgelegt hat, und daß in der Steiglinie des Ventils starke Geschwindigkeitsschwankungen auftreten, während das Sinken des Ventils nicht beeinflußt wird (vgl. z. B. Abb. 67), der Eröffnungsstoß wird nach seiner Ansicht also größer sein, als bei geschlossenem Indikatorhahn.

Auf Grund seiner Untersuchungen spricht Berg aus, daß die Bestimmung der Bewegung eines Ventils auf dem Rechnungsweg nur möglich ist, wenn für die betreffende Konstruktion die Abhängigkeit der Berichtigungsziffer μ_p vom Ventilhub bekannt ist. Die Kenntnis des Verlaufs der ganzen Ventilhublinie ist aber nach ihm gar nicht nötig zur sachgemäßen Ausführung einer Pumpe. Es genügt, wenn man die Größe von Ventil und Ventilbelastung im voraus so bestimmen kann, daß das Auftreten eines hörbaren Ventilschlags mit Sicherheit vermieden wird und wenn außerdem die größte Hubhöhe des Ventils mit genügender Genauigkeit berechnet werden kann.

Da sich aus den Bergschen Versuchen ergab, daß ruhiger Ventilschluß durch entsprechend kleinen Ventilhub bei Kolbenumkehr gewährleistet wird, wählte Berg als Ausgang seiner Ventilberechnung einen bestimmten Hub im toten Punkt.

Der Ventilhub im toten Punkt des Kolbens ist nach S. 123, wenn die sekundliche Wasserlieferung für die Pumpe $Q = \frac{F r n}{30} = \frac{F r \omega}{\pi}$ eingesetzt wird,

$$h_o = \frac{\pi Q \omega f}{(\mu_P l \sqrt{2 g b})^2}$$

und der größte Ventilhub

$$h_{\max} = \frac{\pi Q}{\mu_P l \sqrt{2 g b}}.$$

Bezüglich der Wahl der Größe μ_P bei Kolbenumkehr geht Berg von folgender Überlegung aus: Bei Kolbenumkehr ist die Wassergeschwindigkeit im Sitz $= 0$. Der Ventilteller verdrängt das Wasser mit der Geschwindigkeit v_{s_0} und drückt es durch den Spalt vom Querschnitt $l\,h_0$, dabei erhält es die Geschwindigkeit c_{spa_0}. Es muß also sein $f \cdot v_{s_0} = l \cdot h_o\, c_{spa_0}$ oder $\frac{c_{spa_0}}{v_{s_0}} = \frac{f}{l \cdot h_o} = \frac{d}{4 h_o}$, d. h. die Umsetzung der Wassergeschwindigkeit in die Ventilgeschwindigkeit ist durch das Verhältnis $\frac{f}{l \cdot h_o}$ oder $\frac{d}{4 h_o}$ bestimmt. Er nimmt nun an, daß die Berichtigungsziffer μ_P beim Ventilhub im toten Punkt hauptsächlich von dieser Umsetzung der Wassergeschwindigkeit, daß also auch μ_P vom Wert $\frac{d}{4 h_o}$ abhängt, und daß bei gleichem Verhältnis $\frac{d}{4 h_o}$ auch μ_P den gleichen Wert hat. Den Wert μ_P für ein bestimmtes $\frac{d}{4 h_o}$ entnimmt Berg seiner Zahlentafel auf S. 129.

Der Berechnung von Tellerventilen legt Berg dann zur sicheren Vermeidung eines hörbaren Schlags den Ventilhub im toten Punkt

$$\boldsymbol{h_o = \frac{1}{250} d = 0{,}004\, d}$$

zugrunde. Dies entspricht einer Umsetzung der Wassergeschwindigkeit

$$\frac{c_{spa_0}}{v_{s_0}} = \frac{f}{l\,h_o} = \frac{d}{4 h_o} = \frac{d \cdot 250}{4 d} = 62{,}5\,,$$

welchem Wert in der Zahlentafel für μ_P der Wert 0,81 oder rund 0,8 entspricht, und damit ergibt sich aus der obigen Gleichung für h_o für das Tellerventil ohne untere Führung von $d = 60$ mm die Beziehung:

$$b_0 \cdot d = 0{,}52\, Q \cdot n$$

(wenn b_0 die Ventilbelastung für den Ventilhub im toten Punkt bedeutet), welche angibt, welchen Wert das Produkt $b_0 d$ bei gegebener Wasserlieferung und Umdrehungszahl mindestens haben muß, wenn kein hörbarer Ventilschlag eintreten soll. b_0 wählt Berg zu 0,5 m Wassersäule, welche Belastung gemäß der Gleichung $\alpha\, c_{sp_a} = \mu_P \sqrt{2\, g\, b}$ (vgl. S. 123) bei einer Kontraktionsziffer $\alpha = 1$ einer Spaltgeschwindigkeit $c_{sp_{a_0}} = 0{,}8 \sqrt{2 \cdot 9{,}81 \cdot 0{,}5} = 2{,}5$ m entspricht. Für andere

Ventilbelastungen $b_0 = 0{,}5$ 0,75 1,0 1,25 1,5 1,75 und 2
findet er die
Spaltgeschwindigkeiten $c_{sp_{a_0}} = 2{,}5$ 3,1 3,5 4,0 4,3 4,7 und 5 m/sk.

Liefert die Annahme von b_0 zu große Ventildurchmesser und wählt man deshalb an Stelle eines Tellerventils ein aus mehreren (z) gleichen Ventilen bestehendes Gruppenventil, so wäre anstatt Q für die Berechnung des einzelnen Ventils der Wert $\frac{Q}{z}$ einzuführen.

Die nötige Ventilbelastung für den Ventilhub im toten Punkt und damit auch (angenähert) für das Aufsitzen des Ventils errechnet Berg aus $b_0 = \frac{G_w + F_0}{f \cdot \gamma}$ zu $G_w + \mathfrak{F}_0 = 785\, b_0\, d^2$ oder mit $b_0\, d = 0{,}52\, Q \cdot n$ zu

$$G_w + \mathfrak{F}_0 = 408\, Q\, n\, d \cong 400\, Q\, n\, d\,.$$

Den größten Ventilhub ermittelt er aus

$$h_{\max} = \frac{\pi\, Q}{\mu_P\, l \sqrt{2\, g\, b}} = \frac{Q}{\mu_P\, d \sqrt{2\, g\, b}}\,,$$

indem er vorschlägt, für praktische Bedürfnisse μ_P konstant $= 0{,}53$ und die Ventilbelastung ebenfalls unveränderlich $b = b_0$ zu nehmen.

Für genauere Bestimmung von $h_{\max}$ wäre nach Berg wie folgt zu verfahren: Man nimmt in der Gleichung $h_{\max}\, \mu_P \sqrt{2\, g\, b} = \frac{Q}{d}$ zunächst einen Ventilhub an, erhält damit $\frac{d}{4\, h}$ und aus der Zahlentafel 1, S. 129 den Wert μ_P. Die zu h gehörige Ventilbelastung ergibt sich aus

$$b = \frac{G_w + (y_0 + h)\, C}{f \cdot \gamma}\,.$$

Da $h_{\max}$ von der Konstruktion der Feder abhängt, muß diese nun gewählt, also y_0 und C bestimmt sein. Alsdann muß das Produkt $h\,\mu_P\sqrt{2\,g\,b} = \frac{Q}{d}$ sein. Trifft das nicht zu, ist mit anderen Annahmen die Rechnung zu widerholen.

Berg wendet nun weiter die Versuchsergebnisse für das Tellerventil mit ebener Sitzfläche, ohne untere Führung, auch auf die Berechnung von ein- und mehrspaltigen Ringventilen mit ebenen Sitzflächen an, betont dabei aber ausdrücklich, daß dieselbe, „ohne daß die Zulässigkeit dieser Maßnahme durch Versuche erwiesen sei, bedenklich erscheine". Er glaubt aber, „zu den Angaben um so eher berechtigt zu sein, als sie zu Abmessungen führen, wie sie die ausgeführten Konstruktionen aufweisen".

Er geht dabei wieder, wie beim Tellerventil, von der Annahme aus, daß μ_P beim Ventilhub im toten Punkt der Kurbel von dem Verhältnis $\frac{c_{sp_{a_0}}}{v_{s_0}}$ bzw. $\frac{f_r}{l\,h_0}$ abhängt. Er setzt für das einspaltige Ringventil (Abb. 68) wie beim gewöhnlichen Tellerventil $\frac{f_r}{l\,h_0} = 62{,}5$ und erhält mit $\mu_P = 0{,}8$ die Beziehung

$$\boldsymbol{b_0\,l = 1{,}63\,Q\,n}\ ^{1)}$$

oder in allgemeiner Form

$$\boldsymbol{b_0\,l \geqq \lambda\,Q\cdot n}\ ^{1)},$$

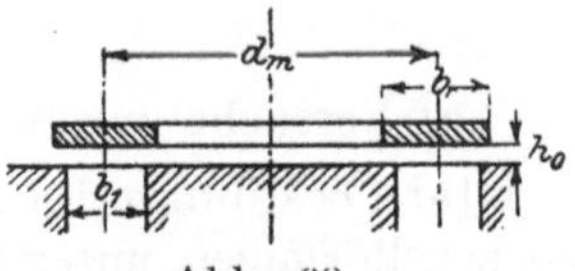

Abb. 68.

welche besagt, daß zur Vermeidung des Ventilschlags das Produkt aus der Ventilbelastung bei Kolbenumkehr und dem Ventilumfang einen Mindestwert haben muß, der um so größer ist, je größer die Wasserlieferung und die Umdrehungszahl der Pumpe sind. Der Wert λ hängt nach Berg von der Ventilkonstruktion ab und wird für Ventile mit ebener Dichtungsfläche von ihm, solange weitere Versuche nicht vorliegen, zu 1,63 angegeben.

Die Ventilbelastung im toten Punkt oder (angenähert) beim Aufsitzen ergibt sich nach Berg für das einspaltige Ringventil aus

$$G_w + \mathfrak{F}_0 = b_0\,f_r\,\gamma = 1630\,Q\cdot n\cdot\frac{f_r}{l} \quad \text{mit} \quad f_r = \pi\,d_m\,b_r \quad \text{und} \quad l = 2\,\pi\,d_m,$$

also $\frac{f_r}{l} = \frac{b_r}{2}$, und

$$\boldsymbol{b_0\,d_m = 0{,}26\,Q\,n}$$

zu

$$\boldsymbol{G_w + \mathfrak{F}_0 = 815\,Q\cdot n\cdot b_r}.$$

Für Berechnung der mehrspaltigen Ventile benützt Berg dieselben Gleichungen. An Stelle von d_m ist $\sum d_m$, d. h. die Summe der mittleren Durchmesser der einzelnen Ringe einzusetzen.

---

[1]) Die Beziehungen gelten nicht nur für Ringventile, sondern auch für das Tellerventil mit ebener Sitzfläche.

Da
$$b_0 = \frac{G_w + \mathfrak{F}_0}{f\gamma} = \frac{P_0}{f\gamma},$$
wenn P_0 die gesamte Belastung des Ventils bei Kolbenumkehr, so folgt nach Berg
$$P_0 \geqq \frac{\lambda f \gamma}{l} Q \cdot n \geqq \nu Q \cdot n,$$
worin ν ein von der Konstruktion des Ventils abhängiger Zahlenwert.

Berg erhielt diese Bedingung durch Aufstellung des Gesetzes für die Ventilbewegung und der daraus folgenden Größe für den Ventilhub bei Kolbenumkehr. Zu genau der gleichen Bedingung, aber auf vollständig anderem, nämlich auf dem Versuchsweg, gelangte auch Bach bei seinen Versuchen mit Gewichtsventilen. Er fand (vgl. S. 49) $\frac{n^2 s F}{30\,\varepsilon} = P$, woraus mit $\frac{F s n}{60} = Q$ sich ergibt $P = \frac{2}{\varepsilon} \cdot n Q$ oder $P = \nu \cdot Q \cdot n$.

Nach Berg gelten somit die Bachschen Gesetze auch für das federbelastete Tellerventil mit ebener Sitzfläche von $b_s = 5$ mm Breite.

2. Versuche von Klein.

a) Versuche zur Bestimmung der Ausflußziffer $\mu = \alpha\,\varphi$ [44]).

Klein bestimmte 1905 auf dem Weg des Versuchs für ein Ringventil mit kegelförmiger, unter 45° geneigter Sitzfläche vom mittleren Durchmesser $d_m = 166$ mm, einer Ringbreite oben von 22 mm, die Ausflußziffer als Quotient aus der wirklich durch das Ventil geflossenen Wassermenge Q zur theoretischen Wassermenge, d. h. aus
$$\mu_H = \frac{Q}{\sqrt{2gH} \cdot 2\pi d_m \cdot sp},$$
worin H wieder, wie bei den Bachschen Versuchen, die zur Verfügung stehende Druckhöhe bedeutet, und die Spaltweite sp bei einem Ventilhub bis zu 6 mm gleich $h \cdot \sin 45°$, während für h über 6 mm sp aus der Zeichnung $= EF$ genommen wird [vgl. Abb. 69 [1])].

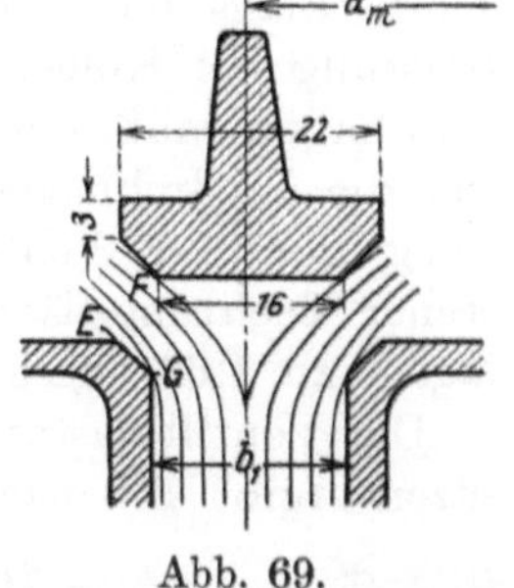

Abb. 69.

[1]) Klein spricht dabei aus, daß die für die Ventilberechnung eine bedeutende Rolle spielende Ausflußziffer bisher mehr oder weniger willkürlicher Schätzung überlassen wurde, und bezeichnet die von Berg für das Tellerventil in seiner ersten Arbeit angegebenen Werte derselben als „unter der Annahme einer noch nicht durch Versuche bestätigten Beziehung zwischen Ventilbelastung und Austrittsgeschwindigkeit errechnet" vgl. S. 121.

Das untersuchte Ventil war dabei nicht in eine Pumpe eingebaut, sondern es wurde in umgekehrter Lage zwischen zwei Behälter eingeschaltet, von denen der untere geeicht war und der obere die Entnahme größerer Wassermengen bei gleichbleibendem oder nur unwesentlich sich senkendem Wasserspiegel gestattete (vgl. Abb. 70). Der Ventilhub wurde jeweils eingestellt und die Menge des durch das Ventil strömenden Wassers im unteren geeichten Gefäß gemessen. Um die Strömverhältnisse des Wassers gleich zu gestalten wie im Betrieb, war ein Kasten um das Ventil angebracht, dessen Innenraum dem an der Pumpe gleich und stets gefüllt war. Durch Einstellung des Spaltes *Z* derart, daß ein Teil

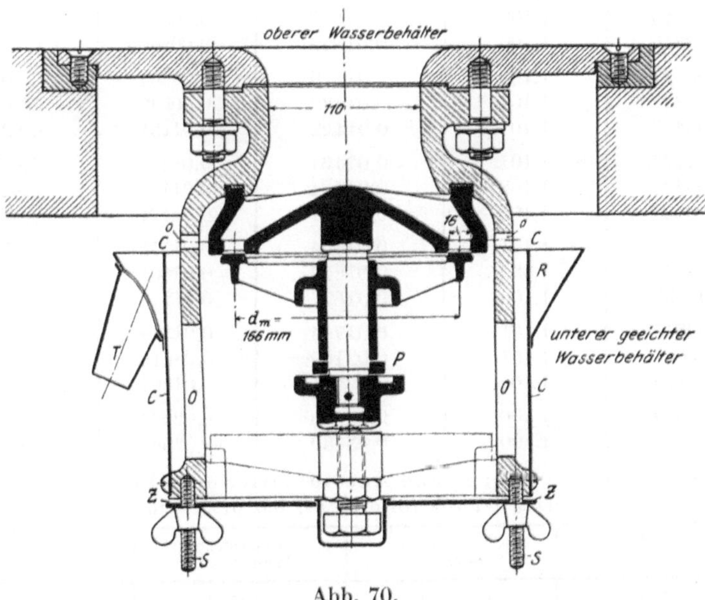

Abb. 70.

des Wassers durch die Öffnungen *o* und die Wand *C*, deren Oberkante einige Millimeter höher lag als der Ventilsitz, strömen mußte, sollte das Ventil stets unter Wasser gehalten werden, ohne Rückdruck zu erleiden.

Klein führte Versuche durch, bei denen die Wasserhöhe etwa 1,1 m über dem Ventilsitz gehalten und die Ventilerhebung stufenweise von 0,27 auf 8,15 mm vergrößert wurde, vgl. die folgenden Schaulinien (Abb. 71) und die Zahlentafel 2, betr. Wassermenge und Ausflußziffer bei gleichbleibender Druckhöhe (vgl. auch Zahlentafel 8).

Bei anderen Versuchen wurde der Ventilhub auf 4,15 mm gehalten, dagegen die Wasserdruckhöhe von 0,5 bis 1,1 m geändert (vgl. Zahlentafel 3).

Zahlentafel 2. Wassermenge und Ausflußziffer bei 1,1 m Druckhöhe.

Ventilhub h m	Druckhöhe H m	Theoretische Wassermenge $Q_o = \sqrt{2gH} \cdot 2\, d_m \pi\, sp$ cbm/sk	Gemessene Wassermenge Q cbm/sk	Ausflußziffer $\mu_H = \frac{Q}{Q_o}$
0,00027	1,100	0,00092	0,00018	0,196
0,00115	1,100	0,00394	0,00262	0,665
0,00127	1,100	0,00435	0,00319	0,734
0,00215	1,101	0,00736	0,00579	0,788
0,00215	1,102	0,00736	0,00579	0,788
0,00227	1,101	0,00777	0,00627	0,805
0,00227	1,100	0,00777	0,00627	0,805
0,00315	1,100	0,01079	0,00871	0,807
0,00315	1,100	0,01079	0,00869	0,805
0,00327	1,103	0,01120	0,00906	0,809
0,00327	1,101	0,01120	0,00898	0,804
0,00415	1,101	0,01422	0,01181	0,831
0,00427	1,101	0,01464	0,01210	0,827
0,00427	1,102	0,01464	0,01195	0,817
0,00490	1,100	0,01677	0,01421	0,848
0,00515	1,101	0,01764	0,01511	0,856
0,00540	1,099	0,01847	0,01601	0,866
0,00490	1,100	0,01677	0,01273	0,760
0,00515	1,101	0,01764	0,01349	0,764
0,00615	1.101	0,02109	0,01615	0,766
0,00715	1,100	0,02485	0,01891	0,762
0,00815	1,100	0,02890	0,02062	0,713
∞	1.100	0,03680	0,02563	0,695

Zahlentafel 3. Wassermenge und Ausflußziffer beim Ventilhub 4,15 mm und Druckhöhen von 0,5 bis 1,1 m.

Druckhöhe H	Theoretische Wassermenge	Gemessene Wassermenge	Ausflußziffer
1,101	0,01421	0,01181	0,83
1,104	0,01423	0,01184	0,83
1,100	0,01420	0,01179	0,83
0,902	0,01287	0,01063	0,83
0,900	0,01285	0,01058	0,82
0,701	0,01134	0,00942	0,83
0,703	0,01136	0,00943	0,83
0,703	0,01136	0,00945	0,83
0,501	0,00958	0,00794	0,83
0,502	0,00960	0,00799	0,83

Er findet durch diese Versuche, daß die Auflußziffer innerhalb der Versuchsgrenzen $H = 0{,}5$ bis 1,1 m bei gleichem Ventilhub unabhängig vom Druck und der Durchflußgeschwindigkeit ist, daß sie sich aber stark mit der Ventilerhebung ändert

(μ_H wächst von rund 0,20 auf rund 0,87, wenn der Ventilhub sich von 0,27 auf 5,4 mm vergrößert), und erklärt dies daraus, daß bei engem Spalt die Drosselung des seitlich zuströmenden Wassers verhältnismäßig größer sei als bei breiteren Spalten.

Er findet dann weiter, daß nach Überschreitung eines bestimmten Ventilhubs (6 mm) die Ausflußmenge mit weiterer Vergrößerung des Ventilhubs nicht mehr so stark zunimmt wie vorher, d. h. daß μ_H wieder abnimmt, was er damit erklärt, daß bei größerer Ventileröffnung mehr Wasser durch die Sitzöffnung strömt, in dieser also höhere Geschwindigkeit herrscht und das Wasser von der Spaltkante E (s. Abb. 69) mehr abdrängt.

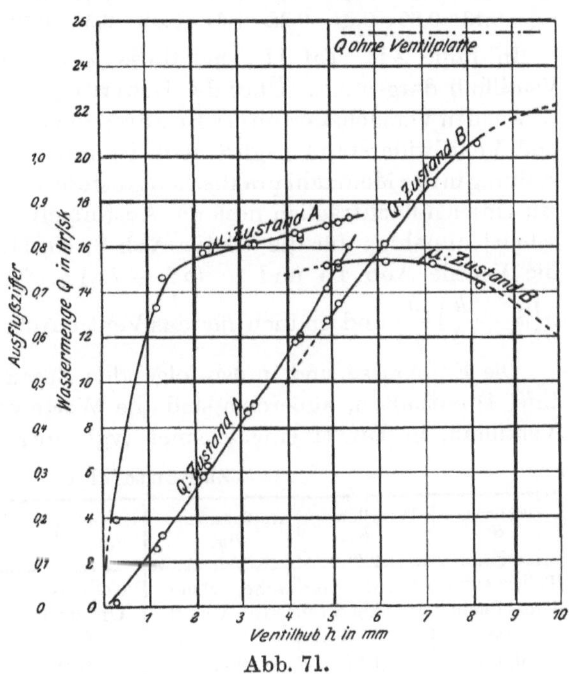

Abb. 71.

Endlich stellt er bei diesen Versuchen fest, daß es beim Kegelventil zwei Strömzustände gibt — bei größeren Ventilerhebungen ist der Strömzustand ein anderer als bei kleinen — und daß sogar innerhalb enger Grenzen bei einem und demselben Querschnitt beide Zustände abwechselnd möglich sind (bei Ventilhüben zwischen 4 und 5,5 mm), ohne darauf hinzuweisen, daß auch Bach bereits bei seinen Versuchen mit dem Tellerventil mit kegelförmiger Sitzfläche zwei Strömzustände fand (vgl. S. 39).

Diese Versuche Kleins haben R. Baumann veranlaßt, die bis 1905 zur Bestimmung der Ausflußziffer bei Pumpenventilen durchgeführten Versuche zusammenzustellen und kritisch zu besprechen.

R. Baumann[45]).

Die von Weisbach benützte und bereits S. 27 u. 28 besprochene Versuchseinrichtung lieferte Werte für die Ausflußziffer μ_1, bezogen auf den Endquerschnitt des Rohres, in welches das Ventil eingebaut war, als Ausflußöffnung. Baumann rechnete zunächst diese Werte um, bezogen auf den Ventilspaltquerschnitt

$$\pi\left(d_1 + \frac{h}{2}\right)\frac{h}{\sqrt{2}}, \quad \text{so daß} \quad \mu_H = \mu_1 \frac{f'}{\pi\left(d_1 + \frac{h}{2}\right)\frac{h}{\sqrt{2}}},$$

wobei f' den Querschnitt des Rohres bedeutet. Er fand so für

$h =$ 25,3	22,8	20,2	17,7	15,2	12,6	10,1	7,6	6,3	5,1	3,8	2,5 mm
$\mu_H =$ 0,18	0,20	0,24	0,28	0,34	0,42	0,53	0,72	0,76	0,79	0,78	0,74

In Linie XII, Taf. II, sind diese μ_H-Werte in Abhängigkeit vom Ventilhub dargestellt. Über die Bewertung dieser Versuche s. S. 29.

Aus den Versuchswerten der Bachschen Versuche über Ventilbelastung und Ventilwiderstand (vgl. S. 30 u. f.) mit 9 Tellerventilen, deren Gestaltung in der Mehrzahl praktischen Ausführungen entspricht, berechnete Baumann nachträglich noch die Ausflußziffer, wobei er als Spaltquerschnitt annahm: für die Ventile Abb. 9, 10, 11, 12 und 14: $\pi d_1 h$; für die Ventile Abb. 4a und b: $(\pi d_1 - i s_r) h$; für das Ventil Abb. 13: $\pi\left(d_1 + \frac{h}{2}\right)\frac{h}{\sqrt{2}}$ und endlich für das Ventil Abb. 6: $\pi\left(d_1 - \frac{h}{2}\right)\frac{h}{\sqrt{2}}$.

Die Ergebnisse sind in den folgenden Zusammenstellungen (Zahlentafel 4) enthalten, außerdem sind die Werte von μ_H, bezogen auf den Ventilhub, in Taf. II eingezeichnet (vgl. auch Zahlentafel 8).

Zahlentafel 4.

Gefällhöhe H m	Ventilhub h mm	Ausflußziffer μ_H	Gefällhöhe H m	Ventilhub h mm	Ausflußziffer μ_H
Tellerventil, ebene Sitzfläche, ebene Unterfläche, normale Sitzbreite; Abb. 9.			Tellerventil, ebene Sitzfläche, ebene Unterfläche, breite Sitzfläche; Abb. 10.		
0,089	25,6	0,35	0,196	25,5	0,32
0,087	19,6	0,42	0,196	16,8	0,42
0,088	12,6	0,50	0,198	10,0	0,51
0,091	7,8	0,58	0,198	5,0	0,60
0,091	4,7	0,62	0,689	25,5	0,32
0,190	24,7	0,36	0,689	12,8	0,46
0,190	16,5	0,46	0,692	5,5	0,59
0,192	5,6	0,61	0,941	16,5	0,42
0,1955	0,9	0,94	0,946	10,2	0,51
0,389	25,6	0,35	Tellerventil, ebene Sitzfläche, hohle Unterfläche; Abb. 11.		
0,392	14,0	0,50			
0,690	25,3	0,34	0,0885	11,7	0,53
0,690	12,6	0,50	0,0895	7,9	0,59
0,694	5,6	0,61	0,091	4,5	0,66
			0,394	11,7	0,53
0,939	16,5	0,46	0,395	5,5	0,64
0,945	10,1	0,54	0,943	11,7	0,53
0,948	3,1	0,67	0,947	6,2	0,64

Tellerventil, ebene Sitzfläche, erhabene Unterfläche; Abb. 12.

Gefällhöhe H m	Ventilhub h mm	Ausflußziffer μ_H
0,391	25,8	0,34
0,397	6,3	0,61
0,940	16,4	0,45
0,947	5,9	0,58

Kugelventil[1]); Abb. 14.

Gefällhöhe H m	Ventilhub h mm	Ausflußziffer μ_H
0,446	20,0	0,62
0,449	12,9	0,75
0,452	5,3	1,05

[1]) Wird das um 20 mm geöffnete Ventil um 0,02 kg mehr, also mit 0,544 kg, belastet, so sinkt es bis auf 5,3 mm. Es verhält sich oberhalb dieses Hubes und bei dieser Belastung ziemlich indifferent.

Tellerventil, ebene Sitzfläche, untere Führungsrippen; Abb. 4 b.

Gefällhöhe H m	Ventilhub h mm	Ausflußziffer μ_H
0,0885	25,6	0,32
0,0895	12,6	0,44
0,0905	8,3	0,51
0,092	4,2	0,62
0,943	25,5	0,33
0,943	19,1	0,38
0,946	9,4	0,52
0,948	4,5	0,63

Tellerventil, ebene Sitzfläche, untere Führung[1]); Abb. 4 a.

Gefällhöhe H m	Ventilhub h mm	Ausflußziffer μ_H
0,088	25,4	0,34
0,0885	19,5	0,39
0,0885	12,9	0,47
0,091	8,6	0,53
0,091	4,5	0,61
0,942	25,4	0,35
0,943	12,6	0,48
0,947	6,0	0,56

[1]) Bei 25,4 mm Hub schwankt das Ventil um 1,5, bei 20 mm Hub um 2,5 mm auf und nieder. Bei 12,6 mm sind geringe Schwankungen bemerkbar.

Tellerventil, kegelförmige Sitzfläche, ebene Unterfläche, Abb. 13[1]).

Gefällhöhe H m	Ventilhub h mm	Ausflußziffer μ_H
0,195	4,7	0,98
0,196	3,2	1,02
0,452	7,5	1,04
0,450	6,9	1,05
0,451	5,2	1,09
0,454	1,9	0,91
0,941	7,6	1,06
0,940	5,3	1,10
0,950	1,6	1,05

[1]) Werte von μ_H für $h > 7{,}6$ mm werden nicht angegeben wegen der eingetretenen Störung des Gleichgewichtszustandes (s. u.).

Kegelventil; Abb. 6.

Gefällhöhe H m	Ventilhub h mm	Ausflußziffer μ_H	Gefällhöhe H m	Ventilhub h mm	Ausflußziffer μ_H
0,190	43,0	0,67	0,436	43,0	0,67
0,191	30,0	0,72	0,449	30,0	0,72
0,193	20,0	0,78	0,448	17,7	0,80
0,195	10,0	0,84	0,453	9,7	0,83
0,196	5,0	0,95	0,452	3,0	1,03
0,195	1,2	0,74	0,941	12,8	0,81

Baumann weist an Hand dieser Zusammenstellung und der Abbildung Taf. II darauf hin, daß für die Ventile mit ebener Sitzfläche sowie für das Ventil mit kegelförmiger Sitz- und Unterfläche und für das Kugelventil innerhalb des Versuchsgebiets trotz sehr verschiedener Gefällhöhe die Ausflußziffer unabhängig von der Gefällhöhe H ist, daß aber für das Ventil mit kegelförmiger Sitz- und ebener Unterfläche Abhängigkeit der Ausflußziffer vom Höhenunterschied zu bestehen scheint[1]).

Die scheinbar unmöglichen Werte $\mu_H > 1$ erklärt Baumann dadurch, daß in dem trichterförmigen Gefäß $\mathfrak{H}$ (Abb. 15, S. 32) eine Rückbildung von Druck aus Geschwindigkeit stattfinden konnte, und zwar bei dem Ventil mit kegelförmiger Sitzfläche in besonders ausgeprägtem Maß bei kleineren Hubhöhen, wo die Wasserführung eine solche ist, daß plötzliche Richtungsänderungen des austretenden Wasserstrahls vermieden sind.

Nach Baumann ist bei der Bewertung dieser Ergebnisse unter Berücksichtigung des Umstandes, daß alle zur Beurteilung erforderlichen Einzelheiten ausführlich angegeben sind, und daß sich Einwände gegen die Versuchsdurchführung nicht erheben lassen, zu beachten, daß

1. die Gefällhöhe während der Dauer des Versuchs unveränderlich war;

2. daß das Ventil wie in einer Pumpe im Betrieb eingebaut war, sofern davon abgesehen wird, daß

3. das Wasser nach Durchströmen des Ventils nicht seitlich abgelenkt wurde und daß in hohem Maß Gelegenheit zur teilweisen Rückbildung von Druck aus Geschwindigkeit vorhanden war;

4. daß die Ausflußziffern von den Widerständen in der Zu- und Ableitung beeinflußt sind;

5. daß Ventile und Ventilgehäuse praktischen Ausführungen entsprechen; daß die hauptsächlichsten Arten der Tellerventile untersucht wurden und daß bei einigen die Formgebung so gewählt wurde, daß der Einfluß der Sitzbreite, der Form der Unterseite des Ventiltellers und diejenige von Führungsrippen ausgeprägt zutage trat, und endlich

6. daß die Ventile nicht festgeklemmt wurden, so daß sich Störungen im Strömungszustand sofort bemerklich machen mußten.

Hinsichtlich der Versuche Kleins mit während des Versuchs festgeklemmtem Ringventil mit kegelförmiger Sitzfläche bemängelte Baumann mit Recht, daß das durch die Kleinschen Versuche gedeckte Gebiet sehr beschränkt ist, weil nur ein Ventil, und auch dieses nur bei Gefällhöhen von 0,5 bis 1,1 m und nicht auch bei kleineren Höhen, beobachtet wurde. Auch die kegelförmige Sitzfläche bemängelte er; nach seiner Ansicht hätten die Versuche mit Ventilen von ebener Sitzfläche begonnen werden müssen.

Bezüglich der Bewertung dieser Versuche von Klein ist nach Baumann folgendes zu beachten:

1. Es fehlen Angaben über eine Reihe von Einzelheiten, die zur Beurteilung der Zuverlässigkeit der gefundenen Werte erforderlich sind,

---

[1]) Vgl. dagegen das von Klein für das Ringventil Gefundene auf S. 140.

wie z. B. Angaben über die Art und Durchführung der Wassermessung; über Beobachtung der Gefällhöhe und Größe der bei der getroffenen Anordnung unvermeidlichen Schwankung des Oberwasserspiegels; Angabe der unmittelbar beobachteten Zahlen für Wassermenge und Versuchsdauer; ferner der Art der genauen Messung der Hubhöhe usw.

2. Der Einbau des Ventils entspricht nicht vollkommen den Verhältnissen im Betrieb (hängende Anordnung, Beeinflussung der Strömverhältnisse durch Verstellung des Spaltes Z [Abb. 70]; Festspannen des Ventils; Fehlen seitlicher Ablenkung).

3. Die Tragweite kleiner Beobachtungsfehler (Unterwasserspiegel, Art der Messung des Ventilhubs) kann infolge mangelnder Angaben nicht beurteilt werden.

Genaue Aufzeichnung der μ_H-Werte würde nach Baumann (vgl. auch die Taf. II), nicht zwei Kurven A und B gemäß Abb. 71 liefern, sondern es würde ein dritter selbständiger Kurvenzweig, der augenscheinlich einen Zwischenzustand darstellt, entstehen. Hier scheint nach Baumann entweder stetige Wasserführung im Ventil nicht vorhanden gewesen zu sein, oder es rührt die Unstetigkeit her von einer Änderung der Strömungsverhältnisse im Ventilgehäuse, oder war hier schon der regellose Wechsel vom Zustand A in Zustand B vorhanden (vgl. S. 141).

Weiter wies Baumann darauf hin, daß die durch die Kleinschen Versuche gewonnene Erkenntnis, daß für größere Ventilerhebungen ein anderer Strömungszustand eintritt, schon 1884 durch Bach für das Tellerventil mit kegeliger Sitzfläche erlangt wurde und daß man schon damals zu der Einsicht kam, daß die kegelförmige Gestalt der Sitzfläche beim Erzeugen der beiden Strömzustände eine bedeutende Rolle spielt.

In einer Erwiderung[46]) gibt Klein verschiedene Aufklärungen hinsichtlich der Durchführung seiner Versuche und der Versuchseinrichtung und sucht die Wahl der letzteren zu begründen. Dadurch werden einzelne der von Baumann gerügten Mängel behoben. Der Mangel Ziffer 2 bleibt aber bestehen. Klein will die Bachschen Ergebnisse nicht erwähnt haben, weil er eine Übertragung des von Bach für kleine Tellerventile hinsichtlich der Strömzustände Gefundenen auf das viel größere Ringventil für unberechtigt hält.

b. Versuche Kleins zur Bestimmung des Druckverlusts im Ventil[44a]),

durchgeführt im Anschluß an seine Versuche zur Bestimmung der Ausflußziffer, zur Ermittlung der Abhängigkeit des Druckverlustes $h_u - h_o$ von dem Wasserüberdruck auf das Ventil, also auch von der Ventilbelastung.

Den Wasserüberdruck auf das Ventil setzt er $= G_w + \mathfrak{F} + hC + M_v k_v$[1]) und nimmt, wie dies nach seiner Ansicht bisher üblich war[2]), diesen Wasserüberdruck $= f_r (h_u - h_o)\,\gamma$.

Zur Prüfung dieser Gleichung $f_r (h_u - h_o)\,\gamma = G_w + \mathfrak{F} + Ch + M_v k_v$ und der zur Verfolgung der Ventilbewegung benützten Gleichung $c_{sp} = \sqrt{2\,g\,(h_u - h_o)}$ durch den Versuch, wählte Klein an der Versuchspumpe zunächst die Ventilbelastungsfeder so stark, daß die Spannung $C \cdot h$ für jede Ventilstellung $= -M_v k_v$ wurde, d. h. er nahm

$$C = -\frac{M_v k_v}{h} = \frac{h\omega^2 M_v}{h} = \omega^2 M_v$$

wodurch sich die zu prüfende Gleichung vereinfachen sollte in

$$h_u - h_o = \frac{G_w + \mathfrak{F}}{f_r \cdot \gamma}.$$

Das Ventil war das gleiche, wie es für die Versuche zur Bestimmung der Ausflußziffer verwendet wurde. Den Einbau der Ventile in die Versuchspumpe läßt Abb. 72 erkennen.

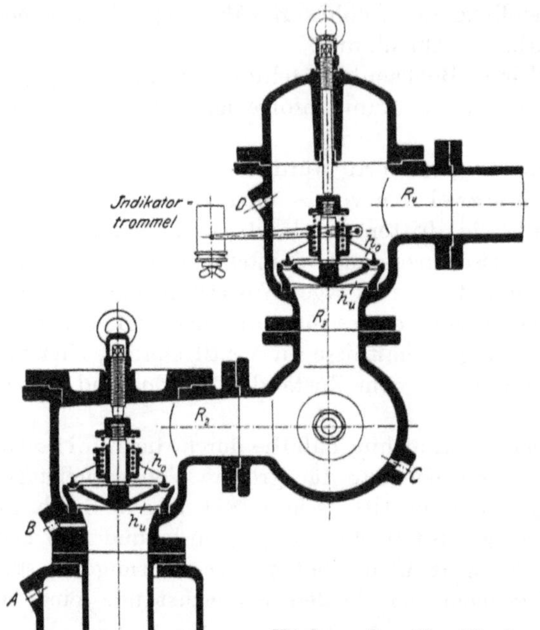

Abb. 72.

Den „Druckverlust" $h_u - h_o$ im Ventil ermittelte Klein an dem in die Pumpe eingesetzten Ventil mit Hilfe des Indikators als Unterschied der Drücke unter und über dem Ventil und zwar für das Saugventil bei B und C, für das Druckventil bei C und D, wobei alle Drücke auf Pumpenmitte umgerechnet wurden, um den Einfluß der verschiedenen Höhenlagen auszuschalten.

Er fand nun bei gleicher Umdrehungszahl n (= 46,7) aber verschiedener Förderhöhe der Pumpe die Werte $h_u - h_o$ nahezu gleich groß, d. h. er fand den Druckverlust im Ventil unabhängig von der

[1]) Nach S. 123 muß das Glied $M_v k_v$ negatives Vorzeichen erhalten.

[2]) Vgl. Westphal, Müller und insbesondere Bergs erste Arbeit, Lit.-Verz. 42.

Förderhöhe; er stellte aber noch weiter fest, daß die Werte für $h_u - h_o$ alle wesentlich größer waren als $\frac{G_w + \mathfrak{F}}{f_r \cdot \gamma}$. Bei weiteren Versuchen, bei denen die Kolbengeschwindigkeit schrittweise von 0,22 bis 1,4 m/sec bei gleichbleibender Förderhöhe geändert wurde, zwecks Ermittlung der Abhängigkeit des Druckverlusts von der durch das Ventil strömenden Wassermenge, fand Klein, daß bei gleicher Ventilbelastung, also gleichem Wasserdruck auf das Ventil, der Druckverlust ganz bedeutend zunimmt mit der sekundlich durch das Ventil strömenden Wassermenge. Der Wert $h_u - h_o$ wurde dabei über doppelt so groß wie $\frac{G_w + \mathfrak{F}}{f_r \cdot \gamma}$. Klein hält auf Grund dieser Ergebnisse die Gleichung $h_u - h_o = \frac{G_w + \mathfrak{F}}{f_r \cdot \gamma}$ für unrichtig und ebenso die daraus errechneten Werte für die Spaltgeschwindigkeit $c_{sp} = \sqrt{2g \frac{G_w + \mathfrak{F}}{f_r \gamma}}$, die Ausflußziffer μ_P usw., vgl. z. B. Berg S. 121. Nach seiner Ansicht ist die Gleichung für $h_u - h_o$ nur gültig, solange sich das Wasser unter der Ventilplatte in Ruhe befindet, und es wird die Druckverteilung eine ganz andere, sobald es in Bewegung ist.

Nach Klein wird der Druckunterschied $h_u - h_o$ zwischen B und A (Abb. 73) in Geschwindigkeit umgesetzt, und es kann der Teil davon, der bereits in Geschwindigkeit umgesetzt ist, nicht mehr als Überdruck wirken. Der gesamte Wasserüberdruck auf die Ventilplatte ist nach ihm

$$\int d f \cdot h_x = \int d f_r \left[(h_u - h_o) - \frac{v_x^2}{2g} \right].$$

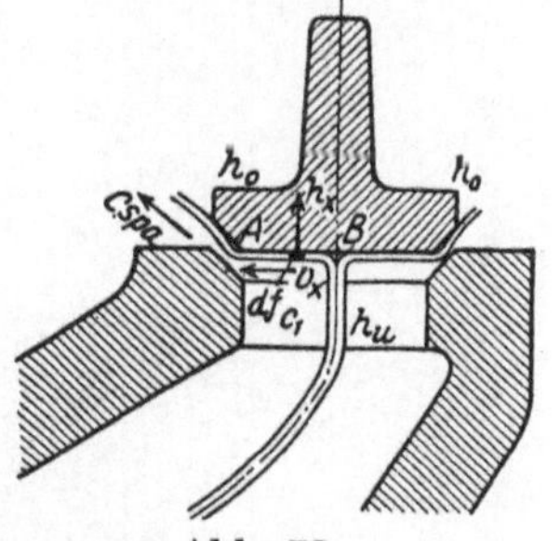

Abb. 73.

„Bei A ist nach seiner Ansicht die ganze Druckhöhe $h_u - h_o$ in Geschwindigkeit umgesetzt und der Überdruck auf das Ventil $= 0$, während bei B die Geschwindigkeit $= 0$ und der Überdruck $= h_u - h_o$ sein wird. Von B bis A wird der Überdruck allmählich bis auf 0 abnehmen. Diese Druckabnahme wird abhängig sein von der Form des Ventils, vom Verhältnis der Wasserquerschnitte im Sitz und an der Austrittsringfläche, also auch vom Ventilhub; sie wird beim einfachen Tellerventil anders sein als beim Ringventil; sie wird verschieden sein, je nachdem das Wasser senkrecht oder schräg zum Ventilteller hingeleitet wird; auf keinen Fall aber kann der Überdruck auf die ganze untere Ventilfläche treffen.“

Klein folgert daraus, daß der Zusammenhang zwischen Wasserüberdruck auf das ganze Ventil und dem Druckverlust $h_u - h_o$ in demselben, d. h. der obige Integralwert für jedes Ventil durch Rechnung oder Versuch bestimmt werden muß. Er schlägt den Weg des Versuchs ein, wobei er wieder das Ventil aus der Pumpe herausnimmt und zwar aus folgenden Gründen: 1. Während eines Ventilspiels in der Pumpe kann der Wasserüberdruck um die Reibung des Ventils an der Führung größer oder kleiner sein, als die Ventilbelastung, wodurch die Genauigkeit der Angabe des Wasserdrucks leidet. 2. Beim Indizieren erhält man nur den mittleren Druckverlust während des ganzen Kolbenhubs und nicht den Druckverlust für einzelne Ventilstellungen. 3. Indikatormessungen lassen sich nicht mit genügender Genauigkeit (bis 0,1 m/W.-S.) durchführen.

Abb. 74.

Er baute das Ventil, wie bei den Ausflußversuchen, umgekehrt in die Bodenöffnung eines großen Wasserbehälters ein (vgl. Abb. 74 und 75), indem er durch Zupumpen den Wasserstand über dem Ventil, d. h. die Druckhöhe H auf der gewünschten Höhe hielt. Der Ventilteller wurde vermittels dreier Drähte an einer Federwage und einer doppelarmigen Hebelwage aufgehängt. Das Laufgewicht der Hebelwage sollte den größten Teil des Ventil- und Gestängegewichts ausgleichen. Die Federwage gestattete, den Wasserdruck unmittelbar abzulesen.

Ein Zeiger am längeren Arm der Hebelwage gab die Ventilbewegung 20fach vergrößert an. Die Ausdehnung des Gestänges berücksichtigte Klein durch Wahl eines schiefwinkligen Koordinatensystems bei der Aufzeichnung des Wasserdrucks und des Druckverlusts in bezug auf den Ventilhub.

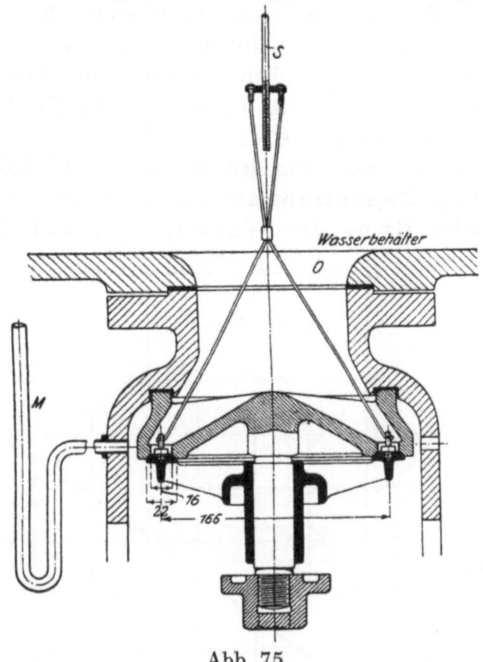

Abb. 75.

Infolge der umgekehrten Anordnung des Ventils bedeutet h_u, d. h. die Entfernung des Oberwasserspiegels vom Ventilteller, den Wasserdruck über und h_o denjenigen unter dem Ventil; h_o wurde etwa $= 1$ cm gehalten, indem das abfließende Wasser so gedrosselt wurde, daß der Ventilteller gerade noch unter Wasser war.

Aus der Kleinschen Abb. 76 ist zu ersehen, daß bei gleichbleibender Gefällshöhe

$$H = h_u - h_o = 1{,}1 \text{ m},$$

also bei gleichem Druckverlust im Ventil und gleicher Geschwindigkeit im Ventilaustrittsspalt, der Druck des Wassers auf das Ventil bei zunehmendem Hub ganz wesentlich, nämlich von 12,5 auf 5,5 kg sinkt. Auch hier fand Klein zwei Gleichgewichtszustände, von denen

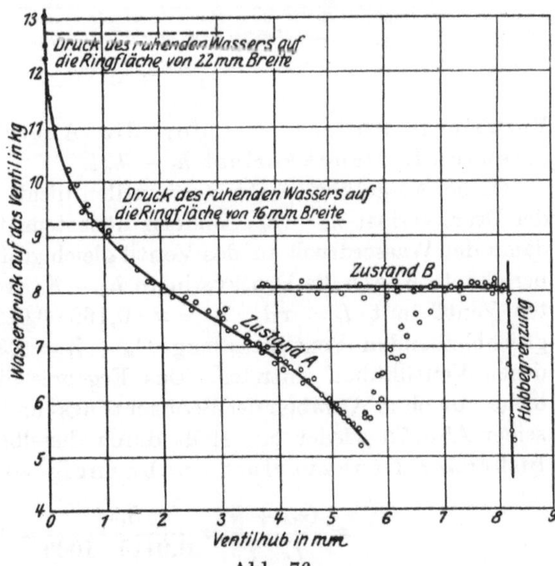

Abb. 76.

wieder zwischen 4 und 5,5 mm Hub bald der eine, bald der andere Zustand bestehen kann.

Bei einer anderen Versuchsreihe ließ Klein den Wasserstand von $h_u - h_o = 1,1$ allmählich bis 0,25 m sinken, während er das Ventil möglichst in der gleichen Stellung hielt. Das Ergebnis zeigt Abb. 77. Die leichte Krümmung der Linie, d. h. die Abweichung der Linie von der Geraden begründet er durch Entlastung und damit zusammenhängender Zusammenziehung des Gestänges und Näherung des Ventils gegen den Sitz. Er schließt aus diesen Versuchen, daß bei gleicher Ventilstellung der Wasserdruck auf das Ventil sich im selben

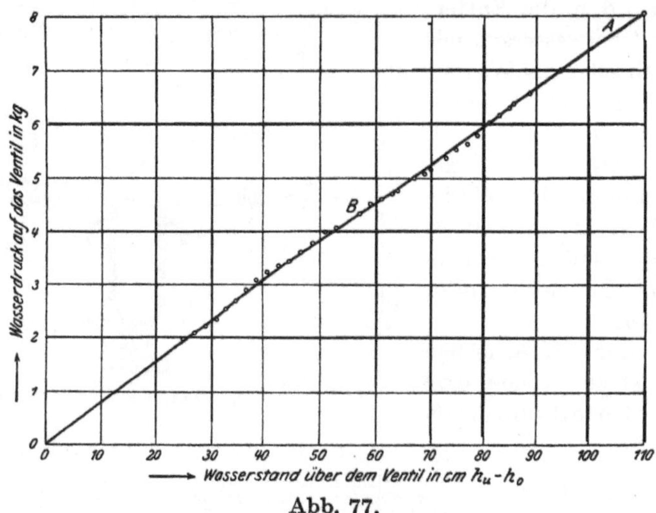

Abb. 77.

Verhältnis ändert, wie der die Austrittsgeschwindigkeit erzeugende Druckverlust $h_u - h_o$.

Da bei ausgeführten Pumpenventilen nicht, wie bei den Versuchen, der Druckverlust $h_u - h_o$, sondern höchstens die Ventilbelastung und damit der Wasserdruck auf das Ventil gleich groß gehalten werden kann, berechnete Klein die Druckverluste $h_u - h_o$, welche in dem untersuchten Ventil mit $f_r = \pi\, d_m \cdot \mathrm{b}_r = \pi \cdot 0{,}166 \cdot 0{,}022 = 0{,}0115$ qm bei der gleichbleibenden Ventilbelastung $G_w + \mathfrak{F} = 8{,}34$ kg und bei verschiedenen Ventilhüben eintreten. Das Ergebnis dieser Rechnung gibt er leider nur ohne Angaben der Beobachtungs- und der Rechnungswerte in seiner Abb. 78 wieder und stellt durch dieselbe fest, daß, „während bisher der Druckverlust unabhängig vom Ventilhub

$$= \frac{G_w + \mathfrak{F}}{f_r \cdot \gamma} = \frac{8{,}34}{0{,}0115 \cdot 1000} = 0{,}73 \text{ m}$$

angenommen wurde, durch die Versuche nachgewiesen werde, daß er sich mit dem Hub ganz wesentlich ändere" (bei 4 mm Hub betrage er 1,36 m, also nahezu das doppelte) und daß der Druckverlust für jede Ventilbauart durch Versuche zu bestimmen sein.

Diese Arbeit Kleins hat zu Auseinandersetzungen zwischen Berg und Klein geführt[47]), auf Grund welcher Berg schließlich seine erste Arbeit[42]), wie S. 121 und 122 ausgeführt, änderte, indem er die Gleichungen $f(h_u - h_o)\gamma = G_w + \mathfrak{F}$ und $c_{sp_a} = \sqrt{\dfrac{2g(G_w + \mathfrak{F})}{f\gamma}}$ ausschied und an Stelle der Ausflußziffer μ eine Berichtigungsziffer $\alpha : \sqrt{\zeta} = \mu_P$, sowie an Stelle von $\alpha\, c_{sp_a}$ das Produkt $\dfrac{\alpha}{\sqrt{\xi}}\sqrt{2gb}$ oder $\mu_P\sqrt{2gb}$ mit $b = \dfrac{G_w + \mathfrak{F}}{f \cdot \gamma}$ einführte.

Berg hält die Gleichung Wasserüberdruck auf das Ventil:

$$f(h_u - h_o)\gamma = G_w + \mathfrak{F}$$

aufrecht, will aber h_u als die vom Wasserstrom auf die Unterfläche des Ventils ausgeübte Gesamtkraft, geteilt durch die Ventilfäche, und unter $f(h_u - h_o)\gamma$ die resultierende Kraft verstanden haben, mit der der Wasserstrom das Ventil nach aufwärts drückt. Die Annahme Kleins, daß $h_u - h_o$ den Druckverlust im Ventil, d. h. den Unterschied der Flüssigkeitspressung des in den Ventilsitz eintretenden und des aus dem Ventilspalt austretenden Wasserstroms bedeute, muß mit Berg als unrichtig bezeichnet werden¹), ebenso wie die Unterstellung Kleins, daß nach Berg der Druckverlust im Ventil = der Ventilbelastung sei, mit letzteren als unzutreffend zurückzuweisen ist.

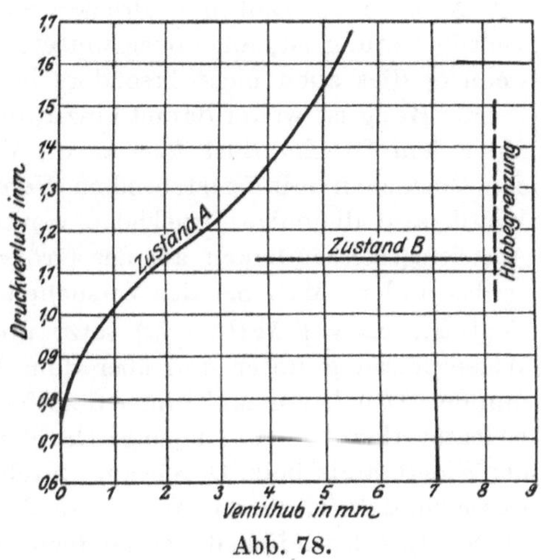

Abb. 78.

Schon im Jahre 1882[8]) hat Bach gezeigt und im Jahre 1884[26]) durch Versuche bewiesen (s. S. 13, sowie S. 33 u. f.), daß die im Ventilspalt auftretende Geschwindigkeit erzeugt wird 1. durch einen Teil derjenigen Geschwindigkeit, mit welcher das Wasser dem Ventil zuströmt und

¹) In der Erwiderung möchte Klein dann unter $h_u - h_o$ den „zur Erzeugung von Austrittsgeschwindigkeit aufzuwendenden Druckverlust" verstanden haben.

2. durch einen Teil des Druckunterschiedes $h_u - h_o$. Eine Berechnung der Belastung, welche nur den zweiten Teil in Betracht zieht, muß also unrichtige Werte ergeben. Die Gleichung $h_u - h_o = \frac{G_w + \mathfrak{F}}{f_r \cdot \gamma}$, worin h_u und h_o die Wasserpressung unter bzw. über dem Ventil bedeuten, kann somit, wenn das Wasser durch das Ventil strömt, nicht richtig sein. Bach fand für das Kegelventil mit ebener Unterfläche bereits 1884, daß „bei nahezu gleichbleibender Druckhöhe, die zum Ausströmen der Flüssigkeit durch das Ventil disponibel ist, die vom Wasserstrom auf das letztere ausgeübte und auf Offenhalten hinwirkende Kraft mit zunehmender Erhebung abnimmt", also das gleiche, was Klein für das Ringventil mit kegelförmiger Sitzfläche ermittelte. Bach stellt aber auch fest, daß bei kleinen Tellerventilen mit ebener Sitzfläche das Gegenteil stattfindet, vgl. Abb. 16 [1]). Daß der Druckverlust im Ventil nicht gleich der Ventilbelastung ist, folgt ohne weiteres aus dem, was Bach feststellte, wenn er dies auch nicht besonders hervorhob.

Mit Berg ist weiter darauf hinzuweisen, daß Klein in seiner Arbeit unter dem Druckverlust $h_u - h_o$ im Ventil das eine Mal, nämlich bei den Versuchen mit feststehendem Ventil, den Wasserstand über dem Ventil, also diejenige Druckhöhe versteht, welche zur Erzeugung der Austrittsgeschwindigkeit aus der Größe Null erforderlich ist, während er das andere Mal, bei den Versuchen mit in die Pumpe eingesetzten Ventilen, $c_{sp} = \sqrt{2g(h_u - h_o)}$ setzt und $h_u - h_o$ als Unterschied der Wasserpressung unter und über dem Ventil annimmt. Wenn Klein nun den Druck vor und hinter dem Ventil durch Indikatoren mißt, so bedeutet aber $h_u - h_o$ diejenige Druckhöhe, die außer zur Überwindung der Widerstände beim Durchgang durch das Ventil noch dazu dient, die Geschwindigkeit, die das Wasser an der Meßstelle unten bereits hat, in die Spaltgeschwindigkeit umzuändern. Die Geschwindigkeit des Wassers im Ventilsitz und ihren Einfluß auf die Größe der Spaltgeschwindigkeit vernachlässigt Klein, trotzdem dieselbe keineswegs immer so klein ist, daß man das tun darf. Auch die Vorstellung Kleins, auf Grund deren er das Integral entwickelt, muß mit Berg als irrtümlich bezeichnet werden, da die Kraft, welche der Wasserstrom durch seine Ablenkung durch die Ventilplatte auf diese ausübt, außer acht gelassen und nur der Unterschied der Flüssigkeitspressung unter und über dem Ventil berücksichtigt wird.

Weiter kann eine bei *B*, Abb. 72, S. 146, vorgenommene Druckmessung nicht den genauen Wert der unmittelbar unter dem Ventil herrschenden

[1]) Klein hat auch betont, daß die Abhängigkeit von Druckverlust und Ventilhub für jede Ventilart durch Versuche zu bestimmen sei.

Pressung ergeben. Auch die Wahl der Punkte C und D für Druckmessungen muß in erhöhtem Maß als schlecht bezeichnet werden. Ferner fehlen Angaben über die Größe des Verlustes in den Rohren R_2, R_3 und R_4. Weiter ist die Konstruktion der Ventilbelastungsfeder derart, daß $C = M_v \omega^2$ wird, um den unbequemen Einfluß des mit dem Ventilhub veränderlichen Teiles der Federbelastung und zugleich die Massenkraft des Ventil los zu werden, mit Berg als bedenklich zu bezeichnen, da die Beziehung $k_v = -\omega^2 h$ nur für konstantes μ_P gilt, was nicht der Fall ist, und da außerdem nicht nur die Masse des Ventils und eines Teils der Feder zu beschleunigen ist, sondern auch diejenige des vom Ventil hochgehobenen Wassers, welch letztere Masse nicht bekannt ist[1]). Weiter ist bei der Beurteilung der Versuche zu beachten, daß die ringförmige Öffnung oberhalb des Ventilsitzes durch die Aufhängevorrichtung verengt wird und daß die durch die Nachgiebigkeit und den toten Gang des Gestänges hervorgerufenen Fehler, deren Größe wegen der Undeutlichkeit in der Darstellung S. 148 nicht beurteilt werden kann, nicht durch die Wahl eines Koordinatensystems mit gleichbleibender Achsenneigung ausgleichbar ist.

Das Fehlen jeglichen Beobachtungsmaterials wurde bereits als unangenehmer Mangel bezeichnet.

Die Versuche Kleins bieten nur insofern neues, als durch sie die Ausflußziffer für ein feststehendes Ringventil mit kegeliger Sitzfläche ermittelt und für dieses Ventil bezüglich des Wasserdrucks auf das Ventil und damit auch des Druckverlustes im Ventil das bestätigt wurde, was Bach für ein kleines Kegelventil mit ebener Unterfläche schon 1884 fand. Dabei ist aber im Auge zu behalten, daß die Versuchseinrichtungen sowie die Versuchsdurchführung und damit die Versuchsergebnisse mit ernstlichen Mängeln behaftet sind und daß vor allem das, was Klein unter Druckverlust im Ventil versteht, nicht der wirkliche Druckverlust ist.

In den den Kleinschen Arbeiten folgenden Auseinandersetzungen greift Klein ferner die auf der Hubhöhe des Ventils bei Kolbenumkehr beruhende Ventilberechnung von Berg an, mit der Begründung, daß der Ventilhub im toten Punkt außerordentlich klein sei und sich dazu noch rasch ändere, wodurch eine genaue Messung der Rechnungsgrundlage sehr erschwert würde, sowie, daß eine nur wenig verspätete Anzeige des den Ventilhub aufschreibenden Indikators erheblich unrichtige Angaben bedinge. Er weist weiter darauf hin, daß die den Bergschen Berechnungen zugrunde gelegten, bei den Versuchen 1, 13 und 14 gemessenen Hubhöhen im toten Punkt von 0,24, 0,25 und 0,22 mm, um

[1]) Mit Änderung von ω wurde nach den Angaben in den Auseinandersetzungen auch die Feder geändert.

+ 0,09 bzw. — 0,01 bzw. — 0,13 mm, also bis zu 59%, von den berechneten Ventilhüben im toten Punkt abweichen würden und zeigt damit, auf welch ungenauen Messungen Berg seine Ventilberechnung begründe.

Die ersteren Einwände sind, wie wir später sehen werden, begründet; die Hervorhebung des großen Unterschiedes zwischen Rechnungs- und Versuchswert ist nicht einwandfrei, da ja die Gleichung zur Berechnung des Ventilhubs im toten Punkt auch nicht vollkommen ist.

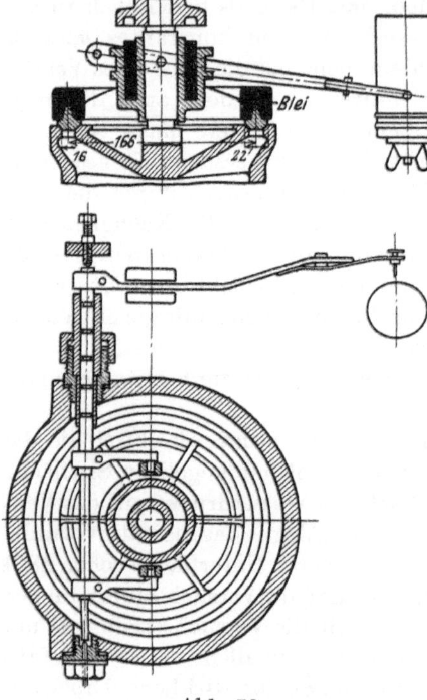

Abb. 79.

Das Urteil über die Brauchbarkeit seines Rechnungsverfahrens überläßt Berg dem Urteil der Fachgenossen.

c. Versuche Kleins aus den Jahren 1907 und 1908[48, 49 u. 50]).

Die erste dieser Arbeiten handelt von Versuchen, die Klein mit einem in einer Differentialpumpe als Druckventil arbeitenden Ringventil von 166 mm mittlerem Durchmesser mit kegelförmiger Sitzfläche von 45° Neigung und 16 auf 22 mm Ringbreite (vgl. Abb. 79) durchführte, um „zur Erkenntnis der bei verschiedenen Umdrehungen und Ventilbelastungen zulässigen Ventilhübe und Ventilschlußgeschwindigkeiten, zur Bestimmung der Ausflußziffer, sowie zur Berechnung der Ringventilabmessungen beizutragen".

Die Untersuchung erfolgte bei Ventilhüben von 2 bis 11 mm und bei 57 bis 199 Umdrehungen der Pumpe, sowie bei viererlei Ventilbelastungen[1]) und viererlei Kolbenhüben (300, 250, 200 und 150 mm). Dabei wurden zu jeder Ventilbelastung (durch Gewichte erzeugt) die vier Kolbenhübe der Reihe nach eingestellt, die Bewegung des Ventils durch Abnahme von normalen und versetzten Ventilerhebungsdiagrammen[2])

[1]) Ventilgewicht G_w im Wasser, einschließlich Bleibelastungsgewichte und Hebelgewicht: $G_w + R = 3{,}77 \pm 0{,}37$; $6{,}07 \pm 0{,}37$; $7{,}23 \pm 0{,}37$ und $8{,}16 \pm 0{,}37$ kg, wobei $R = 0{,}37$ kg der Reibungsanteil.

[2]) Ob der Antrieb der Indikatoren genau proportional den Kolbenwegen erfolgte, läßt die Abb. 80 nicht mit Sicherheit erkennen.

und das Schließgeräusch bei den verschiedenen Umdrehungen beobachtet. Die Pumpe förderte hierbei das Wasser in einen Hochbehälter bei einem Druck im Windkessel von 2,6 bis 2,7 Atm. Saughöhe etwa 3 m.

Die erhaltenen Ventilerhebungsdiagramme, vgl. z. B. Abb. 81 und 82, lassen durchweg erkennen, daß das Ventil erst nach Durchlaufen der vorderen Totlage öffnet — „es wird aufgestoßen, fliegt zu hoch, fällt wieder zurück, pendelt um den Gleichgewichtszustand, beruhigt sich aber, ehe der Ventilschluß erfolgt" — und daß es erst nach der hinteren Totlage schließt[1]).

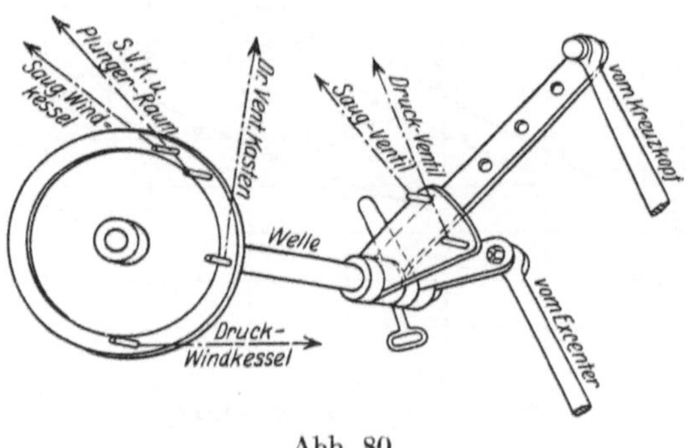

Abb. 80.

Klein bestimmte nun zunächst die tatsächliche Ventilgeschwindigkeit v_s' im Augenblick des Schlusses aus den versetzten Ventildiagrammen aus der Beziehung

$$v_s' = \frac{1}{5} \cdot \frac{u_t \operatorname{tg} \beta}{1 - \operatorname{tg} \beta \cdot \operatorname{tg} \gamma},$$

worin

u_t die Geschwindigkeit der Papiertrommel im Augenblick des Ventilschlusses,

β den Winkel, den die Ventilschlußlinie im Augenblick des Ventilschlusses mit der Richtung der Papierbewegung, und

γ den Winkel, den der Schreibhebel in diesem Augenblick mit der Richtung der Papierbewegung bildet (= 8°), bedeutet.

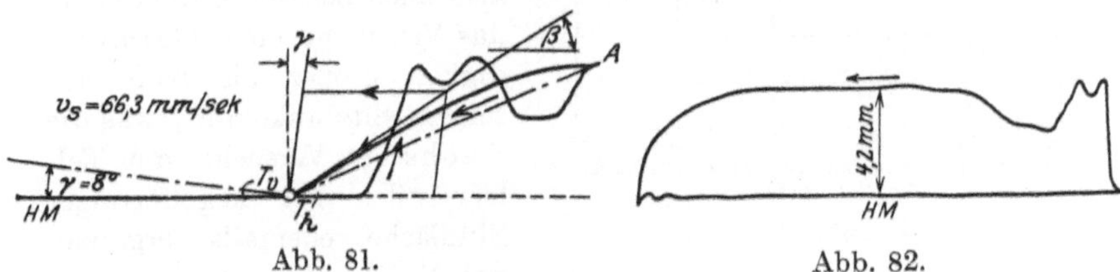

Abb. 81. Abb. 82.

Nach früherer Erkenntnis ist bei konstanter Ausflußziffer und Spaltgeschwindigkeit die Ventilhublinie eine Sinuslinie, die Linie der Ventilgeschwindigkeit eine Kosinuslinie und die größte theoretische Ventilgeschwindigkeit beim Schließen $v_s = h_{\max} \omega$ (vgl. Müller, S. 101), die

[1]) Die Totpunktslagen wurden bei stillstehender Pumpe mit Hilfe einer auf den Pleuelstangenkopf aufgesetzten Wasserwage bestimmt.

wirkliche Ventilschlußgeschwindigkeit v_s' wird nun nicht $= v_s$ sein, da zum mindesten μ nicht konstant ist, und so setzt Klein:

$$v_s' = \varrho\, v_s = \varrho \frac{\pi n}{30} h_{\max},$$

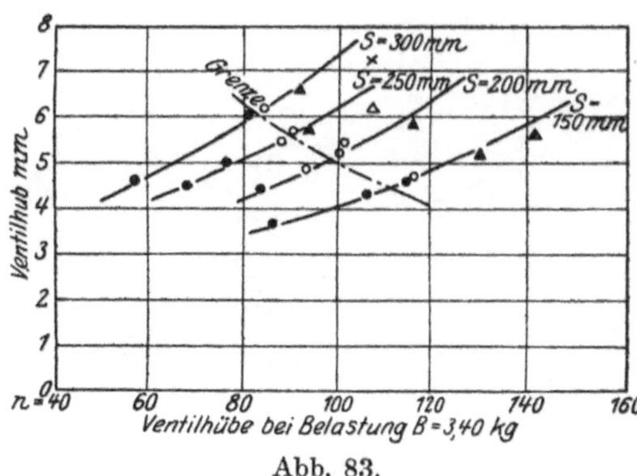

Abb. 83.

worin ϱ angeben soll, wieviel mal so groß die tatsächliche Schlußgeschwindigkeit ist als die der einfachen Sinusbewegung entsprechende.

Er zeichnet dann weiter für die 4 angegebenen Belastungen den Ventilhub, bezogen auf die Umdrehungszahl, in 4 Kurventafeln jeweils für die vier verschiedenen Kolbenhübe ein unter Angabe des Verhaltens des Ventils beim Schluß für jeden einzelnen Kurvenpunkt (vgl. z. B. Abb. 83 für die Belastung 3,40 kg) und hob in diesen Tafeln die Grenzen des sehr guten Ganges besonders hervor. Dabei fand er zunächst, daß bei gleicher Ventilbelastung und gleichem Kolbenhub mit Steigerung der Umdrehungszahl der Ventilhub und der Ventilschlag ebenso der Eröffnungsstoß zunehmen, daß ferner in den versetzten Ventildiagrammen die Schlußlinien nicht tangential an die Horizontale anschließen, daß also auch bei sehr gutem Gang das Ventil mit einer Geschwindigkeit größer als Null auf seinem Sitz ankommt, was die Bachschen Versuche mit Tellerventilen bei kegelförmiger Sitzfläche ebenfalls ergaben, vgl. S. 57 u. f.

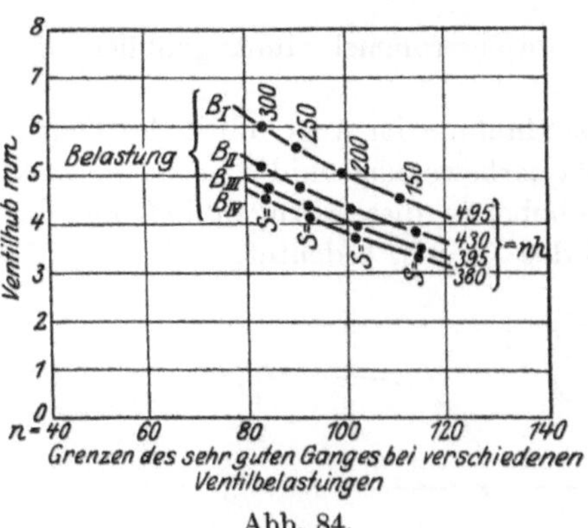

Abb. 84.

Durch Aufzeichnung des Ventilhubes bezogen auf die Umdrehungszahl für die 4 verschiedenen Belastungen und Kolbenhübe an der Grenze des sehr guten Ganges (vgl. Abb. 84 und Zahlentafel 5) zeigt Klein, daß diese Grenze für gleiche Kolbenhübe bei annähernd gleichen Umdrehungszahlen liegen, wenn auch die Ventilbelastungen und damit die Ventilhübe in den untersuchten Grenzen wechseln. Er zeigt ferner, daß bei gleicher Ventilbelastung, aber

Zahlentafel 5.

Ventil-belastung kg $G_w \pm R$	Kolben-hub s mm	Ventil-hub h mm	Um-drehungs-zahl n	Ventilschlußgeschwindigkeit in mm/sk berechnet aus $v_s = \frac{\pi}{30} n h$	Ventilschlußgeschwindigkeit in mm/sk gemessen aus dem Diagramm v_s'	$\varrho = \frac{v_s'}{v_s}$	$n \cdot h$	$\mu \sqrt{\varkappa}$ berechnet aus $\mu \sqrt{\varkappa} = 0{,}00056 \frac{s \cdot n}{h_{max} \sqrt{G_w \pm R}}$	$\mu \sqrt{\varkappa}$ berechnet aus den am ruhenden Ventil gefundenen μ_H und $\varkappa$-Werten.	$n^2 \cdot s$
3,77 ± 0,37	300	6	81	51	84	1,6	490	1,12	1,12	1 968 300
	250	5,5	89	51	83	1,6	490	1,11	1,06	1 980 250
	200	5,1	99	53	85	1,6	500	1,07	1,03	1 960 200
	150	4,5	111	52	82	1,6	500	1,02	1,00	1 848 150
6,07 ± 0,37	300	5,1	84	45	73	1,6	430	1,09	1,03	2 116 800
	250	4,7	88,4	44	70	1,6	420	1,03	1,01	1 953 640
	200	4,3	101	45	69	1,5	430	1,03	0,99	2 040 200
	150	3,8	114	45	69	1,5	430	0,99	0,97	1 949 400
7,23 ± 0,37	300	4,6	84	41	68	1,7	390	1,09	1,00	2 116 800
	250	4,3	91,2	41	67	1,6	390	1,08	0,99	2 079 360
	200	3,9	101,8	42	67	1,6	400	1,06	0,97	2 072 648
	150	3,5	114,8	42	66	1,6	400	1,00	0,97	2 075 850
8,16 ± 0,37	300	4,5	84	40	65	1,6	380	1,07	1,00	2 116 800
	250	4,1	91	39	66	1,7	370	1,06	0,99	2 070 250
	200	3,7	102	39	62	1,6	380	1,06	0,97	2 080 800
	150	3,3	114	39	62	1,6	380	0,99	0,96	1 949 400

verschiedenen Kolbenhüben, Umdrehungszahlen und Ventilhüben das Produkt aus Ventilhub und Umdrehungszahl annähernd gleich groß bleibt. Außerdem findet er aus den versetzten Diagrammen, daß an der Grenze des sehr guten Ganges, also bei gleich geringem Ventilschlag, die Ventilschlußgeschwindigkeit v_s' bei gleicher Ventilbelastung nahezu gleich groß und daß der Wert ϱ konstant $= 1{,}6$ ist. Die tatsächliche Schlußgeschwindigkeit soll damit nach Klein für ähnliche Ventile mit ähnlichen Massenverhältnissen sich aus dem Ventilhub und der Umdrehungszahl rechnen lassen gemäß

$$v_s' = 1{,}6 \frac{\pi n}{30} \cdot h_{\max} .$$

Die zulässige Ventilschlußgeschwindigkeit v_s' schwankte zwischen 62 und 84 mm/sk bei Ventilbelastungen zwischen 8,16 und 3,77 kg.

Auch Klein nimmt an, daß am Ventilschlußstoß außer der Ventilmasse noch die über und unter dem Ventil stehende Wassermasse teilnimmt. Er zeichnet für die Grenze des sehr guten Ganges zu den Ventilgewichten als Abszissen die Quadrate der Ventilschlußgeschwindigkeiten als Ordinaten auf und gibt an, daß man sich aus dem Umstand, daß die Punkte auf einer gleichseitigen Hyperbel liegen, deren Ursprung sich um das Maß des Gewichts der über dem Ventilring lastenden Wassersäule links vom Koordinatenursprung befindet, ein Bild machen könne von der Größe des Wasserstoßes, wenn man sich vorstelle, daß am Schlußstoß nur die senkrecht über dem Ventilring stehende Wassermasse mit der Ventilgeschwindigkeit teilnehme. Weiter schließt er aus seinen Versuchen, daß auch andere Ventile ähnliche Schlußgeschwindigkeiten vertragen, zumal er für das Bach-Bergsche Tellerventil bei sehr gutem Gang auch $v_s' = 70$ mm/sk errechnete, spricht aber aus, daß nur weitere Versuche mit anderen Ventilen Klarheit schaffen könnten.

Bei der Belastung $(6{,}07 \pm 0{,}37$ kg$)$, die einen in der Praxis üblichen Druckverlust im Ventil von etwa 1 m W.-S. ergibt, ist nach Klein $v_s' = 70$ mm/sk und $n \cdot h_{\max} = 420$. Nach seinem Vorschlag kann man somit für Ventile, die dem untersuchten ähnlich sind, den zulässigen Ventilhub für jede Umdrehungszahl rechnen aus der Beziehung

$$n \cdot h_{\max} = 400 \text{ bis } 450.$$

Die Abhängigkeit des Ventilhubs von der Ventilbelastung und der durch das Ventil strömenden Wassermenge bestimmt Klein wie folgt. Je größer die Belastung einschl. Eigengewicht des Ventils, um so größer muß der Überdruck $h_u - h_o$ unter dem Ventil werden, ehe es sich öffnet, um so größer wird die durch diesen Überdruck erzeugte Spaltgeschwindigkeit

$$c_{sp} = \varphi \sqrt{2g(h_u - h_o)},$$

und um so kleiner wird der Austrittsquerschnitt und damit h.

Das Ventil wird sich zu heben beginnen sobald $f'(h_u - h_o)\gamma = G_w$, worin f' die vom Wasser gedrückte Ventilunterfläche ist. Sobald aber das Ventil geöffnet ist, das Wasser an ihm entlang strömt und ein Teil der Pressung in Geschwindigkeit umgesetzt ist, wird der Druck auf das Ventil gemäß den früheren Versuchen kleiner als $f'(h_u - h_o)\gamma$, und zwar um so kleiner, je größer h. Der Wasserdruck auf das Ventil wird jetzt $\frac{1}{\varkappa} f'(h_u - h_o)\gamma = G_w$ und damit der Druckunterschied unter- und oberhalb der Ventilplatte

$$h_u - h_o = \varkappa \frac{G_w}{f' \cdot \gamma}$$

und die Wasseraustrittsgeschwindigkeit

$$c_{sp} = \varphi \sqrt{2g(h_u - h_o)} = \varphi \sqrt{2g} \sqrt{\varkappa \frac{G_w}{f' \cdot \gamma}}.$$

Da das vom Kolben geförderte Wasser durch den Spalt gehen muß, muß sein

$$F \cdot u \cdot dt = \mu \cdot \text{Ventilspalt} \sqrt{2g \frac{\varkappa \cdot G_w}{f' \cdot \gamma}}\, dt = \mu \sqrt{\varkappa} \sqrt{\frac{2g\,G_w}{f'\gamma}} \cdot \text{Ventilspalt} \cdot dt.$$

μ ist in dieser Gleichung $= \alpha\varphi$. und $\varkappa$ — von Klein Druckziffer genannt — gibt an, wieviel mal so groß der Druckunterschied $h_u - h_o$, also der in Geschwindigkeit sich umsetzende Druckverlust, ist als die auf die Ventilfläche f' gleichmäßig verteilte Belastung.

Aus seinen früheren Versuchen — vgl. S. 151, Abb. 78, bzw. aus diesen Versuchen, vgl. S. 160 und Zahlentafel 6 — gibt Klein für

$h =$ 1	2	3	4	5	mm
$\varkappa =$ 1,06	1,14	1,24	1,37	1,55	
$\mu =$ 0,83	0,87	0,85	0,83	0,82,	

dabei rechnet er die vom Wasser gedrückte Fläche f' bis an die Stellen, an welchen der Druckunterschied $h_u - h_o$ in Geschwindigkeit umgesetzt ist, und das soll nach seiner Ansicht an dem untersuchten Ventil bei Hüben größer als 2 mm die auf 16 mm abgeschrägte Ringfläche sein, die bei kleineren Hüben allmählich in die Ringfläche von 22 mm Breite übergehe. Da bei Pumpen meist Hübe größer als 2 mm eintreten, legt Klein seinen Betrachtungen die Fläche von 16 mm, also f_1, zugrunde.

In Abb. 85 entspricht die ausgezogene $\varkappa$-Linie den früheren Versuchsergebnissen. Die Linie ergänzt von 2 bis 0 mm, nach dem Gesetz, das sie von 2 mm aufwärts befolgt, gibt für $h = 0 : \varkappa = 1$.

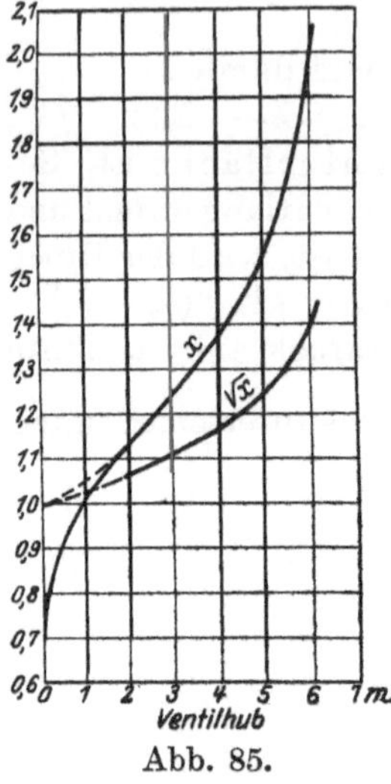

Abb. 85.

Bei dieser Gelegenheit bestimmt Klein nochmals die Ausflußziffer μ_H auf ähnliche Weise wie bei seinen früheren Versuchen. Das Ventil war wieder um 180° gedreht, es öffnete sich also nach unten; es soll aber besonders sorgfältig aufgeschliffen und die Meßeinrichtung verbessert worden sein. Insbesondere wurde eine neue Einrichtung zur genauen Messung des Ventilhubs geschaffen. Die Zahlentafel 6 auf folgender Seite enthält die neuen μ_H-Werte, die auch in die Taf. II eingezeichnet sind. Die Abbildung läßt den etwas anderen Verlauf der μ_H-Linie erkennen. Bei den kleinen Hüben bis 4 mm sind die μ_H-Werte durchweg etwas größer; der Größtwert liegt bei $h \cong 1{,}5$ mm.

Zu beachten ist dabei, daß die Werte von $\varkappa$ und μ_H am ruhenden Ventil gefunden wurden. Im Hinblick darauf, daß für Kolbenhubmitte das Ventil in Ruhe ist (keine nennenswerte Beschleunigung erfährt) und daß für diesen Augenblick die vom Kolben gelieferte Wassermenge gleich der durch den Spalt gehenden Wassermenge ist, sowie daß dabei der Wasserdruck auf das Ventil fast nur zur Überwindung der Ventilbelastung und der Reibung des Ventils an seiner Führung verwendet wird, d. h. daß

$$\frac{\pi D^2}{4} \cdot \frac{\pi s \cdot n}{60} dt = \mu \cdot 2 \pi d_m h_{\max} \cdot \sin 45° \sqrt{2 g (h_u - h_o)}\, dt$$

und $h_u - h_o = \varkappa \dfrac{G_w}{f_1 \gamma}$ ist, stellt Klein die Beziehung auf:

$$\mu \sqrt{\varkappa} = \frac{s \cdot n}{h_{\max} \sqrt{G_w \pm R}} \cdot \frac{\frac{\pi D^2}{4} \cdot \frac{\pi}{60}}{2 \pi d_m \sin 45° \sqrt{\frac{2 g}{f_1}}} = 0{,}00056 \frac{s n}{h_{\max} \sqrt{G_w \pm R}}.$$

Nach dieser Gleichung berechnet er dann zu den am arbeitenden Ventil gemessenen Werten von s, n und $h_{\max}$ den Wert $\mu \sqrt{\varkappa}$ und stellt denselben dem für das ruhende Ventil durch Versuch gefundenen Wert $\mu_H \sqrt{\varkappa}$ gegenüber, siehe Zahlentafel 5, S. 157. Da die Übereinstimmung befriedigend ist (Abweichung 0 bis 9%, im Mittel 5%) hält Klein den Beweis für erbracht, daß die für das ruhende Ventil gefundenen Werte der Ausfluß- und Druckziffer auch für das in der Pumpe arbeitende Ventil gelten. Daß die am bewegten Ventil durch Rechnung gefundenen Werte durchweg etwas größer sind, begründet Klein durch die Reibung des Ventils in der Führung.

Zahlentafel 6.

Ventilhub h mm	Wassermenge Liter	Zeit sk	Wassermenge bei 1,1 m Druckhöhe Liter/sk	Ausflußziffer μ_H
0,02	0,314	63	0,005	0,07
0,04	1,79	90	0,020	0,13
0,11	50	255	0,196	0,52
0,20	83	200	0,415	0,61
0,22	120	244	0,491	0,65
0,28	137	200	0,685	0,70
0,37	140	153	0,915	0,71
0,40	130	135	0,963	0,71
0,46	93	80	1,160	0,73
0,55	142	100	1,420	0,75
0,57	130	87	1,492	0,76
0,64	167,5	100	1,675	0,77
0,72	90	47	1,915	0,77
0,75	140	70,4	1,990	0,78
0,92	120	47	2,560	0,81
1,02	400	139	2,880	0,82
1,20	600	171	3,510	0,85
1,37	750	185	4,080	0,87
1,64	750	154	4,870	0,86
1,90	900	158	5,660	0,87
2,25	1000	150	6,630	0,86
2,78	1000	121,6	8,230	0,86
2,78	1200	147,6	8,140	0,85
3,31	1500	157,4	9,520	0,84
3,86	1500	137	10,960	0,83
4,39	1800	142,8	12,580	0,83

Schließlich gründet Klein auf diese Ergebnisse folgende Ventilberechnung:

Man wählt $h_u - h_o = 1$ m und erhält nach Wahl der Umdrehungszahl n den Ventilhub $h_{\max}$ aus $h_{\max} = \frac{400}{n}$. Der mittlere Ringdurchmesser ergibt sich aus der Beziehung

$$\mu_H \, 2\pi d_m h_{\max} \cdot \sin 45^\circ \sqrt{2g(h_u - h_o)} = \frac{\pi Q}{\eta_v \cdot \mathfrak{z}}$$

$$\text{zu } d_m = \frac{\dfrac{Q}{\eta_v \cdot \mathfrak{z}}}{2 \mu_H h_{\max} \cdot \sin 45^\circ \sqrt{2g(h_u - h_o)}},$$

worin η_v der volumetrische Wirkungsgrad und $\mathfrak{z}$ die Zahl der Plunger. Wird d_m für einen Ring zu groß, so wählt man entweder mehrere einringige oder aber mehrringige Ventile. d_m ist dann $= \sum d_m$. Breite b_1 der ringförmigen Sitzöffnung ist so zu wählen, daß die Geschwindigkeit in dieser Öffnung = 1 m/sk wird. Damit im Betrieb die gewählten $h_{\max}$ und $h_u - h_o$ sich einstellen, muß $G_w \pm R = \frac{1}{\varkappa}(h_u - h_o) f_1 \gamma$ und $f_1 = \pi d_m b_1$ werden.

μ_H und $\varkappa$ können nach Klein für dem Versuchsventil ähnliche Ventile aus seinen Schaulinien entnommen werden. Ähnlich verhalten sich nach seiner Ansicht alle einringigen Ventile mit 45° Sitzflächenneigung und 16 auf 22 mm Ringbreite. Für andere Ventile müsse die Abhängigkeit von μ_H und $\varkappa$ erst durch den Versuch festgestellt werden.

Dahme[1]) folgert aus der Gleichung

$$h_{\max} = \frac{F r \omega}{\alpha l c_{sp_a}} = \frac{F \pi}{60 \alpha c_{sp_a} l} s \cdot n \quad \text{oder} \quad h_{\max} \cdot n = \text{const} \cdot n^2 s,$$

gemäß welcher für gleiche Spaltgeschwindigkeit, also gleiche Belastung und gleiche Spaltkontraktion, bei derselben Pumpe der größte Ventilhub proportional dem Produkt aus Hub und Umdrehungszahl ist, das Bachsche Gesetz $n^2 s = \text{const}$ auch mit Klein wie folgt gelesen werden könne: „An der Grenze stoßfreien Ventilschlusses ist bei gleicher Ventilbelastung das Produkt aus Umdrehungszahl und größter Ventilerhebung konstant“, also $n \cdot h_{\max} = \text{const}$. Den Zusammenhang seines Ergebnisses ($n h_{\max} = \text{const}$) mit dem Bachschen Gesetz hat Klein allerdings nicht erkannt. Dahme hält den Zusammenhang dadurch für bewiesen, daß sich bei den Kleinschen Versuchen das Produkt $n^2 s$ bei gleicher Ventilbelastung mit „ausreichender“ Genauigkeit als konstant ergäbe. Die Abweichungen sind aber, wie die Zahlentafel 5, S. 157, erkennen läßt, zum Teil ziemlich bedeutend[2]).

In seiner zweiten Arbeit 1908[49]) ergänzte Klein die Versuche zur Bestimmung von μ_H und $\varkappa$. Zunächst vervollständigte er die Versuchseinrichtung durch Ausführung eines Differenzindikators zur Messung des Unterschieds der Drücke unter und über dem Ventil an dem in der Pumpe arbeitenden Ventil. Außerdem gelang es ihm, die Ausflußziffer μ_H und die Druckziffer $\varkappa$ unabhängig voneinander am arbeitenden Ventil festzustellen.

---

[1]) Vgl. Lit.-Verz. 43, S. 99.

[2]) Die Schlußfolgerung Dahmes wäre nur richtig, wenn h u. Q proportional wären; das ist aber nicht der Fall, wie die $Q \cdot h$-Linien nach den Versuchen von Berg, S. 230 und 231, die keine geraden Linien sind, zeigen.

Dieses Mal untersuchte er

1. Ein Ringventil von denselben Hauptabmessungen wie das früher benützte, das aber an Stelle der Hülsenführung und Gewichtsbelastung eine reibungsfrei arbeitende Führung und Federbelastung besaß, vgl. Abb. 86a.

2. Ein ähnlich belastetes und geführtes Ventil mit breiterem Ring und ebener Sitzfläche nach Abb. 86b; $d_m = 158$ mm; Ringbreite $b_r = 30$ mm, freie Sitzöffnungsbreite $b_1 = 24$ mm.

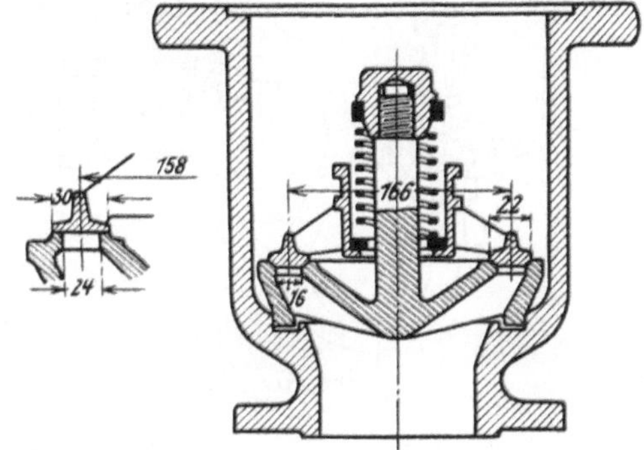

Abb. 86a und 86b.

Führung und Belastung erfolgte durch eine aus einem Hohlzylinder geschnittene doppelgängige Feder, die oben in der Mutter und unten im Ventilring gut eingepaßt war. Klein ermittelte für den Zeitpunkt der Plungerhubmitte:

1. die aus dem Ventil fließende Wassermenge, die für diesen Augenblick gleich der vom Kolben geförderten ist, weil das Ventil zu dieser Zeit in Ruhe bleibt, aus

$$dQ = \frac{\pi D^2}{4} \cdot \frac{\pi s \cdot n}{60} dt.$$

2. Den Austrittsquerschnitt des Ringventils $= 2\pi d_m h \cdot \sin a$, worin $d_m = 0{,}166$ m bzw. $0{,}158$ m und $a = 45°$ bzw. $90°$, und h mit Hilfe des normalen und des versetzten Ventilerhebungsdiagramms ganz entsprechend wie früher bestimmt wurde.

3. Den Druckunterschied $h_u' - h_o'$ mit Hilfe des Differenzindikators nach Abb. 87[1]). Den tatsächlichen Druckunterschied $h_u - h_o$ errechnet Klein dann zu $H_v = h_u - h_o = h_u' - h_o' + \frac{c_u'^2 - c_o'^2}{2g}$, wobei c_u' und c_o' die Wassergeschwindigkeit an der Meßstelle unter bzw. über dem Ventil bedeutet.

4. Den Druck des Wassers auf das Ventil, wobei Klein, da das Ventil in der betrachteten Stellung nennenswerte Beschleunigungen und Ver-

[1]) Bei geöffnetem oberen und in Stellung I gedrehtem unteren Hahn wird Druck h_o' sowohl über als unter dem Indikatorkolben herrschen und die dieser Pressung entsprechende h_o'-Linie geschrieben. Kommt der untere Hahn in Stellung II, so entsteht unter dem Indikatorkolben h_u. Der Druck über dem Kolben bleibt derselbe wie vorher. Der Schreibstift schreibt die h_u'-Linie. Bei geöffnetem Druckventil ist $h_u' > h_o'$. Der Schreibstift geht um den gesuchten Wert $h_u' - h_o'$ in die Höhe.

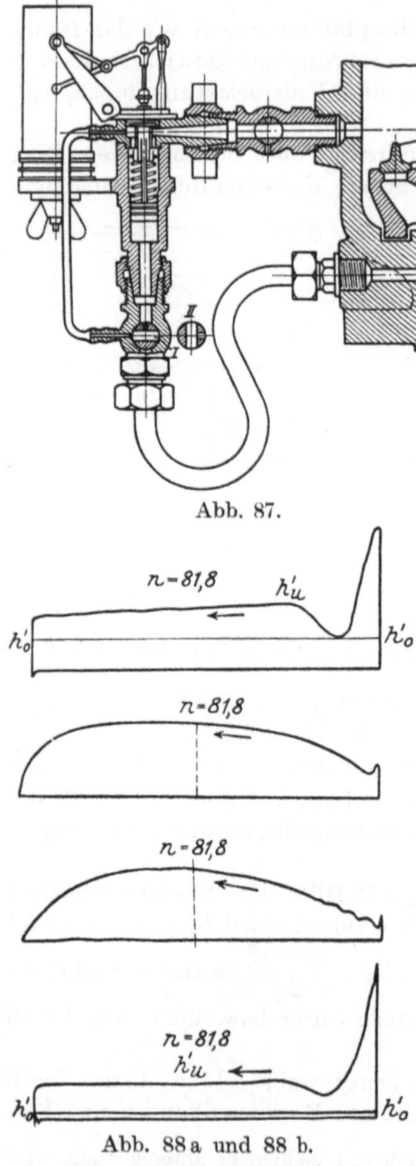

Abb. 87.

Abb. 88 a und 88 b.

zögerungen nicht erfährt, vgl. S. 160, den auf den Ventilring nach oben wirkenden Wasserdruck gleich dem nach abwärts wirkenden Ringgewicht unter Wasser G_w + Federdruck $\mathfrak{F}_{max}$ annimmt. Durch Eichung ermittelte er dann für verschiedene Ventilstellungen die Größe des um die Federbelastung vermehrten Eigengewichts. Dabei wurde der Ventilhub gemessen wie beim Versuch. Diese Eichung ergab als Gesamtbelastung für den schmalen kegelförmigen Ventilring

$$G_{w_2} + \mathfrak{F}_2 = 8{,}0 + 306\,h \pm 0{,}06 \text{ kg},$$

für den breiteren ebensitzigen Ventilring

$$G_w + \mathfrak{F}_1 = 15{,}0 + 980\,h \pm 0{,}05 \text{ kg}^{1)}.$$

Die Pumpe konnte bei den Versuchen mit verschiedenen Umdrehungszahlen bei gleichem Kolbenhub (299 mm) und damit verschiedenen Ventilhüben betrieben werden. Die Saughöhe wurde auf 1,2 m und die Druckhöhe auf 26 m gehalten. Außer den Ventilerhebungsdiagrammen wurden normale Pumpendiagramme abgenommen und der Druckunterschied am Differenzindikator abgelesen.

Die Diagramme zeigen dieses Mal, daß das Ventil nach dem Eröffnungsstoß sich bald beruhigt, langsam ansteigt, bis es zur Zeit der Plungerhubmitte nahezu seinen höchsten Stand erreicht und sich dann allmählich dem Sitz nähert, vgl. z. B. Abb. 88a und 88b. Die

[1]) h in m. Das letzte Glied rührt her von der Reibung in den Rollen der Aufhängevorrichtung zum Eichen.

Zunahme des zur Zeit der Plungerhubmitte sich einstellenden Ventilhubs mit der Umdrehungszahl, also auch mit der geförderten Wassermenge, für beide Ventile zeigt die Zahlentafel 7.

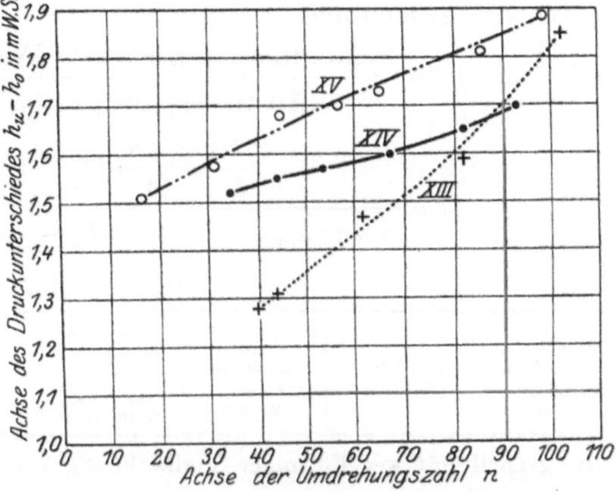

Abb. 89a. Druckaufwand im Ventil.

Linie *XIII*. Kegel-Ringventil Klein $d_m = 166$ mm.
Linie *XIV*. Ringventil Klein ebensitzig $d_m = 158$ mm.
Linie *XV*. Kegel-Ringventil Klein $d_m = 158$ m.

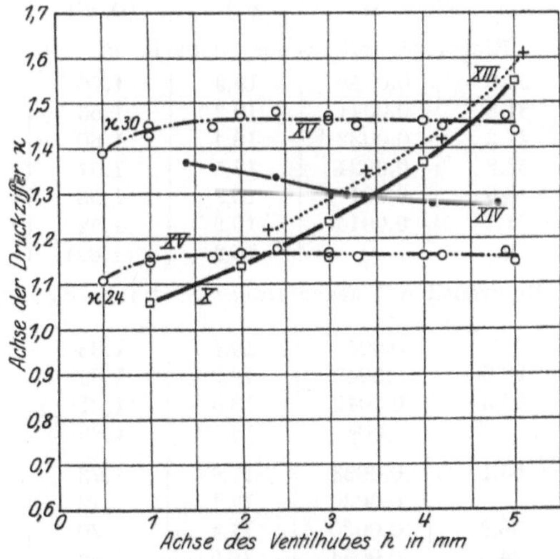

Abb. 89b. Druckziffer $\varkappa$.

Linie *X*. Kegel-Ringventil $d_m = 166$ (1905 und 1907).
Linie *XIII*. Kegel-Ringventil $d_m = 166$ mm.
Linie *XIV*. Ringventil ebensitzig $d_m = 158$ mm.
Linie *XV*. Kegel-Ringventil $d_m = 158$ mm.

Die Druckdifferenzdiagramme, z. B. Abb. 88a und 88b, zeigen für den Augenblick der Ventileröffnung durchweg einen größeren, im weiteren Verlauf aber einen ziemlich gleich groß bleibenden Druckunterschied $h'_u - h'_o$. Die Druckunterschiede

$$h_u - h_o = h'_u - h'_o + \frac{c'^2_u - c'^2_o}{2g}$$

sind ebenfalls in der genannten Zahlentafel 7 enthalten und für beide Ventile in Abhängigkeit von n in Abb. 89a, aufgezeichnet. Diese Kleinschen Kurven und Zahlen zeigen abermals, daß die Wasserbewegung in den beiden Ventilen wesentlich verschieden ist, daß innerhalb der Versuchsgrenzen der Hub des Ventils mit ebener Sitzfläche schneller (vgl. auch Bach, S. 57), der Druckverlust wesentlich langsamer zunimmt als beim Ventil mit kegelförmiger Sitzfläche. Dabei ist aber im Auge zu behalten, daß wegen der verschiedenen Ringbreiten und Belastungen der beiden Ventile ein Vergleich der absoluten Größen von Ventilhub und Druckverlust unzulässig ist. Einen solchen gestatten aber die Ausfluß- und Druckziffer, die Klein zu diesem Zweck errechnete, vgl. Zahlentafel 7, und in Abhängigkeit vom Ventilhub graphisch darstellte, vgl. die μ-Linien XIII und XIV in Tafel II bzw. die betr. $\varkappa$-Linien in Abb. 89b. Er bestimmte dabei μ aus der Gleichung

$$\mu = \frac{\text{Sekundlich ausfließende Wassermenge} \cdot \text{Zeit}}{\text{Austrittsspalt } \sqrt{2\,g\,(h_u - h_o)} \cdot \text{Zeit}}$$

$$= \frac{\frac{\pi D^2}{4} \cdot \frac{\pi s n}{30}\, dt}{2\,\pi\, d_m\, h_{\max} \cdot \sin\alpha \sqrt{2\,g\,(h_u - h_o)}\, dt}.$$

Zahlentafel 7.

Minutl. Umdrehungszahl n	Ventilhub h in m	Ventilbelastung $G_w + \mathfrak{F}$ in kg	Druckaufwand im Ventil $h_u - h_o$ in m W.S.	Druckziffer $\varkappa$		Ausflußziffer μ
Ringventil mit kegelförmiger Sitzfläche $d_m = 0{,}166$, $b_r = 0{,}022$, $b_1 = 0{,}016$.						
102,3	0,0051	9,60	1,85	1,61		0,86
81,8	0,0042	9,34	1,59	1,42		0,89
62,0	0,0034	9,08	1,47	1,35		0,87
43,7	0,0026	8,84	1,31	1,24		0,85
39,3	0,0023	8,76	1,28	1,22		0,88
0	0	8,0	(0,96)	1		
Ringventil mit ebener Sitzfläche $d_m = 0{,}158$, $b_r = 0{,}030$, $b_1 = 0{,}024$.						
92,8	0,0048	19,9	1,70	1,28		0,64
81,8	0,0041	19,2	1,65	1,28		0,67
67,2	0,0032	18,4	1,60	1,30		0,71
53,8	0,0024	17,5	1,57	1,34		0,77
43,9	0,0017	16,9	1,55	1,36		0,89
34,7	0,0014	16,6	1,52	1,37		0,86
0	0	15,2	(1,02)	1		
Ringventil mit kegelförmiger Sitzfläche $d_m = 0{,}158$, $b_r = 0{,}030$, $b_1 = 0{,}024$.						
				$\varkappa_{30}$	$\varkappa_{24}$	
	0,005	19,4	1,88	1,15	1,44	0,90
98,6	0,0049	19,2	1,89	1,17	1,47	0,91
85,6	0,0042	18,6	1,81	1,16	1,45	0,93
	0,004	18,4	1,80	1,16	1,46	0,91
65,1	0,0033	17,8	1,73	1,16	1,45	0,91
	0,0030	17,4	1,72	1,17	1,47	0,91
56,8	0,0030	17,4	1,70	1,16	1,46	0,90
44,3	0,0024	16,9	1,68	1,18	1,48	0,88
	0,002	16,5	1,63	1,17	1,47	0,90
31,4	0,0017	16,2	1,58	1,16	1,45	0,92
	0,001	15,5	1,50	1,15	1,43	0,86
33,8 [1]	0,001	15,5	1,51	1,16	1,45	0,85
	0,0005	15,1	1,40	1,11	1,39	0,78

[1]) Kolbenhub nur 150 mm.

Mit $D = 0{,}1246$ m, $s = 0{,}299$ m, $d_m = 0{,}166$ und $a = 45°$ beim Ringventil mit kegelförmiger Sitzfläche und $d_m = 0{,}158$ und $a = 90°$ beim Ringventil mit ebener Sitzfläche fand Klein für das Kegelsitz-Ringventil

$$\mu = 0{,}000058 \frac{n}{h_{\max} \sqrt{h_u - h_o}}$$

und für das ebensitzige Ringventil

$$\mu = 0{,}000043 \frac{n}{h_{\max} \sqrt{h_u - h_o}}.$$

Die Druckziffer $\varkappa$ berechnete er aus

$$\varkappa = f' \gamma \frac{h_u - h_o}{G_w + \mathfrak{F}_{\max}},$$

worin $h_u - h_o$ und $G_w + \mathfrak{F}_{\max}$ durch die Versuche bestimmt sind und f', wie S. 159, bis an die Stelle zu rechnen ist, an welcher der ganze Überdruck in Geschwindigkeit umgesetzt ist, und das ist nach Klein beim Kegelventil f_1 und beim ebensitzigen Ventil f_r. Mit diesen Werten für f' findet er

$$\varkappa = 8{,}35 \frac{h_u - h_o}{G_{w_2} + \mathfrak{F}_2} \quad \text{beim Ventil mit kegelförmiger Sitzfläche}$$

und

$$\varkappa = 14{,}93 \frac{h_u - h_o}{G_{w_1} + \mathfrak{F}_1} \quad \text{beim Ventil mit ebener Sitzfläche.}$$

Klein schließt aus seinen Versuchsergebnissen zunächst, daß Ausflußziffer und Druckziffer für das Ventil mit kegeliger Sitzfläche von bestimmter Hubhöhe ab größer und damit günstiger sind, als beim Ventil mit ebener Sitzfläche. (Die Werte für μ streuen beim Kegelringventil nicht unbedeutend, so daß sich eine stetige Linie schwer zeichnen läßt, s. Taf. II, Linien XIII und XV.) Dasselbe hinsichtlich μ errechnete Baumann aus den Bachschen Versuchen. Klein stellt dann noch weiter fest, daß beim untersuchten Ventil mit kegeliger Sitzfläche ($d_m = 166$) $\varkappa$ abnimmt, je mehr sich das Ventil dem Sitz nähert, daß der mittlere Wert von $\varkappa$ und damit auch der mittlere Druckverlust $h_u - h_o$ während eines Ventilspiels kleiner sein werde als beim Ventil mit ebener Sitzfläche ($d_m = 158$)[1]; daß ferner μ und $\varkappa$ und damit die Austrittsgeschwindigkeit beim Sinken des Ventils mit ebener Sitzfläche zunächst zunehmen, und daß der Ventilhub nach der Plungerhubmitte rascher abnimmt als beim kegeligen Ventil; daß aber, wenn das Ventil mit ebener Sitzfläche dem Sitz bis auf etwa 1 mm nahe ge-

[1]) Vorausgesetzt, daß $h_u - h_o$ und $\varkappa$ für die Zeit der Plungerhubmitte berechnet sind.

kommen ist, sich die Verhältnisse ziemlich plötzlich ändern, daß $\varkappa$ und μ und damit die Ausflußgeschwindigkeit rasch abnehmen, daß unter dem zunächst noch in gleichem Maß niedergehenden Ventil sich das Wasser anstauen und das Ventil in seiner Schließbewegung aufhalten werde.

Die Nebeneinanderstellung der Ergebnisse der früheren und dieser Versuche Kleins läßt nach seiner Ansicht befriedigende Übereinstimmung mit den früher auf andere Weise — am ruhenden Ventil — gefundenen Werten erkennen. So sehr befriedigend erscheint mir die Übereinstimmung jedoch nicht, wie Taf. II und Abb. 89 b, zeigen.

In einer dritten Arbeit[50]) hat dann Klein noch ein Ringventil mit kegelförmiger Sitzfläche von $d_m = 158$ mm, der Ringbreite $b_r = 30$ mm und der Sitzöffnungsbreite $b_1 = 24$ mm auf dieselbe Weise untersucht. Die Führung des Ventils erfolgte wieder durch die Belastungsfeder selbst. Die Ventilbelastung war

$$G_w + \mathfrak{F} = 14{,}6\ \text{kg} + 957\,h\,(h \text{ in m}).$$

Auch dieses Mal wurde die Pumpe mit verschiedenen Geschwindigkeiten betrieben, wobei für jedes n der Ventilhub h sowie der Unterschied des Druckes unter und über dem Ventil aufgezeichnet wurde. Für die Auswertung der Ergebnisse wurde wieder der Zustand zur Zeit der Plungerhubmitte zugrunde gelegt. Die Berechnung von $h_u - h_o$ erfolgte wie bei den vorhergehenden Versuchen.

Um auch einen Ventilhub kleiner als 1 mm zu erhalten, wurde, da die Pumpe nicht gestattete, n kleiner als 30 zu nehmen, bei einigen Versuchen der Kolbenhub von 299 auf 150 mm verringert.

Der Druckverlust $h_u - h_o$ ist in Abb. 89 a eingezeichnet. Für den kleinen Kolbenhub sind die Versuchspunkte bei $n = \frac{150}{299} \cdot 33{,}8 = 17$ eingetragen, trotzdem die Pumpe mit 33,8 Umdrehungen lief.

Bei der Berechnung von $\varkappa$ hält es Klein für richtiger, die abgeschrägte also die freie Sitzfläche ($b_1 = 24$ mm) der Berechnung zugrunde zu legen. Er rechnet aber $\varkappa$ auch für die 30 mm breite, obere Ringfläche und findet

$$\varkappa_{24} = 11{,}9\,\frac{h_u - h_o}{G_w + \mathfrak{F}} \quad \text{und} \quad \varkappa_{30} = 14{,}9\,\frac{h_u - h_o}{G_w + \mathfrak{F}}.$$

Die Ausflußziffer errechnet er auf dieselbe Weise wie früher zu

$$\mu = 0{,}0000614\,\frac{n}{h_{\max}\sqrt{h_u - h_o}}.$$

Die $\varkappa$- und μ-Werte sind in der Zahlentafel 7 auf S. 166 mit eingetragen und in Linie XV, Abb. 89 b bzw. in Taf. II, eingezeichnet. Beide Werte μ und $\varkappa$[1]) sind für das Ventil mit kegeliger Sitz-

[1]) Letzterer nur, wenn $\varkappa$ auf die Ringbreite 30 mm bezogen wird.

fläche erheblich größer als für das gleich große Ventil mit ebener Sitzfläche, d. h. bei gleichem Druckverlust $h_u - h_o$ im Ventil ist der Wasserdruck auf den Ventilring, also auch dessen Belastung $G_w + \mathfrak{F} = \frac{1}{\varkappa}(h_u - h_o) f' \gamma$ bei den ebenen Sitzflächen größer als bei den abgeschrägten. Die $\varkappa$-Linie zeigt jetzt gegenüber dem Kegelringventil mit $d_m = 166$ mm einen wesentlich anderen Verlauf. Der Unterschied von μ zeigt nach Klein an, daß die Umsetzung von Druck in Geschwindigkeit und die Ausnützung des Austrittsspalts beim kegelförmig abgeschrägten Ventil wesentlich günstiger sind als beim flachsitzigen. Bei 3 bis 5 mm Hub ist der Unterschied schon so groß, daß die Verringerung des nutzbaren Hubs infolge der Abschrägung auf $h \sin \alpha$ durch den größeren Wert von μ ausgeglichen wird und sich das Kegelsitzventil nicht höher zu heben braucht als das ebensitzige zur Durchlassung der gleichen Wassermenge.

Klein betont, daß das Gefundene nur für solche Ventile gilt, die dem untersuchten ähnlich sind, und betrachtet als solche: Ventile mit gleichen Ringbreiten, aber verschiedenen Durchmessern. Mehrringige Ventile ergeben nach seiner Ansicht andere zuungunsten der ebenen Sitzflächen verschobene Werte.

3. Untersuchungen von Lindner[51]).

Lindner hält den Weg nicht für gangbar, einen bestimmten Flüssigkeitsdruck an der Unter- und Oberseite (ein- oder ausschließlich Sitzfläche) für die Berechnung der Druckkräfte am Ventilteller anzunehmen. Er geht von der Vorstellung aus, daß nach Abb. 90 der Wasserüberdruck von H m/W.-S. mittels der strömenden Flüssigkeit von unten gegen den Ventilteller so wirkt, daß er sich auf den mittleren Teil gleichmäßig verteilt und nach dem Rand hin abnimmt. Für die Berechnung empfiehlt er, diesen Druck gleichmäßig über eine Fläche f_x zu verteilen, die jedenfalls kleiner als die ganze Tellerfläche f ist, aber kleiner oder größer als die freie Sitzfläche f_1 sein kann. Da der Druck $H f_x \gamma$ im Schwebezustand der Gesamtbelastung P gerade das Gleichgewicht halten muß, ist $P = H \cdot f_x \gamma$.

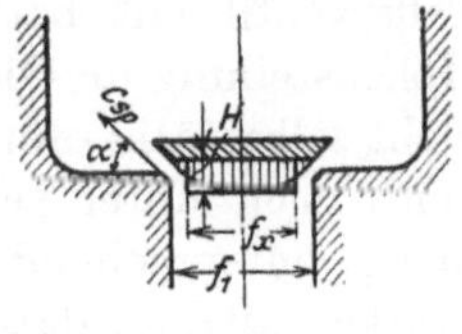

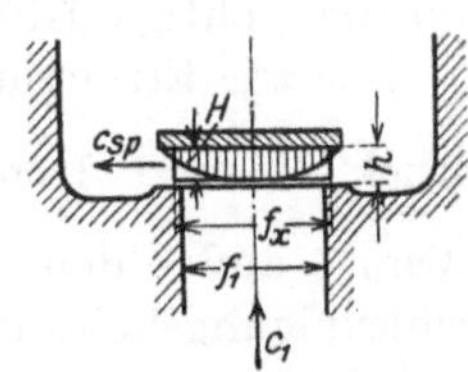

Abb. 90a und 90b.

Die Unbestimmtheit der Flüssigkeitspressungen überträgt sich damit auf die Frage nach der Größe von f_x, die durch Messung von P und H bestimmt werden kann, und zwar am besten in ihrem Verhältnis zur freien Sitzfläche

$$\frac{f_x}{f_1} = \frac{P}{H \cdot f_1 \gamma}.$$

Lindner berechnet aus den Bachschen Versuchen die aufgestellte Beziehung, vgl. Zahlentafel 8 (am Schluß), und zeichnet den Wert $\frac{f_x}{f_1}$ in Abhängigkeit vom Ventilhub auf. Er macht dann zwecks Übertragung auf andere Ventile die Annahme, daß gleiche Verhältnisse der Kräfte P und $H f_1 \gamma$ bei geometrisch ähnlichen Abmessungen wiederkehren, daß also die gefundenen Werte von $\frac{h}{d_1}$ abhängig seien. Die Aufzeichnung[1] der in Zahlentafel 8 enthaltenen Werte für $\frac{f_x}{f_1}$ zeigt, daß beim Tellerventil mit ebener, aber sehr breiter Sitzfläche der Wert $f_x : f_1$ mit h wächst und von Spaltweiten über 2,5 mm größer als 1 ist. Ähnlich, nur weniger ausgeprägt, liegen die Verhältnisse beim normalen Tellerventil. Übereinstimmend damit verhält sich das Ventil mit erhabener Unterfläche. Bei den Tellerventilen mit unterer Führung ist $f_x : f_1$ ebenfalls meist größer als 1, der Wert nimmt aber mit steigendem Hub ab. Bei den Kegelventilen und dem Kleinschen Kegelringventil ist $f_x : f_1$ kleiner als 1. Beim Kegelventil mit ebener Unterfläche, das nur bis $h = 7{,}5$ mm im Gleichgewicht gehalten werden kann, wird nach Lindner der Strahl nur bei geringen Erhebungen in Richtung der Flanke geführt, während bei höherer Stellung die Abschrägung der Kante nicht mehr zur Wirkung kommt, so daß die Ablenkung wie beim Tellerventil fast rechtwinklig erfolgt. Aus den Betrachtungen der Kurven $f_x : f_1$ folgert Lindner, daß ein Tellerventil mit bestimmtem Verhältnis von $P : H$ wohl in gewisser Höhenstellung im Gleichgewicht schweben kann, daß es aber diese Lage nicht selbsttätig einnehme; daß das in der Pumpe frei spielende Tellerventil sich unter seiner Belastung der augenblicklichen Durchgangsmenge entsprechend einstelle, und daß der Überdruck H jeweils in der Stärke auftrete, daß das Wasser gerade durchgetrieben und das Ventil auf die richtige Höhe geführt werde.

Den zur Erzeugung der Geschwindigkeiten c_1 und c_{sp_i} nötigen Überdruck H setzt Lindner mit Bach: $H = \frac{\zeta c_1^2}{2g} + \frac{\zeta_1 c_{sp_i}^2}{2g}$, worin der Wert ζ außer den Reibungs- und Ablenkungsverlusten auch die Beschleunigungshöhe umfasse und darum > 1 sein könne, z. B. 1,3, und wobei $\zeta_1 < 1$ werde, wenn die Energie der Spaltgeschwindigkeit sich teilweise wieder in nutzbare Druckhöhe umsetze, was bei Kegelventilen zu erwarten stehe. c_1 und c_{sp_i} verhalten sich wie $f_1 : f_{sp_i}$.

Beim Tellerventil mit oberer Führung ist $x = \frac{f_{sp_i}}{f_1} = \frac{\pi d_1 h}{\frac{\pi d_1^2}{4}} = \frac{4h}{d_1}$.

---

[1] Die Aufzeichnung wurde als weniger wichtig unterlassen, vgl. deshalb Abb. 3 der Arbeit von Lindner.

Wenn die Sitzflächen durch Rippen verengt sind, setzt Lindner $x = \frac{5h}{d_1}$; für das Kegel- oder Kugelventil mit der Neigung $a = 45^\circ$ $f_{spi} = \pi d_1 h \cos a$ und $x = \frac{4h \cos a}{d_1} = \frac{2,83\,h}{d_1}$ [1]); für flachsitzige Ringventile vom mittleren Durchmesser d_m und der freien Sitzöffnungsbreite $b_1 : f_1 = \pi d_m b_1$, $f_{spi} = 2\pi d_m h$ und $x = \frac{2h}{b_1}$ und endlich für Kegelringventile:

$$x = \frac{2h \cos a}{b_1} = \frac{1,4\,h}{b_1}.$$

Lindner setzt dann weiter, da in beliebiger Höhe bei stillstehendem Ventil die zufließende = der abfließenden Wassermenge und damit $c_1 = x\, c_{spi}$ sein muß, $H = \frac{(\zeta x^2 + \zeta_1)\, c_{spi}^2}{2g}$ und in der Ausflußformel $c_{spi} = \mu_H \sqrt{2gH}$ den Wert $\mu_H = \sqrt{\frac{1}{\zeta x^2 + \zeta_1}}$, welcher durch Versuche zu bestimmen sei.

Zum Zwecke der Übertragung auf ähnliche Ventile anderer Größe nimmt Lindner dann an, daß gleiche Werte von μ_H für geometrisch ähnliche Verhältnisse $\frac{h}{d_1}$ gelten, daß μ_H also unmittelbar von x abhängig sei.

So berechnet er aus den Bachschen Versuchen[26]) für zusammengehörige Zahlen von c_1 und H den Wert μ_H und zeichnet die μ_H-Kurven für die Bachschen Ventile und das Kleinsche Kegelringventil[44]) als Funktion von $x = \frac{f_{spi}}{f_1}$ auf, s. Taf. III, Abb. 1. Die einzelnen Zahlenwerte, die Lindner nicht mitteilt, hat Verfasser in Zahlentafel 8 nochmals errechnet[2]). Die Kurve für das Kegelventil mit ebener Unterfläche zeigt deutlich die besprochene Unregelmäßigkeit und Werte für $\mu_H > 1$. Das Kleinsche Kegelringventil (aus den ersten Versuchen) gibt dagegen $\mu_H < 1$, da für dieses die Ausflußziffer ohne Gehäuse, also ohne Rückgewinnung von Strömungsenergie gemessen wurde. Die μ_H- bzw. μ-Werte der später (1907 und 1908) von Klein untersuchten Ringventile mit unter 45° geneigten und ebenen Sitzflächen sind ebenfalls in die Zahlentafel und in Abb. 1, Taf. III, aufgenommen.

Da die Druckhöhe H wohl bei Ausflußversuchen, aber nicht am arbeitenden Ventil gemessen werden kann, führte Lindner an Stelle von H die bekannte Ventilbelastung ein, indem er setzt

$$c_{spi} = \mu_P \sqrt{\frac{2gP}{f_1 \gamma}}$$

[1]) Vgl. hiermit die Berechnung von f_{spi} nach Bach (s. Lit.-Verz. 26) und Baumann (s. Lit.-Verz. 45), sowie Zahlentafel 4, S. 142 u. f.

[2]) Die eingeklammerten Zahlen sind nach den von Baumann (s. Lit.-Verz. 45) gegebenen Beziehungen für die Spaltweite gerechnet.

Mit $H = \frac{P}{f_x \gamma}$ wird dann $c_{sp_i} = \mu_P \sqrt{2g \frac{P f_x}{f_1 f_x \gamma}} = \mu_P \sqrt{2gH} \sqrt{\frac{f_x}{f_1}}$ und

da $\frac{c_{sp_i}}{\sqrt{2gH}} = \mu_H$: $\mu_H = \mu_P \sqrt{\frac{f_x}{f_1}}$ und $\boldsymbol{\mu_P = \mu_H \sqrt{\frac{f_1}{f_x}}}$.

μ_P läßt sich unmittelbar berechnen aus zusammengehörigen Werten für P und c_{sp_i}, wobei c_{sp_i} durch die Hubhöhe des Ventils und die augenblickliche Fördermenge bestimmbar ist. Berg hat die Werte von μ_P ermittelt für ein Tellerventil nach Bach mit ebener Sitzfläche und Federbelastung. Die Bergschen μ_P-Werte, bezogen auf $x = \frac{f_{sp_i}}{f_1}$, sind in der Zahlentafel 8 und in der Abb. 2, Taf. III, enthalten, ebenso wie die μ_P-Werte für die Bachschen Ventile. Die in Abb. 2, Taf. III, zusammengestellten Ergebnisse der auf ganz verschiedenen Wegen durchgeführten Forschungen Bachs und Bergs zeigen für die Tellerventile mit ebener Sitzfläche gute Übereinstimmung, so daß auch Lindner — wie Klein — den Schluß zieht, daß die aus statischen Abwägungen der Ventile entnommenen Verhältniszahlen im Pumpenventil angewendet werden dürfen.

Lindner gibt für die Berechnung von μ_P folgende Näherungsformeln:

für Tellerventile $\quad \boldsymbol{\mu_P = \frac{1}{\sqrt{1 + 5x}}}$

und für Kegelventile $\quad \boldsymbol{\mu_P = \sqrt{0{,}5 + 4x}}$.

Die μ_P-Werte, auf Grund dieser Formeln berechnet, sind in Taf. III, Abb. 2, ebenfalls eingezeichnet. Die errechneten μ_P-Linien geben besonders für das Tellerventil mit ebener Sitzfläche, aber auch für das Kegelventil mit ebener Unterfläche (jedoch nur für kleine Hübe) befriedigende Mittelwerte.

Auf Grund der Untersuchungen Lindners denkt sich auch Klein in seiner letzten Arbeit[50]) den ganzen Druck $h_u - h_o$ auf eine verkleinerte Fläche f_x wirkend, so daß

$$G_w + \mathfrak{F} = (h_u - h_o) f_x \gamma = \frac{1}{\varkappa}(h_u - h_o) f' \gamma,$$

woraus

$$f_x = \frac{1}{\varkappa} \cdot f' \text{ oder beim Kegelringventil } b_x = \frac{1}{x} b'.$$

Da Klein f' beim Kegelringventil $= f_1$ und beim Ringventil mit ebener Sitzfläche $= f_r$ nimmt, so ergibt sich

$$\text{beim Kegelventil } \frac{f_x}{f_1} = \frac{1}{\varkappa}; \quad \frac{f_1}{f_x} = \varkappa \quad \text{und} \quad \sqrt{\frac{f_1}{f_x}} = \sqrt{\varkappa},$$

d. h. die Werte $\mu\sqrt{\varkappa}$ von Klein, vgl. die Zahlentafel 5, S. 157, sind gleichbedeutend mit den Lindnerschen μ_P-Werten.

Bei den Ventilen mit ebener Sitzfläche von Klein ist, da $f' = f_r$, der Wert von $\varkappa$ mit $\frac{f_1}{f_r}$, d. h. bei dem Kleinschen Ringventil mit **ebener** Sitzfläche mit $\frac{b_1}{b_r}$, d. h. mit $24 : 30 = 0{,}8$ zu multiplizieren, so daß für dieses Ventil $\sqrt{\frac{f_1}{f_x}} = \sqrt{0{,}8 \cdot \varkappa}$ und μ_P gleichbedeutend mit $\mu \sqrt{0{,}8\,\varkappa}$ wird.

In Abb. 2, Taf. III, sind die Linien $\mu_P = \mu \sqrt{\varkappa}$ für die Kleinschen Kegelventile aus den Versuchen 1907 und 1908 eingezeichnet, vgl. die Linienzüge Xb, XIII und XV. Die Linie XIV der Abb. 2, Taf. III, ist die Linie der $\mu_P = \mu \sqrt{0{,}8\,\varkappa}$ für das ebensitzige Kleinsche Ringventil. Während die μ_P-Linie für das ebensitzige Tellerventil von Klein sich der Lindnerschen Näherungslinie $\mu_P = \frac{1}{\sqrt{1 + 5x}}$ ziemlich gut nähert, weichen die μ_P-Linien für die Kleinschen Kegelringventile und besonders diejenigen mit $d_m = 166$ mm ziemlich stark von der Lindnerschen Näherungslinie für Kegelventile $\mu_P = \sqrt{0{,}5 + 4x}$ ab.

Die Belastung P als veränderliche Größe berechnet Lindner wie folgt:

Mit P_o als Gewicht des Ventils in der Flüssigkeit + dem Federdruck auf das geschlossene Ventil ergibt sich die zur Abkürzung der Gleichungen einzuführende Hilfsgröße

$$c_o = \sqrt{2g \frac{P_o}{f_1 \cdot \gamma}},$$

und mit

$\frac{P_o}{f_1 \gamma}$	=	0,1	0,2	0,5	0,8	1,0	1,5	2,0	2,5	3,0	m W.S.
c_o	=	1,4	1,98	3,13	3,96	4,43	5,32	6,25	7,0	7,66	m/sk.

P wächst nun mit h oder mit x, weshalb er setzt: $P = P_o(1 + mx)$. m soll nach Lindner im allgemeinen zwischen 0 und 6 liegen und ist bestimmt durch die Federkonstante C. Hier läßt sich auch die Beschleunigungskraft für das Ventil mit einrechnen. Mit l als natürlicher Länge der Feder in m, l_o als Länge bei der Belastung P_o, wird

$$P_o = G_o + 100\,C\,(l - l_o) \text{ und beim Hub } h = (l_o - l_x)$$
$$\boldsymbol{P} = G_o + 100\,C\,(l - l_x) = \boldsymbol{P_o + 100\,h\,C},$$

worin Lindner für eine zylindrische Schraubenfeder mit z Windungen vom Windungshalbmesser r und der Drahtstärke δ für Stahl bzw. Messing angibt: $C = \frac{E\,\delta^4}{167 \cdot z\,r^3} = 12000$ bzw. $6000 \cdot \frac{\delta^4}{z\,r^3}$. Für die Ventilbeschleunigung $-\,h \cdot \omega^2$ und für die Masse M, mit Rücksicht auf das mit dem Ventil zu beschleunigende Wasser als $\frac{P_0}{g}$ statt $\frac{G}{g}$ eingesetzt, ergibt sich nach Lindner aus

$$P = P_0 (1 + m x) = P_0 + 100\, h\, C - \frac{P_0 h}{g} \left(\frac{\pi n}{30}\right)^2.$$

$$C = 0{,}01\, P_0 \frac{l_1}{f_1} m \cos a + \left(\frac{n}{30}\right)^2,$$

$$m = \frac{f_1}{l_1 \cos a} \left[\frac{100\, C}{P_0} - \left(\frac{n}{30}\right)^2\right].$$

Nach den gemachten Annahmen ergibt sich die Ausflußgeschwindigkeit $c_{sp_i} = \mu_P \sqrt{2 g \frac{P}{f_1 \gamma}}$ nach Lindner

für Tellerventile $c_{sp_i} = c_0 \sqrt{\frac{1 + m x}{1 + 5 x}}$

und

für Kegelventile $c_{sp_i} = c_0 \sqrt{(1 + m x)(0{,}5 + 4 x)}$.

Die größte Geschwindigkeit $c_{1\max}$ in der Sitzöffnung f_1 ist bei der Pumpe mit Kurbelbetrieb $c_{1\max} = \frac{\pi Q}{f_1} = \frac{F r \omega}{f_1}$. Soll hieraus f_1 berechnet werden, so schlägt Lindner vor, $c_{1\max} = 1$ m/sk für Saugventile und niederen Federdruck, bis 2 m/sk oder etwas mehr für höheren Druck zu nehmen.

Die mittlere Strömgeschwindigkeit c_{1_m} ist $= \frac{2}{\pi} c_{1\max}$ und die augenblickliche beim Kurbelwinkel $\psi : c_1 = c_{1\max} \cdot \sin\psi \left(1 \pm \frac{r}{L} \cos\psi\right)$.

An Stelle der Kontinuitätsgleichung $f_{sp_i} c_{sp_i} = f_1 c_1 - f_1 \cdot v$ tritt, da $f_{sp_i} = h \cdot l_1 = f_1 x$ ist, die Beziehung $x c_{sp_i} = c_1 - v$, nach welcher sich also das masselose Ventil bewegen würde. Dasselbe hebt sich nach Lindner plötzlich beim Kurbelwinkel $\psi = \delta_1$ mit der Geschwindigkeit $v_0 = c_{1\max} \sin \delta_1 \left(1 \pm \frac{r}{L} \cos \delta_1\right)$. Die Verspätung ist nach ihm bedingt durch den verspäteten Abschluß des anderen Ventils und noch verzögert, wenn der Pumpenzylinder elastisch nachgibt oder Luft enthält, schon wenn er mit dem federbelasteten Indikatorkolben in Verbindung steht. Der Ventilhub erreicht nach Hubmitte seinen größten Wert und das Ventil gelangt nach dem Totpunkt beim Winkel δ_2 mit der Geschwindigkeit $v_s = - c_{1\max} \sin\delta_2 \left(1 \pm \frac{r}{L} \cos\delta_2\right)$ auf den Sitz. Der Verspätungswinkel $\delta = \delta_1 = \delta_2$ ergibt sich nach Lindner annähernd wie folgt:

Im Totpunkt bei $\psi = 180°$ steht das Ventil in Höhe h_0, dabei ist $x_0 = \frac{l_1}{f_1} h_0$. Da $\psi = \omega t$, durchläuft das Ventil diese Strecke in der Zeit $\frac{\delta}{\omega}$ mit der Geschwindigkeit v_o oder $-v_s$, so daß $h_0 = v_0 \frac{\delta}{\omega}$ ist. Während dessen nimmt Lindner $c_1 = 0$ und $c_{spi} = \mu_o c_o$. Damit folgt aus $x c_{spi} = c_1 - v$:

$$\delta = \frac{f_1 \cdot \omega}{l_1 \mu_o c_o}.$$

Auch nach Lindner bleibt zur Berechnung der Ventilbewegung nur die Kontinuitätsgleichung $x c_{spi} = c_1 - v$. Unter Annahme von $c_{spi} = \text{const}$ und mit $v = \frac{dh}{dt} = \frac{f_1}{l_1} \frac{dx}{dt}$ gelangt er auch zu der von Westphal und Berg entwickelten Sinusbewegung, nämlich mit $\frac{r}{L} = 0$ zu

$$x = \frac{c_{1\,max}}{c_{spi}} \cos\delta \sin(\psi - \delta),$$

mit dem Höchstwert $x_{max} = \frac{c_{1\,max}}{c_{spi}} \cos\delta$ bei $\psi = 90 + \delta$,

$$v = c_{1\,max} \sin\delta \cos(\psi - \delta),$$

mit dem Höchstwert $v_o = c_{1\,max} \sin\delta$ bei $\psi = \delta$,

$$\frac{dv}{dt} = -\frac{f_1}{l_1} x\,\omega^2 = -h\,\omega^2.$$

Lindner berücksichtigt nun auch die Tatsache, daß die Spaltgeschwindigkeit nicht unveränderlich bleibt. Er nimmt statt des Differentialquotienten $\frac{dh}{dt}$ für v den für die Sinusbewegung geltenden Wert $v = v_0 \cos(\psi - \delta)$, indem v an den Enden des Spiels nicht viel von v_0 abweicht und in der Mitte neben c_1 fast verschwindet. Er erhält

$$c_1 - v = c_{1\,max} \sin\psi \left(1 \pm \frac{r}{L} \cos\psi\right) - c_{1\,max} \sin\delta \cos(\psi - \delta)\left(1 \pm \frac{r}{L} \cos\delta\right),$$

oder wenn noch $\frac{r}{L} \cos\psi$ an Stelle von $\frac{r}{L} \cos\delta$ gesetzt wird als Hauptgleichung für die Ventilbewegung:

$$x c_{spi} = c_{1\,max} \cdot \cos\delta \sin(\psi - \delta) \left(1 \pm \frac{r}{L} \cos\psi\right)$$

Mit $c_{spi} = \mu_P \sqrt{2g\frac{P}{f_1\gamma}}$ und den Näherungswerten für μ_P lautet die Gleichung

für Tellerventile:

$$x\sqrt{\frac{1+mx}{1+5x}} = \frac{c_{1\,\max}}{c_0}\cos\delta\sin(\psi-\delta)\left(1\pm\frac{r}{L}\cos\psi\right)$$

und für Kegelventile:

$$x\sqrt{(1+mx)(0,5+4x)} = \frac{c_{1\,\max}}{c_0}\cos\delta\sin(\psi-\delta)\left(1\pm\frac{r}{L}\cos\psi\right).$$

Durch Differentieren der Gleichung und Einsetzen der für $x=0$ gültigen Werte findet Lindner $tg\,\delta = \frac{f_1\omega}{l_1\mu_0 c_0\cos\alpha}$, den man an Stelle von $\sin\delta$ neben $\cos\delta$ in den allgemeinen Ausrechnungen benützen könne, da δ klein sei (etwa 2 bis 6° bei Tellerventilen, größer bei Kegelventilen).

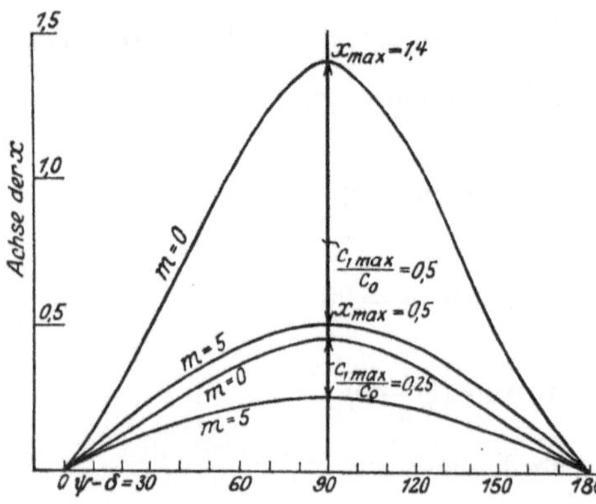

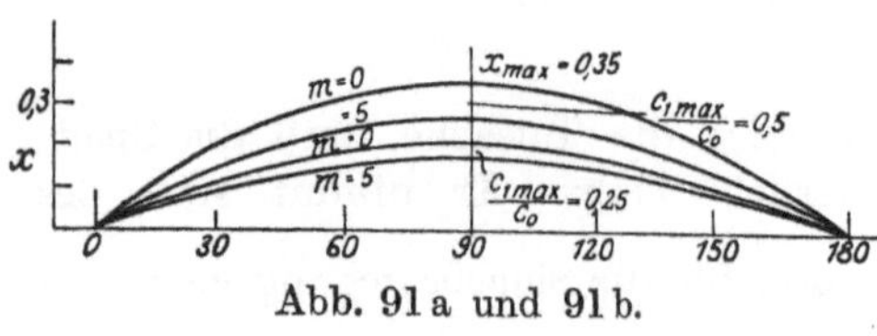

Abb. 91a und 91b.

Die Hauptgleichung zunächst auf Tellerventile angewandt, zeigt nach Lindner, vgl. Abb. 91a oben, daß reine Sinusbewegung nur bei Ventilen mit steifer Feder, für die m ungefähr 5 ist, eingehalten werde, während bei weichen Federn oder gar bei Gewichtsventilen Überhöhung der Hubkurve im mittleren Teil eintritt.

Aus der Westphalschen Bedingung: „Bei schlagfreiem Ventilschluß soll die Schlußgeschwindigkeit höchstens 0,1 m/sec betragen," d. h. nach Lindner

$$-v_s = c_{1\,\max}\sin\delta\left(1\pm\frac{r}{L}\cos\delta\right) = \frac{c_{1\,\max}\cdot f_1\cdot\omega}{l_1\mu_0 c_0}\left(1\pm\frac{r}{L_0}\cos\delta\right) < 0,1\,,$$

folgert er mit $\omega = 0,1\,n$, $\mu_0 = 1$ und $\frac{r}{L} = 0$:

$$\frac{c_{1\,\max}}{c_0} < \frac{l_1}{f_1}\cdot\frac{1}{n}.$$

Für Sinusbewegung, bei welcher $h_{\max} = \frac{f_1}{l_1} \frac{c_{1\max}}{c_0}$ ist, ergibt sich nach Lindner die einfache Beziehung $h_{\max} \leqq \frac{1}{n}$, wonach sich also ein Tellerventil mit steifer Feder bei $n = 100$ auf 1 cm heben darf.

Da weiter $c_{1\max} f_1 = \pi Q$ ist, ergibt sich nach Lindner die Beziehung

$$c_0 \geqq \frac{\pi Q n}{l_1} = \frac{F r n^2}{10 l_1}$$

zur Berechnung der Ventilbelastung in der Schlußstellung.

Mit $\mu_0 = 0{,}8$, anstatt 1 und $\frac{r}{L} = 0{,}2$, würde c_0 1,5mal so groß werden wie nach den vorigen Gleichungen.

Die Bergsche Regel: Ventilhub im toten Punkt $= 0{,}004\,d$ würde nach Lindner lauten $x_\pi = 0{,}016$ und man erhielte mit $\omega = 0{,}1\,n$, $\mu_0 = 1$, $\frac{r}{L} = 0$ und $x_\pi = \frac{c_{1\max}}{c_0} \cos\delta \sin\delta$:

$$\frac{F r n^2}{P_0} = \frac{0{,}03\, l_1}{f_1}; \quad \frac{c_{1\max}}{c_0} = \frac{c_0}{6} \cdot \frac{l_1}{f_1 n}; \quad c_0 \geqq \sqrt{\frac{F r \cdot n^2}{1{,}6\, l_1}}.$$

Lindner stellt damit fest, daß im Vergleich mit den Westphalschen Zahlen das Verhältnis $\frac{c_{1\max}}{c_0}$ hier $\frac{c_0}{6}$mal so groß, im allgemeinen also kleiner als dort ausfalle.

Bei dieser Gelegenheit weist Lindner auf die Ausnahme hin, den das Schrödersche Ventil machte, das bei 40 Umläufen hart aufschlug, obwohl c_0 wesentlich größer war, als nach der letzten Folgerung zulässig sein sollte. Dabei stieg das Ventil bis zur 0,8fachen Hubhöhe fast gleichmäßig an, um dann steil abzufallen. Lindner vermutet, daß die aus den Spalten ausgetretenen Strahlen sich treffen und stauen, so daß der Rückdruck unter den Ringen auf zunehmende Erhebung wirkt, bis die Strömung stark nachläßt.

Nach Lindner sollte c_0, also auch P_0, nicht größer gewählt werden, als für schlagfreien Schluß gerade nötig ist, um den Durchgangswiderstand nicht unnötig zu erhöhen. Anstatt das leicht gebaute Ventil durch eine kräftige Feder stark anzupressen und die Erhebung durch eine feste Hubbegrenzung zu beschränken, hält er es für zweckmäßiger, zunächst das Verhältnis $\frac{c_{1\max}}{c_0} < \frac{l_1}{1{,}5 f_1 n}$ oder (nach einer vorläufigen Überschlagsrechnung) $\frac{c_0}{6}$ mal so groß, zu ermitteln und zur Bestimmung der Federkonstanten die Größe m für die gewünschte größte Ventilerhebung aus $x_{max} \sqrt{\frac{1 + m \cdot x_{max}}{1 + 5\,x_{max}}} = \frac{c_{1\,max}}{c_0}$ zu berechnen. Für $x_{max} = 1$ wird nach Lindner:

$$m = 6\left(\frac{c_{1\,max}}{c_0}\right) - 1;$$

$$\frac{c_{1\,max}}{c_0} = \frac{1}{1} \quad \frac{1}{1{,}5} \quad \frac{1}{2} \quad \frac{1}{2{,}5},$$

$$m \;= 5 \quad 1{,}67 \quad 0{,}5 \quad 0$$

Danach kommt man zu sanfter Anpressung mit einer starren, in der Schlußstellung wenig gespannten Feder oder aber zu starker Ventilbelastung mit einer nachgiebigen Feder für Einhaltung gleicher Ventilerhebung. Wird $\frac{c_{1\,max}}{c_0} < 0{,}4$, so kann das Ventil das Hubmaß $x_{max} = 1$ nicht mehr erreichen, wie nachgiebig die Feder auch sein mag.

Die Anwendung der Hauptgleichung auf Kegelventile liefert nach Lindner, s. Abb. 91b, flach verlaufende Kurven, wobei zu beachten ist, daß der absolute Hub h gegenüber x im Verhältnis $1 : \cos a = 1 : 0{,}7$ größer als bei Tellerventilen ausfällt. Um zu vermeiden, daß der Kegel den unsteten Übergang in den zweiten Strömzustand erreicht, hat man nach Lindner $x_{max} = 0{,}4$ als Grenze einzuhalten. Dabei entspricht $m = 5$ dem Verhältnis $\frac{c_{1\,max}}{c_0} = 1$ und $m = 0$ dem Verhältnis 0,6, so daß auch hier eine starre Feder für schwachen Anfangsdruck und eine weiche Feder für hohen Anfangsdruck zu wählen ist.

Lindner verfolgt dann weiter die Abweichungen der tatsächlichen Ventilerhebungslinie von der theoretischen, indem er davon ausgeht, daß in der Bahn der Gleichgewichtslagen in jeder beliebigen Stellung x, s. Abb. 92, ein Wasserüberdruck besteht, dessen Wirkung auf das Ventil gleich der Belastung P ist und daß, wenn das Ventil um z von der Stellung x nach unten abweicht, das Wasser mit einer im Verhältnis $\frac{x}{x-z}$ größeren Geschwindigkeit durch den verengten Spalt getrieben werden müsse, wozu ein im Verhältnis $\left(\frac{x}{x-z}\right)^2$ größerer Überdruck notwendig sei. Der infolge der Abweichung auftretende Druckunterschied betrage somit $P\left(\frac{x}{x-z}\right)^2 - P = P\frac{(2\,x - z)\,z}{(x-z)^2}$. Nach Lindner weicht das Ventil im Anfang der Bewegung sofort von der Bahn ab, weil es die

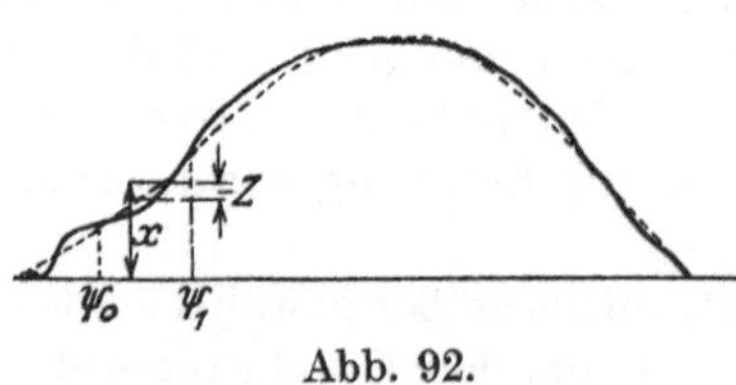

Abb. 92.

rechnungsmäßige Geschwindigkeit v_0 nicht plötzlich annehmen kann. Der Eröffnungsstoß stellt sich nach ihm als besonderer Fall der das Ventil auf seiner Bahn haltenden Kräfte dar, der sich aber nicht berechnen läßt. Lindner sieht dann zur Vereinfachung der Rechnung vom ersten Anfang der Bewegung ab, vernachlässigt weiter z als verhältnismäßig klein gegenüber x und erhält den Ausdruck $2P\frac{z}{x}$ für den Druckunterschied. Daneben wirkt dann noch nach Lindner infolge der Abweichung die Feder mit einer um $P_0 \cdot m \cdot z$ verminderten Kraft auf das Ventil im gleichen Sinn wie der Wasserdruck, so daß er als beschleunigende Kraft erhält

$$2P\frac{z}{x} + P_0 m \cdot z = P_0\left[(1 + mx)\frac{2}{x} + m\right]z = P_0\left(\frac{2}{x} + 3m\right)z.$$

Dieselbe erteilt der Masse M des Ventils und einer unbestimmten Wassermenge die auf Verminderung von z also negativ wirkende Beschleunigung

$$-\frac{dk_v}{dt} = -\frac{f_1}{l_1}\frac{d^2z}{dt^2}; \quad \text{also ist} \quad \frac{d^2z}{dt^2} = -\frac{l_1}{f_1}\cdot\frac{P_0}{M}\left(\frac{2}{x} + 3m\right)z.$$

Mit

$$\sqrt{\frac{l_1}{f_1}\frac{P_0}{M}\left(\frac{2}{x} + 3m\right)} = K \quad \text{wird} \quad \frac{d^2z}{dt^2} = -K^2 \cdot z,$$

woraus durch Integrieren $\left(\frac{dz}{dt}\right)^2 = c^2 - K^2z^2$. Hierin bedeutet c die im Maßstab von z ausgedrückte Geschwindigkeit, mit der die normale Bahn durchkreuzt wird. Für $z = 0$ ist, außer im Anfangspunkt der Bewegung, wo K unendlich groß ist, $c = \frac{dz}{dt} = \frac{l_1}{f_1}k_{v_0}$. Lindner wählt dann für k_{v_0} einen mit jeder Periode abnehmenden Bruchteil χ von $v_0 = c_{1\,\max}\sin\delta$ und erhält damit $c = \frac{\chi}{\mu_0}\frac{c_{1\,\max}}{c_0}\omega$.

Hält eine Hubbegrenzung das Ventil fest, bis es beim Kurbelwinkel ψ' wieder abfällt, dann hat man nach Lindner zur Ermittlung von c den Wert $k_{v_0} = v_0\cos(\psi' - \delta)$ einzuführen, weil das Ventil diese ihm zukommende Geschwindigkeit aus der Ruhelage nicht plötzlich annimmt. Die dadurch eingeleiteten Schwingungen werden nach Lindner nicht genügend gedämpft, so daß sie je nach ihrer Lage das Ausschlagen bald günstig, bald ungünstig beeinflussen können, möglicherweise sogar das Ventil bei schnellerem Pumpengang sanfter schließen lassen als bei mäßiger Geschwindigkeit.

Weitere Integration der Gleichung für $\left(\frac{dz}{dt}\right)^2$ liefert

$$t = \frac{1}{K}\arcsin\frac{zK}{c} + c_1, \quad \text{worin} \quad c_1 = t_0$$

die Zeit des Beginns einer Ausschwingung bedeutet. Die Dauer einer einseitigen Ausschwingung beträgt dann, da $\arcsin \frac{zK}{c} = \pi$ sein muß, $t_1 - t_0 = \frac{\pi}{K}$ oder, weil $\psi = \omega t$, im Längenmaß des Kurbelwinkels $\psi_1 - \psi_0 = \frac{\pi \omega}{K}$ und im Gradmaß $\frac{180\,\omega}{K}$. Da K mit zunehmendem x kleiner wird, folgert Lindner, daß die Perioden an den Enden des Spiels kürzer, in der Mitte länger werden. Den größten Ausschlag $z_{\max}$ findet er aus $z = \frac{c}{K} \sin K (t - t_0)$ für den Sinuswert $= 1$ zu $z_{\max} = \frac{c}{K}$, und zwar um so größer, je größer ω, $\frac{c_{1\max}}{c_0}$ und x sind. $z_{\max}$ wird im Laufe des Spiels aber mit χ abnehmen.

Die Untersuchungen von Lindner sind besonders wegen der Feststellungen betr. μ_H und μ_P recht wertvoll. Die Hubgleichung, in der an Stelle von h der Wert x erscheint, ist weniger klar als die bisherigen Hubgleichungen. Interessant sind auch die Untersuchungen betreffend die Abweichungen der tatsächlichen Hublinie von der theoretischen, wenn sie auch wegen der gemachten Annahmen von der Wirklichkeit noch ziemlich entfernt sein dürften.

4. Sieglerschmidt[52])

leitet 1907 in seiner Dissertation zunächst ebenfalls unter der Annahme, daß $\alpha c_{sp_a} = \text{const}$ ist, die Gleichungen des Ventilspiels ab. Aus der bekannten Beziehung: Kolbenverdrängung = Spaltmenge ± Ventilverdrängung, d. h. $F r \omega \left(\sin\psi \pm \frac{1}{2}\frac{r}{L} \sin 2\psi\right) = \alpha\, c_{sp_a} l h \pm f \cdot v$ erhält er durch Multiplikation beider Seiten mit $d\,t$ und nachdem er $v = \frac{dh}{dt}$, $\omega = \frac{d\psi}{dt}$, $dt = \frac{d\psi}{\omega}$ setzt: $\frac{dh}{d\psi} + \frac{\alpha\, c_{sp_a} l}{f \omega} h = \frac{Fr}{f}\left(\sin\psi \pm \frac{1}{2}\frac{r}{L} \sin 2\psi\right)$.

Unter der Annahme, daß der hydrodynamische Druck des Wassers an allen Stellen der Ventilunterfläche gleich groß, P_1 sich also gleichmäßig auf die Ventilfläche f verteile und unter Vernachlässigung der zwischen Ventil und Sitz wirkenden Adhäsions- und Pufferkräfte, der Reibungswiderstände in den Führungen, des Beschleunigungswiderstandes der Massen und der durch Ablenkung und Querschnittsänderungen des ausfließenden Strahles entstehenden Verluste, ferner unter der weiteren Annahme, daß die größte Spaltgeschwindigkeit stets am äußeren Rand des Ventils auftrete, setzt Sieglerschmidt:

$$P_1 = 1000\, f \cdot H_v = P_0 + C \cdot h\,,$$

worin H_v den Ventildruckverlust, d. h. den Pressungsunterschied des Wassers $h_u - h_o$ unter und über dem Ventilteller in m W.-S. bedeutet.

$$\text{Ferner } c_{sp_a} = \varphi\sqrt{2gH_v} = \varphi\sqrt{\frac{2g}{1000f}(P_0 + Ch)},$$

$$\text{also } \alpha\, c_{sp_a} = \mu\sqrt{\frac{2g}{1000f}(P_0 + Ch)}.$$

Da wegen der gemachten Annahmen diese Gleichung dem wirklichen Verhalten nur annäherungsweise entspricht, setzt Sieglerschmidt wie Berg an die Stelle von μ die Berichtigungsziffer μ_P, welche die Kontraktion im Ventilspalt und die Beziehung zwischen Ventilbelastung und Spaltgeschwindigkeit berücksichtigt und — dasselbe Ventil vorausgesetzt — nur von h abhängig ist und erhält wie Berg

$$\alpha\, c_{sp_a} = \mu_P\sqrt{\frac{2g}{1000f}(P_0 + Ch)}.$$

Unter der weiteren Annahme, daß sich μ_P derart mit dem Ventilhub h ändere, daß $\alpha\, c_{sp_a}$ unveränderlich sei, findet Sieglerschmidt schließlich für den Ventilhub die Gleichung

$$h = \frac{Fr\omega}{\alpha\, c_{sp_a} l\left[1 + \left(\frac{f\omega}{\alpha\, c_{sp_a} l}\right)^2\right]}\left\{\sin\psi - \frac{f\omega}{\alpha\, c_{sp_a} l}\cos\psi\right\}$$

$$\pm \frac{r}{L}\,\frac{Fr\omega}{\alpha\, c_{sp_a} l\left[1 + 4\left(\frac{f\omega}{\alpha\, c_{sp_a} l}\right)^2\right]}\left(\frac{1}{2}\sin 2\psi - \frac{f\omega}{\alpha\, c_{sp_a} l}\cos 2\psi\right)$$

und mit $\frac{r}{L} = 0$, die Beziehung von Westphal, vgl. S. 94 (nach Einsetzung der Werte für m und q daselbst)

$$h = \frac{Fr\omega}{\alpha\, c_{sp_a} l\left[1 + \left(\frac{f\omega}{\alpha\, c_{sp_a} l}\right)^2\right]}\left(\sin\psi - \frac{f\omega}{\alpha\, c_{sp_a} l}\cos\psi\right)$$

und nach Vernachlässigung der sehr kleinen Größen $\frac{f\omega}{\alpha\, c_{sp_a} l}$ und $4\left(\frac{f\omega}{\alpha\, c_{sp_a} l}\right)^2$ gegenüber 1 die Bergsche Gleichung (vgl. S. 118)

$$h = \frac{Fr\omega}{\alpha\, c_{sp_a} l}\left[\left(\sin\psi \pm \frac{1}{2}\,\frac{r}{L}\sin 2\psi\right) - \frac{f\omega}{\alpha\, c_{sp_a} l}\left(\cos\psi \pm \frac{r}{L}\cos 2\psi\right)\right]$$

bezw. mit $\frac{r}{L} = 0$,

$$h = \frac{Fr\omega}{\alpha\, c_{sp_a} l}\left(\sin\psi - \frac{f\omega}{\alpha\, c_{sp_a} l}\cos\psi\right).$$

Weiter findet er für die Ventilgeschwindigkeit

$$v = \frac{dh}{dt} = \frac{F r \omega^2}{\alpha c_{sp_a} l}\left[\left(\cos\psi \pm \frac{r}{L}\cos 2\psi\right) + \frac{f\omega}{\alpha c_{sp_a} l}\left(\sin\psi \pm 2\frac{r}{L}\sin 2\psi\right)\right],$$

oder mit $\frac{r}{L} = 0$,

$$v = \frac{F r \omega^2}{\alpha c_{sp_a} l}\left(\cos\psi + \frac{f\omega}{\alpha c_{sp_a} l}\sin\psi\right)$$

und für die Ventilbeschleunigung

$$k_v = \frac{d^2 h}{dt^2} = -\frac{F r \omega^3}{\alpha c_{sp_a} l}\left[\left(\sin\psi \pm 2\frac{r}{L}\sin 2\psi\right) - \frac{f\omega}{\alpha c_{sp_a} l}\left(\cos\psi \pm 4\frac{r}{L}\cos 2\psi\right)\right],$$

oder mit $\frac{r}{L} = 0$

$$k_v = -\omega^2 h = -\frac{F r \omega^3}{\alpha c_{sp_a} l}\left(\sin\psi - \frac{f\omega}{\alpha c_{sp_a} l}\cos\psi\right).$$

Für den Ventilhub h_0 bei Kolbenumkehr, die größte Ventilerhebung $h_{\max}$, den Verspätungswinkel δ und die Ventilschlußgeschwindigkeit bei Kolbenumkehr findet auch Sieglerschmidt die bekannten Beziehungen.

Bei schrägsitzigen Ventilen, bei denen in den gegebenen Gleichungen für l zu setzen ist $l \cdot \cos a$, äußert sich nach Sieglerschmidt der Einfluß der Abschrägung der Sitzfläche in einer Vergrößerung der Hubhöhe, in einer Erhöhung der Geschwindigkeit beim Schluß und damit in einer Verstärkung des Schlags. Auch nach ihm sind also kegelförmige Ventile hinsichtlich Schlags ungünstiger als flachsitzige. Gegen die Anschauung Bachs, nach welcher infolge der geneigten Bewegung des Ventils gegen die abgeschrägte Dichtungsfläche des Sitzes die zwischen beiden eingeklemmte Flüssigkeitsschicht nach unten herausgedrängt wird und daher eine hinreichende Pufferwirkung nicht ausübt (vgl. S. 58), wendet Sieglerschmidt ein, daß das Wasser zwischen den Dichtungsflächen bei rechtzeitigem Schluß im allgemeinen nach außen entweicht und ein Ausweichen desselben nach unten doch nur infolge der verschwindenden Reibungswirkung erfolgen könnte. Die von Bach festgestellte entgegengesetzte Tatsache, daß schrägsitzige Ventile nicht entfernt so hoch steigen als flache, unter denselben Verhältnissen arbeitende Ventile erklärt Sieglerschmidt damit, „daß bei schrägen Dichtungsflächen das Wasser bereits nahe der Mitte des Ventils seine Höchstgeschwindigkeit annimmt und daher zur Herstellung des Gleichgewichts zwischen Belastung und Wasserdruck ein verhältnismäßig großer Pressungsunterschied H_v des Wassers über und unter dem Ventil erforderlich ist. Je größer H_v, desto größer aber auch

c_{sp_a} und damit um so kleiner $h_{\max}$. Während bei flachsitzigen, gewichtsbelasteten Tellerventilen c_{sp_a} annähernd konstant ist, wächst c_{sp_a} bei dem von Klein 1905 untersuchten Kegelringventil in stärkerem Maß mit h als der Gleichung für c_{sp_a} entspricht".

Auch Sieglerschmidt findet aus der Bewegungsgleichung, daß die Hubbegrenzung im Ventilschluß keine Änderung bewirke. Abweichungen hiervon, wie sie Bach bei seinen Versuchen beobachtete (vgl. S. 50ff.), werden nach Sieglerschmidt verursacht „teils durch die der Rechnung zugrunde liegenden vereinfachenden Annahmen, teils durch die Vernachlässigung des Trägheitswiderstands der bewegten Massen und der Adhäsionskraft der Berührungsflächen von Hubbegrenzung und Ventil". Weiter stellt auch er fest, daß beim Öffnen der Saugventile stets Trennung des Wassers in der Pumpe erfolgt, weil wegen des Öffnens der Saugventile nach Schluß der Druckventile der Zusammenhang des Wassers nur erhalten bleibt, wenn die Saugsäule in der Zeit 0 die Geschwindigkeit $\frac{F}{f_s} r\omega \sin\delta$[1]) annehmen könnte, was unmöglich ist, weil zur Beschleunigung der Saugsäule ein unendlich großer Windkesseldruck nicht zur Verfügung steht. Er ist mit Tobell der Meinung, daß die Öffnung der Druckventile teils durch die nach Schluß der Saugventile entstehende Pressungssteigerung, teils auch durch die bei dem Stoß der aufgehaltenen Gestänge- und Wassermassen an der Grenzfläche ausgelösten Molekularkräfte bewirkt wird und daß, falls die letzteren überwiegen, ein Überdruck nicht auftritt, ja daß dann die Pressung im Zylinder sogar unter derjenigen im Druckraum bleiben kann (vgl. S. 74ff.).

Auf die rechnerische Ermittlung des Öffnungsdrucks verzichtet Sieglerschmidt und betont, daß diese unter Vernachlässigung der nicht kontrollierbaren Stoßwirkung der Wasser- und Gestängemassen und ohne Kenntnis des Gesetzes, nach dem der Übergang der Pressung unterhalb des Ventils zu derjenigen oberhalb desselben erfolgt, nur in recht ungenauer Weise durchführbar sei.

Neues liefert Sieglerschmidt in bezug auf den Einfluß des Abreißens der Saugsäule. Westphal hat die Möglichkeit des Abreißens der Saugsäule erörtert[37]); O. H. Müller jr. wies zuerst in bestimmterer Weise auf den Einfluß des Abreißens hin und stellte Gleichungen auf, betr. das Verhalten der Saugventile bei abgerissener Saugsäule unter Annahme des Konstantbleibens der Beschleunigung des angesaugten Wassers[2]). Sieglerschmidt weist nach, daß diese Beschleunigung tatsächlich annähernd konstant ist und legt den Aus-

[1]) f_s = Querschnitt der Saugleitung.

[2]) Vgl. Lit.-Verz. 38 und S. 96.

druck für ihre Berechnung fest. Er gibt ferner Gleichungen, welche die Berechnung des Zeitpunktes der Wiederherstellung der Kontinuität ermöglichen und grundlegend für die Beurteilung der Frage sind, ob unter den gerade vorliegenden Verhältnissen eine erhebliche Beeinflussung des Ventilspiels durch die Kontinuitätsunterbrechung zu erwarten ist.

Die Gleichung für die Bewegung des Saugventils kann auch bei Kontinuitätsunterbrechung abgeleitet werden aus der Beziehung $f_1 c_1 = f \frac{dh}{dt} + \alpha\, c_{sp_a} l h$, wenn das Gesetz bekannt ist, nach welchem sich c_1 mit dem Kurbelwinkel ψ ändert. Die der Bewegung der Saugsäule entgegenwirkenden Widerstände lassen sich aber nur unter stark vereinfachenden Annahmen in allgemeingültiger Weise bestimmen. Die Richtigkeit der Gleichungen soll nach Sieglerschmidt jedoch durch die denselben zugrunde liegenden Vernachlässigungen nur in solchen Grenzen beeinflußt werden, daß die Erkenntnisse der Vorgänge beim Ansaugen und des Verhaltens der Saugventile trotzdem gefördert werden.

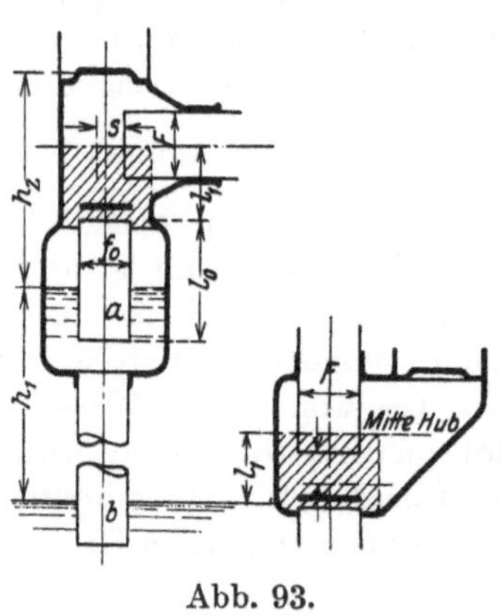

Abb. 93.

Sieglerschmidt bestimmt den Druck zur Bewegung der Saugsäule und die die Bewegung hindernden Widerstände, nämlich den Beschleunigungswiderstand der Wassermasse im Pumpenraum zwischen Saugventil, Druckventil und Kolben; denjenigen der Wassermassen im Saugrohr; den der Ventilmasse, sowie denjenigen der in das Saugrohr eintretenden Wassermasse und erhält, da der Überdruck zur Bewegung der Wassersäule gleich der Summe der Widerstände ist; wenn neben den Bezeichnungen in Abb. 93 bedeutet:

t_0 die seit Eröffnung des Saugventils verstrichene Zeit,

f_0 den lichten Querschnitt und l_0 die Länge des Saugrohrs zwischen Windkessel und Pumpe,

s_x den Weg; $c_x = \frac{d s_x}{d t_0}$ die Geschwindigkeit und $\frac{d^2 s_x}{d t_0^2}$ die Beschleunigung des Wassers in diesem Saugrohrstück,

f_1 den mittleren Querschnitt und l_1 die Länge des zylindrischen (schraffierten) Teils des Pumpengehäuses,

h_0 die Flüssigkeitshöhe, bezogen auf f_0, die das Gewicht des Ventils ohne Berücksichtigung des Auftriebs und ohne Federdruck hebt,

c_2 die Geschwindigkeit im Saugrohr zwischen Windkessel und Saugwasserspiegel,

$h_{sw} = 10{,}13 - h_1 - (1 + \sum\zeta)\frac{c_2^2}{2g}$ den Windkesseldruck in m W.-S.:

$$1000\,(h_{sw} - h_2 - H_v) = \frac{1000}{g}\left[s_x + \frac{F}{f_1}l_1\right]\frac{d^2 s_x}{d t_0^2} + \frac{1000}{g}\cdot\frac{d^2 s_x}{d t_0^2}\cdot\frac{F}{f_0}l_0$$

$$+ \frac{1000}{g}h_0\frac{F}{f_0}\frac{d^2 s_x}{d t_0^2} + \frac{1000}{2g}\left(\frac{F}{f_0}\right)^2\left(\frac{d s_x}{d t_0}\right)^2$$

oder:

$$2g\,(h_{sw} - h_2 - H_v) = 2\left[s_x + \frac{l_1 F}{f_1} + \frac{(l_0 + h_0)F}{f_0}\right]\frac{d^2 s_x}{d t_0^2} + \left(\frac{F}{f_0}\right)^2\left(\frac{d s_x}{d t_0}\right)^2$$

Mit

$$2g\,(h_{sw} - h_2 - H_v) = m;\ \frac{l_1 F}{f_1} + \frac{(l_0 + h_0)F}{f_0} = m_1;\ \left(\frac{F}{f_0}\right)^2 = m_2;\ \frac{d^2 s_x}{d t_0^2} = c_x\frac{d c_x}{d s_x}$$

erhält Sieglerschmidt

$$2\,(m_1 + s_x)\,c_x\frac{d c_x}{d s_x} + m_2 c_x^2 = m$$

$$c_x = \frac{d s_x}{d t_0} = \sqrt{\frac{m}{m_2}}\sqrt{1 - \left(\frac{m_1}{m_1 - s_x}\right)^{m_2}}$$

$$t_0 = \frac{2m_1}{\sqrt{m\cdot m_2}}\sqrt{1 - \left(\frac{m_1}{m_1 + s_x}\right)^{m_2}}\left\{1 + \frac{m_2+1}{1}\cdot\frac{1}{3m_2}\left[1 - \left(\frac{m_1}{m_1 + s_x}\right)^{m_2}\right]\right.$$

$$+ \frac{(m_2+1)(2m_2+1)}{2}\cdot\frac{1}{5m_2^2}\left[1 - \left(\frac{m_1}{m_1 + s_x}\right)^{m_2}\right]^2$$

$$\left. + \frac{(m_2+1)(2m_2+1)(3m_2+1)}{3}\cdot\frac{1}{7m_2^3}\left[1 - \left(\frac{m_1}{m_1 + s_x}\right)^{m_2}\right]^3 + \cdots\right\}$$

oder, da der Klammerwert nicht wesentlich von 1 abweicht,

$$t_0 = \frac{2m_1}{\sqrt{m\cdot m_2}}\sqrt{1 - \left(\frac{m_1}{m_1 + s_x}\right)^{m_2}}$$

und damit

$$c_x = \frac{m}{2m_1}t_0,$$

wodurch bewiesen ist (vgl. S. 183), daß die Bewegung der Saugsäule eine gleichförmig beschleunigte ist.

Mit $\frac{c_x}{t_0} = \frac{m}{2m_1} = b_x$ wird nach Sieglerschmidt weiter

$$s_x = \frac{b_x t_0^2}{2} = \frac{m}{4m_1}t_0^2.$$

Da t_0 gleich ist der seit der Totpunktlage des Kolbens verstrichenen Zeit, vermindert um die dem Verspätungswinkel δ entsprechende Zeit $\frac{\delta}{6n}$, also $t_0 = t - \frac{\delta}{6n}$, so wird

$$c_x = \frac{m}{2m_1}\left(t - \frac{\delta}{6n}\right) = \frac{m}{12\,m_1 \cdot n}(\psi - \delta)$$

und

$$s_x = \frac{m}{4m_1}\left(t - \frac{\delta}{6n}\right)^2 = \frac{m}{144\,m_1 n^2}(\psi - \delta)^2 \text{ (Parabel).}$$

Nach Sieglerschmidt erfolgt die Wiederherstellung der Kontinuität bei demjenigen Kurbelwinkel $\psi = \psi_x$, für welchen der vom Kolben zurückgelegte Weg $s = r(\cos\delta - \cos\psi)$ gleich dem Saugsäulenweg s_x wird, d. h. wenn

$$\frac{m}{144\,m_1 n^2}(\psi_x - \delta)^2 = r(\cos\delta - \cos\psi_x) \text{ (Kosinuslinie).}$$

ψ_x kann hierbei entweder durch Einsetzen verschiedener Werte in diese Gleichung oder graphisch durch Ermittlung des Schnittpunkts der Parabel und der Cosinuslinie bestimmt werden. Schließlich können auch die Unterschiede $s - s_x = r(\cos\delta - \cos\psi) - \frac{m}{144\,m_1 n^2}(\psi - \delta)^2$ als Ordinaten, die zugehörigen Kurbelwinkel ψ als Abszissen aufgetragen werden. Für $s - s_x = 0$ ist dann $\psi = \psi_x$.

Nach Kenntnis des Bewegungsgesetzes der Saugsäule ermittelt Sieglerschmidt die Gleichungen des Ventilspiels wie folgt:
Mit $f_1 c_1 = F c_x$ wird

$$f\frac{dh}{dt} + \alpha\, c_{sp_a} l \cdot h = \frac{mF}{2m_1}\left(t - \frac{\delta}{6n}\right)$$

oder

$$\frac{dh}{dt} + \frac{\alpha\, c_{sp_a} l}{f} h = \frac{mF}{2m_1 f}\left(t - \frac{\delta}{6n}\right).$$

Wird $\alpha\, c_{sp_a}$ unveränderlich angenommen, so wird nach Sieglerschmidt das Integral dieser linearen Differentialgleichung erster Ordnung

$$h = \frac{mF}{2m_1 \alpha\, c_{sp_a} l}\left[\left(t - \frac{\delta}{6n}\right) - \frac{f}{\alpha\, c_{sp_a} l}\left(1 - e^{-\frac{\alpha c_{sp_a} l}{f}\left(t - \frac{\delta}{6n}\right)}\right)\right]$$ [1])

[1]) Vgl. hierzu die von O. H. Müller jr. aufgestellte Erhebungsgleichung für gleichförmig beschleunigte Kolbenbewegung (S. 98).

und damit

$$v = \frac{dh}{dt} = \frac{m \cdot F}{2 m_1 \alpha c_{sp_a} l}\left[1 - e^{-\frac{\alpha c_{sp_a} l}{f}\left(t - \frac{\delta}{6n}\right)}\right]$$

und

$$k_v = \frac{d^2 h}{dt^2} = \frac{m \cdot F}{2 m_1 f} e^{-\frac{\alpha c_{sp_a} l}{f}\left(t - \frac{\delta}{6n}\right)}$$

oder schließlich, wenn statt $t - \frac{\delta}{6n}$ gesetzt wird $\frac{1}{6n}(\psi - \delta)$

$$h = \frac{m \cdot F}{12 m_1 n \alpha c_{sp_a} l}\left[(\psi - \delta) - \frac{6nf}{\alpha c_{sp_a} l}\left(1 - e^{-\frac{\alpha c_{sp_a} l}{6nf}(\psi - \delta)}\right)\right]$$

und mit $\operatorname{tg}\delta = \frac{f\omega}{\alpha c_{sp_a} l}$,

$$v = \frac{m \cdot F}{2 m_1 \alpha c_{sp_a} l}\left[1 - e^{-\frac{\alpha c_{sp_a} l}{6nf}(\psi - \delta)}\right] \quad \text{und} \quad k_v = \frac{m \cdot F}{2 m_1 f} e^{-\frac{\alpha c_{sp_a} l}{6nf}(\psi - \delta)}$$

Für schrägsitzige Ventile ist statt l einzusetzen $l \cdot \cos\alpha$.

Sieglerschmidt stellt fest, daß bei langsam laufenden Pumpen das Spiel der Ventile durch Unterbrechung des Zusammenhangs der Wassersäule kaum merklich beeinflußt wird. Bei rasch laufenden Pumpen dagegen, bei denen ψ_x mit n verhältnismäßig rasch wächst, sei der Fall (bei kleinem Windkesselüberdruck) wohl denkbar, daß das Saugventil sich noch in der Höchstlage befinde, wenn der Kolben den Rückhub bereits begonnen habe[1]).

Nach Sieglerschmidt läßt sich mit Hilfe der Gleichungen

$$F r \omega \left(\sin\psi \pm \frac{1}{2}\frac{r}{L}\sin 2\psi\right) = f \cdot v + \alpha c_{sp_a} l h$$

und

$$v = \frac{m F}{2 m_1 \alpha c_{sp_a} l}\left[1 - e^{-\frac{\alpha c_{sp_a} l}{6nf}(\psi - \delta)}\right]$$

leicht nachweisen, daß die Spaltgeschwindigkeit im Augenblick der Wiederherstellung der Kontinuität eine plötzliche Abnahme erfährt, dementsprechend sich alsdann auch H_v und die Pressung des Wassers auf die Unterfläche des Ventils verringere, daß also das Ventil, während es infolge der den Massen erteilten lebendigen Kraft bestrebt ist,

[1]) Vgl. hierzu Hagens (s. Lit.-Verz. 53), der an Hand eines graphischen Verfahrens unter stark vereinfachenden Annahmen nachwies, daß bei hohem n infolge geringer Eröffnungsverspätung die Wiedervereinigung des Wassers unter Umständen erst nach Kolbenumkehr erfolgt.

sich mit derselben Geschwindigkeit weiterzubewegen, es in dieser Bewegung durch den von oben wirkenden Überdruck gehemmt werde, und daß damit die Bewegung des Ventils so lange eine verzögerte ist, bis infolge der Zunahme der Spaltgeschwindigkeit die von oben und von unten auf das Ventil wirkenden Kräfte ins Gleichgewicht kommen. Da aber weiter das Trägheitsvermögen das Ventil über diese Gleichgewichtslage hinaus treibe, trete nunmehr ein beschleunigender Überdruck von unten auf usw.

Die Aufstellung einer Gleichung für die Erhebung h unter Berücksichtigung dieser Pendelungen stößt nach Sieglerschmidt auf unüberwindliche Schwierigkeiten. Damit ist es nach seiner Ansicht auch nicht möglich, den Einfluß der Trennung des Wassers auf die Schlußbewegung rechnerisch zu verfolgen.

Die in der wellenartigen Form der Steiglinie der Erhebungsdiagramme zum Ausdruck kommenden starken Geschwindigkeitsschwankungen sind nach Sieglerschmidt zum Teil auch darauf zurückzuführen, daß die Ventile stets im Augenblick des Abhebens vom Sitz aus dem Gleichgewicht kommen, da nach Überwindung der Adhäsionskraft zwischen den Sitzflächen der Öffnungsdruck eine weitere Erhöhung durch die Vergrößerung der Angriffsfläche um die Dichtungsfläche erfahre. Der entstehende Überdruck verursache das Pendeln um die Gleichgewichtslage.

Die Druckventile sind hinsichtlich der Eröffnungspendelungen nach Sieglerschmidt anders zu beurteilen als Saugventile. Auch bei diesen entstehe zunächst infolge Vergrößerung der Angriffsfläche ein von unten wirkender Überdruck; der gleich darauf eintretende Überdruck in der Schlußrichtung werde jedoch erheblich erhöht durch die plötzliche Entspannung der Luft, die sich beim Saughub unter dem Druckventil gesammelt habe und beim Anhub ausströme.

Sieglerschmidt betont, daß die bisher abgeleiteten Bewegungsgesetze wegen der Annahme $\alpha\, c_{sp_a}$ nur annähernd zutreffend seien, daß sie wohl den allgemeinen Charakter des Ventilspiels erkennen lassen, aber als Rechnungsgrundlagen nicht ohne weiteres verwendbar seien. Bezüglich der Ausflußziffer nimmt er nach den Versuchen Kleins an, daß diese unabhängig von Druck und Ausflußgeschwindigkeit ist, sich aber mit h nach einem Gesetz ändert, das wesentlich durch die besondere Bauart und durch die Größe der Ventile bedingt ist. Da wegen des Trägheitswiderstandes der bewegten Wassermasse für die Querschnittsänderungen des ausfließenden Strahles eine gewisse Zeit erforderlich sei, werde — gleiche Erhebung vorausgesetzt — die Ausflußziffer beim Heben etwas kleiner sein als beim Sinken. Der Unterschied nehme mit der Ventilgeschwindigkeit zu, sei also in der Nähe der Schlußlage am größten. Da $v_{\max}$ verhältnismäßig klein (0,05 bis

0,15 m/sk), nimmt auch Sieglerschmidt an, daß μ_H beim bewegten Ventil ebenso groß sei wie beim ruhenden.

Sieglerschmidt stellte unabhängig von Baumann die Veränderlichkeit der Ausflußziffer μ_H mit h fest für die Bachschen Tellerventile nach Abb. 9 und 10, S. 31, und benützte die Bachschen Versuchsergebnisse zur Aufstellung von Gleichungen, die das Gesetz der Veränderlichkeit von μ_H bei den flachsitzigen Tellerventilen im allgemeinen und bei den Ventilen Abb. 9 und 10 im besonderen zum Ausdruck bringen sollen. Dabei geht er aus von der Bachschen Gleichung für ζ_H:

$$\zeta_H = \frac{2gH}{c_1^2} - 1{,}01, \qquad \text{woraus mit} \qquad c_1 = \frac{Q}{1000 f_1 t}$$

$$\zeta_H = \frac{2gH}{\left(\frac{Q}{1000 f_1 t}\right)^2} - 1{,}01$$

wird.

Sieglerschmidt setzt nun weiter den durch Ablenkung des Flüssigkeitsstroms von der axialen Richtung, durch Änderung der Geschwindigkeit beim Übergang dieses Stroms aus f_1 nach $h l_1$, durch Reibung usw. entstehenden Ventilwiderstand proportional der Geschwindigkeitshöhe $\frac{c_1^2}{2g}$ und $\frac{c_{spi}^2}{2g}$, also

$$\zeta_H \frac{c_1^2}{2g} = \zeta_1 \frac{c_1^2}{2g} + \zeta_2 \frac{c_{spi}^2}{2g} \qquad \text{und erhält mit} \qquad c_{spi} = \frac{f_1 c_1}{\alpha\, l_1 h} = \frac{d_1 c_1}{4 \alpha h}$$

$$\zeta_H = \zeta_1 + \frac{\zeta_2}{16\alpha^2}\left(\frac{d_1}{h}\right)^2 \qquad \text{und mit} \qquad \zeta_1 = a \qquad \text{und} \qquad \frac{\zeta_2}{16\alpha^2} = b,$$

$$\zeta_H = a + b\left(\frac{d_1}{h}\right)^2$$

Unter Einführung von

$$c_1 = \frac{\alpha\, c_{spi} l_1 h}{f_1} \qquad \text{und} \qquad c_{spi} = \varphi \sqrt{2 g H_v}; \qquad H_v = \frac{1}{\varphi^2} \frac{c_{spi}^2}{2g}$$

findet Sieglerschmidt

$$\mu_H = \alpha \varphi = \frac{f_1}{l_1 h \sqrt{1{,}01 + \zeta_H}}$$

mit Einsetzung der von Bach ermittelten ζ_H-Werte: für das flachsitzige Tellerventil Abb. 9

$$\mu_H = \frac{d_1}{4h\sqrt{1{,}31 + 0{,}18\left(\frac{d_1}{0{,}0005 + h}\right)^2}}$$

und für das flachsitzige Tellerventil Abb. 10 mit verhältnismäßig breiter Sitzfläche

$$\mu_H = \frac{d_1}{4\,h\sqrt{1{,}71 + 0{,}19\left(\frac{d_1}{0{,}0005 + h}\right)^2}}$$

und endlich ganz allgemein für flachsitzige Tellerventile bei Hubhöhen h und Sitzbreiten $b_s = \frac{1}{2}(d - d_1)$ von $\frac{d_1}{10}$ bis $\frac{d_1}{4}$

$$\mu_H = \frac{d_1}{4\,h\sqrt{1{,}56 + 4\frac{b_s - 0{,}1\,d_1}{d_1} + 0{,}16\left(\frac{d_1}{h}\right)^2}}\,.$$

Er spricht weiter aus, daß die Ausflußziffer annähernd konstant sei, wenn das Verhältnis Sitzquerschnitt : Spaltquerschnitt $\frac{f_1}{l_1 h} = \frac{d_1}{4\,h}$ dasselbe bleibt, daß diese Regel um so genauer zutreffe, je kleiner h sei und daß bei sehr kleinen Erhebungen die Änderung von μ_H mit h nach einem anderen Gesetz erfolge als dem durch die obigen Gleichungen ausgedrückten. Die Versuchseinrichtung Bachs hält er wegen des durch die Wasserhöhe über dem Ventil entstehenden Überdrucks zu einer genauen Ermittlung von μ_H nicht für geeignet und eine Anwendung des Verfahrens zur Bestimmung von μ_H für die Bachschen schrägsitzigen Ventile als unzulässig.

Für die Berichtigungszahl μ_P gibt Sieglerschmidt folgende Beziehungen:

$$\mu_P = \frac{d_1}{4\,h\sqrt{1{,}85 + \left(\frac{d_1}{2{,}04\,(0{,}0008 + h)}\right)^2}}$$

für das flachsitzige Ventil mit schmaler Sitzfläche (Abb. 9) bei $h = \frac{d_1}{50}$ bis $\frac{d_1}{4}$,

$$\mu_P = \frac{d_1}{4\,h\sqrt{3{,}4 + \left(\frac{d_1}{1{,}74\;(0{,}0016 + h)}\right)^2}}$$

für das flachsitzige Ventil mit verhältnismäßig breiter Sitzfläche bei $h + \frac{d_1}{10}$ bis $\frac{d_1}{4}$, und

$$\mu_P = \frac{d_1}{4\,h\sqrt{2{,}5 + 19\frac{b_s - 0{,}1\,d_1}{d_1} + 0{,}16\left(\frac{d_1}{h}\right)^2}}$$

für Tellerventile allgemein bei $h = \frac{d_1}{10}$ bis $\frac{d_1}{4}$.

Die Gleichungen lassen eine Prüfung der Annahme **Bergs**, nach der μ_P bei gleichem Verhältnis $\frac{h}{d_1}$ für kleine Erhebungen in der Nähe der Schlußlage des Ventils konstant sei, nach **Sieglerschmidt** wegen Mangels an Versuchsergebnissen nicht zu.

Die **Spaltgeschwindigkeit** berechnet **Sieglerschmidt** aus der Beziehung: Spaltmenge = Kolbenverdrängung ∓ Ventilverdrängung, also aus

$$c_{sp_a} = \frac{F\,r\,\omega\left(\sin\psi \pm \frac{1}{2}\frac{r}{L}\sin 2\psi\right) \mp f\cdot v}{\alpha\, l\, h}$$

oder für $\frac{r}{L} = 0$ aus

$$c_{sp_a} = \frac{F\,r\,\omega\,\sin\psi \mp f\cdot v}{\alpha\, l\, h},$$

sofern die zusammengehörigen Werte von ψ, h, v und α bekannt sind.

Dabei kann das Gesetz, nachdem sich α mit h ändert, durch Versuche am ruhenden Ventil ermittelt werden, während ψ, h und v nach **Sieglerschmidt** wie folgt aus den Erhebungsdiagrammen zu bestimmen sind. Man beschreibt über AB des Ventildiagramms den Halbkreis (vgl. Abb. 94) und sieht diesen als Kurbelkreis an. Die zu einem Kurbelwinkel ψ gehörige Erhebung h findet sich, wenn man durch den betreffenden Teilpunkt C des Kurbelkreises einen Bogen mit $OA : \lambda'$ um einen auf der verlängerten Strecke AB liegenden Mittelpunkt schlägt und durch den Punkt D, in welcher dieser Bogen AB schneidet, eine Senkrechte zieht, welche die Ventilhublinie in E schneidet. Dabei ist λ' das durch den Antrieb der Trommel gegebene Längenverhältnis. Damit wird dann h, wenn ν die Übersetzung des Schreibzeugs bedeutet: $h = \frac{DE}{\nu}$

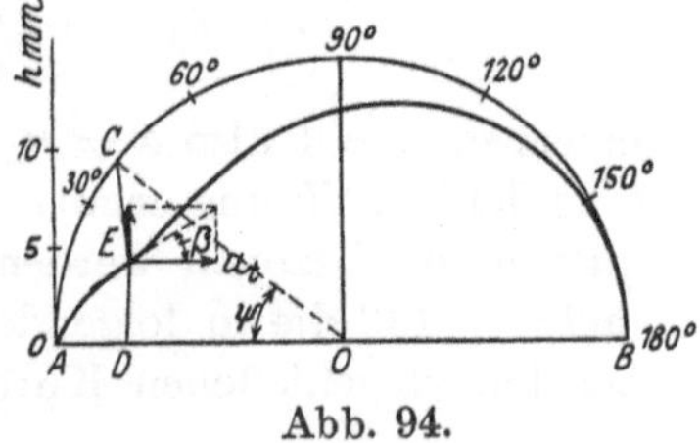

Abb. 94.

Ist weiter u_t die Umfangsgeschwindigkeit der Papiertrommel, w' diejenige der Antriebskurbel derselben und β der Winkel, welchen die Berührungslinie in dem zum Kurbelwinkel ψ gehörigen Punkt E des Diagramms mit der Horizontalen bildet, und L' die Länge des Diagramms, dann ist

$$v = \frac{\mu_t}{\nu}\operatorname{tg}\beta = \frac{w'}{\nu}(\sin\psi + \lambda'\sin 2\psi)\operatorname{tg}\beta = \frac{L'\pi n}{60\nu}(\sin\psi \pm \tfrac{1}{2}\lambda'\sin\psi)\operatorname{tg}\beta$$

und mit

$$\lambda' = 0, \quad v = \frac{L'\pi n}{60\nu}\sin\psi\operatorname{tg}\beta.$$

Da eine genaue Ermittlung der Erhebung h und des Winkels β für kleinere Winkel ψ nach Sieglerschmidt mit Hilfe des normalen Ventildiagramms nicht möglich ist, empfiehlt er, dieses Diagramm nur für Kurbelwinkel zwischen etwa 40 und 140°, im übrigen aber das versetzte Ventildiagramm zu benützen, für welches Berg ein Verfahren zur Bestimmung des Totpunktes O gegeben hat.

Sieglerschmidt bestimmt dann aus den Bergschen Diagrammen (für dessen federbelastetes Tellerventil von $d = 60$ mm) beim Kurbelradius $r = 0{,}05$ m und $n = 136$, ferner bei $r = 0{,}08$ m und $n = 102$ sowie bei $r = 0{,}125$ m und $n = 61$

$$v \text{ aus } v = \frac{L' \pi \cdot n}{60\, \nu} \sin\psi \operatorname{tg}\beta$$

und

$$c_{sp_a} \text{ aus } c_{sp_a} = \frac{F r \omega \sin\psi - f \cdot v}{\alpha l h}$$

und

$$\alpha \text{ aus } \mu_H = \alpha\varphi = \frac{d_1}{4h\sqrt{1{,}31 + 0{,}18\left(\dfrac{d_1}{0{,}0005 + h}\right)^2}} \text{ (vgl. S. 189),}$$

indem er $\varphi = 1$ also $\alpha = \mu_H$ setzt und annimmt, daß die für den Umfang der Sitzöffnung ermittelten μ_H-Werte auch auf den äußeren Spaltquerschnitt bezogen werden dürfen, und erhält z. B. für $r = 0{,}05$ m und $n = 136$ die in folgender Zahlentafel 9 enthaltenen Werte für c_{sp_a} bei den verschiedenen Kurbelwinkeln.

Zahlentafel 9.

ψ	10	20	30	40	50	60	70	80	90
h in m	0,0005	0,0018	0,0027	0,0042	0,0053	0,0068	0,0090	0,0107	0,0116
v in m/sk	0,1260	0,0915	0,0865	0,1180	0,1240	0,1530	0,1780	0,1090	0,0565
αc_{sp_a}	1,273	1,973	2,212	1,802	1,749	1,513	1,220	1,129	1,180
α	—	0,75	0,69	0,63	0,61	0,59	0,56	0,53	0,515
c_{sp_a} in m/sk	—	2,63	3,21	2,86	2,87	2,56	2,18	2,13	2,29
c_{sp_a} theor.	2,59	2,66	2,665	2,715	2,75	2,83	2,87	2,92	2,94

ψ	100	110	120	130	140	150	160	170	180
h in m	0,0120	0,0119	0,0116	0,0107	0,0090	0,0070	0,0051	0,0029	0,0008
v in m/sk	0,0151	−0,0265	−0,0645	−0,090	−0,124	−0,153	−0,169	−0,182	−0,131
αc_{sp_a}	1,174	1,181	1,168	1,167	1,245	1,366	1,471	1,811	2,256
α	0,51	0,51	0,515	0,53	0,56	0,585	0,615	0,675	0,902
c_{sp_a} in m/sk	2,30	2,32	2,27	2,20	2,22	2,34	2,39	2,68	2,50
c_{sp_a} theor.	2,95	2,95	2,94	2,92	2,87	2,80	2,74	2,67	2,60

In Abb. 95 ist diese c_{sp_a}-Linie dargestellt. Der Verlauf dieser Linie für die andern Kurbelhalbmesser und Umdrehungszahlen ist ähnlich.

Das auffällige Anwachsen der Spaltgeschwindigkeit kurz nach dem Anhub entspricht nach Sieglerschmidt der alsdann eintretenden plötzlichen Abnahme der Ventilgeschwindigkeit. Der weitere Verlauf der c_{sp_a}-Linien ist nach ihm wesentlich durch die Schwankungen des Ventils um die Gleichgewichtslage bedingt. Nach Erreichung des Höchstwertes sinkt die Spaltgeschwindigkeit anfänglich schnell, dann langsamer, um während des Schlußhubs wieder zu steigen. Besonders bei Schnellgang zeigt sich dieses Ansteigen, während bei geringerer Umlaufzahl c_{sp_a} während des Schlußhubs annähernd konstant bleibt. Das plötzliche Abfallen der c_{sp_a}-Linie am Ende der Abwärtsbewegung hält Sieglerschmidt für eine Folge der Zunahme des Durchgangswiderstandes. Er weist ausdrücklich darauf hin, daß die gezeichnete c_{sp_a}-Linie den tatsächlichen Verhältnissen nur annähernd entspricht, da außer durch die mit dem gegebenen Verfahren grundsätzlich verbundenen Ungenauigkeiten, wie Vernachlässigung des Einflusses der Ventilbewegung auf μ_H, Unzuverlässigkeiten der Ventilhubdiagramme usw., die Genauigkeit der ermittelten Werte auch durch die Vernachlässigung der Längenverhältnisse $\frac{r}{L}$ und λ' beeinträchtigt würden.

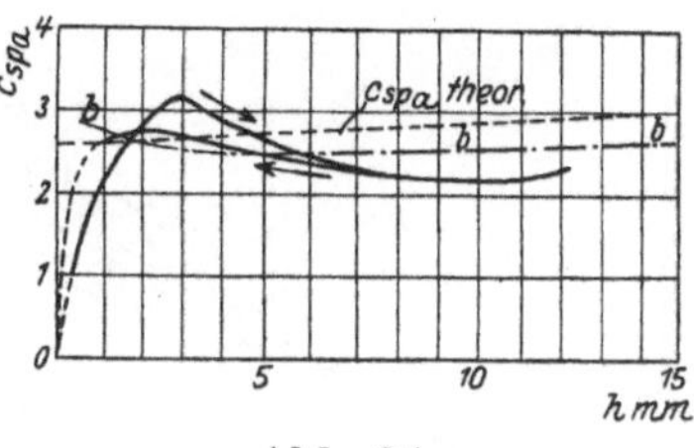

Abb. 95.

Mit $\varphi = 1$ und damit $c_{sp_a} = \sqrt{2gH_v} = \sqrt{\frac{2g}{1000f}(P_0 + Ch)}$, entsprechend $H_v = H$, wird nach Sieglerschmidt für das Bergsche Versuchsventil die theoretische Spaltgeschwindigkeit

$$c_{sp_a} = 2{,}631\sqrt{0{,}958 + 25{,}3h}\,.$$

Die Geschwindigkeit nach dieser Gleichung berechnet, gibt die Linie $c_{sp_a\,\text{theor.}}$ in Abb. 95. Aus der Einzeichnung dieser Linie ist nach Sieglerschmidt zu erkennen, daß in Wirklichkeit ein Wachsen des mittleren Wertes von c_{sp_a}, wie es der Linie *aa* entsprechen würde, nicht stattfindet. Er führt dies hauptsächlich auf die Vernachlässigung der Wasserströmung bei Aufstellung der Gleichung für die theoretische Spaltgeschwindigkeit zurück. Die wirkliche Änderung von H_v bzw. H und c_{sp_a} mit h kann auch nach Sieglerschmidt nur durch den Versuch gefunden werden und ist abhängig von der Bauart des Ventils. Er ermittelt nach dem Vorgang Kleins das Gesetz, nach welchem sich beim Bergschen Versuchsventil H und c_{sp_a} mit h ändern, wie folgt:

Er nimmt an, die Reibungswiderstände und der Beschleunigungswiderstand der Ventilmasse seien so gering, daß sie vernachlässigt werden können, und daß somit der Wasserdruck auf die untere Ventilfläche durch Versuche mit dem ruhenden, im Zustand der Schwebung befindlichen Ventil ermittelt werden dürfe.

Die Versuche Bachs ergaben nun für das normale Tellerventil $d = 60$ mm, $d_1 = 50$ mm, vgl. Abb. 16, die Linienzüge des Wasserdrucks P_1 Ia, Ib, Ic und Id für jeweils annähernd gleiche Druckhöhen H.

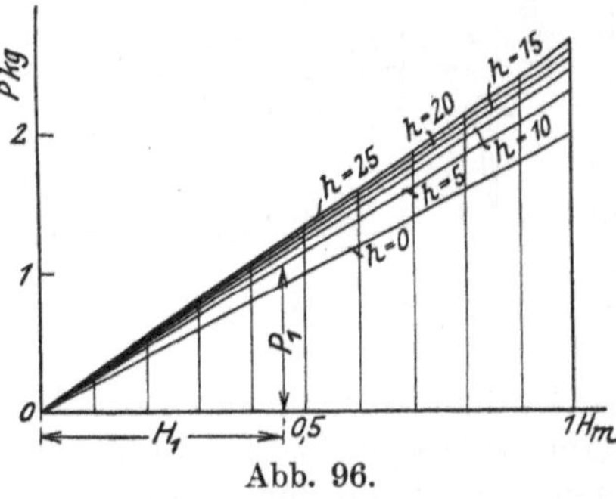

Abb. 96.

Durch Aufzeichnen der P_1-Werte aus dieser Figur als Ordinaten mit den H-Werten als Abszissen für gleichbleibendes h (s. Abb. 96) findet Sieglerschmidt, wie seinerzeit Klein beim schrägsitzigen Ringventil, daß bei derselben Erhebung P_1 im gleichen Verhältnis zunimmt wie H (vgl. Abb. 77, S. 150). Das schwebende Ventil ist aber im Gleichgewicht, wenn $P_1 = P$ ist. Die Änderung der Belastung P mit h erfolgte nun beim Bergschen Ventil nach der Geraden Abb. 97, dargestellt durch die Gleichung $P = 0{,}958 + 25{,}3\,h$. Damit ergibt sich die zu jeder Erhebung h_x zu-

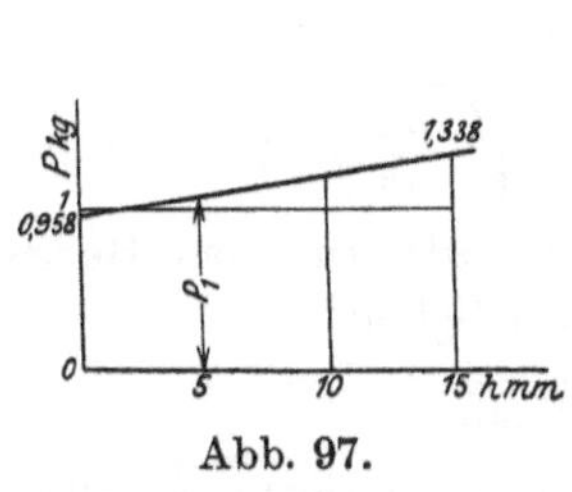

Abb. 97.

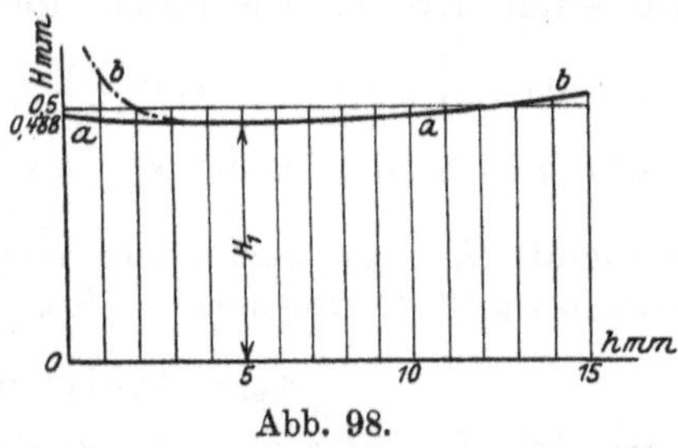

Abb. 98.

gehörige Druckhöhe H_x als Abszisse desjenigen Punktes in der h_x entsprechenden P_1-Linie aus Abb. 96, dessen Ordinate $= P_x$ ist. In Abb. 98 ist die so erhaltene Linie der H-Werte bezogen auf die Ventilerhebung als Linie $a\,a$ dargestellt. Sieglerschmidt hält nun die Einsetzung dieser eben ermittelten H-Werte in die Gleichung $c_{sp_i} = \sqrt{2gH}$ für erlaubt, indem er annimmt, daß beim Bachschen flachsitzigen Tellerventil wegen der starken Brechung des ausfließenden Strahles an der Wandung des verhältnismäßig engen Ventilgehäuses die Geschwindigkeitshöhe $\frac{c_{sp_i}^2}{2g}$ gänzlich verlorengehe.

Mit $H = H_v = \frac{P_0}{1000 f_1} = \frac{0{,}958}{1000 \cdot \frac{0{,}05^2 \pi}{4}} = 0{,}488\,\text{m}$ erhält er

$$c_{sp_i} = \sqrt{2 g H_v} = 3{,}094\,\text{m}$$

und

$$c_{sp_a} \cdot \frac{d_1}{d} \cdot c_{sp_i} = 2{,}578\,\text{m}.$$

Aus der Bachschen Gleichung für das schwebende Tellerventil Abb. 9, S. 31,

$$P = 1000 f_1 \frac{c_1^2}{2g}\left[1{,}85 + \left\{\frac{d_1}{2{,}08\,(0{,}0008 + h)}\right\}^2\right] \quad \text{bei} \quad h = \frac{d_1}{50} \text{ bis } \frac{d_1}{2},$$

leitet schließlich Sieglerschmidt nach Einführung von $c_1 = \frac{\alpha\, c_{sp_i} l_1 h}{f_1}$, $P = P_0 + C \cdot h = 0{,}958 + 25{,}3\,h$ und

$$\alpha = \frac{\mu_H}{\varphi} = \frac{d_1}{4 h \varphi \sqrt{1{,}31 + 0{,}18\left(\frac{d_1}{0{,}0005 + h}\right)^2}}$$

die Beziehung ab

$$c_{sp_i} = \varphi \sqrt{\frac{2g}{1000 f_1}(P_0 + C h)\,\frac{1{,}31 + 0{,}18\left(\frac{d_1}{0{,}0005 + h}\right)^2}{1{,}85 + \left\{\frac{d_1}{2{,}08\,(0{,}0008 + h)}\right\}^2}}$$

und mit $d_1 = 0{,}05$ und $f_1 = 0{,}001964$

$$c_{sp_i} = 3{,}161\,\varphi \sqrt{(0{,}958 + 25{,}3\,h)\,\frac{1{,}31 + \frac{0{,}00045}{(0{,}0005 + h)^2}}{1{,}85 + \frac{0{,}000578}{(0{,}0008 + h)^2}}}$$

und mit $\varphi = 1$ für

$h =$	0,001	0,002	0,005	0,010	0,015 m,
$c_{sp_i} =$	3,310	3,126	3,039	3,093	3,189 m/sek,
$c_{sp_a} =$	2,758	2,605	2,533	2,577	2,675 m/sek,
$H = \frac{c_{sp_i}^2}{2g} =$	0,557	0,498	0,472	0,487	0,518 m.

Die Einzeichnung dieser H-Linie in Abb. 98 gibt die Linie $b\,b$, die Einzeichnung der c_{sp_a}-Linie in Abb. 95 die Kurve b, die dem wirklichen Verlauf besser entspricht als die Linie c_{sp_a} theor.

Die letztere Aufzeichnung läßt nach Sieglerschmidt erkennen, daß bei im Betrieb befindlichen Ventilen die Spaltgeschwindigkeit um den dem Schwebezustand entsprechenden Wert schwankt.

Für das breitsitzige Tellerventil (Abb. 10, S. 31) bei $h = \frac{d_1}{10}$ bis $\frac{d_1}{4}$ gibt Sieglerschmidt die Beziehung:

$$c_{sp_i} = 3{,}161\,\varphi \sqrt{(0{,}958 + 25{,}3\,h)\,\frac{1{,}71 + 0{,}19\left(\frac{d_1}{0{,}0005 + h}\right)^2}{3{,}4 + \left\{\frac{d_1}{1{,}74\,(0{,}0016 + h)}\right\}^2}}$$

und für Tellerventile allgemein bei $h = \frac{d_1}{10}$ bis $\frac{d_1}{4}$ und $b_s = \frac{d_1}{10}$ bis $\frac{d_1}{4}$

$$c_{sp_a} = \frac{d_1}{d}\,c_{sp_i} = \varphi \sqrt{\frac{2g}{1000f}\,[P_0 + C\,h]\,\frac{1{,}56 + 4\,\frac{b_s - 0{,}1\,d_1}{d_1} + 0{,}16\left(\frac{d_1}{h}\right)^2}{2{,}5 + 19\,\frac{b_s - 0{,}1\,d_1}{d_1} + 0{,}16\left(\frac{d_1}{h}\right)^2}}$$

Der Vergleich der H-Linie (Abb. 98) mit der des Kleinschen Ventils (Abb. 78, S. 151) zeigt wesentlichen Unterschied. (Letztere Linie würde übrigens noch steiler verlaufen, wenn die der Zusammendrückung der Feder entsprechende Belastungszunahme berücksichtigt würde — die Belastung wurde konstant zu 8,34 kg angenommen.) Während die Spaltgeschwindigkeit beim flachsitzigen Tellerventil nach Sieglerschmidt also annähernd konstant ist, wächst sie bei schrägsitzigen Ringventilen in weit stärkerem Maß als nach der Gleichung $c_{sp_a} = \varphi \sqrt{\frac{2g}{1000f}(P_0 + C \cdot h)}$ mit h. Bei gleichem Ventilhub nahm auch hier P proportional mit H zu.

Unter Vernachlässigung des Reibungswiderstandes in den Führungen und des Beschleunigungswiderstandes der Massen, sowie unter Voraussetzung des Schwebezustandes, bei welchem sich c_{sp_a} und α mit h ändern, $\alpha \cdot c_{sp_a} = x$ also eine Funktion der einzigen Veränderlichen h ist, ermittelt Sieglerschmidt dann weiter aus der Beziehung

$$F\,r\,\omega\left(\sin\psi \pm \frac{1}{2}\,\frac{r}{L}\sin 2\psi\right) = f\,\frac{dh}{dt} + l\,h\,x$$

neue Gleichungen des Ventilspiels.

Durch Differentieren erhält er zunächst die nicht lineare Differentialgleichung höheren Grades, die nur in speziellen Fällen auflösbar ist:

$$\frac{dh}{dt} = \frac{1}{l\,\frac{d\,(h\,x)}{dh}}\left[F\,r\,\omega^2\left(\cos\psi \pm \frac{r}{L}\cos 2\,\psi\right) - f\,\frac{d^2 h}{d^2 t}\right]$$

und nach Vernachlässigung von $f\frac{d^2 h}{dt^2}$, die **Näherungsgleichung**:

$$h = \frac{F r \omega}{l x}\left(\sin\psi \pm \frac{1}{2}\frac{r}{L}\sin 2\psi\right) - \frac{F f r \omega^2}{l^2 x \frac{d(hx)}{dh}}\left(\cos\psi \pm \frac{r}{L}\cos 2\psi\right)$$

oder mit $\frac{r}{L} = 0$:

$$h = \frac{F r \omega}{l \cdot x}\left(\sin\psi - \frac{f\omega}{l\frac{d(hx)}{dh}}\cos\psi\right)$$

und mit

$$\frac{F r \omega}{l x} = a_1, \qquad \frac{F f r \omega^2}{l^2 x \frac{d(hx)}{dh}} = a_2,$$

$$h = a_1 \sin\psi \pm \frac{1}{2}\frac{r}{L} a_1 \sin 2\psi - a_2 \cos\psi \pm \frac{r}{L} a_2 \cos 2\psi$$

oder mit $\frac{r}{L} = 0$:

$$h = a_1 \sin\psi - a_2 \cos\psi.$$

Zu jeder Erhebung h gehören zwei Kurbelwinkel ψ_1 und ψ_2 für den Aufgang bzw. den Niedergang des Ventils, für deren Bestimmung **Berg** das S. 131 gegebene zeichnerische Verfahren verwendet.

Den **Schlußverspätungswinkel** bestimmt **Sieglerschmidt** aus der Gleichung

$$\frac{-\sin\delta \pm \frac{1}{2}\frac{r}{L}\sin 2\delta}{-\cos\delta \pm \frac{r}{L}\cos 2\delta} = \frac{f\omega}{l\frac{d(hx)}{dh}}_{(h=0}$$

oder mit $\frac{r}{L} = 0$ aus $\operatorname{tg}\delta \frac{f\omega}{l\frac{d(hx)}{dh}}_{(h=0}$

und den **Ventilhub bei Kolbenumkehr** aus

$$h \cdot x \frac{d(hx)}{dh}_{(h=h_0} = \frac{F \cdot f r \omega^2}{l^2}\left(1 \mp \frac{r}{L}\right),$$

ferner die **maximale Erhebung** für $h = h_{\max}$ bei $\psi = 90°$ (annähernd) aus

$$h_{\max} = \frac{F r \omega}{l x}_{(h=h_{\max}}$$

und die Ventilgeschwindigkeit bei Kolbenumkehr unter Vernachlässigung von $f\frac{d^2 h}{dt^2}$

$$v_{s_0} = -\frac{F r \omega^2}{l\frac{d(h x)}{dh}}\left(1 \mp \frac{r}{L}\right)$$

$(h - h_0$.

Die neuen Gleichungen Sieglerschmidts sollen zeigen, daß das Verfahren Bergs — Ermittlung der Ventilhublinie unter Einführung der veränderlichen Werte für αc_{sp_a} bzw. $\mu_P \sqrt{2gb}$ in die unter Voraussetzung $\alpha c_{sp_a} = \text{const}$ abgeleitete Gleichung

$$h = \frac{F r \omega}{\alpha c_{sp_a} l}\left[\left(\sin\psi \pm \frac{1 \cdot r}{2L}\sin 2\psi\right) - \frac{f \cdot \omega}{\alpha c_{sp_a} l}\left(\cos\psi \pm \frac{r}{L}\cos 2\psi\right)\right],$$

das den Vorzug größerer Einfachheit der Rechnung hat, bei kleinen Erhebungen, bei denen der Einfluß der Ventilverdrängung mehr zur Geltung kommt, nur annähernd richtige Werte liefern kann.

Hinsichtlich des Ventilschlags spricht Sieglerschmidt nach Angabe eines Maßstabes für die Stärke des Schlages (vgl. Berg) und der Kennzeichen des stoßlosen Schlusses (nach Bach) folgendes aus:

„Bei der Abwärtsbewegung wird die während einer längeren Beschleunigungsphase aufgespeicherte lebendige Kraft während einer kurzen Verzögerungsphase ganz oder teilweise aufgebraucht. Dabei wirken im Sinn der Abwärtsbewegung beschleunigend die Belastung und der durch die aufgehaltene Ventil- und Wassermasse entstehende Druck, verzögernd dagegen, solange ein Rückströmen nicht stattfindet, der Unterschied der Flüssigkeitspressung auf die untere und obere Ventilfläche und der Pufferwiderstand. Soll eine Pufferwirkung der Wasserschicht zwischen den Sitzflächen im Augenblick des Aufsitzens zur Geltung kommen, so muß die Schlußbewegung so erfolgen, daß bei dem nach Kolbenumkehr erfolgenden Aufsitzen die Bedingung erfüllt wird $f v_s \geqq F u_s$ (vgl. auch Tobell S. 66). Wäre nämlich $f v_s$ kleiner als $F u_s$, dann würde unter dem Einfluß des an die Stelle des bisherigen Unterdrucks tretenden Überdrucks des Wassers über dem Ventil plötzliches Rückströmen des Wassers, also schnelle Entfernung der vorher nur wenig bewegten Schicht zwischen den Dichtungsflächen erfolgen. Das Ventil wird also dann um so heftiger zuschlagen, je größer in dem betreffenden Augenblick die Entfernung desselben vom Sitz und je größer der erwähnte Überdruck ist. Ursache des Schlagens ist hauptsächlich das bei verspätetem Schluß unter Umständen eintretende Rückströmen der Flüssigkeit."

Nach Wiedergabe der bekannten Bachschen Gesetze betont Sieglerschmidt zunächst, daß, wenn unter gegebenen Verhältnissen ein gerade noch stoßfrei erfolgender Schluß beobachtet worden sei, unter Verwendung desselben Ventils und Änderung von P, H, n und s der Abschluß nach Bach ein gleich ruhiger ist, wenn $\frac{F n^2 s}{P_0} = \text{const}$, d. h. ebenso groß ist wie im ersteren Fall, und daß nicht etwa folge, wie vielfach angenommen werde, daß ein Schlag eintreten müsse, wenn der Wert der Konstanten überschritten werde, der nach Bach beim flachsitzigen Tellerventil zwischen 3,64 und 6,70 schwankte.

Dann stellt Sieglerschmidt diejenigen Versuche Bergs zusammen, bei denen Abschluß mit dumpfem Ton erfolgte (Belastung in der Schlußlage $P_0 = 1{,}802$ kg und $P_0 = 0{,}958$ kg), berechnete dazu die Werte $\frac{F n^2 s}{P_0}$, stellte daneben die dabei beobachtete Totpunkterhebung h_0' und fand, daß die an der Grenze des stoßlosen Schlusses beobachtete Totpunkterhebung h_0' proportional $\frac{F n^2 s}{P_0}$, d. h. $h_0' = 0{,}0001233 \frac{F n^2 s}{P_0}$ ist. $\frac{F n^2 s}{P_0}$ schwankte bei diesen Versuchen zwischen 1,93 und 7,43, also in noch weiteren Grenzen wie bei den Bachschen Versuchen.

Auf Grund dieser Ergebnisse hält Sieglerschmidt den Nachweis für erbracht, daß die mit Gewichtsventilen gefundenen Bachschen Gesetze auch für leichte federbelastete Ventile gelten.

Aus der obigen Gleichung für h_0 folgt nach Sieglerschmidt ferner, daß beim gleichen Ventil h_0' konstant ist, wenn $\frac{F n^2 s}{P_0}$ sich nicht ändert.

Er stellt ferner zahlenmäßig fest, daß die unter Annahme konstanter Spaltgeschwindigkeit und Ausflußziffer gefundene Gleichung für h_0, nämlich $h_0 = \frac{F f r \omega^2}{(\alpha c_{sp_a} l)^2}\left(1 \mp \frac{r}{L}\right)$ mit der obigen Gleichung für h_0' nur annähernd übereinstimmt.

Als meist angewendetes Mittel zur Verminderung des Ventilschlags nennt auch Sieglerschmidt Herabsetzung von h_0 und v_s durch große Spaltlänge und Belastung, wobei aber zu beachten sei, daß mit der Belastung auch der Ventilwiderstand wächst und beim Saugventil (besonders bei hohem n) der Zeitpunkt der Wiederherstellung der Kontinuität hinausgeschoben wird. Da wegen Unbestimmbarkeit der die Schlußbewegung nach Eintreten des Rückströmens beeinflussenden Kräfte ein allgemeiner Ausdruck für die Geschwindigkeit des Ventils beim Aufsitzen sich nach Sieglerschmidt nicht ableiten läßt, kann auch die Stärke des Ventilschlags, ausgedrückt durch die bei demselben vernichtete lebendige Kraft, rechnerisch nicht ermittelt werden. Nach Sieglerschmidt erfolgt der Ventilschluß um so ruhiger, je größer zur Erzielung derselben Lieferung s gegenüber n ist. Auch er empfiehlt, die Masse des Ventils, dessen Fläche f, den Wasserweg vom Saug- zum Druckventil sowie die Wasserhöhe über dem Druckventil bis zum Wasserspiegel im Windkessel möglichst klein zu halten.

Die Verminderung des Ventilschlags durch Herabsetzung der Schlußgeschwindigkeit unter Anwendung von Hilfskolben und Umläufen mit Schiebern und Hähnen oder durch in das Antriebsgestänge eingeschaltete Übertragungsmechanismen bezeichnet Sieglerschmidt mit Recht als kompliziert, teuer und vielfach sehr nachteilig.

Bei der Berechnung der Ventile geht Sieglerschmidt davon aus, daß sich das Ventil in der Höchstlage im schwebenden Gleichgewicht befindet. Unter der weiteren Annahme, daß der größten Erhebung ein Kurbelwinkel von 90° entspricht und unter Einführung von

$$P = P_0 + C \cdot h_{\max}, \quad c_1 = \frac{F r}{f_1} \cdot \frac{\pi n}{30}$$

erhält er aus den Bachschen Beziehungen für ζ_H und P

1. für das flachsitzige Tellerventil mit oberer Führung bei

$$h_{\max} = \frac{d_1}{10} \text{ bis } \frac{d_1}{4} \text{ und } b_s = \frac{1}{2}(d - d_1) \text{ von } \frac{d_1}{10} \text{ bis } \frac{d_1}{4},$$

$$\zeta_H \frac{c_1^2}{2g} = \frac{1}{2g}\left(\frac{F r}{f_1} \cdot \frac{\pi n}{30}\right)^2 \left[0{,}55 + 4\,\frac{b_s - 0{,}1\,d_1}{d_1} + 0{,}16\left(\frac{d_1}{h_{\max}}\right)^2\right],$$

$$P_0 + C \cdot h_{\max} = 0{,}555\,\frac{F^2 n^2 r^2}{f_1}\left[2{,}5 + 19\,\frac{b_s - 0{,}1\,d_1}{d_1} + 0{,}16\left(\frac{d_1}{h_{\max}}\right)^2\right];$$

2. für das schrägsitzige Tellerventil mit oberer Führung nach Abb. 13, S. 31, bei Hubhöhen $h_{\max} = 0{,}1\,d_1$ bis $0{,}25\,d_1$ und $b_s = 0{,}1\,d_1$

$$\zeta_H \frac{c_1^2}{2g} = \frac{1}{2g}\left(\frac{F r}{f_1} \cdot \frac{\pi n}{30}\right)^2 \left[2{,}6 - 0{,}8\left(\frac{d_1}{h_{\max}}\right) + 0{,}14\left(\frac{d_1}{h_{\max}}\right)^2\right],$$

$$P_0 + C h_{\max} = 0{,}555\,\frac{F^2 n^2 r^2}{f_1}\left[-1{,}05 + 0{,}078\left(\frac{d_1}{h_{\max}}\right)^2\right].$$

Diese Rechnung gewährt nach Sieglerschmidt zwar einigen Anhalt für die Beurteilung der Wirkungsweise der Ventile; sie berücksichtigt aber nach seiner Ansicht nur in ungenügender Weise das Verhalten der Ventile beim Abschluß. Die sichere Gewährleistung eines stoßlosen Schlusses soll aber das durch die Rechnung in erster Linie anzustrebende Ziel sein.

Durch das Rechnungsverfahren Bergs (vgl. S. 135f.) wurde nach Sieglerschmidt ein bedeutender Fortschritt auf diesem Weg angebahnt. Sieglerschmidt hält aber, obwohl nach Berg ausgeführte Konstruktionen ähnliche Abmessungen aufweisen, die Rechnung nach den Bergschen Gleichungen für bedenklich, da die Berechtigung zu der Annahme, daß μ_P bei Ventilen verschiedener Größe denselben Wert habe, wenn das Verhältnis $\frac{f}{l h_0}$ ein gleiches sei, und da ferner die Zulässigkeit einer Anwendung der mit dem Tellerventil erhaltenen Versuchsergebnisse auf Ringventile nicht erwiesen sei. Auch führt das Rechnungsverfahren Bergs wegen der Außerachtlassung der Gesetze des Ventilschlags, wie Sieglerschmidt an einem Beispiel zeigt, häufig zu zu großer Sicherheit.

Die Regel Bachs: „Ist unter gegebenen Verhältnissen ein ruhiger Schluß ‚an der Grenze' beobachtet worden, so wähle man bei Verwendung desselben Ventils die Anzahl z der Ventile bzw. die Belastung derselben so, daß der Wert von $\frac{n^2 s F}{(G_w + \mathfrak{F}_0) \cdot z}$ sich nicht ändert", gibt nach Sieglerschmidt in einzelnen Fällen einen Anhalt für die Berechnung der Ventile unter Berücksichtigung des Ventilschlags. Aber auch sie soll, wie er an einem Beispiel zeigt, nicht ganz einwandfrei sein, da dieselbe die Veränderlichkeit des Ausdrucks $h_0' = 0{,}0001233 \frac{F n^2 s}{P_0}$ unberücksichtigt läßt.

Bessere Rechnungsgrundlagen können seiner Ansicht nach aber nur durch umfangreiche, jede Bauart und Größe berücksichtigende Versuche gewonnen werden, deren Ergebnisse sich nach Sieglerschmidt wie folgt verworten lassen:

Treffen die Wahrnehmungen, gemäß welchen

1. die unter Einsetzung von $\alpha\, c_{sp_a} = \mu_P \sqrt{\frac{2 g}{1000 f} P_0}$ in die Gleichung $h_0 = \frac{F f r \omega^2}{(\alpha\, c_{sp_a} l)^2}\left(1 \mp \frac{r}{L}\right)$ ermittelten Totpunkterhebungen h_0 mit den beobachteten annähernd übereinstimmten, und

2. die an der Grenze beobachteten Erhebungen h_0' proportional $\frac{F}{z} \cdot \frac{n^2 s}{G_w + \mathfrak{F}_0}$ zunahmen, allgemein zu, dann ist die Bedingungsgleichung des stoßlosen Schlusses

$$h_0 \leqq h_0' ,$$

also

$$h_0 \leqq a \frac{F}{z} \cdot \frac{n^2 s}{G_w + \mathfrak{F}_0} ,$$

wenn a eine von Konstruktion und Größe des Ventils abhängige Erfahrungszahl darstellt, die sich mit s und n ändert. Nach den Rechnungen Sieglerschmidts für das Bergsche Ventil entspricht h_0

ziemlich genau dem Wert $h_0'\left(0{,}6 + \frac{180}{n^2 s}\right)$, so daß beim flachsitzigen Tellerventil von 60 mm Durchmesser $a = 0{,}0001233\left(0{,}6 + \frac{180}{n^2 s}\right)$ wird.

Erweisen sich die Annahmen als richtig und sind die Ausdrücke a für die verschiedenen Ventilgrößen der betreffenden Bauart bestimmt, dann kann man nach Sieglerschmidt wie folgt vorgehen: Zunächst wird h_0 bestimmt aus $h_0 = \frac{F f r \omega^2}{(\alpha\, c_{sp_a} l)^2}\left(1 \mp \frac{r}{L}\right)$ unter Annahme von f, l und $G_w + \mathfrak{F}_0$; dann ist zu untersuchen, ob die Bedingung $h_0 \leqq a \frac{F}{z} \frac{n^2 s}{G_w + \mathfrak{F}_0}$ erfüllt wird. Ist das nicht der Fall, so ist das Verfahren zu wiederholen.

In der Arbeit von Sieglerschmidt, welche hauptsächlich auf den Ausführungen von Bach, Müller, Klein und Berg aufgebaut ist, werden als etwas Besonderes neue Gleichungen des Ventilspieles unter Voraussetzung des Schwebezustandes abgeleitet, die mathematisch wohl genauer sind, als die bisher gegebenen, welche — der gemachten Annahmen wegen — aber den tatsächlichen Weg des Ventils doch nicht liefern. Interessant und neu ist die Untersuchung bezüglich des Abreißens der Saugsäule, der aber ebenfalls nicht zutreffende Annahmen zugrunde liegen. Die Untersuchungen, betreffend Druckverlust und Spaltgeschwindigkeit, dürften wegen der gemachten Annahmen, wohl die meisten Zweifel hervorrufen. Wertvoll ist, daß auch die Untersuchungen Sieglerschmidts die Bachschen Gesetze, betreffend Ventilschlag, als giltig feststellen und zwar nicht bloß für die Bachschen Ventile, sondern auch für leichte federbelastete Ventile. Das Bergsche Rechenverfahren hält auch Sieglerschmidt wie Klein für bedenklich; er gibt an dessen Stelle ein anderes Verfahren, dem aber ebenfalls gewisse, nicht bestätigte Annahmen zugrunde liegen.

5. Körner[54])

erörtert die Bewegung des Ventils bei einigen (4) von Bach untersuchten Fällen. Aus dem normalen und verschobenen Ventildiagramm verzeichnet er unter Berücksichtigung der endlichen Stangenlänge die Kurbelwegdiagramme (vgl. z. B. Abb. 99a u. b) und aus diesen je durch Anlegen von Tangenten die Geschwindigkeits- und die Beschleunigungskurven. Aus der Westphalschen Gleichung $f_1 c_1 - f_1 \frac{dh}{dt} = \alpha\, c_{sp_i} l_1 h$ berechnet er dann für $\alpha = 1$ die Spaltgeschwindigkeit c_{sp_i} (s. Abb. 100a und b) und stellt fest, daß die Annahme gleichbleibender Spaltgeschwindigkeit nicht allgemein zulässig sei und daß bei größeren Durchflußmengen das Ansteigen von c_{sp_i} gegen Hubende und damit die Pufferwirkung vollständig verschwinde. Bei Bestimmung der größten Spaltgeschwindigkeit ist nach Körner zu beachten, daß, wenn sich das Ventil mit einer Geschwindigkeit $v = -\frac{dh}{dt}$ dem Sitz nähert, während die Kolbengeschwindigkeit abnimmt, der Fall eintreten kann, daß die größte radiale Wassergeschwindigkeit nicht mehr am inneren Umfang von f_1, sondern am äußeren Ventilumfang auftritt und daß der Übergang erfolgt, wenn

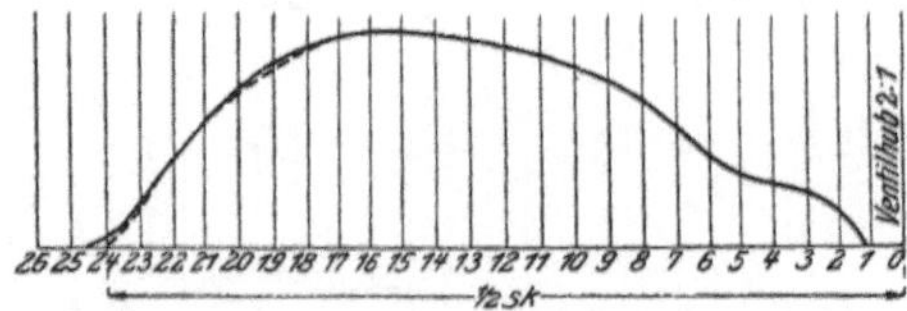

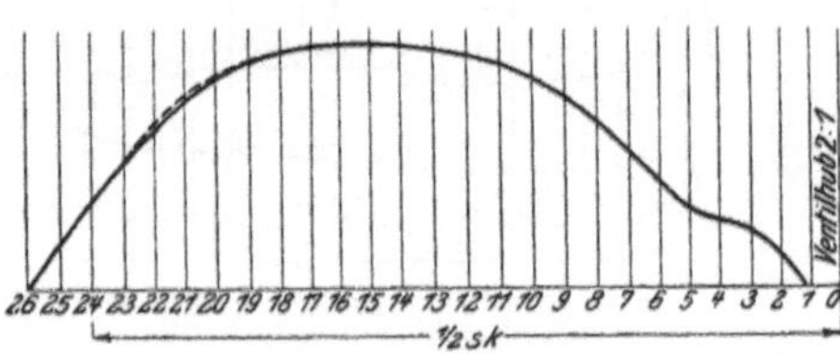

Abb. 99a und 99b.

$$\frac{f_1 c_1 + f_1 v}{l_1} = \frac{f_1 c_1 + f v}{l}$$

oder $f_1 c_1 (l - l_1) = v(l_1 f - l f_1)$ oder $\frac{\pi d_1^2}{4} c_1 (d - d_1) = v \frac{\pi^2}{4} (d_1 d^2 - d d_1^2)$ $= \frac{\pi}{4} v d_1 d (d - d_1)$ oder $\frac{d_1}{v} = \frac{d}{c_1}$ ist, und daß endlich, wenn nach Umkehr des Pumpenkolbens c_1 negativ wird, $c_{sp} = 0$ oder negativ werden könne, und zwar zuerst am inneren und dann auch am äußeren Umfang. Körner bestimmt dann durch die Gleichung

$$\frac{1}{1000 f_1} (P - M k_v)^{1)}$$

den Wert, der in jedem Augenblick den mittleren Wasserdruck, auf die Durchgangsfläche f_1 bezogen, angibt und zeichnet für die 4 angegebenen Fälle die Größen

$$(P - M k_v); \frac{1}{1000 f_1} (P - M k_v)$$
und $c_{sp_i}^2 : 2 g$

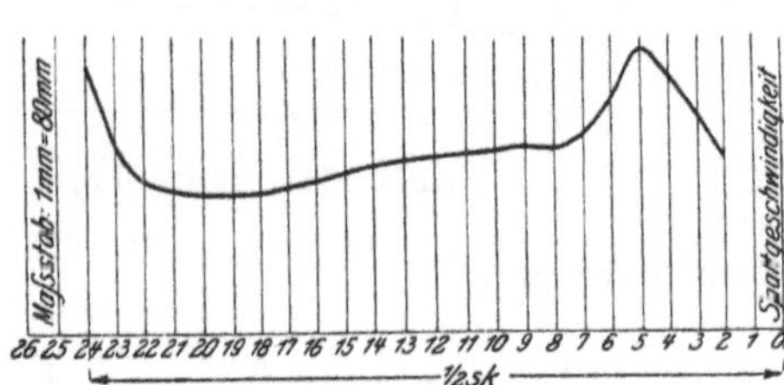

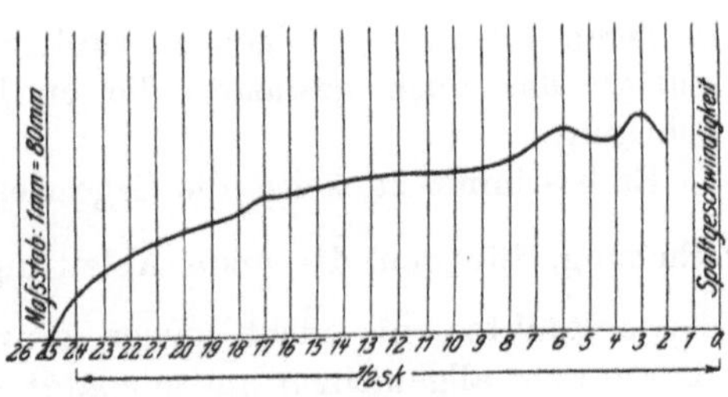

Abb. 100a und 100b.

1) M ist die Masse der mit dem Ventil bewegten Teile (M nach Bach $= 1{,}147 : 9{,}81$) und k_v ihre Beschleunigung. P, die Ventilbelastung, wurde den Bachschen Zahlentafeln entnommen.

(vgl. Abb. 101a und b); wobei sich zeigte, daß der Unterschied $C = \frac{1}{1000 f_1}(P - M k_v) - \frac{c_{sp_i}^2}{2g}$ jedesmal, wenigstens über den zweiten Teil des Kolbenhubs, wo die Schwingungen durch den Eröffnungsstoß schon gedämpft sind, nahezu gleich blieb, und daß in den untersuchten Fällen der Einfluß der Beschleunigungskräfte nicht vernachlässigt werden darf. Unter der Annahme, der „Widerstand“ C bleibe über die Hubzeit wirklich gleich, findet Körner dann bei unendlicher Stangenlänge die leider nicht integrierbare Differentialgleichung der Ventilbewegung:

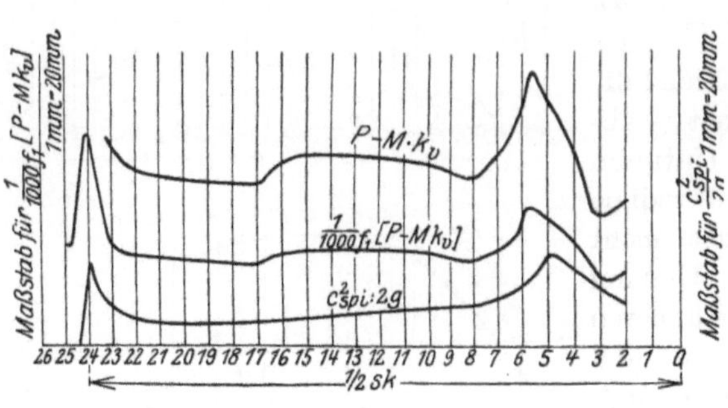

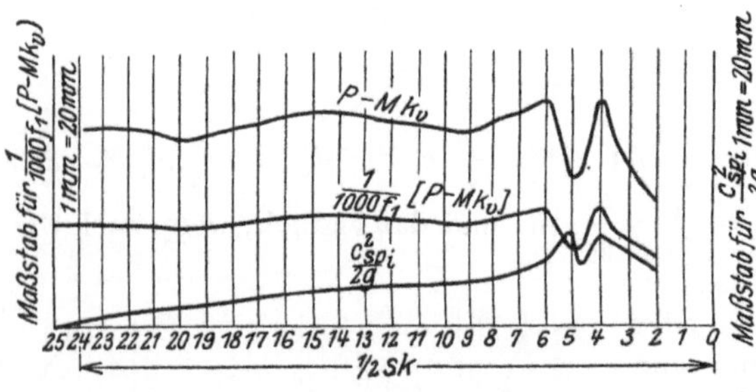

Abb. 101a und 101b.

$$\frac{1}{1000 f_1}\left(P - M\frac{d^2h}{dt^2}\right) - C = \frac{c_{sp_i}^2}{2g} = \frac{\left(F w \sin\frac{w}{r}t - f_1\frac{dh}{dt}\right)^2}{2g\, l_1^2 h^2},$$

zu deren Lösung er folgendes punktweises Näherungsverfahren vorschlägt, das auch gestattet, die endliche Stangenlänge zu berücksichtigen:

Er bestimmt zunächst die Lage des Punktes der höchsten Ventilerhebung, für den die erste Ableitung $\frac{dh}{dt} = 0$ wird. Die Abszisse dieses Punktes, die nicht immer ganz gleich ist — h_{max} tritt nach Körner im allgemeinen um so später ein, je größer der Wasserdurchfluß in der Sekunde ist —, war bei den untersuchten Fällen niemals weit von $t = \frac{2}{3}\cdot\frac{\pi r}{w}$. Wenige Versuche mit anderen Ventilkonstruktionen und Geschwindigkeiten dürften nach Körner somit ebenfalls eine genügend genaue Schätzung der Lage dieses Punktes zulassen.

Die Ordinate dieses höchsten Punktes bestimmt Körner aus der Bachschen Gleichung für die Ventilbelastung beim ruhenden Ventil:

$$P' = 1000 f_1 \frac{c_1^2}{2g} \left\{ \varkappa + \left[\frac{d_1}{4 \mu (a_1 + h)} \right]^2 \right\},$$

indem er annimmt, daß bei Eintritt einer Ventilbewegung nicht mehr die Geschwindigkeit im Sitzdurchgang, sondern die Spaltgeschwindigkeit maßgebend wäre, daß also anstatt c_1 zu setzen ist:

$$\frac{4h}{d_1} c_{sp_i} \quad \text{und} \quad P' = 1000 f_1 \frac{16 h^2}{d_1^2} \cdot \frac{c_{sp_i}^2}{2g} \left[\varkappa + \left\{ \frac{d_1}{4 \mu (a_1 + h)} \right\}^2 \right]$$

mit $\varkappa = 1{,}85$; $\mu = 0{,}52$ und $a_1 = 0{,}0008$.

Er zeichnet die zuletzt gegebenen Werte von P' unter Benützung der jeweiligen Spaltgeschwindigkeit und die Werte $(P - M k_v)$ auf (vgl. z. B. die Abb. 102a und b), die erkennen lassen, daß sich diese

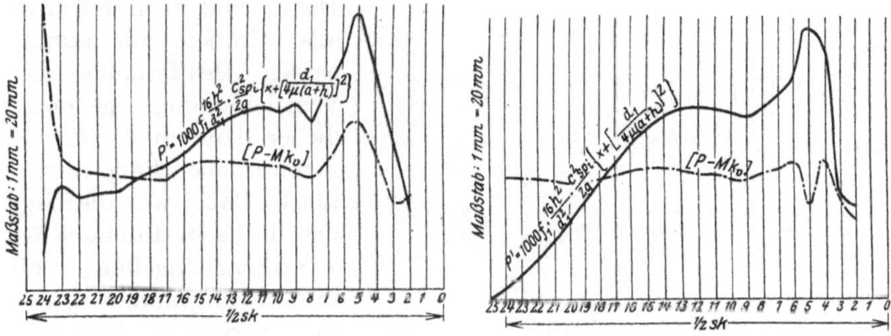

Abb. 102a und 102b.

Linien nur gegen die höchste Ventilerhebung hin einander nähern, sonst aber sehr voneinander abweichen.

Da aber k_v auch unbekannt ist, bestimmte Körner den Ventilhub für den Zeitpunkt der Bewegungsumkehr des Ventils vorläufig unter der Annahme der Ventilbelastung P. Dabei ergab sich bei kleinen Durchflußgeschwindigkeiten ausreichende Übereinstimmung der so errechneten h-Werte mit den wirklich gemessenen größten Ventilerhebungen, während bei größeren Geschwindigkeiten die wirkliche Erhebung beträchtlich kleiner war als die berechnete, was Körner zum Teil durch den Einfluß der Beschleunigung, zum Teil durch Wirbelwiderstände bei der Ventilbewegung erklärte.

Bei anderen Ventilkonstruktionen müßte nach Körner nicht nur die Abhängigkeit der Ventilbelastung vom Hub, sondern auch noch die Übereinstimmung des ruhenden Ventils mit dem in der Bewegungsumkehr begriffenen besonders festgelegt werden. Für ein gegebenes Ventil ist es leicht, ein für allemal den Hub für verschiedene Umdrehungszahlen und Durchflußmengen zu messen. Ist damit die Lage des höchsten Ventilhubs gegeben, dann wäre nach Körner noch die Größe des gleichbleibend angenommenen Widerstandes C zu bestimmen, wozu er die Gleichungen Bachs über die Widerstandsziffer $\zeta = 0{,}3 + 0{,}18\left(\frac{d_1}{0{,}0005 + h}\right)$ verwendet. Er erhält, wenn der Widerstand wieder auf c_{sp_i} statt c_1 bezogen wird, für denselben die Beziehung:

$$C' = \frac{16\,h^2}{d_1^2}\left[0{,}3 + 0{,}18\left(\frac{d_1}{0{,}0005 + h}\right)^2\right]\frac{c_{sp_i}^2}{2g}$$

Die Werte von C und C' aufgezeichnet (s. z. B. die Abb. 103a und b), sollen zeigen, daß für den höchsten Ventilhub C annähernd gleich C' genommen werden können. Damit sind nach Körner alle Größen zur punktweisen Bestimmung der Ventilerhebung gegeben, die er dann auch für die verschiedenen Fälle durchführt. Dabei war die Lage des höchsten Punktes der Ventilerhebungslinie als bekannt angenommen. Vgl. die gestrichelten Linien in den Abb. 99a u. b.

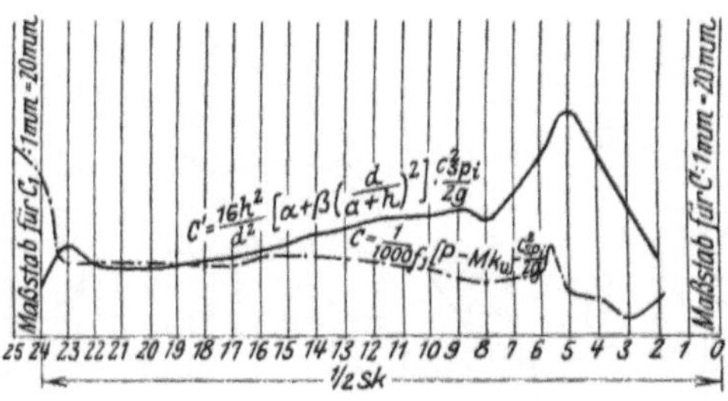

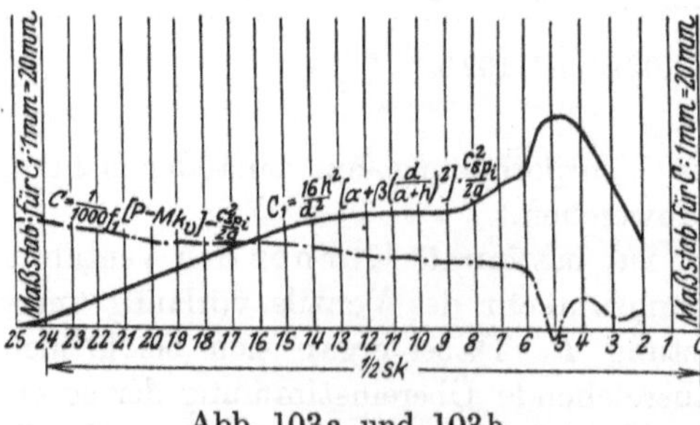

Abb. 103a und 103b.

Trotzdem nun nach Körner die ganz nahe an der Abszissenachse gelegenen Teile dieser Linien bei 2 Fällen sehr ungenau werden, da sich hier $\frac{d^2 h}{d t^2}$ sehr rasch ändert, soll dies nicht allzuviel ausmachen, weil es hauptsächlich darauf ankäme, Kennzeichen für den ruhigen Gang der Pumpe zu bekommen. Da hierzu die wiederholt erwähnte „Pufferwirkung" erforderlich scheint, nimmt Körner als Grenze den Fall an, wo im Totpunkt der Kurbel, d. h. für $t = \frac{\pi r}{w}$

die Beschleunigung k_v ihr Vorzeichen wechselt, also eben gleich Null wird, und dieser Grenzfall ist gekennzeichnet durch die Gleichung

$$\frac{P}{1000 f_1} - C = \frac{1}{2g}\left(\frac{f_1 \frac{dh}{dt}}{l_1 h}\right)^2$$

Der weitere Verlauf der Erhebungslinie soll dann eine gegen die Abszissenachse konvexe Krümmung zeigen. Wird die durch vorstehende Gleichung gegebene Bedingung eingehalten, dann soll nach Körner mit einiger Sicherheit auf ruhigen Gang des Ventils gerechnet werden können, andernfalls nicht.

Die rein theoretischen Untersuchungen Körners, betreffend die Bewegung des Ventils, haben, weil sie sich nur auf das Bachsche Gewichtsventil Abb. 9, S. 31, erstrecken, und weil auch ihnen eine Anzahl mehr oder weniger zutreffende Annahmen zugrunde liegen, praktisch wenig Bedeutung. Das angegebene Verfahren zur Ermittlung der Bedingung, unter welcher „mit einiger Sicherheit auf ruhigen Gang des Ventils" gerechnet werden kann, ist jedenfalls recht umständlich.

Es ist bedauerlich, daß Bach, wegen zu starker Inanspruchnahme durch andere Arbeiten, nicht in der Lage war, die Erfahrungen bei seinen Versuchen mit 9 verschiedenartigen Gewichtsventilen benützend, weitere Versuche mit leichten federbelasteten Teller- und Ringventilen durchzuführen, um die nach dem Vorstehenden noch strittigen Punkte weiter zu klären.

V. Versuche und Untersuchungen aus neuerer Zeit.

1. Untersuchungen und Versuche von Schoene[55]).

Schoene stellt (1913) zunächst fest, daß mit der bisherigen „statischen" Ventiltheorie die wichtigsten Vorgänge in Kolbenpumpen, besonders die Ventileröffnung und der Ventilschluß sich nicht verfolgen lassen; daß man aber, wenn man die Geschwindigkeits- und Druckänderungen zwischen den Dichtungsflächen des Ventiltellers und Sitzes sowie die Geschwindigkeitsänderungen der ausströmenden Wassersäule berücksichtige, zu einer dynamischen Theorie des Ventilspiels gelange, die über alle für die Praxis wichtigen Fragen Auskunft gebe. Um ruhigen Ventilschluß zu erzielen, sind nach ihm leichte, aus möglichst wenig voneinander unabhängigen Einheiten bestehende und reibungsfrei geführte Ventile zu verwenden. Gruppenventile der bis zu seinen Untersuchungen üblichen Bauart haben nach seiner Ansicht den Nachteil, daß sie ungleichmäßig schließen und daß die letzten heftig zugeschlagen werden. Nach ihm können ferner die Ventileinheiten viel größer gewählt und doch mit geringer Masse ausgeführt werden, wenn man die Ventilteller durch geeignete Blattfedern führt. Dadurch gelangt man dann zu Ventileinheiten von so weiten Durchgangsquerschnitten und so großen Hüben, daß die Ventile als Ersatz für gesteuerte Klappen bei Kanalisationspumpen verwendbar sein sollen.

Zunächst nimmt Schoene die Sitzbreite $b_s = 0$, oder $f_r = f_1$, sowie $\mu_P \cdot c_{sp} =$ **konst.**[1]) an und erhält für eine beliebige Kolbenstellung die Beziehung:

$$F\left(u\,dt + \frac{du}{dt}\frac{dt^2}{2}\right) = \mu_P l\, c_{sp} h\,dt + \mu_P l \frac{c_{sp}}{2} dt \left(v\,dt + \frac{dv}{dt}\cdot\frac{dt^2}{2}\right)$$
$$+ f_r\left(v\cdot dt + \frac{dv\,dt}{2}\right)$$

und mit $u = r\,\omega \sin\psi\left(1 \pm \frac{r}{L}\cos\psi\right)$ für die Pumpe mit Kurbelbetrieb, ferner mit $\frac{\mu_P l\, c_{sp}}{\omega f_r} = m$ und $\frac{F\,r}{f_r} = q$ durch Integration, wenn die Integrationskonstante bestimmt wird aus der Bedingung, daß für $\psi = 0$ auch $h = 0$ ist, was in Wirklichkeit nicht der Fall ist: die Gleichung für den Ventilhub:

$$h = \left(\frac{q}{m^2+1} \pm \frac{q\frac{r}{L}}{m^2+4}\right)e^{-m\psi} + \frac{q}{m^2+1}(m\sin\psi - \cos\psi)$$
$$\pm \frac{q\cdot\frac{r}{2L}}{m^2+4}(m\sin 2\psi - 2\cos 2\psi)$$

und die Gleichung für die Ventilgeschwindigkeit:

$$v = \frac{dh}{dt} = -m\,\omega\left(\frac{q}{m^2+1} \pm \frac{q\frac{r}{L}}{m^2+4}\right)e^{-m\psi} + \frac{q\,\omega}{m^2+1}(m\cos\psi + \sin\psi)$$
$$\pm \frac{q\frac{r}{L}\omega}{m^2+4}(m\cos 2\psi + 2\sin 2\psi),$$

sowie die Gleichung für die Ventilbeschleunigung:

$$k_v = \frac{d^2h}{dt^2} = m^2\omega^2\left(\frac{q}{m^2+1} \pm \frac{q\frac{r}{L}}{m^2+4}\right)e^{-m\psi} + \frac{q\,\omega^2}{m^2+1}(-m\sin\psi + \cos\psi)$$
$$\pm \frac{2q\frac{r}{L}\omega^2}{m^2+4}(-m\sin 2\psi + 2\cos 2\psi).$$

---

[1]) μ_P bedeutet hier nach Schoene die Ausflußzahl, mittels welcher der Querschnitts- und der Geschwindigkeitsverlust beim Durchtritt der Flüssigkeit durch den Spalt berücksichtigt wird.

Für $F = 0{,}0962$, $f_r = 0{,}0904$, $l = 1{,}885$, $r = 0{,}25$, $c_{sp} = 4{,}5$, $\mu_P = 0{,}65$, $n = 60$, $\omega = 6{,}28$, $\omega^2 = 39{,}44$, $m = 9{,}72$ und $q = 0{,}266$ zeichnet Schoene für ein Ventil nach Abb. 104 die Linien h, $\frac{dh}{dt}$ und $\frac{d^2h}{dt^2}$ für Vor- (ausgezogene Linie) und Rückwärtsgang (gestrichelte Linie), s. Abb. 105.

Zu letzterer Abbildung bemerkt Schoene: „Das Ventil öffnet unter den Bedingungen, für welche die Rechnung durchgeführt wurde, rechtzeitig. Die Verspätung, mit der das Ventil beim Arbeiten in der Pumpe stets öffnet, wird verursacht, durch verspäteten Schluß des anderen Ventils, Luftgehalt des Wassers, Undichtheiten und Nachgiebigkeit des Pumpenkörpers und des Triebwerks. Bei verspätetem Öffnen werden die Anfangsbeschleunigungen noch bedeutend größer als in Abb. 105 und das Ventil geht erst nach einigen Schwingungen in seine regelmäßige Bewegung über oder vollführt bei höheren Umlaufzahlen, besonders als Saugventil, Schwingungen bis zum Schluß. Größe der Verspätung und Ventilbewegung unmittelbar nach Eröffnung lassen sich im allgemeinen rechnerisch nicht bestimmen. Die gegebenen Formeln für h, v und k_v stellen, auch abgesehen von der unveränderlichen Spaltgeschwindigkeit, den ersten Teil der Ventilbewegung unter Annahmen dar, die der Wirklichkeit nicht entsprechen; trotzdem dürften sie für das Verständnis dieser Vorgänge von Wert sein, insbesondere mit Rücksicht auf Unklarheiten über die Ventileröffnung, die sich in der Literatur finden. Zum Beispiel wird in Abb. 57, S. 119 als Maß für die Eröffnungsverspätung AJ und als deren Ursache die Ventilverdrängung angegeben. Später wird dann, ohne daß der Widerspruch aufgeklärt wird, richtig gesagt, daß die verspätete Eröffnung durch

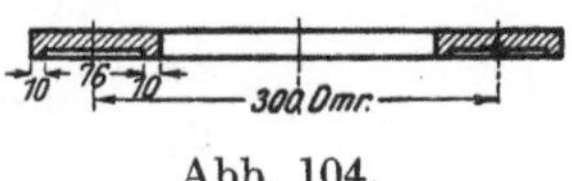

Abb. 104.

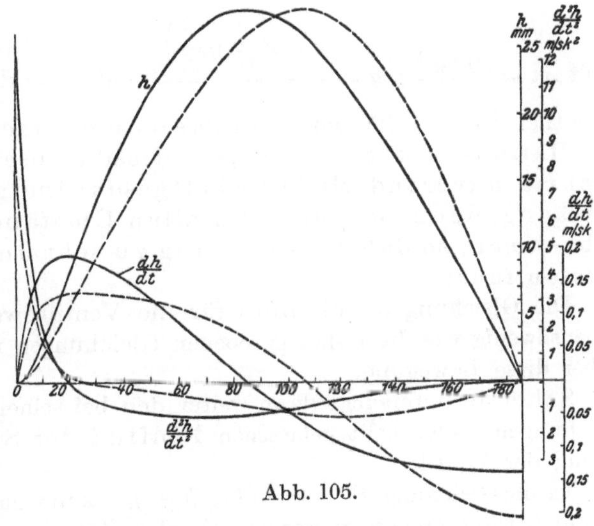

Abb. 105.

den verspäteten Schluß des anderen Ventils bedingt wird. Der Irrtum kommt dadurch zustande, daß angenommen wird, das Ventil beginne seine Bewegung mit der größten Geschwindigkeit, während es mit der Geschwindigkeit Null beginnt."

Für die Schlußbewegung nach Kolbenumkehr stellt Schoene besondere Gleichungen auf, nämlich:

$$h = \left(h_0 - \frac{q}{m^2}\right) e^{-mt} \frac{q}{m^2} (mt - 1),$$

$$\frac{dh}{dt} = v = -m\left(h_0 - \frac{q}{m^2}\right) e^{-mt} - \frac{q}{m} \quad \text{und}$$

$$\frac{d^2h}{dt^2} = k_v = (m^2 h_0 - q)\, e^{-mt}$$

mit $m = \frac{\mu_P c_{sp} l}{f_r}$; $q = \frac{F r \omega^2 \left(1 \pm \frac{r}{L}\right)}{f_r}$ und h_0 = der Anfangslage des Ventils. In Abb. 105 sind auch diese Werte eingezeichnet.

Hierzu bemerkt Schoene: „Für diesen Abschnitt ist die Annahme unveränderlicher Spaltgeschwindigkeit völlig unzulässig, denn sie muß unter allen Umständen bis auf Null abnehmen, so daß die Rechnung zu sehr ungenauen Ergebnissen führt."

Die Gleichungen Schoenes für die Ventilbewegung geben somit ebensowenig wie die bisher gegebenen Gleichungen richtigen Aufschluß über diese Bewegung.

Schoene untersucht dann weiter den bei seinen bisherigen Untersuchungen außer acht gelassenen Einfluß der Sitzbreite auf den Gang der Ventile.

In die Gleichung $F \cdot u = \mu_P l c_{sp} h \pm f_r v$ kann nach Schoene ebensogut f_1 wie f_r eingesetzt werden. Wird f_1 statt f_r eingesetzt, dann muß, solange v positiv ist, das Ventil also steigt, das Glied $\mu_P l c_{sp} h$ entsprechend größer, d. h. für c_{sp} muß ein größerer Wert eingesetzt werden. Umgekehrt bei fallendem Ventil. Da nun weiter nach Schoene c_{sp} beim öffnenden Ventil in den Querschnitten *I* und *II* (Abb. 106) größer sein muß als in *III* und *IV*, weil nicht alles durch *I* und *II* strömende Wasser auch nach *III* und *IV* gelangt, sondern ein Teil den Sitzflächen $f_r - f_1$ nachfließt, so nimmt in diesem Fall die Wassergeschwindigkeit von innen nach außen ab. Beim schließenden Ventil wird dagegen die Verdrängung der Sitz-

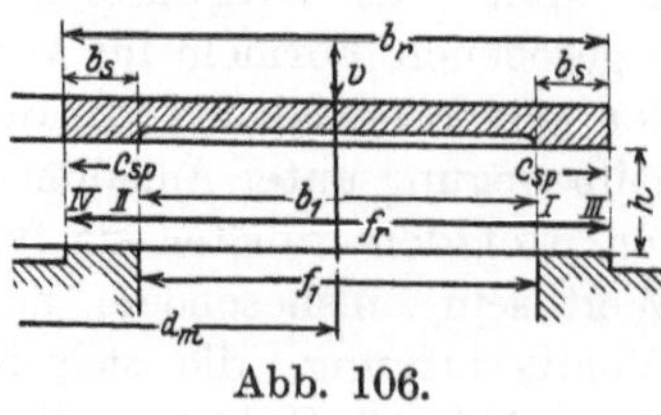

Abb. 106.

flächen bewirken, daß die Geschwindigkeit c_{sp} in I und II kleiner als in III und IV sein, daß also die Wassergeschwindigkeit im Spalt von innen nach außen zunehmen wird.

Diese Geschwindigkeitsänderungen bedingen Druckänderungen, deren Größe Schoene bestimmt, und zwar (vgl. Abb. 107)

bei Abwärtsbewegung des Ventils aus:

$$c_{sp} = c_{sp_i} + \frac{v b}{h} = c_{sp_i} - \frac{d h}{d t} \cdot \frac{b}{h}$$

und

$$\frac{g}{\gamma}(p_i - p) = \frac{k_v b^2}{2 h} + \frac{v^2 b^2}{h^2} + \frac{c_{sp_i} v b}{h} + \frac{d c_{sp_i}}{d t} \cdot b$$

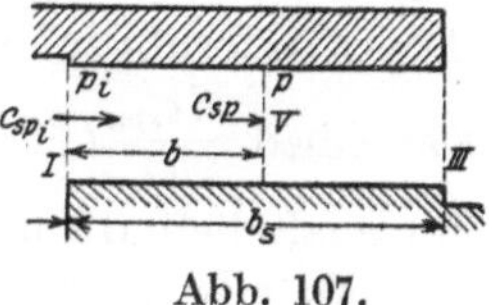

Abb. 107.

und für Aufwärtsbewegung des Ventils:

$$c_{sp} = c_{sp_i} - \frac{v b}{h} = c_{sp_i} + \frac{d h}{d t} \frac{b}{h}$$

und

$$\frac{g}{\gamma}(p_i - p) = -\frac{k_v b^2}{2 h} + \frac{v^2 b^2}{h^2} - \frac{c_{sp_i} v b}{h} + \frac{d c_{sp_i}}{d t} b$$

oder wenn von der Ausströmgeschwindigkeit c_{sp_a} am äußeren Umfang ausgegangen wird (vgl. Abb. 108);

bei Abwärtsbewegung des Ventils:

$$\frac{g}{\gamma}(p_a - p) = -\frac{k_v b^2}{2 h} - \frac{c_{sp_a} v b}{h} - \frac{d c_{sp_a}}{d t} \cdot b$$

und bei Aufwärtsbewegung des Ventils:

$$\frac{g}{\gamma}(p_a - p) = \frac{k_v b^2}{2 h} + \frac{c_{sp_a} v b}{h} - \frac{d c_{sp_a}}{d t} b .$$

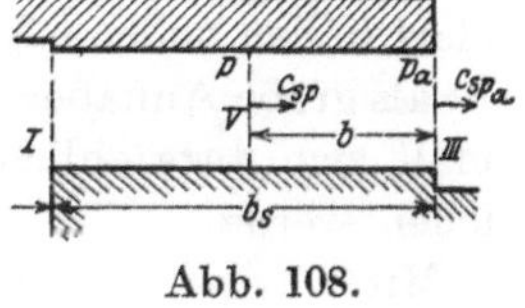

Abb. 108.

In den Gleichungen ist p die Wasserpressung in kg/qm, veränderlich mit dem Abstand b vom Querschnitt I bzw. III. b_s wurde gegenüber d_m als so klein angenommen, daß bei unbewegtem Ventil der Querschnitt von I bis III als stets gleich angesehen werden kann, was z. B. beim inneren Ring von mehrfachen Ringventilen nicht zutreffen dürfte.

Die Gleichung für c_{sp} würde nach Schoene, wenn die im Spalt eintretende Einschnürung und die Widerstände berücksichtigt werden, lauten $c_{sp} = \zeta_1 c_{sp_i} + \frac{v b}{\zeta_2 h}$, dabei würde durch ζ_1 ein Geschwindigkeits- und durch ζ_2 ein Querschnittsverlust berücksichtigt, die beide als veränderlich an verschiedenen Stellen des Spaltes anzusehen wären. Nach Schoene dürfte bei sehr großer Sitzbreite über den größten Teil mit einem Geschwindigkeitsverlust, bei kleiner Sitzbreite mit Einschnürung zu rechnen sein, so daß die Druckschwankungen in geringerem Maß als die Sitzbreiten wachsen würden, da ζ_1 nur im Zähler, ζ_2 nur im Nenner auftritt. Beide Werte eingesetzt und als gleich angenommen, gibt nach Schoene nahezu Aufhebung ihrer Wirkung.

Da in den Gleichungen für die Druckänderungen alle Glieder der rechten Seite, mit Ausnahme des letzten, h im Nenner enthalten, so folgt nach Schoene, daß bei geringem Abstand des Ventils vom Sitz die Druckänderungen im Spalt am größten sind.

Das Glied $\frac{d\,c_{sp_a}}{d\,t}\,b_s$, das den zur Beschleunigung oder Verzögerung der im Spalt befindlichen Wassersäule von der Länge b_s erforderlichen Druck darstellt, dürfte nach Schoene zu klein sein, da er der Ansicht ist, daß diese Wassersäule wesentlich länger als b_s in die Rechnung einzuführen sei.

Anschließend hieran stellt Schoene Gleichungen auf zur Berechnung des zur Erzeugung der Wassergeschwindigkeiten c_{sp_a} und c_{sp_i} erforderlichen Druckunterschiedes auf die Ober- und Unterseite des Ventils. Als Ort des zur Erzeugung der Ausflußgeschwindigkeit erforderlichen Spannungsabfalls nimmt er dabei durchweg den äußeren Umfang des Ventils an. Er führte auch Rechnungen durch unter der Annahme, dieser Ort liege in den Querschnitten des Eintritts des Wassers in den Spalt, welche indes für die untersuchten Fälle eine schlechtere Übereinstimmung mit den Versuchsergebnissen als die erstere Annahme geliefert haben sollen. Schoene betont aber, daß diese (erste) Annahme nur als grobe Annäherung angesehen werden dürfe, da dieser Spannungsabfall sich tatsächlich zwischen Ein- und Austrittsquerschnitt vollziehen werde.

Mit

P_s in kg als Druck gegen die Sitzfläche: $f_r - f_1 = l \cdot b_s = 2\,\pi\,d_m\,b_s$,

P_{f_1} in kg als Druck gegen die Fläche f_1: $\pi\,d_m\,b_1 = \frac{l}{2}\,b_1$

und $P = P_s + P_{f_1}$ = Gesamtdruck auf das Ventil; weiter mit

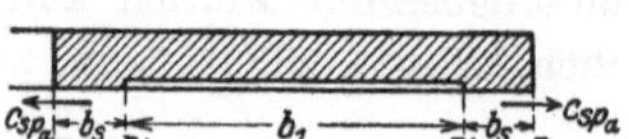

$$P_s = l\int_0^{b_s} p\,d\,b_s \quad \text{und} \quad P_{f_1} = \frac{l}{2}\,b_1 \cdot p_i$$

Abb. 109.

ermittelt dann schließlich Schoene bei Strömung von innen nach außen gemäß Abb. 109, und bei Abwärtsbewegung des Ventils:

$$P = P_s + P_{f_1} = f_r \cdot p_a + \frac{\gamma}{g}\,\frac{k_v\,b_s^2}{6\,h}(f_r + 2\,f_1)$$

$$+ \frac{\gamma}{g}\,\frac{c_{sp_a}\,v\,b_s}{2\,h}(f_r + f_1) + \frac{\gamma}{g}\,\frac{b_s}{2}\,\frac{d\,c_{sp_a}}{dt}(f_r + f_1)\,.$$

Dabei ist p_i als unveränderlich über die Breite b_1 angenommen, was wohl wieder nicht ganz zutreffen dürfte, und

$$p_a = \frac{c_{sp_a}^2 \cdot 500}{g}$$

In die Gleichung für P sind für v und k_v bei Beschleunigung positive Werte einzusetzen, dagegen negative für Verzögerung. Die Gleichung soll auch für Aufwärtsbewegung des Ventils gelten, wenn für v negative Werte eingesetzt werden, und ebenso für k_v, wenn es sich um Beschleunigung handelt.

Für die Kraft P_1, die vom Wasser infolge der Ablenkung von unten gegen das Ventil ausgeübt wird, gibt Schoene die Beziehung:

$$P_1 = \frac{\gamma}{g} \cdot F u \, (c_1 \mp v)$$

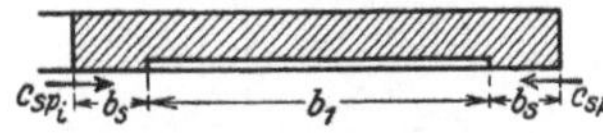

(— - Zeichen für Auf- und + - Zeichen für Abwärtsbewegung.)

Abb. 110.

Bei Strömung der Flüssigkeit von außen nach innen, gemäß Abb. 110, leitet Schoene die Beziehung ab:

$$P = P_s + P_{f_1} = -f_r \frac{c_{sp_i}^2 500}{g} - \frac{\gamma}{g} \frac{k_v b_s^2}{6h}(f_r + 2f_1) - \frac{\gamma}{g} \frac{v^2 b_s^2}{3h^2}(f_r + 2f_1)$$
$$- \frac{\gamma}{g} \frac{c_{sp_i} v b_s}{2h}(f_r + f_1) - \frac{\gamma}{g} \frac{b_s}{2} \cdot \frac{d c_{sp_a}}{dt}(f_r + f_1) .$$

Das Minuszeichen sämtlicher Glieder rechts deutet nach Schoene darauf hin, daß der Überdruck P von oben auf das Ventil wirkt.

Schoene rechnet nun unter Annahme unveränderlicher Ausflußgeschwindigkeit $c_{sp_a} = 4{,}5$ m aus den gegebenen Gleichungen für bestimmte Beispiele die Werte $p_a - p$ für $b = 0{,}002$; $0{,}004$; $0{,}006$; $0{,}008$ und $0{,}01$ m, d. h. die Änderung der Pressung im Spalt (vgl. S. 211), ferner c_{sp_i}, P und P_1 bei verschiedenen Hubhöhen bzw. Kurbelwinkeln ψ und stellt die Ergebnisse graphisch dar (vgl. die Abb. 111 und 112 bzw. 113), die erkennen lassen, daß die Sitzflächen ihre Wirkung am meisten geltend machen, wenn sich das Ventil in der Nähe des Sitzes bewegt und daß die Pressungen nahezu im Verhältnis ihres Abstandes vom inneren oder äußeren Umfang wachsen oder abnehmen. „Beim Steigen des Ventils saugen die Sitzflächen das Wasser durch das Ventil hindurch, beim Sinken erschweren sie dagegen dem Wasser den Durchfluß durch den Umfang."

Schoene weist aber auch darauf hin, daß der Abfall und das Ansteigen von P in Abb. 113 nicht die gezeichnete Größe erreichen würde, weil c_{sp_a} nicht konstant, vielmehr bei Beginn des Hubs $= 0$, dann abwechselnd negativ und positiv, alsdann weiter wachsen, also zunächst gesteigert werden müsse. Er betont, daß P von Anfang an einen positiven Wert haben müsse, da sonst die bewegende Kraft für das Ventil fehlen würde, daß aber diese Kraft P zunächst nur zu einem kleinen Teil zur Beschleunigung der im Spalt zwischen den Sitzflächen sich bewegenden Wassersäule verbraucht werde. Er weist weiter darauf hin, daß P auch gegen Ende des Hubs nicht den gezeichneten Wert erreiche, da beim Aufsetzen des Ventils der Wert von c_{sp_a} häufig, nachdem er vorher negativ geworden sei, auf Null sinke.

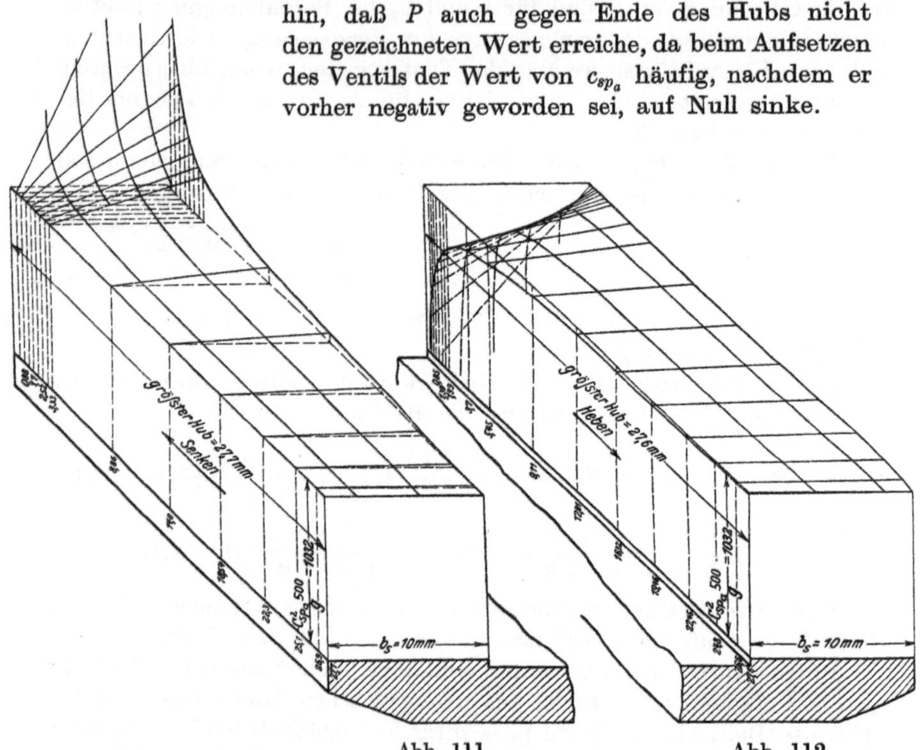

Abb. 111. Abb. 112.

Auf Grund dieser Untersuchungen kommt er dann, im Gegensatz zu Klein, Lindner und Sieglerschmidt, zu dem Schluß, daß die unter Anlehnung an Bachs Arbeiten von Klein und Baumann für das ruhende Ventil gewonnenen Ausflußzahlen für die Berechnung des bewegten Ventils nicht ohne weiteres verwendbar seien. Nach seiner Ansicht sind die Ausflußzahlen eines bewegten Ventils Funktionen der Hubhöhe, der Größe und Richtung der Geschwindigkeit und Beschleunigung des Ventils und der Wassersäule zwischen den Sitzflächen, die für dieselbe Hubhöhe innerhalb verhältnismäßig weiter Grenzen veränderliche Werte annehmen können.

Endlich untersucht dann Schoene noch den Ventilabschluß, insbesondere unter dem Einfluß von Reibungswiderständen in der Ventilführung und beim Zusammenarbeiten von Ventilen in Gruppen. Nach seinen Rechnungen vollzieht sich der Abschluß eines Ventils, z. B. eines **Saugventils**, wie folgt: „Im Augenblick der Kolbenumkehr ist die Wassersäule, abgesehen von Wirbelungen und Schwingungen, über und unter dem Ventil in Ruhe; die am Ventilumfang noch mit großer Geschwindigkeit ausströmende Wassermenge füllt den infolge der Ventilbewegung über demselben frei werdenden Raum aus. Das Ventil vermindert nun zunächst seine Geschwindigkeit, weil die treibende Federkraft abnimmt, der Druck unter dem Ventil jedoch, da infolge der Annäherung der Sitzflächen eine größere Pressung zur Erzeugung der Ausflußgeschwindigkeit erforderlich ist, stark zunimmt.

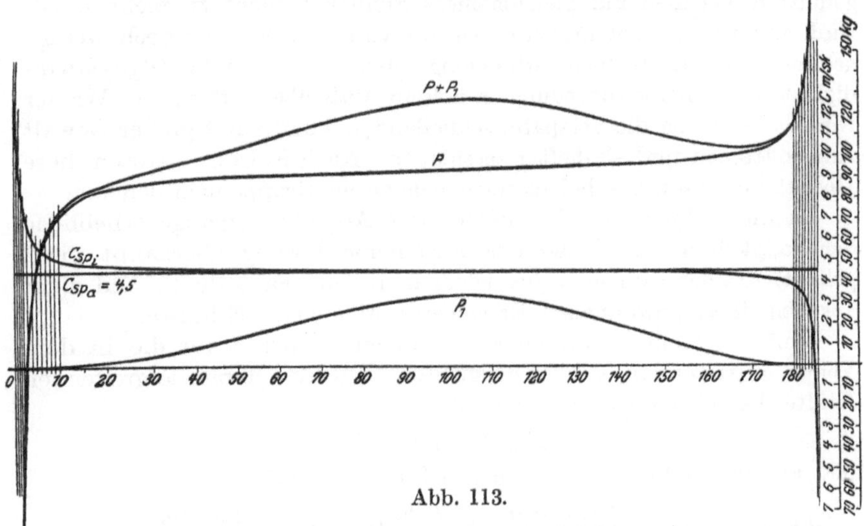

Abb. 113.

Bei abnehmender Ventilverdrängung gewinnt die wachsende Kolbenverdrängung allmählich an Einfluß auf die Vorgänge. Das am Ventilumfang austretende Wasser findet, da der über dem Ventil frei werdende Raum zum erheblichen Teil durch das vom Kolben verdrängte Wasser angefüllt wird, keinen Platz mehr im Pumpenraum, die Ausflußgeschwindigkeit c_{sp} nimmt daher stark ab. Dabei wird die lebendige Kraft der zwischen den Sitzflächen befindlichen Wassersäule in Druck umgesetzt, der von oben auf das Ventil wirkt. Da gleichzeitig als weitere Folge der Verminderung von c_{sp} der Druck unter dem Ventil abnimmt, wird das Ventil andauernd stark beschleunigt. Dies ist der normale Verlauf, der eintritt, wenn die Ventilbelastung stark genug ist, um dem Ventil genügende Geschwindigkeit zu erteilen und wenn besondere Bewegungs- und Reibungswiderstände fehlen. Sind die letzteren Bedingungen nicht erfüllt, so nimmt die Ventilgeschwindigkeit zunächst stark ab und es tritt der Augenblick ein, wo die Kolbenverdrängung die Ventilverdrängung überwiegt. In diesem Augenblick kehrt die Spaltgeschwindigkeit ihre Richtung um und das Wasser strömt von außen nach innen. Der Flüssigkeitsdruck über dem Ventil schwillt an und sowohl die Ventil- als Flüssigkeitsbewegung im Spalt werden beschleunigt. Diese Beschleunigung und somit der Ventilschlag fällt um so heftiger aus, bei je größerer Kolbengeschwindigkeit, also je später der Abschluß erfolgt. Günstig ist es also, wenn die Ventilverdrängung bis zum Schluß größer bleibt als die Kolbenverdrängung." Die Gefahr, daß besonders ungünstige Verhältnisse eintreten, liegt nach Schoene bei Gruppenventilen vor. Da bei diesen nicht reibungsfrei geführten Ventilen auf gleichmäßiges Schließen nicht zu rechnen ist, wird, wenn von einer größeren Anzahl von Ventilen nur noch wenige geöffnet sind, die Kolbenverdrängung selbst bei großer Ventilgeschwindigkeit die Ventilverdrängung in hohem Maß übertreffen; das Wasser wird daher durch die verspätet schließenden Ventile mit großer Gewalt zurückströmen und sie heftig zuschlagen. Nach Schoene treten diese Übelstände besonders bei schwach belasteten Gruppenventilen ein.

Da die rechnerische Behandlung der Abschlußvorgänge erhebliche Schwierigkeiten bietet und eine allgemeine Lösung überhaupt nicht gelingt, rechnet Schoene besonders lehrreiche Fälle durch und zieht aus den dabei gewonnenen Ergebnissen allgemeine Schlüsse.

Zunächst stellt er für einen beliebigen Zeitpunkt für die in dem Ventil auftretenden Geschwindigkeiten und die daran angreifenden Kräfte die beiden Gleichungen auf:

$$\mu_P c_{sp} l h = f_r v - F u$$

und aus der ersten der Gleichungen für P (S. 212)

$$M k_v = G_w + \mathfrak{F} - \frac{f_r c_{sP}^2 \cdot 500}{g} - \frac{\gamma \cdot k_v b_s^2}{g 6 h}(f_r + 2 f_1) - \frac{\gamma c_{sp} v b_s}{g \cdot 2 h}(f_r + f_1)$$

$$- \frac{\gamma}{g} \cdot \frac{b_s}{2} \cdot \frac{d c_{sp}}{d t}(f_r + f_1),$$

betrachtet dann zwei in sehr kleinem Zeitraum t aufeinanderfolgende Zustände, die durch die Indizes 1 und 2 bezeichnet sind, und erhält dann die Gleichungen:

$$c_{sp_1} = \frac{f_r v_1 - F u_1}{\mu_P l h_1}$$

und

$$k_{v_1} = \frac{G_w + \mathfrak{F} - \frac{f_r c_{sp_1}^2 500}{g} - \frac{\gamma}{g} \cdot \frac{c_{sp_1} v_1 b_s}{2 h_1}(f_r + f_1) - \frac{\gamma}{g} \cdot \frac{b_s}{2}(f_r + f_1) \frac{c_{sp_2} - c_{sp_1}}{t}}{M + \frac{\gamma}{g} \cdot \frac{b_s^2}{6 h_1}(f_r + 2 f_1)}$$

$$c_{ps_2} = \frac{f_r \cdot v_2 - F u_2}{\mu_P l h_2}, \quad \text{wo} \quad v_2 = v_1 + k_{v_1} t \quad \text{und} \quad h_2 = h_1 - v_1 t - k_{v_1} \cdot \frac{t_2}{2}.$$

Aus diesen Gleichungen kann nach Schoene, wenn der durch v_1 und h_1 bestimmte Anfangszustand bekannt ist, berechnet werden: c_{sp_1}, k_{v_1}, c_{sp_2}, v_2 und h_2 und alsdann auch mit den gefundenen Werten für den nächsten im Abstand von t-Sekunden folgenden Zeitpunkt die entsprechenden Werte. Falls c_{sp} negativ wird, d. h. seine Richtung wechselt, muß zur Bestimmung von k_v die zweite Gleichung für P (S. 213) an Stelle der ersten (S. 212) genommen werden. Damit soll, wenn t genügend klein gewählt wird, die Änderung der einzelnen Größen bis zum Schluß genügend genau verfolgt werden können.

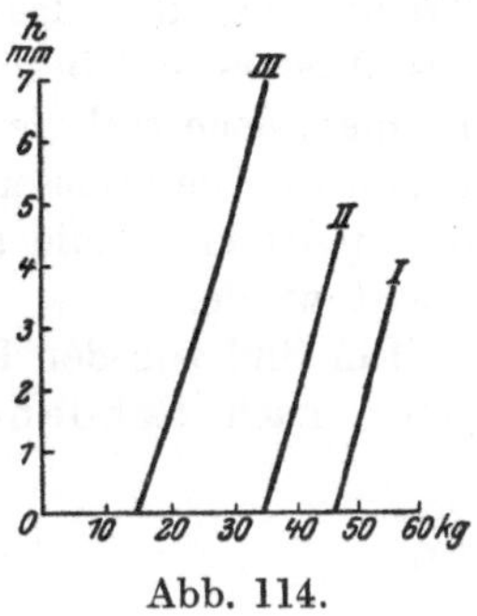

Abb. 114.

Er rechnet nun die Werte c_{sp}, v, k_v und h für Zeitabstände $t = 0{,}001$ aus für $F = 0{,}0962$; $u = r\,w^2\,t\,0{,}8$; $n = 60{,}7$; $f_r = 0{,}0904$; $f_1 = 0{,}0716$; $M = 0{,}8$; $G_w = 6$; $\mu_P =$ konst. $= 0{,}9$; $l = 1{,}885$; $b_s = 0{,}01$; für 3 Anfangszustände $h_0 = 0{,}00368$; $v_0 = 0{,}204$; $h_0 = 0{,}0046$; $v_0 = 0{,}227$ und $h_0 = 0{,}007$; $v_0 = 0{,}32$, wobei $\mathfrak{F}$ veränderlich mit h gemäß Abb. 114 war.

Die Ergebnisse sind in Abb. 115 dargestellt, welche folgendes erkennen läßt: „Der Absperrvorgang verläuft in allen 3 Fällen in gleicher Weise; die Spaltgeschwindigkeit im Augenblick des Ventilschlusses ergibt sich richtig gleich Null. Je schwächer die Federbelastung, desto größer die Abschlußgeschwindigkeit, desto später der Ventilschluß, desto heftiger der Rückstrom des Wassers im Augenblick des Schließens, desto stärker der der Endbeschleunigung entsprechende Druck auf das Ventil, desto heftiger der Stoß.“ Die Feder muß also nach Schoene im Augenblick des Schließens noch kräftig gespannt und es dürfen keine Reibungswiderstände vorhanden sein. Da die 3 Fälle *I*, *II* und *III* nach Schoene der Annahme schwächer werdender Federbelastung oder zunehmender Reibungswiderstände bei gleicher Federbelastung entsprechen, soll durch sie auch der Einfluß dieser Änderung beurteilt werden können.

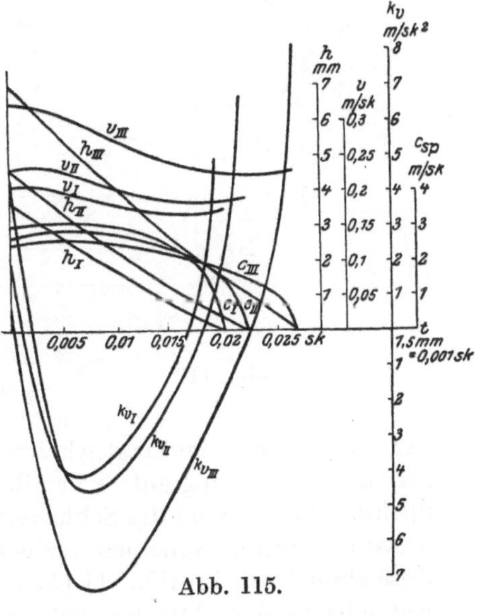

Abb. 115.

Nach **Schoene** sind auf den Ventilabschluß ferner von wesentlichem Einfluß die elastischen Formänderungen des Pumpenkörpers und des Triebwerks, die das Spiel verzögern. Auch mit dem Luftgehalt des Wassers soll besonders beim Saugventil die Schlußverspätung zunehmen, doch soll die Luft den Gang der Ventile nicht in gleichem Maß ungünstig beeinflussen wie die übrigen Ursachen der Verspätung, weil die Spaltwassersäule bei Anwesenheit von Luft weniger plötzlich verzögert werde.

Ein Bild von den Kräften, die das Ventil zum Schluß beschleunigen, geben nach Schoene die c_{sp}-Kurven (in Abb. 115 nur mit c bezeichnet). Nach diesen beginnt die Verzögerung des Ventils abzunehmen, sobald c_{sp} abnimmt. Sie geht in Beschleunigung über, sobald sich die c_{sp}-Kurve stärker senkt, d. h. die lebendige Kraft der Flüssigkeitssäule im Spalt wird zur Beschleunigung des Ventils verwendet. Er berechnet auch die Größe des infolge Umsetzung der lebendigen Kraft der Wassersäule zwischen den Sitzflächen entstehenden Druckes von oben auf das Ventil und findet, daß dieser Druck im Vergleich zum gleichzeitigen Federdruck von sehr kräftiger Einwirkung auf die Ventilbewegung ist. Ferner berechnet er die Spaltdrücke während der Schlußzeit für den Fall *III* (schwache Federbelastung) unter Annahme veränderlicher Spaltgeschwindigkeit, stellt diese ähnlich wie in Abb. 111 (die für unveränderliche Spaltgeschwindigkeit gilt) in Abb. 116 dar und kommt zu dem Schluß, daß die Anschwellungen des Druckes, die sich bei Annahme unveränderlicher Spaltgeschwindigkeit ergeben, nicht mehr eintreten, daß vielmehr infolge der Abnahme der Spaltgeschwindigkeit die Spaltdrücke rasch abnehmen, daß also von einer „Pufferwirkung" der Sitzflächen bei dem in der Pumpe arbeitenden Ventil keine Rede sein könne, daß sich

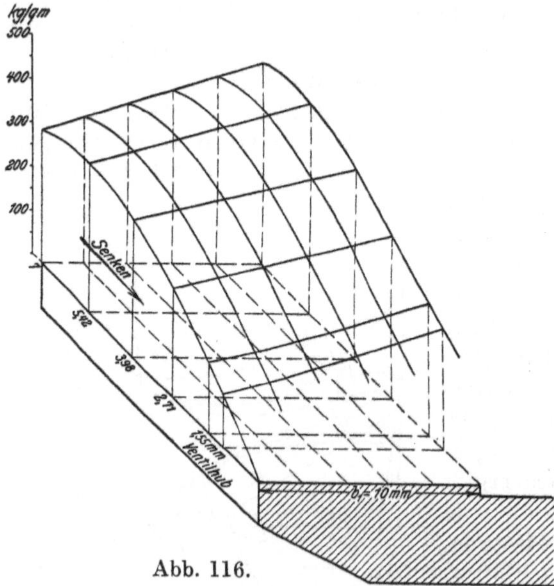

Abb. 116.

die **dynamische Wirkung der Flüssigkeitssäule zwischen den Sitzflächen im Gegenteil zum Schluß in einer starken Beschleunigung des Ventils äußere. Große Breite der Sitzflächen** ist nach Schoene auch in dynamischer Hinsicht zu verwerfen[1]), weil beim Hubbeginn und beim Abschluß des Ventils längere Wassersäulen zu beschleunigen und zu verzögern seien, weshalb nach Eröffnung heftigere Schwingungen des Ventils auftreten und beim Abschluß eine größere lebendige Kraft zur Verstärkung des Ventilschlags frei würde. Außerdem würde durch die Stauwirkung der breiten Sitzflächen der Abschluß des Ventils weiter verzögert.

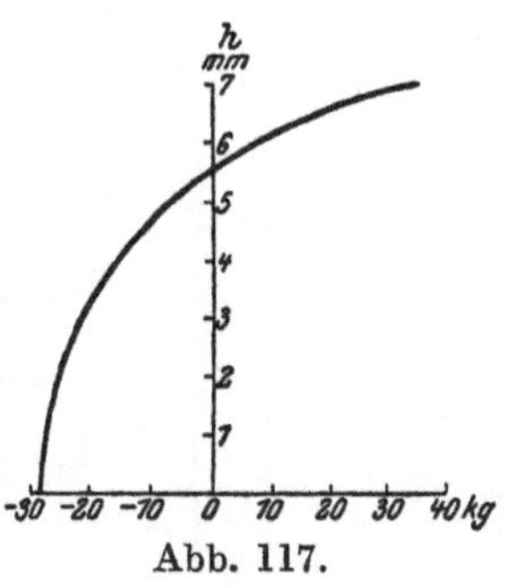

Abb. 117.

Reibungswiderstände in der Ventilführung vermindern nach Schoene die Wirkung des Federdrucks und verzögern, abgesehen von den Vorgängen ganz zum Schluß, die Ventilgeschwindigkeit. Im ungünstigsten Fall bleibt das Ventil hängen, bleibt dann entweder offen oder wird schließlich doch noch mit starkem Schlag geschlossen. Um ein Bild zu geben über die Größe der Kräfte und Geschwindigkeiten, die hierbei auftreten können, berechnet Schoene für das vorhergehende Beispiel wiederum die Werte h, v, k_v und c_{sp} unter der Annahme, daß

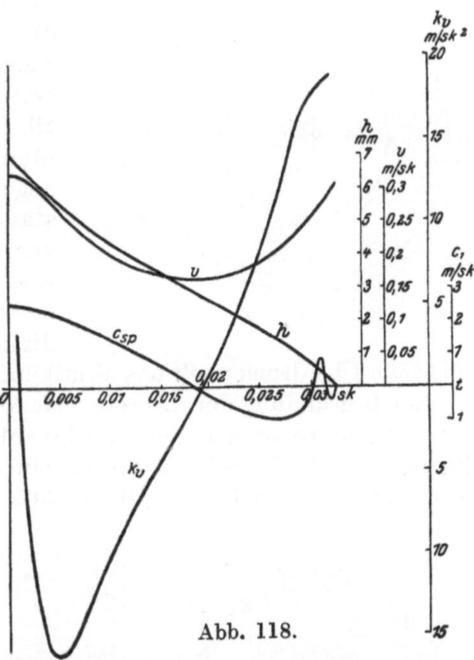

Abb. 118.

---

[1]) Daß durch breite Sitzflächen der Eröffnungsüberdruck und die Ventilverdrängung vergrößert und dadurch das Eintreten von Stößen im Triebwerk erleichtert, ferner der Ventilschluß verzögert wird, erkennt auch Schoene als richtig. Warum bei breiten Sitzflächen eine „Stauwirkung" eintreten soll, während bei normaler Sitzbreite von einer „Pufferwirkung" nicht die Rede sein kann, ist nicht ohne weiteres verständlich; oder soll Pufferwirkung etwas anderes sein als Stauwirkung?

der Reibungswiderstand größer wird als der Federdruck (s. Abb. 117), jedoch nicht in dem Maß, daß sich $v = 0$ ergibt, und mit dem Anfangszustand gleich dem des Falls *III*.

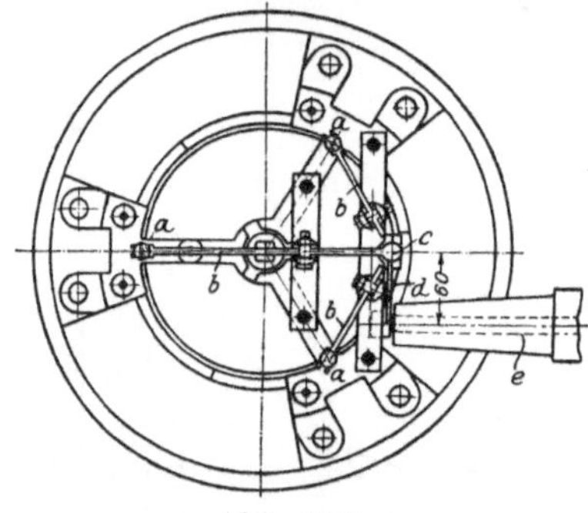

Abb. 119.

Die Ergebnisse zeigt Abb. 118, die im Vergleich mit Abb. 115 erkennen läßt, daß Schlußverspätung, Abschlußgeschwindigkeit und vor allem die Endbeschleunigung, also auch die Kräfte, die am Schluß in der Bewegungsrichtung auf das Ventil wirken, in diesem Fall stark zunehmen. Die Abbildung zeigt auch, daß die Spaltgeschwindigkeit die Richtung wechselt. Nach Schoene ist es der dabei auftretende Überdruck über dem Ventil, der die große Ventilbeschleunigung hervorruft trotz der entgegenwirkenden Reibungswiderstände. Bleibt das Ventil noch vor Kolbenumkehr hängen, dann wechselt nach ihm mit der Kolbenbewegung auch die Spaltgeschwindigkeit das Vorzeichen und der entstehende Überdruck reißt das Ventil mit heftigem Schlag auf den Sitz.

Zur Begründung der theoretischen Ableitungen führt dann Schoene an der Pumpenanlage des Maschinenlaboratoriums der Technischen Hochschule Berlin bei $n = 60$ mit einem Ringventil Patent Schoene nach Abb. 119 und 120 mit 76 mm Sitzöffnungsbreite und $d_m = 300$ mm

Abb. 120.

Versuche durch, nachdem er vorher an einer Kanalisationspumpe der Stadt Magdeburg mit einem etwas anders gebauten Ventil von 120 mm Sitzöffnungsbreite und $d_m = 450$ mm bei $n = 60$ Umdrehungen günstige Betriebsergebnisse erzielte.

Die Übertragung der Ventilbewegung auf ein Indikatorschreibzeug erfolgte an Saug- und Druckventil durch eine Spindel *a* (Abb. 119), deren Bewegung mittels eines zweiarmigen Hebels *b* und eines Stiftes *c*, mit Kugelzapfen an beiden Enden, auf einen Arm *d* drückte, der auf eine in einer Stopfbüchse nach außen geführten wagrechten Spindel *e* aufgekeilt war. Außerhalb des Ventilkastens trug diese Spindel einen zweiarmigen Hebel *f* (Abb. 121), der einerseits das Schreibzeug betätigte und auf den andererseits eine Feder *g* drückte, um den Kraftschluß zwischen Spindel *a* und Ventilteller aufrechtzuerhalten. Da bei den zu untersuchenden Ventilen die Parallelbewegung nicht in dem Maß gesichert ist wie bei fester Führung, wurde die Ventilbewegung nacheinander an 3 Punkten abgenommen (vgl. die 3 Spindeln *a* mit Doppelhebeln *b* in Abb. 119). Schoene erkennt diese Einrichtung selbst als nicht einwandfrei, da der Ventilteller, besonders bei Aufwärtsbewegung, wo Federdruck und Stopfbüchsenreibung zu überwinden sind, aus seiner richtigen Lage gedrückt wird. (Im Ventilerhebungsdiagramm wird, da der Ventilteller an der Meßstelle niedergedrückt wird, der höchste Ventilhub zu klein.) Er schuf aber die Möglichkeit, diese Schiefstellung zu messen, indem durch Hochdrehen der Stellschraube *h* (Abb. 121) die Spindel *a* über dem Ventilteller außer Berührung mit diesem gebracht wurde, so weit, daß gerade keine Bewegung des Schreibzeugs mehr erfolgte. Der Abstand der mit dem so festgestellten Schreibzeug gezogenen Linie von der Ventilerhebungslinie ergab das Maß der Schiefstellung bei der höchsten Erhebung. Auch der Einfluß der Indizierspindel auf die Ventilbewegung beim Auf- und Niedergang sowie der Reibungswiderstand der Stopfbüchsen wurden von Schoene ermittelt.

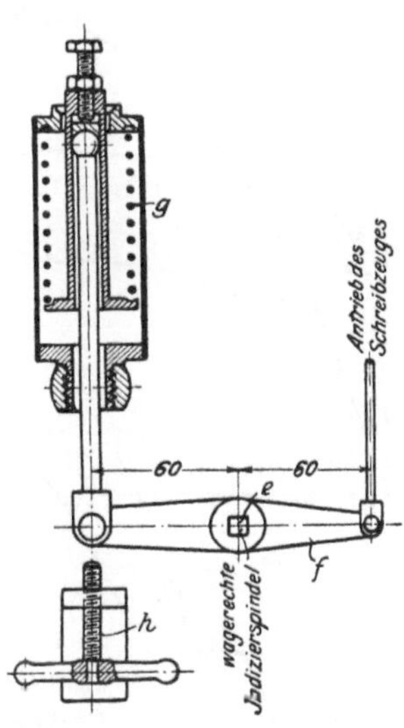

Abb. 121.

Zur Bestimmung der Totpunktslagen bei Aufnahme der versetzten Diagramme wurden besondere Markenschreibzeuge angebracht, die vom Umführungsgestänge der Pumpe unter Benützung einfacher mechanischer Vorrichtungen betätigt wurden. Die Aufzeichnung der Totpunktsmarken erfolgte dabei auf den Trommeln zum Schreiben der Ventilerhebungskurven.

Die Eichung der Federn, d. h. die Bestimmung der Kräfte, die erforderlich sind, um den Ventilteller gegen den Federdruck auf eine bestimmte Höhe zu heben, geschah durch Gewichtsbelastung vor dem Einbau der Ventile. Bei Aufzeichnung der Belastung in Abhängigkeit vom Hub fand Schoene für Ent- und Belastung erheblich abweichende Linienzüge, und zwar weil die freien Federenden beim Zusammendrücken sich nach außen bewegen, wobei ein Reibungswiderstand zwischen Feder und Teller zu überwinden ist, der bei Be- und Entlastung sich in entgegengesetztem Sinn geltend macht.

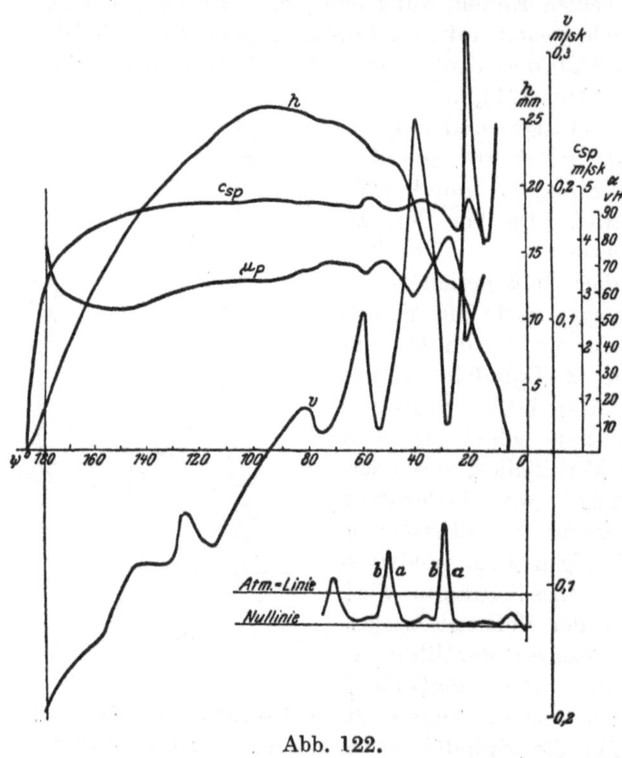

Abb. 122.

Zwecks Ermittlung, ob die Ventile sich angenähert parallel bewegen, schreibt Schoene Ventilerhebungsdiagramme mit den 3-Hebel-Einrichtungen beider Ventile bei verschiedenen Umlaufzahlen und zeichnet die höchsten Ventilhübe in Abhängigkeit von n auf. Er stellt auf diese Weise eine allerdings nicht bedeutende Schräglage fest. Auch aus den versetzten Diagrammen entnimmt er, daß die Ventilteller ein wenig einseitig aufsetzen, indem sie auf der einen Seite rechtzeitig, auf der andern verspätet schließen. Er findet weiter, daß die Senkungen bei verschiedenen Hüben verschiedene Werte haben und daß sie beim Steigen des Ventils größer sind als beim Fallen.

Die Ventilerhebungsdiagramme benützt Schoene dann zur Bestimmung der Ausflußziffer μ_P, wobei er die Senkung des Ventiltellers durch die Indiziervorrichtung berücksichtigte. Genauere Angaben, wie dies geschah, fehlen leider. Wiedergegeben ist die Untersuchung für das Saug- und das Druckventil aus je einem Ventildiagramm bei $n = 60{,}7$. Aus den berichtigten Ventildiagrammen zeichnete er dann unter Berücksichtigung der Schubstangenlänge die Kurbelwegdiagramme in großem Maßstab auf und ermittelte durch Anlegen von Tangenten aus der h-Linie in den Abständen von 0,5 bis 5° die Ventilgeschwindig-

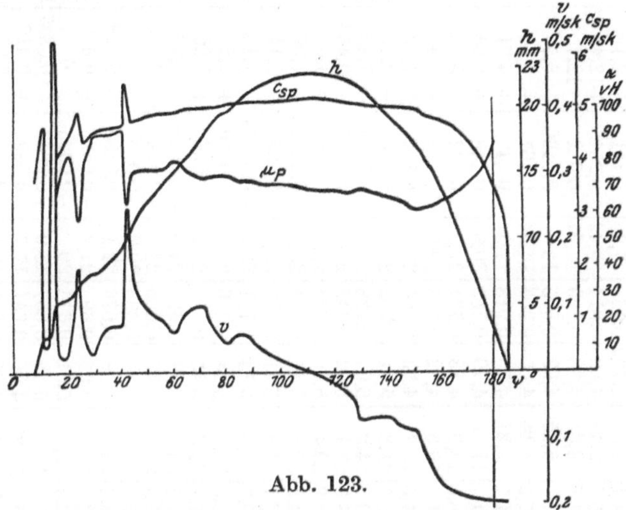

Abb. 123.

keiten und aus den damit verzeichneten Kurven die Ventilbeschleunigungen (vgl. Abb. 122 und 123) sowie die folgende Zahlentafel 10. Die Spaltgeschwindigkeiten c_{sp} und die Ausflußziffern μ_P ergeben sich dann nach Schoene aus den für einen bestimmten Augenblick des Hebens geltenden Gleichungen

$$c_{sp} = \frac{F u - f_r v}{\mu_P l h}$$

und

$$f \frac{c_{sp}^2 \cdot 500}{g} - \frac{\gamma}{g} \frac{k_v b_s^2}{6 h}(f_r + 2 f_1) - \frac{\gamma}{g} \frac{c_{sp} v b_s}{2 h}(f_r + f_1) + \frac{\gamma}{g} \frac{b_s}{2}(f_r + f_1) \frac{c_{sp} - c_{sp_1}}{t}$$
$$= \mathfrak{F} + G_w - P_1 - M k_v,$$

worin k_v positives Vorzeichen bei Beschleunigung und negatives bei Verzögerung erhält.

P_1 ergibt sich aus der S. 213 gegebenen Gleichung, $\mathfrak{F}$ aus der Federeichung und c_{sp} sowie μ_P, wenn noch für den um die Zeit t vorliegenden Zeitpunkt die Spaltgeschwindigkeit c_{sp_1} bekannt ist. In der Zahlentafel 10 sind die so erhaltenen Werte für c_{sp} und μ_P eingetragen, und zwar für Kurbelwinkel $\psi = 16°$ bis 180° mit

Zahlentafel 10.

Saugventil		Druckventil		Druckventil							Saugventil						
h	$x = \frac{2h}{b_1}$ (nach Lindner)	$x = \frac{2h}{b_1}$	ψ	h mm	v m/sk	k_v m/sk²	$\mathfrak{F}$ kg	P_1 kg	c_{sp} m/sk	μ_P	h mm	v m/sk	k_v m/sk²	$\mathfrak{F}$ kg	P_1 kg	c_{sp} m/sk	μ_P
7,25	0,191	0,141	16	5,35	0,0447	−13,83	84,1	1,5	4,135	0,72	7,25	0,161	+ 2,16	71,9	2,88	4,1	0,636
9,42	0,248	0,149	20	5,65	0,038	+ 6,55	85,2	2,42	4,52	0,814	9,42	0,251	+12,45	78,5	3,52	4,64	0,479
12,37	0,326	0,185	25	7,05	0,066	− 8,7	91,8	3,64	4,38	0,809	12,37	0,082	−12,7	88,5	8,06	4,14	0,716
13	0,342	0,200	30	7,59	0,0392	+ 2,88	94	5,45	4,62	0,905	13	0,0466	+ 8,54	90,5	10,8	4,46	0,786
14,5	0,382	0,222	35	8,44	0,0704	+ 0,757	97,5	7,14	4,65	0,905	14,5	0,167	+ 5,62	95,3	13,3	4,59	0,696
17,2	0,453	0,247	40	9,4	0,0704	+ 0,823	101,7	9,21	4,7	0,918	17,2	0,24	+ 4,71	103,5	15,6	4,71	0,604
20,3	0,534	0,308	45	11,69	0,129	− 5,97	111	11	4,79	0,769	20,3	0,148	− 6,94	113,2	19,9	4,58	0,626
21,7	0,573	0,347	50	13,2	0,096	− 1,37	116,6	13,9	4,88	0,771	21,7	0,0625	− 5,36	117	24,2	4,56	0,68
22,2	0,584	0,379	55	14,4	0,0808	− 1,02	121	16,6	4,92	0,775	22,2	0,0175	+ 2,42	119	27,5	4,62	0,712
23	0,605	0,403	60	15,3	0,0606	− 0,14	124,5	19,7	4,93	0,804	23	0,102	+ 4,22	121	29	4,75	0,669
24	0,632	0,432	65	16,4	0 0932	+ 1,65	128,5	21,8	5,01	0,762	24	0,0562	− 3,06	124,5	31,4	4,59	0,699
24,6	$0,647_5$	0,468	70	17,8	0,1032	0	133,5	24,2	5,04	0,738	24,6	0,0263	− 1,48	126	33,4	4,6	0,711
24,8	0,653	0,503	75	19,1	0,0707	− 3,27	138,5	27,1	5,02	0,742	24,8	0,0135	− 0,454	127	34,2	4,64	0,71
25,1	0,661	0,521	80	19,8	0,0467	− 0,205	141,2	29,4	5,06	0,745	25,1	0,0306	+ 1,74	127	34,3	4,83	0,518
25,6	0,674	0,542	85	20,6	0,0586	− 0,31	144,5	30,8	5,11	0,724	25,6	0,0272	− 1,06	129	33,8	4,67	0,678
25,9	0,682	0,561	90	21,3	0,0485	− 0,891	147,1	32,6	5,11	0,723	25,9	0,025	− 1,11	130	33,2	4,7	0,661
25,9	0,682	0,579	95	22	0,0355	− 1,12	149,5	33,5	5,14	0,711	25,9	−0,00064	+ 1,13	130	32,1	4,73	0,649
25,8	0,679	0,587	100	22,3	0,0177	− 0,932	150,5	34,4	5,14	0,716	25,8	−0,0186	+ 1,2	127	30,3	4,74	0,639
25,4	$0,668_5$	0,590	105	22,4	0,00786	− 0,677	151,5	34,5	5,15	0,71	25,4	−0,036	+ 1,29	124	28,9	4,7	0,64
24,8	0,653	0,592	110	22,5	0,00127	− 0,45	151,5	33,5	5,17	0,692	24,8	−0,0549	+ 1,46	121	26,5	4,66	0,638
24	0,632	0,592	115	22,5	−0,00446	+ 0,305	149,5	32,3	5,16	0,686	24	−0,0728	0	118	23,9	4,67	0,632
22,9	0,603	0,587	120	22,3	−0,0172	+ 1,178	147	30,7	5,13	0,685	22,9	−0,066	− 1	114	21,2	4,65	0,625
22,1	0,582	0,579	125	22	−0,0332	+ 1,885	143,2	28,2	5,08	0,676	22,1	−0,0485	+ 0,328	112	18,1	4,65	0,593
21,2	0,558	0,558	130	21,2	−0,0716	+ 0,282	138	26	5,03	0,69	21,2	−0,0823	+ 0,632	109	15,7	4,6	0,596
20	0,526	0,534	135	20,3	−0,0686	− 0,188	133,5	22,5	5,01	0,674	20	−0,0863	0	106	13,1	4,61	0,577
18,9	0,497	0,508	140	19,3	−0,0686	+ 0,345	130	19	5	0,657	18,9	−0,0863	+ 0,0847	102	10,6	4,57	0,56
17,7	0,466	0,479	145	18,2	−0,0819	+ 0,72	126	15,8	4,96	0,641	17,7	−0,0889	+ 0,418	98,2	8,3	4,53	0,539
16,4	0,432	0,450	150	17,1	−0,0883	+ 0,45	121,5	12,2	4,95	0,615	16,4	−0,108	+ 2,02	95	6,38	4,44	0,532
14,7	0,387	0,411	155	15,6	−0,133	+ 4,81	116	9,31	4,8	0,629	14,7	−0,131	+ 1,52	89,5	4,7	4,35	0,536
12,8	0,337	0,353	160	13,4	−0,171	+ 1,36	108,2	6,56	4,7	0,652	12,8	−0,147	+ 0,569	84	3,18	4,24	0,545
10,8	0,284	0,290	165	11	−0,182	+ 0,663	98,5	4,04	4,53	0,676	10,8	−0,155	+ 0,632	78,4	1,95	4,09	0,555
8,57	0,226	0,222	170	8,45	−0,19	+ 0,377	88,8	2,06	4,31	0,711	8,57	−0,165	+ 0,774	71,5	1,01	3,91	0,576
6,27	0,165	0,152	175	5,67	−0,19	+ 0,243	77,5	0,675	3,99	0,765	6,27	−0,177	+ 1,09	65,3	0,363	3,66	0,614
3,58	0,094	0,082	180	3,1	−0,198	+ 0,102	67	0	3,52	0,87	3,58	−0,2	+ 2,37	56,3	0	3,21	0,833

Zwischenstufen von 5 zu 5°; außerdem sind diese Werte in die Abb. 122 und 123 eingezeichnet. Zugrunde gelegt waren wieder: $F = 0{,}0962$; $f_r = 0{,}0904$; $f_1 = 0{,}0716$; $r = 0{,}25$; $n = 60{,}7$; $l = 1{,}885$; $b_s = 0{,}01$; $G_w = 6$ kg; $M = 0{,}8$.

Für den ersten Teil der Ventilbewegung gibt Schoene keine Zahlen für c_{sp} und μ_P, da die Untersuchung ergab, daß kurz nach Eröffnung das Wasser in schnellem Wechsel nach außen und nach innen durch den Spalt strömte. Bei den weiterhin stattfindenden Schwingungen des Ventils wechselte c_{sp} die Richtung nicht mehr, die Größe von c_{sp} schwankte aber sehr, womit nach Schoene noch größere Schwankungen von μ_P verknüpft sind, und zwar soll die Regel gelten: „Je größer die Geschwindigkeit, desto schlechter die Ausflußzahl." Weiter war bei den Versuchen die Ausflußziffer höher beim Heben als beim Senken des Ventils, was nach Schoene mit der Saug- und Stauwirkung[1]) der breiten Dichtungsflächen zusammenhängt. Die Zunahme von μ_P am Schluß der Bewegung hängt mit der Abnahme von c_{sp} zusammen. Für die Ventilbewegung nach Kolbenumkehr sind Werte von μ_P ebenfalls nicht angegeben, da sich die Beeinflussung der Ventilbewegung durch die Indiziervorrichtung bei der Bestimmung der kleinen Ventilhübe nach Kolbenumkehr besonders bemerkbar machte und auf genau gleichmäßiges Aufsetzen der Ringe nicht zu rechnen war. Für das Saugventil ergaben sich entsprechend seinen größeren Hüben geringere Ausflußzahlen als beim Druckventil. Aus der Tatsache, daß die μ_P-Werte, bezogen auf den Ventilhub, bedeutend höher waren als nach den von Berg angegebenen Werten zu erwarten war (vgl. Abb. 61 und Zahlentafel 1, S. 129), schließt Schoene, daß die große Spaltbreite den Ausfluß günstig beeinflußt, „vielleicht weil die Stromfäden des breiten Strahles im Sitz an den Wandungen sich mit geringerer Geschwindigkeit bewegen als die inneren und daher die zwischen die Sitzflächen einströmenden Wasserteile weniger stören als es beim engen Spalt der Fall ist". Er empfiehlt deshalb, von dem Gebrauch, Spaltweite gleich dem doppelten Ventilhub anzunehmen, abzuweichen und die Spaltbreite größer auszuführen. Die μ_P-Werte nach Schoene in Abhängigkeit vom Ventilhub sowie in Abhängigkeit von dem Lindnerschen Verhältnis $x = \frac{2h}{b_1}$ aufgezeichnet, liefern keine stetig verlaufenden Linien (vgl. z. B. Abb. 2, Taf. III); so daß ein Vergleich mit den aus anderen Versuchen mit Ringventilen gewonnenen μ_P-Werten nicht möglich ist. Ob diese Unstetigkeit des Verlaufs durch die Art der Versuchsanordnung und -durchführung oder der Berechnung begründet ist, muß dahingestellt bleiben. Ich bin mit Schoene

[1]) Vgl. hierzu S. 219, Fußbemerkung.

der Meinung, daß die Versuche durchaus nicht genügend weitgehend und die Versuchseinrichtung, besonders zum Aufzeichnen der Ventilhublinie, ungenügend waren. Schoene erklärt nämlich selbst, daß zur Nachprüfung der entwickelten Theorie viel genauere und weitgehendere Versuche als mit der benützten Einrichtung durchzuführen waren, nötig gewesen wären. Vor allem hätten Versuche über die Druckänderungen und Wassergeschwindigkeiten im Spalt angestellt werden müssen. Er hält seine Theorie aber für bestätigt vor allem durch die Form der Ventilerhebungskurven nach Kolbenumkehr der versetzten Diagramme, die fast ausschließlich die charakteristische Form der aus theoretischen Überlegungen entwickelten (Abb. 115 und 118) aufweisen sollen und weil auch in früheren Veröffentlichungen (Z. d. V. d. I. 1902, Taf. XVI, oder M. ü. F. Heft 30, S. 20, 25, 26, 27) die Abschlußlinie in der Form erscheine, deren Entstehung dargelegt wurde. Er hält ferner seine Theorie für wertvoll bei Bestimmung von μ_P und stellt fest, daß, wenn zur Bestimmung von μ_P das Bergsche Verfahren nach S. 129f., aber unter Berücksichtigung der endlichen Stangenlänge angewendet werde, dieses bis zu $\psi = 20°$ zu Anfang der Ventilbewegung versage, da für μ_P sich imaginäre Werte ergeben würden; daß ferner für den folgenden Teil der Bewegung das Verfahren Bergs, bei dem der Ablenkungsdruck des Wasserstrahls und die Wasserwirkung des Ventils nicht berücksichtigt sind, ein wenig kleinere Werte liefern, und daß endlich für den letzten Teil der Bewegung dieses Verfahren wiederum unrichtige Größen geben würde.

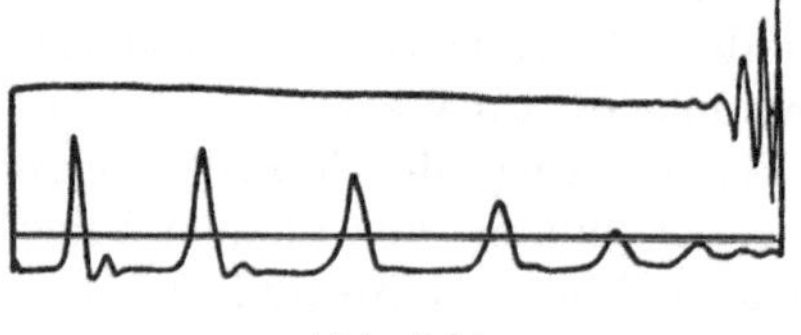

Abb. 124.

Weiter spricht nach Schoene für die Richtigkeit der Darlegungen der gute Gang der mit den untersuchten Ventilen ausgerüsteten Pumpe. Schoene zeigt dann weiter an Hand der Ventilerhebungsdiagramme die Ursache der Zacken in der Sauglinie Abb. 124, indem er unter der Erhebungslinie den Anfang der Sauglinie einzeichnet (s. Abb. 122). Nach seiner Ansicht wird „durch den Eröffnungsstoß das Ventil in Schwingungen versetzt; zeitweilig wird das Ventil gegen seine normale Bewegung zurückbleiben und der Ventilhub wird verkleinert. Infolgedessen muß die Ausflußgeschwindigkeit gesteigert werden, der Spannungsabfall nach dem Pumpenraum nimmt zu, die Spannung darin sinkt und die darin vorhandene Luft expandiert. Durch den vergrößerten Druckunterschied wird das Ventil beschleunigt und überschreitet seine normale Hublinie. Mit der nunmehr verzögerten Ventilgeschwindigkeit muß c_{sp} ebenfalls abnehmen, und zwar unter dem

Einfluß einer Druckzunahme im Pumpenraum. Der ansteigende Druck komprimiert die Luft darin. Die Kurven *a* und *b* in Abb. 122 sind Luftkompressions- und -expansionskurven. Die Größe der Druckanschwellung ist daraus zu erklären, daß die ganze unter dem Saugventil befindliche, im vorliegenden Fall etwa 800 mm lange Wassersäule mit dem Beginn der Kompression der Luft im Pumpenraum eine Verzögerung erfährt. Wie die Abb. 122 zeigt, liegen auch die zusammengehörigen Kompressions- und Expansionskurven unter der Verzögerungsperiode der Ventilbewegung und mit der Verzögerung der Ventilbewegung fällt eine Verzögerung der Ausflußgeschwindigkeit zusammen." Die kleinen Schwingungen der Sauglinie am Ende der Expansionslinie hält Schoene für Indikatorschwingungen.

Zum Schluß redet Schoene derartigen federgeführten Ventilen, die bei großer Spaltbreite hohe Hübe zulassen, für Verwendung bei Kanalisationspumpen das Wort und gibt an, daß mit solchen Ventilen Umlaufzahlen von 200 bis 300 auch bei großen Pumpen erreicht werden könnten.

Auch die an sich interessanten, von neuen Gesichtspunkten ausgehenden Untersuchungen von Schoene können wegen der gemachten, nicht immer zutreffenden Annahmen, das tatsächliche Verhalten des Ventils bei seiner Bewegung nicht klarlegen, ebenso wie die durchgeführten Versuche nicht in der Lage waren, das Gefundene genügend zu begründen.

2. Neuere Versuche von Berg[56 u. 57]).

In der ersten Auflage seines Buchs „Die Kolbenpumpen" (1914) berichtet Berg über Versuche mit 3 ebensitzigen Ringventilen nach Abb. 129 bzw. 127 und 128, mit 2 Ringen sowie mit je 1 Ring. In der zweiten Auflage (1921) ist über weitere Versuche mit diesen Ventilen sowie über Versuche mit einem ebensitzigen dreiringigen Ventil nach Abb. 130 und mit 2 Tellerventilen nach Abb. 125 und 126 berichtet.

Er benützte zu allen Versuchen eine elektrisch, mittels Riemenübertragung angetriebene Differentialpumpe, deren Stufenkolben von 150 · 105 mm durch einen einfachen Kolben von 105 mm Durchmesser ersetzt werden konnte. Der Kolbenhub war einstellbar auf 350, 300, 250, 190, 150, 125, 90 und 50 mm und die Umdrehungszahl beliebig veränderlich zwischen 60 und 200 Umdrehungen in der Minute. Die Ventile wurden als Druckventile untersucht und waren unter Verwendung entsprechend geformter Ventilsitze (vgl. z. B. Abb. 131 und 132) in das gleiche Ventilgehäuse eingebaut.

Die Übertragung der Ventilbewegung erfolgte durch einen auf dem Ventil lose aufsitzenden und von der Indikatorfeder angedrückten Stift unmittelbar auf das Indikatorschreibzeug, das den Hub 3,52fach vergrößert im Diagramm wiedergab. Die Papiertrommel erhielt von einem kleinen Elektromotor aus gleichförmige Drehbewegung, die bei allen Versuchen auf 72 Umdrehungen in der Minute eingestellt wurde unter

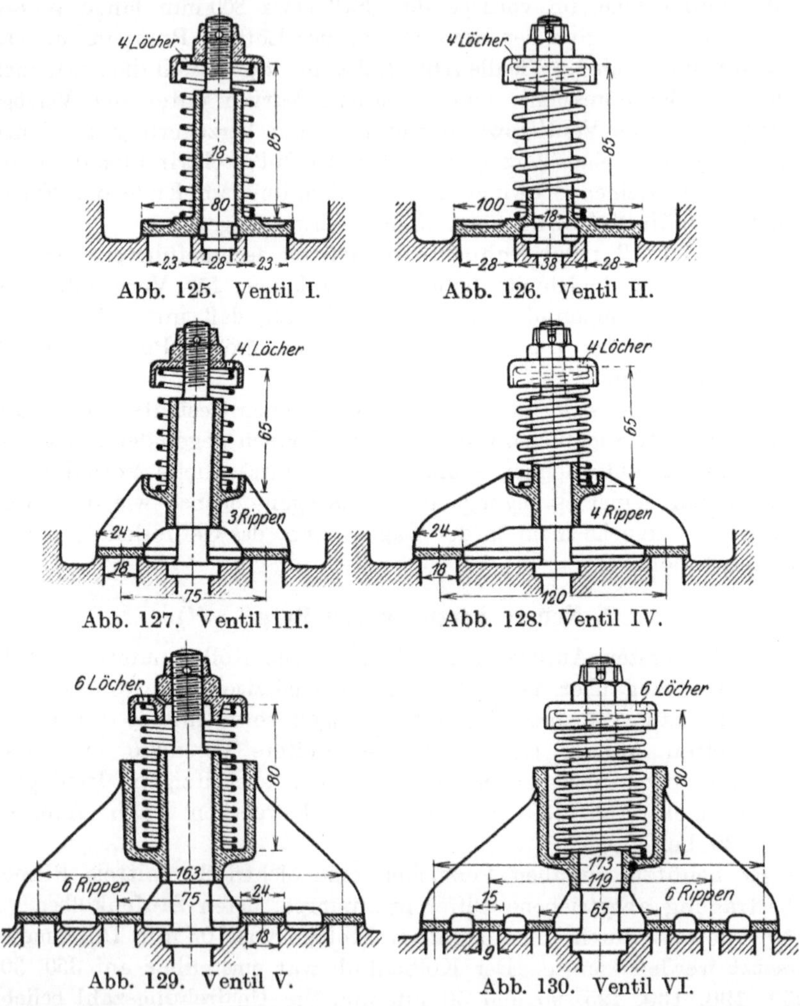

Abb. 125. Ventil I. Abb. 126. Ventil II.

Abb. 127. Ventil III. Abb. 128. Ventil IV.

Abb. 129. Ventil V. Abb. 130. Ventil VI.

Zuhilfenahme eines vom gleichen Elektromotor angetriebenen Tachometers[1]). Zur Markierung des Durchgangs des Kurbelgetriebes durch die Totlage auf dem Ventildiagramm benützte Berg ein Wagnersches

---

[1]) Diagrammlänge damit bei $n = 60$ Umdrehungen der Pumpe 150,5 mm und bei $n = 200$ Umdrehungen 45,15 mm. Umfangsgeschwindigkeit der Trommel 301 mm/sk.

elektromagnetisches Schreibzeug [Abb. 131[58])]. In dem Augenblick, in welchem die Pumpenkurbel durch den Totpunkt geht, wird ein Stromkreis durch Übergleiten einer Kontaktfeder vom nichtleitenden auf den leitenden Teil des Umfangs einer mit der Kurbelscheibe der Pumpe sich drehenden Kontaktscheibe geschlossen und durch einen Magnet der die Marke zeichnende Stift des Schreibzeugs angezogen. Wegen der Bewegung der Trommel entsteht statt eines senkrechten Striches *ab*

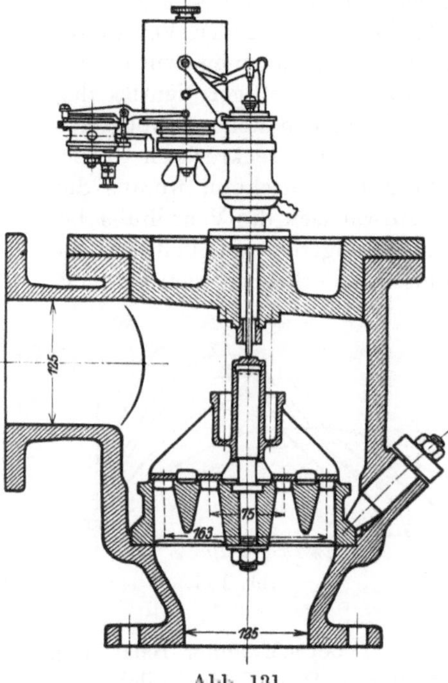

Abb. 131.

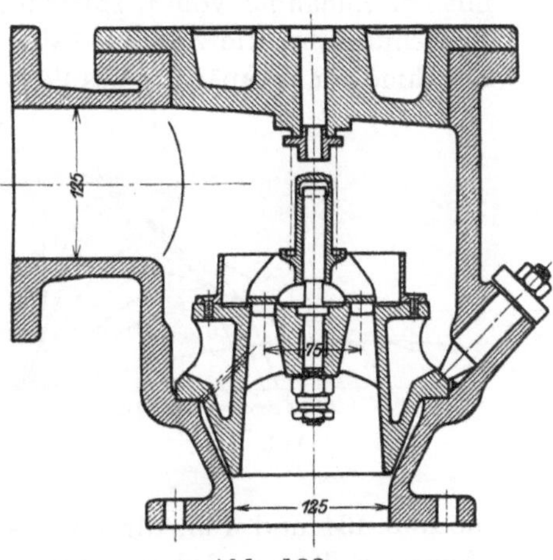

Abb. 132.

ein Bogen mit scharfer Ecke bei *c* (Abb. 133), dessen Länge von der Papiergeschwindigkeit abhängt. Zur Auffindung des Ventilhubs bei Kolbenumkehr im Diagramm zieht Berg dann durch den Punkt *a* im Abstand x links von *c* die Senkrechte. Wegen der gleichbleibenden Trommelgeschwindigkeit war x nur einmal zu bestimmen[1]).

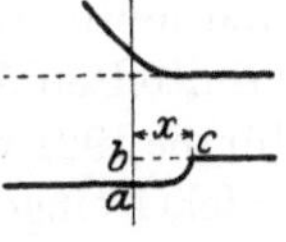

Abb. 133.

Die Ventilbelastung setzte sich zusammen aus dem Gewicht G_w des Ventils im Wasser, dem Druck der Indikatorfeder einschließlich des Gewichts von Indikatorstift, samt Schreibzeug und dem Druck (Gewicht + Federkraft) der Ventilfeder, falls eine solche neben der Indikatorfeder verwendet wurde. Die Wirkung beider Federn setzte er dann gleich derjenigen einer Feder, deren Konstante C gleich der

[1]) Angaben darüber, wie dieser Wert x zu ermitteln ist, s. Lit.-Verz. 58.

Summe der Konstanten beider Federn war. Die mit dem Durchdringen des Ventilgehäusedeckels durch den Indizierstift verbundene Entlastung des Ventils wurde berücksichtigt. Die Durchführung der Versuche erfolgte derart, daß jeweils für einen bestimmten Kolbenhub unter Verwendung des kleinen und großen Kolbens sowie bei schwacher und bei starker Ventilbelastung eine Reihe von normalen Ventilhubdiagrammen mit steigender Umdrehungszahl genommen wurde, bis deutlich hörbarer, dann mäßiger und schließlich kräftiger Ventilschlag eintrat. Dann zeichnete Berg die bei einer solchen Reihe gewonnenen Diagramme so übereinander, daß sie sich in dem senkrechten Strich, der den Augenblick der Kolbenumkehr angibt, deckten, woraus das mit der Zunahme von n stattfindende Anwachsen des Ventilhubs bei Kolbenumkehr, die Zunahme der Ventilschlußgeschwindigkeit und die Zunahme der Verspätung des Ventilschlusses zu erkennen war; vgl. z. B.

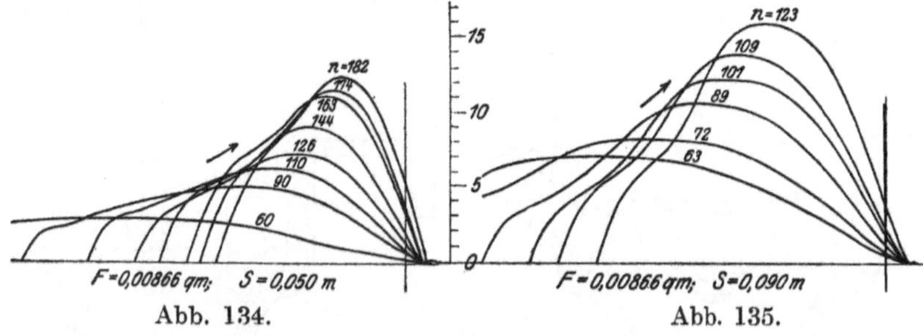

Abb. 134. Abb. 135.

die Abb. 134 und 135, für das Tellerventil *I* bei schwacher Belastung, kleinem Kolben und den Hüben 50 und 90 mm. Diese Bilder sollen nach Berg eine wesentliche Unterstützung bilden bei der Entscheidung, wo die Schlaggrenze, d. h. der Eintritt deutlichen Ventilschlags anzunehmen ist.

Berg bestimmte nun für alle Versuche die vom Ventil in der Sekunde verarbeitete Wassermenge Q_v in Litern aus der Beziehung $Q_v = \frac{F \cdot s \cdot n}{60}$ und stellte die Werte von n, Q_v, $Q_v \cdot n$ und die aus den Ventildiagrammen ermittelten Werte von $h_{\max}$ zusammen (vgl. Zahlentafel 11 — am Schluß — für die 1921 veröffentlichten Versuche). Die vom Verfasser in die Zahlentafel 11 eingetragenen Werte $b_{\max}$ für den entsprechenden größten Ventilhub $h_{\max}$ wurden unter Annahme proportionaler Zusammendrückung der Feder nach Berg berechnet aus $b_{\max} = b_0 + \frac{(b_{15} - b_0)\, h_{\max}}{1{,}5}$. Dann zeichnet Berg zu jedem Versuch für schwache und starke Ventilbelastung die Wassermenge Q_v in Funktion von $h_{\max}$ auf (vgl. Taf. IV für die Versuche von 1921). Die Linien der zugehörigen Ventilbelastungen b sind mit eingezeichnet. Abb. 136 zeigt die $Q_v - h$-Linien mit den zugehörigen b-Werten der 1914 veröffentlichten Versuche mit den Ringventilen *III*, *IV* und *V*, die durchweg mit etwas größerer Ventilbelastung durchgeführt wurden[1]). Er weist zunächst auf die bekannte Tatsache hin, daß das Ventil bei gleicher Wassermenge bei schwacher Belastung durchweg höher steigt als bei starker. Dann stellt er auf Grund seiner Versuche folgenden Satz auf: „Ein mit einer bestimmten Feder belastetes Ventil steigt immer gleich hoch, wenn die vom Ventil in der Sekunde durchschnittlich verarbeitete Wassermenge Q_v die gleiche ist.

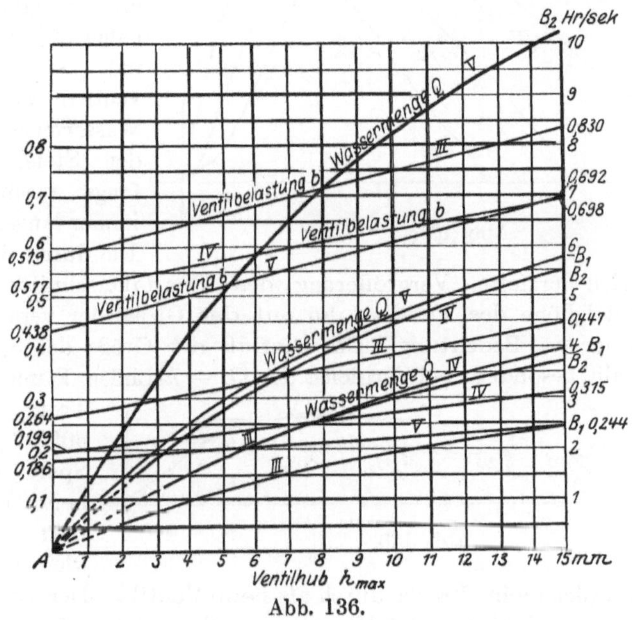

Abb. 136.

Dabei ist es ganz gleichgültig, aus welchen Einzelwerten von Kolbenquerschnitt, Kolbenhub und Umdrehungszahl sich das Produkt $F \cdot s \cdot n$ zusammensetzt. Als Beweis dienen z. B. die Abb. 137 und 138.

Berg folgert daraus, daß, wenn man die Steighöhe eines Ventils mit Hilfe irgendeiner Pumpe für eine bestimmte Wasserhöhe festgestellt habe, man auch seine Steighöhe kenne für alle anderen Fälle seiner Verwendung, in denen die Wassermenge die gleiche ist. Die besonderen Konstruktions- und Betriebsverhältnisse der Pumpe seien weiter nicht von Belang.

[1]) Von den gleichbezeichneten Q—h-Linien gilt immer die höherliegende für die stärkere Belastung.

Als bemerkenswert stellt **Berg** dabei fest, daß **trotz des großen Unterschiedes in der Umdrehungszahl, also auch in der Geschwindigkeit und Beschleunigung sich ein Einfluß der Masse der keineswegs als masselos zu bezeichnenden Ventile auf die Größe der Steighöhe geltend macht.**

Die Betrachtung der $Q_v - h$-Linien (Taf. IV) läßt nach **Berg** folgendes erkennen: Bei den Tellerventilen *I* und *II* — $Q - h$-Linie nahezu gerade Linien — sind Wassermenge und Steighöhe annähernd proportional. Bei den Ringventilen nimmt die Wassermenge mit der Steighöhe anfangs rasch, dann immer langsamer zu. Die durch die Ringkonstruktion erzielte Vergrößerung des Spaltquerschnitts verliert mit der Steighöhe des Ventils, also mit der Größe der verarbeiteten Wassermenge an Bedeutung. Der Einfluß der Größe des Spaltquerschnitts fällt besonders bei Vergleich der $Q_v - h$-Linien *V* und *VI* auf. Trotz des um 50% größeren Spalt-Umfangs beim Ventil *VI* tritt nur bei kleiner Steighöhe wesentlich mehr Wasser durch als beim Ventil *V*. Der Unterschied wird aber rasch kleiner; der Wert des großen Spaltumfangs bei Ventil *VI* geht mit wachsender Steighöhe verloren. **Berg** erklärt diese Erscheinung auch durch eine Untersuchung der Änderung der Durchschnittsquerschnitte mit der Steighöhe für die Ventile *V* und *VI*.

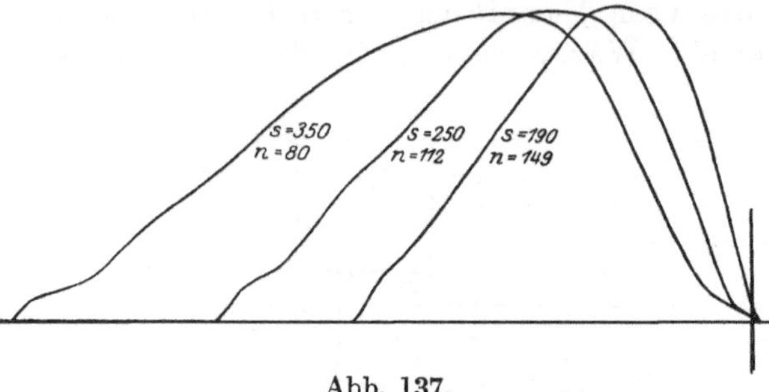

Abb. 137.

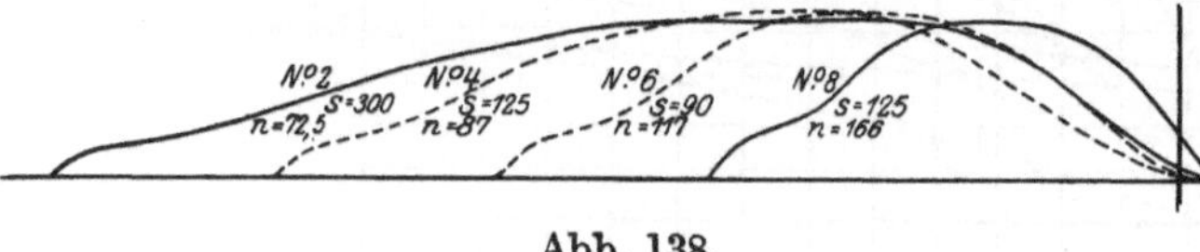

Abb. 138.

Berg findet weiter die S. 126f. gegebenen Darlegungen, betreffend die Entstehung des Ventilschlags, durch die bei seinen neuen Versuchen abgenommenen Ventilhubdiagramme bestätigt, bei welchen sich für geringe Umdrehungszahlen, bei denen das Ventil schon frühzeitig vor Kolbenumkehr in die Nähe des Sitzes gelangt, die durch die Verengung des Ventilspaltes entstehende „Bremswirkung" in rascher Abnahme der Ventilgeschwindigkeit gegen Ende des Kolbenhubs bemerkbar macht, indem sich die Ventilhublinie an die Horizontale anschmiegt; bei denen dann weiter der Zeitpunkt des Abschlusses zunächst auch bei größer werdendem n ungefähr der gleiche bleibt, dann aber der Ventilhub bei Kolbenumkehr sehr rasch wächst, die Ventilhublinie immer steiler wird, das Ventil mit unverminderter Geschwindigkeit auf seinen Sitz gelangt und schließlich, wenn auch die Verspätung des Schlusses größer wird, heftiger Ventilschlag eintritt. Deutlicher Ventilschlag trat durchschnittlich bei einer Ventilschlußgeschwindigkeit von etwa 160 bis 200 mm/sk (ermittelt aus der Neigung der Tangente an die Schlußlinie) ein.

Da die Geschwindigkeit des sinkenden Ventils allgemein um so größer sein wird, je höher es gestiegen ist, d. h. je größer der Weg bis zum Sitz und je kürzer die Zeit zur Zurücklegung dieses Weges ist, und da ferner nach Berg die Steighöhe bei gleicher Ventilbelastung um so größer ist, je größer Q_v, und da die Zeit für den Niedergang um so kürzer ist, je größer n, so entsteht große, mit Ventilschlag verbundene Ventilschlußgeschwindigkeit um so leichter, je größer Q_v und n sind oder je größer das Produkt $Q_v \cdot n$ ist.

Für jedes der 6 Ventile ermittelte Berg nun den Wert $Q_v \cdot n$, bei dem deutlicher Ventilschlag eintrat (s. Zahlentafel 11). Der betreffende Versuch jeder Versuchsreihe ist durch Einrahmen und Fettdruck gekennzeichnet. Er stellte fest, daß bei einem mit bestimmter Belastung arbeitenden Ventil dieser Versuch durch annähernd den gleichen Wert von $Q_v \cdot n$ gekennzeichnet ist, daß es also wie bei der Steighöhe des Ventils auf die Größe der Wassermenge ankommt, gleichgültig aus welchen Einzelwerten von F, s und n sich dieselbe zusammensetzt.

Er findet auch, daß der Grenzwert $Q_v \cdot n$ der Ventilbelastung b_0 beim Aufsitzen des Ventils annähernd proportional ist.

Zahlentafel 12 enthält die $Q_v \cdot n$-Werte an der Schlaggrenze für die 1914 veröffentlichten Versuche mit den Ringventilen *III*, *IV* und *V*. Die Belastungen waren damals durchweg etwas höher und dementsprechend auch der Wert von $Q_v \cdot n$. Beim Ventil *V* konnte damals die Grenze, bei der das stark belastete Ventil zu schlagen begann, nicht festgestellt werden. Der Wert $Q_v \cdot n = 1200$ ist geschätzt; bei $Q_v \cdot n = 1200$ war man aber nach Angabe noch weit vom Ventilschlag entfernt.

Zahlentafel 12.

	Schwache Belastung						Starke Belastung					
Ventil-Nr.	*III*		*IV*		*V*		*III*		*IV*		*V*	
Ventilhub h in mm	0	15	0	15	0	15	0	15	0	15	0	15
Federdruck $\mathfrak{F}$ in kg	0,829	1,870	0,829	1,870	0,829	1,870	2,617	4,036	3,696	5,269	5,357	10,037
Belastung b in m W.-S.	0,264	0,447	0,199	0,315	0,186	0,244	0,579	0,830	0,517	0,692	0,438	0,698
Schlaggrenze $Q_v \cdot n$	∾ 400		∾ 400		∾ 600		∾ 600		∾ 800		∾ 1200	

Zahlentafel 13.

Q_v l/sk	Tellerventil *I*				Tellerventil *II*				Ringventil *III*				Ringventil *IV*				Ringventil *V*				Ringventil *VI*			
	$b_0 = 0{,}216$ $b_{15} = 0{,}332$ $Q_v \cdot n = 145$		$b_0 = 0{,}426$ $b_{15} = 0{,}598$ $Q_v \cdot n = 285$		$b_0 = 0{,}249$ $b_{15} = 0{,}374$ $Q_v \cdot n = 185$		$b_0 = 0{,}417$ $b_{15} = 0{,}630$ $Q_v \cdot n = 310$		$b_0 = 0{,}244$ $b_{15} = 0{,}366$ $Q_v \cdot n = 270$		$b_0 = 0{,}421$ $b_{15} = 0{,}632$ $Q_v \cdot n = 470$		$b_0 = 0{,}189$ $b_{15} = 0{,}304$ $Q_v \cdot n = 370$		$b_0 = 0{,}448$ $b_{15} = 0{,}694$ $Q_v \cdot n = 850$		$b_0 = 0{,}187$ $b_{15} = 0{,}245$ $Q_v \cdot n = 560$		$b_0 = 0{,}376$ $b_{15} = 0{,}627$ $Q_v \cdot n = 1100$		$b_0 = 0{,}209$ $b_{15} = 0{,}271$ $Q_v \cdot n = 650$		$b_0 = 0{,}368$ $b_{15} = 0{,}635$ $Q_v \cdot n = 1170$	
	h_{max}	n	h_{max}	n	h_{max}	n	h_{max}	n	h_{max}	n	h_{max}	n	h_{max}	n	h_{max}	n	h_{max}	n	h_{max}	n	h_{max}	n	h_{max}	n
0,25	2,0		1,4																					
0,50	3,8		2,8		3,3		2,5		2,2		1,4													
0,75	6,0	193	4,6		5,1		3,9		3,5		2,2													
1,00	8,6	145	6,6		6,8	185	5,2		4,8		3,0		2,6		1,8									
1,25	11,6	116	8,5	228	8,6	148	6,6	248	6,2	216	4,0		3,3		2,3									
1,50	15,0	97	10,5	190	10,5	123	8,0	207	7,8	180	5,1		4,2	246	2,8		2,0		1,2					
1,75			13,0	163	12,5	106	9,5	177	9,8	154	6,2		5,1	212	3,3		2,4		1,4					
2,00			15,0	142	14,4	92	11,0	155	12,5	135	7,5	235	6,2	185	3,8		2,9		1,6					
2,25							12,8	138			9,2	209	7,4	164	4,5		3,4	249	2,0		2,0		1,1	
2,50							14,3	124			11,0	188	8,5	148	5,1		3,9	224	2,3		2,3		1,4	
2,75											12,9	171	10,2	135	5,7		4,4	204	2,8		2,7	236	1,6	
3,00											15,0	157	11,5	123	6,4		5,0	187	3,0		3,2	217	2,0	
3,50													15,0	106	7,7	243	6,3	160	3,8		4,4	186	2,6	
4,00															9,2	212	7,6	140	4,5		5,9	162	3,4	
4,50															11,2	189	9,3	124	5,6	244	7,5	144	4,3	
5,00															14,4	170	11,0	112	6,4	220	9,5	130	5,2	234
5,50																	13,0	102	7,4	200	12,0	118	6,3	213
6,00																	15,0	93	8,4	183	15,0	108	7,5	195
6,50																			9,6	169			8,9	180
7,00																			10,9	157			10,4	167
7,50																			12,0	147			12,0	156
8,00																			13,4	138			13,8	146

Die Bergsche Zahlentafel 13 soll Aufschluß geben über das Verwendungsgebiet der 6 zuletzt untersuchten Ventile. Die erste Spalte gibt die vom Ventil durchschnittlich verarbeitete Wassermenge in der Sekunde; dann ist angegeben die Steighöhe des Ventils bei schwacher und starker Ventilbelastung für die betreffende Wassermenge, ermittelt aus den $Q_v - h$-Linien, und endlich die Umdrehungszahl, bei welcher deutlicher Ventilschlag eintritt, wenn das Ventil die Wassermenge Q_v verarbeitet, berechnet aus dem für die Belastung b_0 gültigen Grenzwert $Q_v \cdot n$.

Durch Vermehrung der Ventilbelastung kann nach Berg die Grenze des Verwendungsgebiets höher gelegt werden (vgl. z. B. Zahlentafel 12).

Für das Tellerventil mit oberer Führung von $d = 60$ mm (vgl. M. ü. F. Heft 30; oder S. 121 f.) berechnete Berg 1914 aus der Beziehung $\mu_P \cdot h_{\max} \sqrt{2gb}\, l = \pi \cdot Q_v$ oder mit $l = \pi d$ aus $\mu_P \cdot h_{\max} \sqrt{2gb}\, d = Q_v$ unter Zuhilfenahme der Werte μ_P aus Zahlentafel 1 (S. 129) und mit $b = b_0 + \frac{(b_{15} - b_0)h}{1,5}$, wobei $b_0 = 0{,}637$ und $b_{15} = 0{,}826$ war, die nebenstehende Zahlentafel 14 über das Verwendungsgebiet dieses Ventils. Damals (1904 bzw. 1906) machte er zur Grundlage für die Berechnung der Tellerventile die Annahme, daß zur sicheren Vermeidung hörbaren Ventilschlags der Ventilhub bei Kolbenumkehr nicht mehr als $h_0 = \frac{1}{250} d$ betragen solle, aus welcher Forderung sich ergab:

$$Q_v \cdot n \leqq \frac{b_0 d}{0{,}52},$$

im vorliegenden Fall also

$$Q_v \cdot n \leqq \frac{0{,}637 \cdot 0{,}06}{0{,}52} = 0{,}074$$

oder $Q_v \cdot n \leqq 74$, wenn Q_v in l/sk eingesetzt wird.

Zahlentafel 14.

$h_{\max}$ mm	Q_v l/sk
1	0,186
2	0,316
3	0,426
4	0,527
5	0,622
6	0,715
7	0,816
8	0,912
9	1,005
10	1,098
11	1,180
12	1,260
13	1,330
14	1,410
15	1,480

In dem Bericht über die Versuche mit 3 Ringventilen 1914 gibt Berg an, daß für das Tellerventil von 60 mm Durchmesser ohne Bedenken $Q_v \cdot n = 100$ genommen werden dürfe. Allgemein gab er 1906 die Bedingung zur Vermeidung eines Ventilschlags

$$b_0 l > \lambda Q_v n,$$

worin λ abhängig von der Ventilkonstruktion.

Aus den neuen 1921 veröffentlichten Versuchen berechnet er dann λ aus $\lambda = \frac{b_0 l}{Q_v \cdot n}$ für die Schlaggrenze und erhielt die in der folgenden Zahlentafel 15 enthaltenen Werte, die zunächst erkennen lassen,

Zahlentafel 15.

	$\lambda = \frac{b_0 l}{Q_v \cdot n}$		
	Schwache Belastung	Starke Belastung	Mittelwert
Teller-Ventil *I*	0,374	0,375	0,37
Teller-Ventil *II*	0,423	0,422	0,42
Einfaches Ringventil *III*	0,426	0,422	0,42
Einfaches Ringventil *IV*	0,386	0,397	0,39
Zweifaches Ringventil *V*	0,500	0,511	0,51
Dreifaches Ringventil *VI*	0,721	0,706	0,71

daß für ein und dasselbe Ventil bei schwacher und starker Belastung λ den gleichen Wert hat, daß Ventilbelastung beim Aufsitzen des Ventils und Schlaggrenze für ein bestimmtes Ventil proportional sind, und daß durch diese Versuche der von Bach für das Tellerventil von 60 mm mit reiner Gewichtsbelastung aufgestellte Satz: „An der Grenze des stoßfreien Ventilschlusses ist die wirksame Ventilbelastung der zu fördernden Wassermenge und der Umdrehungszahl proportional" allgemeine, d. h. auch für ein- und mehrfache Ringventile mit ebener Sitzfläche und mit Federbelastung, Gültigkeit hat.

1906 empfahl Berg bei der Berechnung neuer Ventile zur sicheren Vermeidung eines hörbaren Ventilschlags für alle Ventile den Wert $\lambda = 1,63$ zu wählen, vgl. S. 137, d. h. zwei- bis viermal so groß als er sich für deutlichen Ventilschlag bei den neuen Versuchen ergeben hat.

Nach den neuesten Erkenntnissen genügt also ein bedeutend geringerer Wert. Um wieviel λ größer genommen werden soll als die gefundenen Werte für deutlichen Schlag ist nach Berg von Fall zu Fall zu entscheiden.

Für die Zeit des Ventilschlusses nach Kolbenumkehr leitet Berg aus der früheren Gleichung $\operatorname{tg} \delta = \frac{\omega}{\mu_P \sqrt{2 g b_0}} \cdot \frac{f}{l}$ mit $t = \frac{\delta}{6n}$ und $\delta = \operatorname{tg} \delta$ die Beziehung ab.

$$t = \frac{\pi}{180} \cdot \frac{1}{\mu_P \sqrt{2 g b_0}} \cdot \frac{f}{l},$$

gemäß welcher für ein gegebenes Ventil, also für einen bestimmten Wert $\frac{f}{l}$ der Wert t konstant ist, lo lange sich μ_P und b_0 mit der Größe des Ventilhubs bei Kolbenumkehr nicht wesentlich ändern. Dieses Ergebnis wird nach Berg durch die neuesten Versuche bestätigt, denn wie bereits S. 232 unten und S. 233 oben angegeben, schließen die Ventile, solange die Schlaggrenze noch fern ist, immer zu ungefähr der gleichen Zeit nach Kolbenumkehr. Da t um so größer, je größer f im Verhältnis zu l und da $f:l$ für die Ventile I, II, III, IV, V und VI gleich 0,020; 0,025; 0,012; 0,012; 0,012 und 0,0075 ist, muß hiernach die Schlußverspätung bei den Tellerventilen I und II größer als bei den Ringventilen III bis VI sein, und zwar beim Tellerventil II am größten und beim Ringventil VI am kleinsten. Auch dies bestätigen nach Berg die Ventilhublinien, ebenso wie sie erkennen lassen, daß bei starker Belastung (großem b_0) der Ventilschluß früher erfolgt als bei schwacher.

In seinen Arbeiten 1914 und 1921 findet Berg aus der Beziehung

$$\alpha\, c_{sp_a}\, l\, h = f_1\, c_1 \quad \text{mit} \quad c_{sp_a} = \frac{1}{\sqrt{\zeta}}\sqrt{2g\,\frac{G_w + \mathfrak{F}}{f\gamma}} \quad \text{und mit} \quad \frac{\alpha}{\sqrt{\zeta}} = \mu_P$$

(vgl. S. 123) die Beziehung für die Steighöhe des Ventils

$$h = \frac{f_1 c_1}{\mu_P\, l\sqrt{2g\,\frac{G_w + \mathfrak{F}}{f\gamma}}} = \frac{f_1 c_1}{\mu_P\, l\sqrt{2gb}}$$

bei gleichbleibender Geschwindigkeit des Wassers im Ventilsitz, welche für veränderliche Wassergeschwindigkeit im Sitz übergeht in

$$h = \frac{f_1 c_1 \pm f v}{\mu_P\, l\sqrt{2gb}}.$$

Da bei bewegtem Ventil strenggenommen kein Gleichgewicht mehr besteht zwischen der Kraft des Wasserstromes P_1 und der Ventilbelastung $G_w + \mathfrak{F}$ allein, vielmehr zu den angeführten Kräften noch der durch die Wasserverdrängung des sich bewegenden Ventils entstehende hydraulische und der von der Reibung des Ventils in seiner Führung herrührende mechanische Widerstand (W bzw. R) und außerdem noch die mit der Geschwindigkeitsänderung des Ventils verknüpfte Massenkraft $M_v \cdot k_v$ hinzutritt, gibt Berg als Gleichgewichtsbedingung für die sämtlichen am Ventil wirkenden Kräfte

$$P_1 = (G_w + \mathfrak{F}) \pm W \pm R - M_v \cdot k_v\,,$$

für die Ventilbelastung beim spielenden Ventil

$$b = \frac{G_w + \mathfrak{F} \pm W \pm R - M_v k_v}{f\gamma},$$

für den Ventilhub beim Steigen

$$h = \frac{f_1 c_1 - f \cdot v}{\mu_P \cdot l \sqrt{\dfrac{2\,g\,(G_w + \mathfrak{F}) + W + R - M_v k_v}{f\gamma}}}$$

und für den Ventilhub beim Sinken

$$h = \frac{f_1 c_1 + f v}{\mu_P\, l \sqrt{\dfrac{2\,g\,(G_w + \mathfrak{F}) - W - R - M_v k_v}{f\gamma}}}.$$

Die Beziehungen für h lassen nach Berg bereits erkennen, daß der Ventilhub beim Steigen des Ventils im allgemeinen kleiner sein wird als beim Sinken.

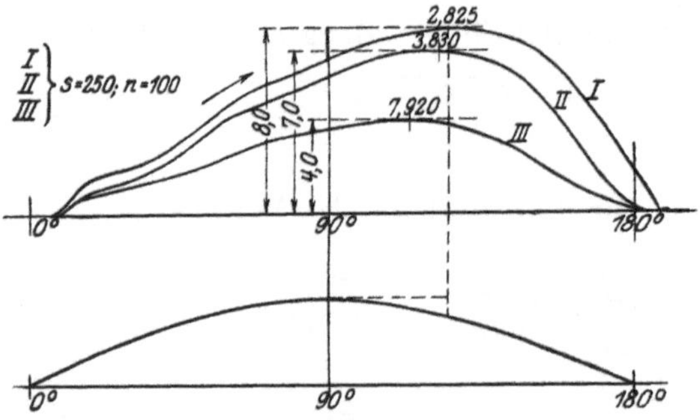

Abb. 139.

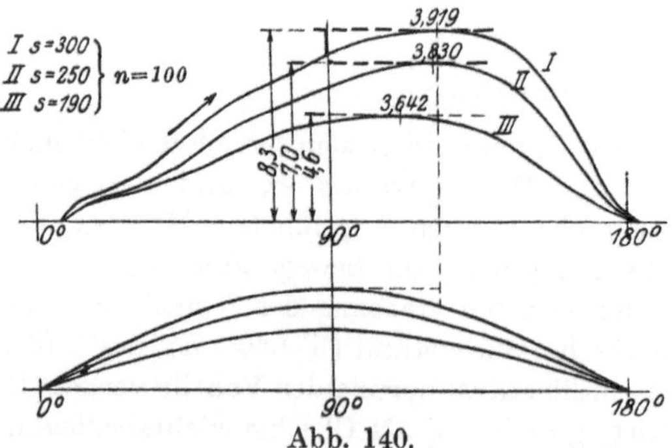

Abb. 140.

Die von Berg 1906 und 1914 durchgeführten, sowie seine neuesten Versuche bestätigen dies. Er kennzeichnet den Verlauf des Ventilspiels wie folgt: „Das nach Abschluß des Saugventils durch Druck bzw. Stoß von seinem Sitz abgehobene Druckventil wird nach einer anfänglichen mehr oder minder starken Verzögerung durch den stetig anwachsenden Wasserstrom unter leichten Geschwindigkeitsschwankungen in die Höhe getrieben. Obgleich mit der Kurbelstellung 90° die Geschwindigkeit des Wassers im Sitz wieder abnimmt steigt das Ventil infolge seiner lebendigen Kraft noch weiter (0,3 bis 2 mm), bis seine Geschwindigkeit durch den Gegendruck der Ventilbelastung aufgezehrt ist. Dies wird um so rascher eintreten, je mehr der Druck der Ventilbelastungsfeder mit dem Steigen des Ventils wächst, d. h. je größer die Federkonstante ist, und je rascher die von unten wirkende Kraft des Wasserstromes abinmmt. Durch den Umstand, daß das

Ventil zunächst nicht sinkt, der Ventilhub nicht kleiner wird, ist die Abnahme dieser Kraft um so intensiver. Nach Überschreiten der Kurbelstellung 90° ist bei allen Diagrammen eine rasch zunehmende Verzögerung des Ventils bemerkbar. Hat dieses seinen Höchststand erreicht, dann beginnt es seinen Niedergang unter dem Druck seiner Belastung und dem Gegendruck des Wasserstroms. Die hierbei der Ventilmasse erteilte Beschleunigung muß so groß sein, daß das Ventil eine Geschwindigkeit erreicht, die es bis zum Augenblick der Kolbenumkehr in die Nähe des Sitzes bringt, ohne daß dabei aber eine gewisse Höchstgeschwindigkeit beim Ventilschluß erreicht bzw. überschritten wird."

In der Abb. 139, oben, z. B. genügt für Linie *I* der Federdruck beim höchsten Ventilstand nicht, um dem Ventil die nötige

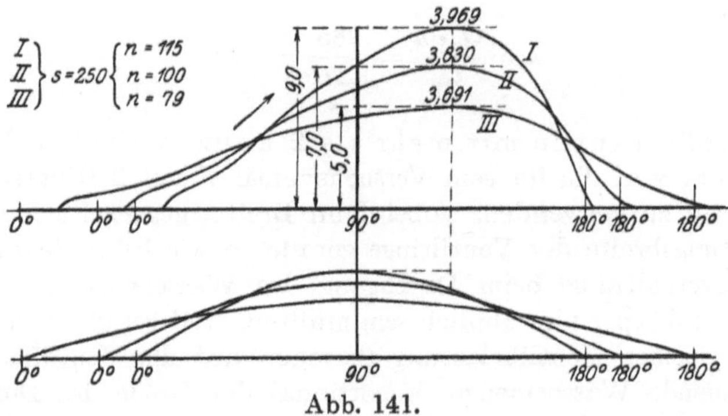

Abb. 141.

Beschleunigung für den Niedergang zu erteilen. Das Ventil schließt stark verspätet und mit Schlag. Bei Linie *I* der Abb. 140, oben, gelangt das Ventil wegen der durch eine stärkere Feder erteilten größeren Beschleunigung noch vor Kolbenumkehr so nahe an den Sitz, daß durch die Bremswirkung infolge Spaltverengerung seine Geschwindigkeit stark verändert wird. Bei Linie *I* der Abb. 141 ist im höchsten Punkt einerseits der Federdruck etwas größer als bei Abb. 140, andererseits nimmt wegen größerem n die Kraft des Wasserstroms rascher ab, das Ventil erlangt größere Geschwindigkeit, vermöge deren es trotz der kürzeren Zeit für den Niedergang den Ventilsitz bis auf 0,5 mm erreicht und eben noch ohne Schlag schließt. Nennenswerte Verzögerung durch Bremswirkung tritt nicht mehr ein.

Zwecks Ermittlung der Ventilgröße einer Pumpe bestimmt Berg nun zunächst die vom Ventil zu verarbeitende Wassermenge Q_v aus $Q_v = \frac{F s \cdot n}{60}$ und dann das Produkt $Q_v \cdot n$. Dann wählt er eines der Versuchsventile aus Zahlentafel **13** so, daß die Schlaggrenze des gewählten Ventils entsprechend größer ist als die für das zu berechnende Ventil ermittelte. Bei der Wassermenge Q_v ergibt sich dann die Steighöhe des Ventils aus der der betreffenden Schlaggrenze des Versuchsventils entsprechenden Reihe für h_{max}.

Beispiel 1.

$$Q_v = \frac{F \cdot s \cdot n}{60} = \frac{0,5 \cdot 0,9 \cdot 170}{60} = 1,275 \text{ l/sk},$$

$$Q_v \cdot n = 1,275 \cdot 170 = 217.$$

Nach Zahlentafel 13 eignet sich also Tellerventil *I* mit starker Belastung mit der Schlaggrenze $Q_v \cdot n = 285$. Bei $Q_v = 1,275$ l/sk steigt es auf 8,7 mm (s. Taf. IV). Eintritt eines Ventilschlags ist zu erwarten bei

$$n = \frac{Q_v \cdot n}{Q_v} = \frac{285}{1,275} = 224.$$

Für große Ventile mit mehr als 2 konzentrischen Ringen schlägt Berg vor, die für sein Versuchsventil *V* mit 2 Ringen gewonnenen Werte zu verwenden, wobei dann Breite, gegenseitiger Abstand und Dichtungsbreite der Ventilringe gerade so wie beim Ventil V, die Strömungsverhältnisse beim Durchgang des Wassers durch den rostartigen Ventilkörper also ähnlich sein müßten, weil bei gleichem Ventilhub und gleicher Ventilbelastung (bezogen auf die Ventilfläche) die durchströmende Wassermenge proportional der Größe des Durchflußquerschnitts oder der Summe der mittleren Ventilringdurchmesser, d. h. $\frac{Q_v}{Q'_v} = \frac{\sum d_m}{\sum d'_m}$ sein werde. Dabei beziehen sich die mit ′ bezeichneten Werte auf das Versuchsventil.

Q_v ist für das zu berechnende Ventil gegeben. $\sum d_m$ ergibt sich nach Wahl des innersten Ringdurchmessers im Hinblick darauf, daß Breite, gegenseitiger Abstand und Dichtungsbreite der Ventile gerade so wie beim Ventil *V* sein müssen. $\sum d'_m$ ist wieder bekannt, und zwar $= 0,238$. Die Wassermenge Q'_v, die das Versuchsventil *V* mit $\sum d'_m$ bei der gleichen Steighöhe wie das gesuchte Ventil verarbeiten muß, ergibt sich also nach Berg aus $Q'_v = Q_v \frac{\sum d'_m}{\sum d_m}$ [1]) Nach Kenntnis von Q'_v kann dann aus der Zahlentafel 12 für das Ventil *V* und damit auch für das gesuchte Ventil die Steighöhe h_{max} und die Ventilbelastung entnommen werden.

---

[1]) Das gesuchte Ventil steigt bei der Wassermenge Q_v gleich hoch wie das Versuchsventil *V* bei einer seiner Durchmessersumme $\sum d'_m$ entsprechenden kleineren Wassermenge.

Beispiel 2: Q_v soll bei $n = 75/\text{min}$ 30 l/sk betragen. Gewählt vierringiges Ventil mit d_1 des innersten Ringes = 0,130 m, damit

$$d_2 = 0{,}130 + 0{,}088 = 0{,}218 \text{ m}; \qquad d_3 = 0{,}218 + 0{,}088 = 0{,}306 \text{ m};$$
$$d_4 = 0{,}306 + 0{,}088 = 0{,}394 \text{ m} \quad \text{und} \quad \sum d_m = 1{,}048 \text{ m}.$$

Dieses Ventil steigt bei $Q_v = 30$ l/sek so hoch wie das Ventil V bei der Wassermenge

$$Q_v' = 30\,\frac{0{,}238}{1{,}048} = 6{,}8 \text{ l/sk}.$$

Für diese Wassermenge ergibt Zahlentafel 13 den größten Ventilhub = 10,4 mm. Die Abmessungen der Belastungsfeder ergèben sich daraus, daß $b_0 = 0{,}376$ m W.S. und $b_{15} = 0{,}627$ m W.-S. ist.

Für den Fall einer anderen Ventilbelastung als der bei den Versuchen, können nach Berg die Werte der Zahlentafel 13 wie folgt umgerechnet werden:

Unter der Annahme, daß das Ventil beim Kurbelwinkel 90° seinen höchsten Stand erreicht, ist

$$\mu_P\, h_{\max}\, l \sqrt{2\,g\,b} = \pi\, Q_v\,.$$

Bei Änderung von b in b' wird für das gleiche Ventil gelten:

$$\mu_P'\, h_{\max}'\, l \sqrt{2\,g\,b'} = \pi\, Q_v'\,.$$

Unter der weiteren Annahme, daß $\mu_P = \mu_P'$, findet Berg dann:

$$\frac{h_{\max}' \sqrt{b'}}{h_{\max} \sqrt{b}} = \frac{Q_v'}{Q_v}.$$

Soll nun bei Änderung der Ventilbelastung die Wassermenge die gleiche bleiben und sich nur der Ventilhub ändern, so folgt mit $Q_v' = Q_v$

$$h_{\max}' \sqrt{b'} = h_{\max} \sqrt{b}\,.$$

Soll aber der Ventilhub der gleiche bleiben und sich nur die Wassermenge ändern, dann wird mit $h_{\max}' = h_{\max}$

$$\frac{\sqrt{b'}}{\sqrt{b}} = \frac{Q_v'}{Q_v}.$$

Hinsichtlich des Ventilwiderstandes $H_v = \zeta_H \dfrac{c_1^2}{2g}$ beim ruhenden Ventil, bzw. $H_v = \zeta_H \dfrac{(c_1 \mp v)^2}{2g}$ stellte Berg schon 1906[59]) durch den Versuch mit dem Tellerventil Abb. 9 fest, daß der Widerstand während des größten Teils des Kolbenhubs annähernd konstant ist, und daß sich zu Anfang und zu Ende eine starke Abnahme desselben ergibt, vgl. Abb. 142[1]). Er berechnete zu diesem Zweck unter Abnahme von h aus dem Ventildiagramm den Wert ζ_H für den Kolbenweg $x = r(1 - \cos\psi) - \frac{1}{2} L \left(\frac{r}{L} \sin\psi\right)^2$ aus der Bachschen Gleichung $\zeta_H = 0{,}30 + 0{,}18 \left(\frac{d_1}{0{,}0005 + h}\right)^2$. c_1 ergab sich aus $c_1 = \frac{F}{f_1} \cdot u$ und u aus $u = r\omega\left(\sin\psi - \frac{1}{2}\frac{r}{L}\sin 2\psi\right)$. Die Ventilgeschwindigkeit beim Kurbelwinkel ψ ermittelte er aus der Neigung der Tangente an die Ventilhublinie.

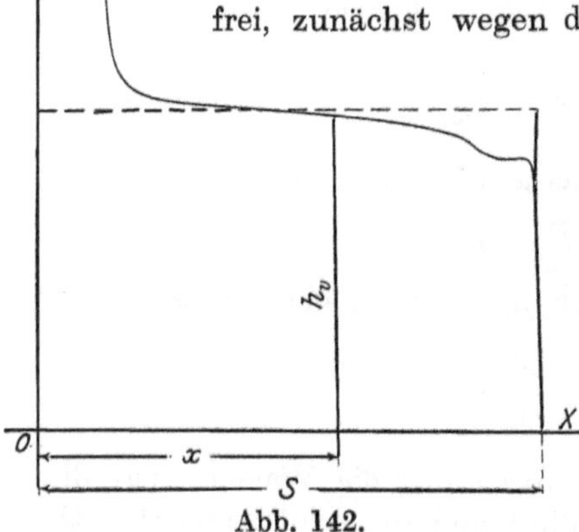

Abb. 142.

Den Eröffnungswiderstand ermittelt Berg auch noch in seiner neuesten Arbeit 1921 aus der Beziehung

$$p_u - p_o = p_o\left(\frac{f_o}{f_u} - 1\right) + \frac{G_w + \mathfrak{F}_o}{f_u} + \frac{M_v k_v}{f_u}.$$

Er hält diese Beziehung selbst aber nicht für einwandfrei, zunächst wegen der dabei gemachten Annahme, daß die Pressung in der Dichtungsfläche im Augenblick des Anhubes gleich Null sei. Eine weitere Ungenauigkeit ergibt sich nach Berg dann, wenn bei der Berechnung des Massenwiderstandes des Ventils die Beschleunigung des Kolbens im Augenblick der Kolbenumkehr zugrunde gelegt wird, während die Ventileröffnung später als die Kolbenumkehr, also bei kleinerer Kolbenbeschleunigung stattfindet.

Die Eröffnung des Druckventils erfolgt nach Berg nicht durch rein statische, sondern durch dynamische Druckwirkung, die um so sanfter ist, je mehr Luft das Wasser enthält; beim Saugventil kann nach seiner Ansicht von einem statischen Eröffnungsdruck gesprochen werden, da nach dem verspäteten Schluß des Druckventils entsprechend der fortschreitenden Saugbewegung des Kolbens der Druck im Pumpenraum so lange sinkt, bis der auf die Unterseite des Saugventils wirkende Wasserdruck das Ventil von seinem Sitz abhebt und gleichzeitig die unter ihm befindliche Saugwassersäule in Gang setzt. Da bei Eröffnung des Ventils das Wasser im Pumpenzylinder bereits eine gewisse Ge-

[1]) Dabei ist nach Berg zu beachten, daß wegen des unregelmäßigen Verlaufs der Ventilhublinie wenigstens zu Anfang des Hubs der Ventilwiderstand überhaupt nicht mit Zuverlässigkeit bestimmt werden konnte.

Ausflußziffer μ_P für die neueren Ventile Bergs.

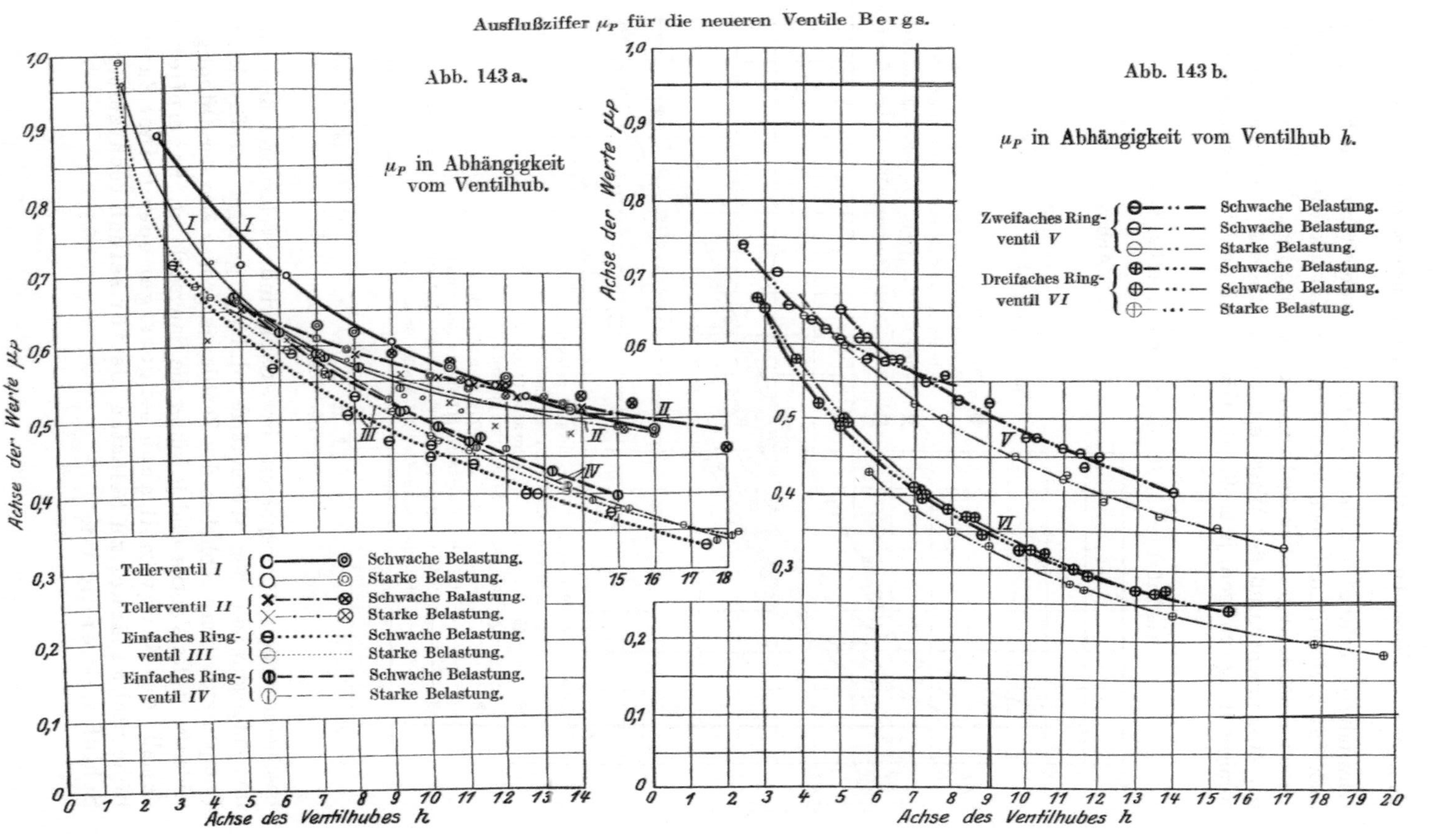

Abb. 143 a.

Abb. 143 b.

schwindigkeit erlangt hat, das Wasser in der Saugleitung seine Bewegung aber erst beginnt, muß auch nach **Berg** ein Zurückbleiben der Wassersäule im ersten Augenblick der Saugwirkung eintreten. Nach **Berg** wird der Zusammenschluß der Wassermassen um so eher, aber auch um so weniger ruhig erfolgen, je größer der Überschuß des die Saugwassersäule

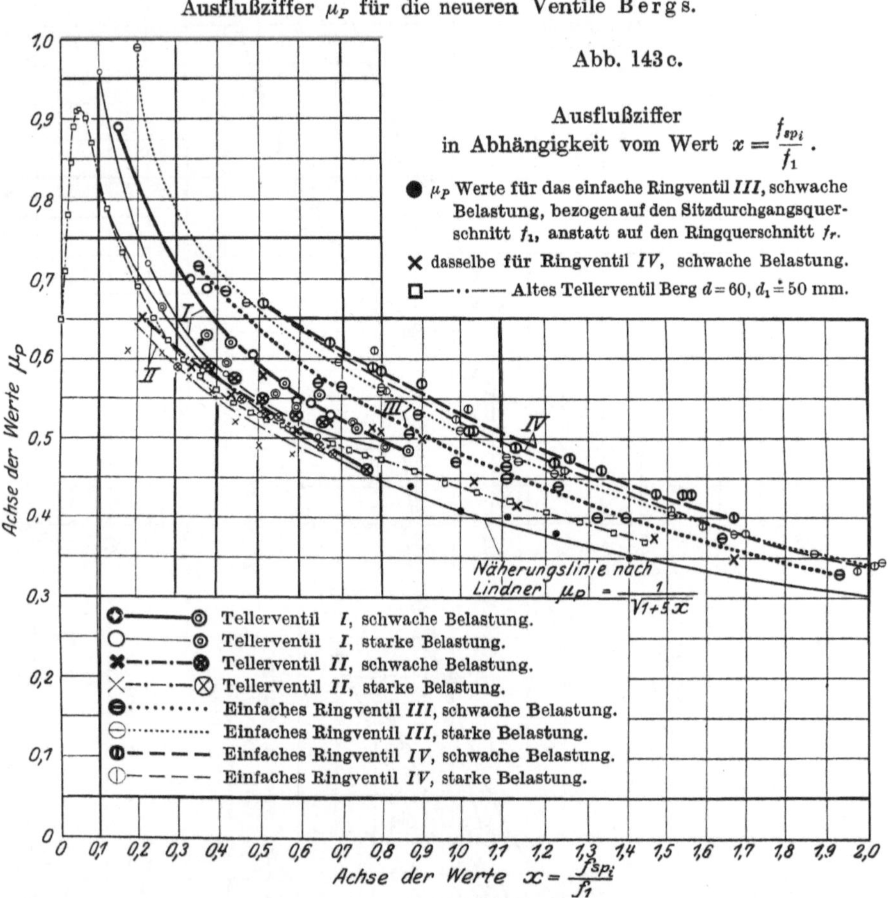

Ausflußziffer μ_P für die neueren Ventile **Bergs**.

Abb. 143c.

beschleunigenden Atmosphären- bzw. Saugwindkesseldruckes über die ihm entgegenwirkenden Widerstände, d. h. je geringer der Druck im Pumpenraum beim Abheben des Ventils, je größer also der Öffnungswiderstand des Ventils und je kürzer die Saugsäule ist. Er **empfiehlt** deshalb, **das Saugventil auch bei geringer oder keiner Saughöhe nicht stärker zu belasten als für seinen rechtzeitigen Schluß notwendig ist.**

Mit Hilfe der Beziehung

$$\mu_P = \frac{\pi\, Q_v}{h_{\max}\sqrt{2\, g\, b_{\max}}}$$

hat Verfasser aus den Bergschen Versuchswerten von Q_v und b für die verschiedenen h-Werte die μ_P-Werte berechnet (vgl. Zahlentafel 11) und

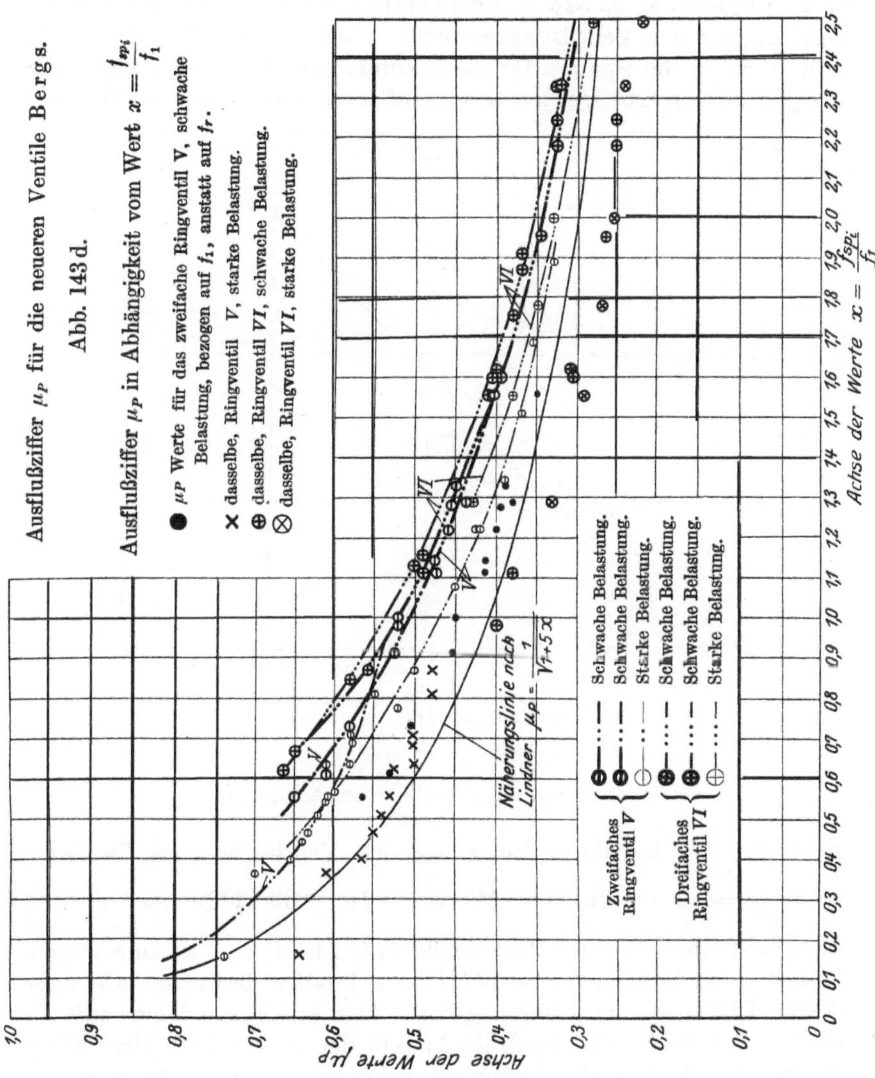

Abb. 143 d. Ausflußziffer μ_P für die neueren Ventile Bergs.

in Abb. 143 a bis d in Abhängigkeit von h und $x = \frac{f_{spi}}{f_1}$ für die verschiedenen Ventile aufgezeichnet. Die Abbildungen lassen erkennen, was

Berg schon 1914 hervorhob[1]), daß μ_P bei einem Ventil bestimmter Konstruktion nicht bloß von der Größe des Ventilhubs, sondern auch von der Ventilbelastung abhängt.

Um die μ_P-Werte mit denen von Lindner vergleichen zu können (vgl. S. 172 u. f.), hat Verfasser weiter die μ_P-Werte, die nach Berg auf die Ventilringfläche f_r bzw. auf die Ventiltellerfläche f bezogen sind, in Beziehung auf den Ventilsitzquerschnitt f_1 berechnet und die so erhaltenen Werte in die Spalten für μ_P in Zahlentafel 11 in Klammern eingetragen. Die Werte werden bedeutend kleiner und nähern sich sehr

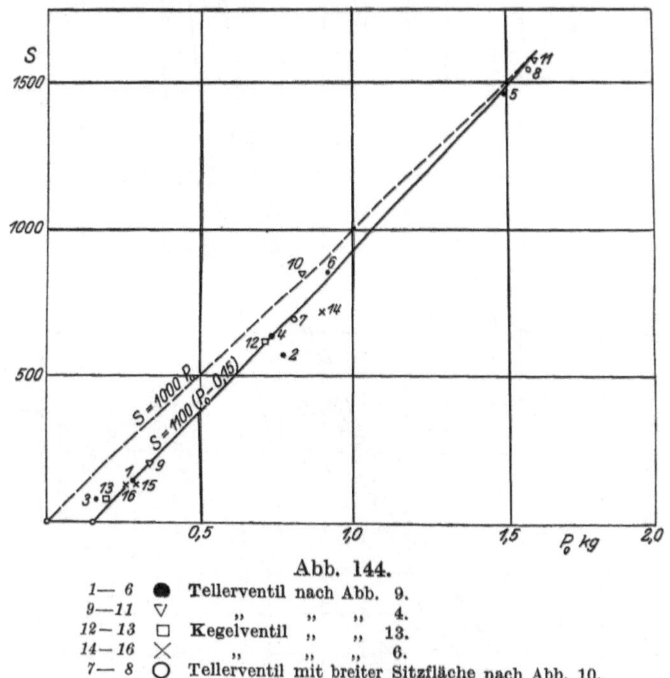

Abb. 144.

1— 6	●	Tellerventil nach Abb. 9.
9—11	▽	„ „ „ 4.
12—13	□	Kegelventil „ „ 13.
14—16	×	„ „ „ 6.
7— 8	○	Tellerventil mit breiter Sitzfläche nach Abb. 10.

stark den von Lindner für ebensitzige Ventile aus der Gleichung $\mu_P = \dfrac{1}{\sqrt{1+5x}}$ errechneten Werten. In Abb. 143c und d sind die Punktreihen für die Ringventile *III*, *IV*, *V* und *VI* eingetragen. Besonders für die Ringventile *III*, *IV* und *V* fallen die Punkte sehr nahe an die Lindnersche Näherungslinie. Das abnormale Ringventil *VI* weicht etwas mehr ab. Auch die Punkte der μ_P für die beiden Tellerventile, die nicht in die Zeichnung eingetragen wurden, kommen der Lindner-Linie befriedigend nahe, so daß die Lindnersche Nähe-

[1]) Siehe Lit.-Verz. 56, S. 203.

rungsgleichung $\mu_P = \frac{1}{\sqrt{1+5x}}$ auch für die Bergschen ebensitzigen Teller- und Ringventile als brauchbar bezeichnet werden kann.

E. Braun.

Prof. Dr.-Ing. E. Braun, Techn. Hochschule Stuttgart[1]), stellt aus den Versuchen von Bach[27]) und von Berg[57]) für die Grenze des rechtzeitigen Ventilschlusses eine gewisse Gesetzmäßigkeit fest. Er berechnet für die Bachschen Ventile Abb. 9, 10, 4, 13 und 6, ferner für die Bergschen Ventile I bis VI das Produkt

$$S = \frac{n \cdot u_m \cdot \sqrt{G_w} \cdot \sqrt{f_s}}{l} \sin^2 a \text{ }^{2)},$$

und trägt die erhaltenen Werte in Abb. 144 bzw. Abb. 145 in Abhängigkeit von der Belastung des Ventils P_0 beim Aufsitzen auf. Bei den Bachschen Versuchen liegen die einzelnen Punkte auf einer Geraden, dargestellt durch die Gleichung

$$S = 1100\,(P_0 - 0{,}15)\,,$$

und bei den Bergschen Versuchen auf einer Geraden, dargestellt durch die Gleichung

$$S = 1000\,P_0\,.$$

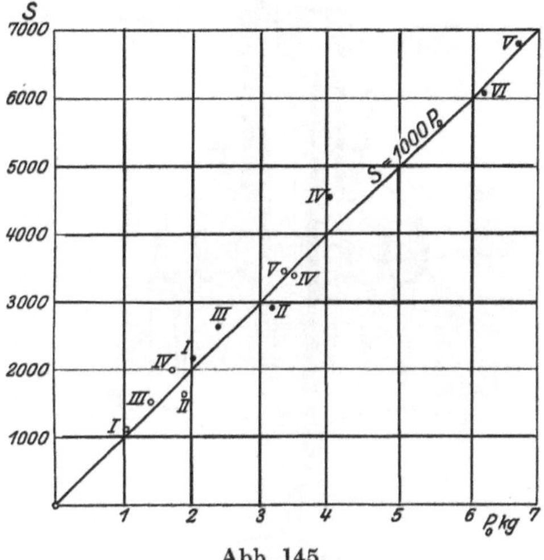

Abb. 145.

○ Schwache Belastung.
● Starke Belastung.

Die Streuung der Punktreihen ist nach Braun in Anbetracht der Schwierigkeit der genauen Feststellung der Schlaggrenze erklärlich und es ist nach seiner Ansicht die Übereinstimmung beider Versuchsreihen untereinander ausreichend, um die Schlaggrenze mit einiger Sicherheit vorauszubestimmen.

Als Zusammenfassung der angezogenen Versuchsreihen gibt er die Beziehung

$$S = \text{const}\,(P_0 - R)\,,$$

worin R als Führungswiderstand zu deuten ist und die Konstante etwa den Wert 1000 hat.

---

1) Veröffentlichung in der Z. d. V. d. I. in Vorbereitung.

2) f_s bedeutet hier die beim Aufsitzen des Ventils überdeckte Ventilspiegelfläche (Prellfläche) in qcm, gemessen senkrecht zur Ventilbewegung; l den nutzbaren Ventilumfang am Wasseraustritt in m; a den halben Spitzenwinkel beim Kegelventil.

4. Versuche von Krauss[60]).

Krauss unterzieht die 6 Ventile nach Abb. 146 bis 151 einer eingehenden Untersuchung mit zum Teil neuartigen Meßgeräten. Die Ventile waren dabei in eine doppeltwirkende Tauchkolbenpumpe, die bei den Versuchen als einfachwirkende Pumpe arbeitete, eingebaut,

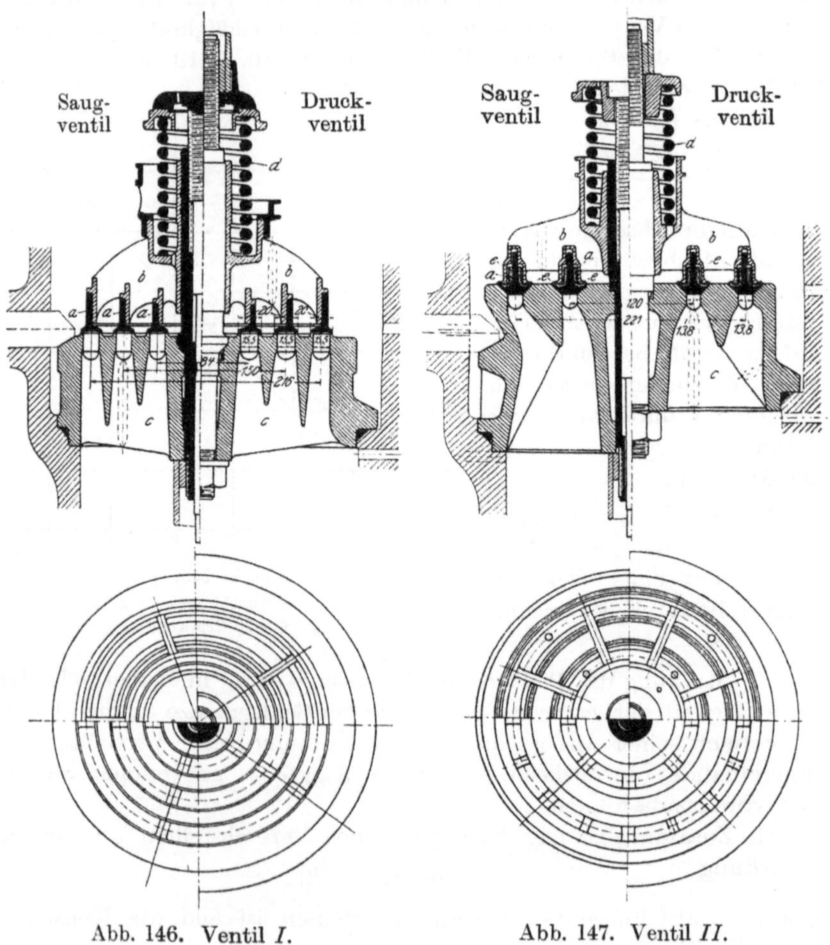

Abb. 146. Ventil *I*. Abb. 147. Ventil *II*.

s. Abb. 152. Die Pumpe gestattete Änderung der Saughöhe (2, 4 und 6 m) sowie der Druckhöhe (bis zu 10 Atm.); ferner konnte das Wasser der Pumpe unter Druck zugeführt werden (2,5 Atm.). Weiterhin war veränderlich: Die Umdrehungszahl n (zwischen 25 und 150), die Kolbenfläche F (F; $\frac{3}{4}F$; $\frac{1}{2}F$ und $\frac{1}{4}F$) und die Ventilbelastung[1]). Gemessen wurde die geförderte Wassermenge (zwischen 10 und 115 cbm/St) durch geeichte Düsen, der Arbeitsverbrauch durch Indizieren, das Ventilspiel beider Ventile zugleich in 12facher Vergrößerung des Ventilhubs mittels optischer Indikatoren nach Abb. 153a und Übertragungsvorrichtung nach Abb. 153b, der Druckunterschied zwischen dem Raum ober- und unterhalb der Ventile durch besonders gebaute Differenzindikatoren nach Abb. 154[2]) (vgl. auch Klein, S. 164), die Druckschwankungen im Saugwindkessel und in der Druckhaube[2]), sowie der Druckverlauf im Zylinder durch gewöhnliche Indikatoren, und endlich die mittleren Drücke und Wasserhöhen durch Manometer bzw. in Wasserstandsgläsern. Krauss wählte optische Indikatoren zur Aufnahme der Ventilbewegung, um diese bei starker Vergrößerung genau und möglichst wenig beeinflußt von der Massenwirkung und Reibung des aufzeichnenden

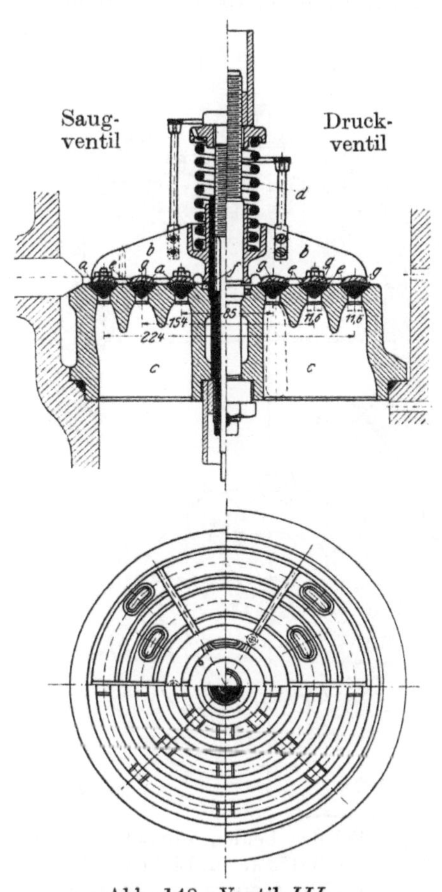

Abb. 148. Ventil *III*.

[1]) Die Änderung der Federvorspannung während des Betriebs läßt Abb. 152 erkennen. Beim Druckventil ist die obere Mutter mit einer Spindel verbunden. die durch die Druckhaube ins Freie führt und oben ein Teilrad *c* trägt, an der die jeweilige Einstellung der Feder genau abgelesen werden konnte. Beim Saugventil mußte der Ventilbolzen durchbohrt werden. Ablesung der Federvorspannung erfolgte wie beim Druckventil an einem Teilrad *g*.

[2]) Hier wurden Zeitdiagramme aufgenommen. Die Drehung der Trommeln der 4 Indikatoren erfolgte mit gleicher Geschwindigkeit (die Umdrehungszahl derselben wurde genau ermittelt) und die Aufzeichnung der Diagramme zu genau gleicher Zeit. Zum Eintragen der Totpunkte wurden hier Markenschreibzeuge Bauart Wagener verwendet. Ein- und Ausrücken der Schreibzeuge geschah elektrisch.

Gerätes zu erhalten[1]). Wegen der Kürze eines Ventilspiels und des notwendigen genauen Zusammen-

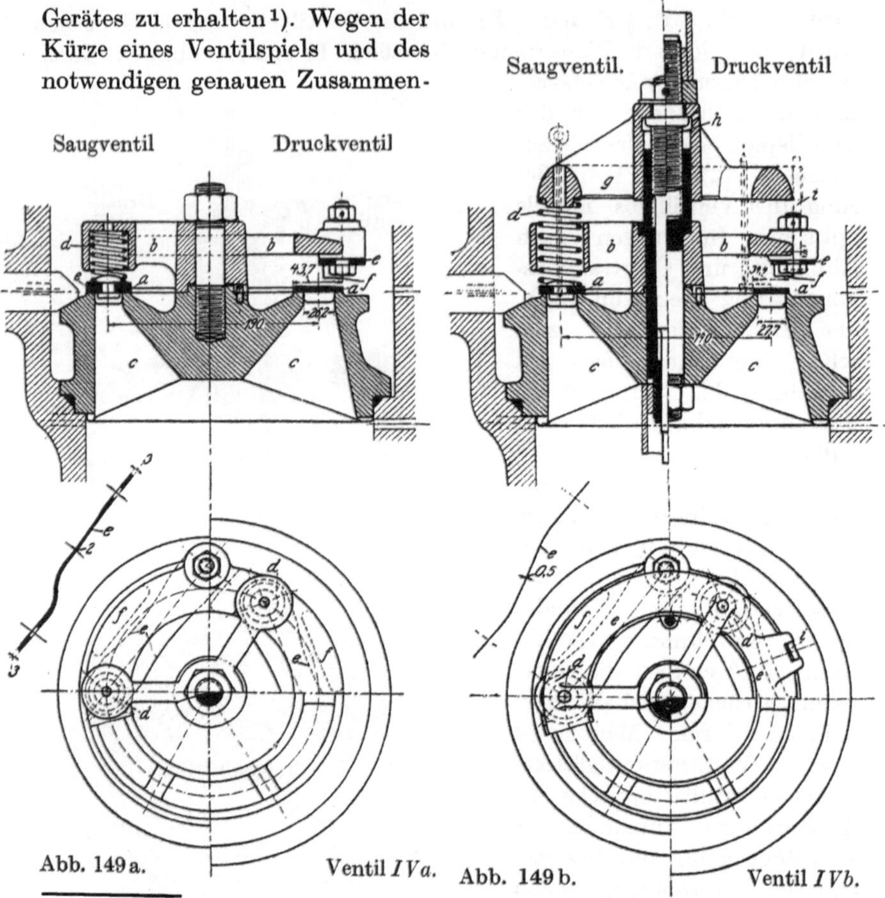

Abb. 149a. Ventil *IVa*. Abb. 149b. Ventil *IVb*.

[1]) Bei den beiden optischen Indikatoren für das Saug- und Druckventil wird, s. Abb. 153a, ein Lichtstrahl durch eine ungefähr 0,1 mm weite Öffnung *a* und eine Linse *b* von einem Planspiegel *c* auf eine Trommel *d* geworfen, die mit lichtempfindlichem Papier überzogen ist. Infolge Drehens des Spiegels *c* beschreibt der Lichtstrahl auf der Trommel *d* eine Kurve. Die Trommeln *d* befinden sich in Kassetten *e*, deren Schlitz *f* durch Schieber *g* geschlossen ist. Bei geöffnetem Schieber wird der Weg des Lichtstrahls erst durch Öffnen einer Blende *h* freigegeben, das durch einen Elektromagneten *l* bewirkt wird. Der kleine Planspiegel *c* sitzt auf der Welle *n*, die beim Bewegen des Ventils um einen kleinen Winkel gedreht wird. Die Übertragung der Ventilbewegung auf die Welle *a* erfolgt durch die Hebel *b* (s. Abb. 153b), die von einer Blattfeder *c* auf eine ringförmige, an den Rippen des Ventiltellers vorgesehene Fläche *d* gepreßt werden. Welle *a* ist in Spitzen *e* gelagert und nach außen durch einen dünnwandigen Paragummischlauch *f* abgedichtet, der einerseits mit der Welle *a*, andererseits durch Verschraubung *g* mit dem Pumpengehäuse verbunden ist. Anpressen des Schlauchs auf die Welle wird durch dünne Messingringe *i* vermieden. Beim Saugventil werden solche Ringe über den Schlauch gestreift, um Aufblähen und Aufreißen beim Ansaugen zu vermeiden.

arbeitens der einzelnen Meßgeräte wurden die Indikatoren durch eine elektrische Schaltvorrichtung betätigt. Besonderer Wert wurde dabei darauf gelegt, daß die Verhältnisse beim Hubwechsel aus den Diagrammen klar hervortraten. Durch elektrische Kontakte[1]) erfolgte die Einzeichnung der Hubwechselpunkte in die einzelnen Ventildiagramme. Auch bei Abnahme der Ventilerhebungsdiagramme drehten sich die Trommeln d mit gleichmäßiger Geschwindigkeit. Die Umdrehungszahl der Trommeln wurde gemessen zwecks Ermittlung der Ventilgeschwindigkeit aus diesen Diagrammen, sowie der Hubhöhe h_0 im Totpunkt und der Schlußverspätung.

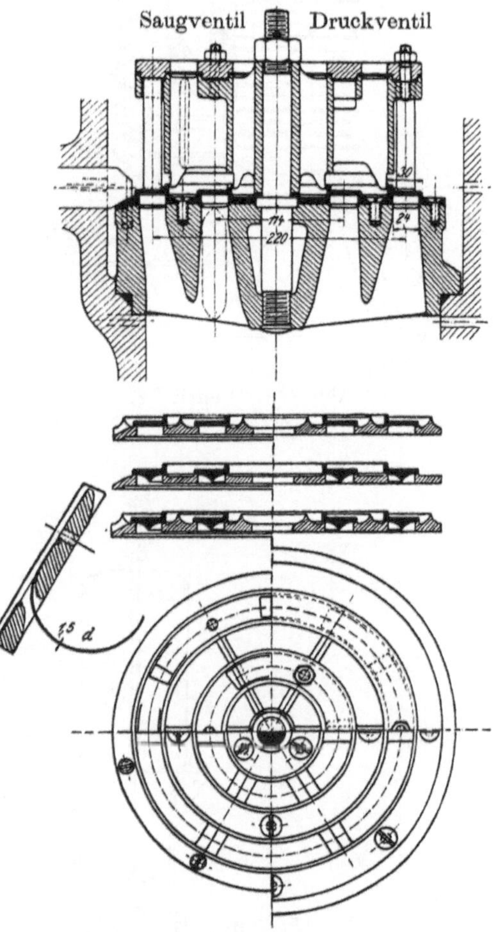

Abb. 150. Ventil V.

Eine elektrische Schaltungsanlage ermöglichte es, die Betätigung der einzelnen Apparate von einer Stelle aus durch Ein- und Ausrücken von Schaltern vorzunehmen. Zunächst erfolgte die Aufnahme der Ventilerhebungskurven von Saug- und Druckventil gleichzeitig mit Einzeichnung der Totpunktsmarken.

[1]) Die Kennzeichnung der Totpunkte erfolgte durch Funken, die von einer nahe der Trommel außerhalb der Kassette angeordneten Platinspitze q nach einem feingelochten Platinblech r innerhalb eines Hartgummikörpers übersprangen, wobei durch die auftretende Lichterscheinung die feine Öffnung auf dem sehr nahe vorbeistreichenden lichtempfindlichen Papier als kleiner Strich, s. z. B. Abb. 155, abgebildet wurde. Die Erzeugung des hochgespannten elektrischen Stromes erfolgte in einer Induktionsspule durch Primärstrom von 220 V, der durch einen Kontakt nur ganz kurze Zeit geschlossen wurde, durch seitlich am Schwungradkranz der Maschine in den beiden Totlagen angebrachte Bolzen, die zwei Kontakte berührten.

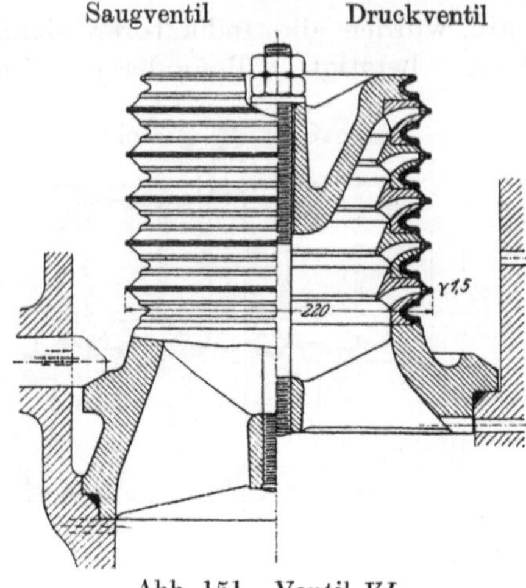

Abb. 151. Ventil *VI*.

Dann wurden die Druckunterschieddiagramme und die Diagramme von Druckhaube und Saugwindkessel zugleich geschrieben. Dabei erfolgte zuerst Ingangsetzen der Trommeln, dann Schreiben der Null-Linien, alsdann Öffnen der Indikatorhähne und Andrücken der Schreibzeuge.

Zu dem dreiringigen Ventil *I* mit ebenen Sitz- und Unterflächen ist zu bemerken, daß dichter Abschluß durch Einschleifen der Ventilringe erreicht wurde und daß die Belastung entgegen der Dar-

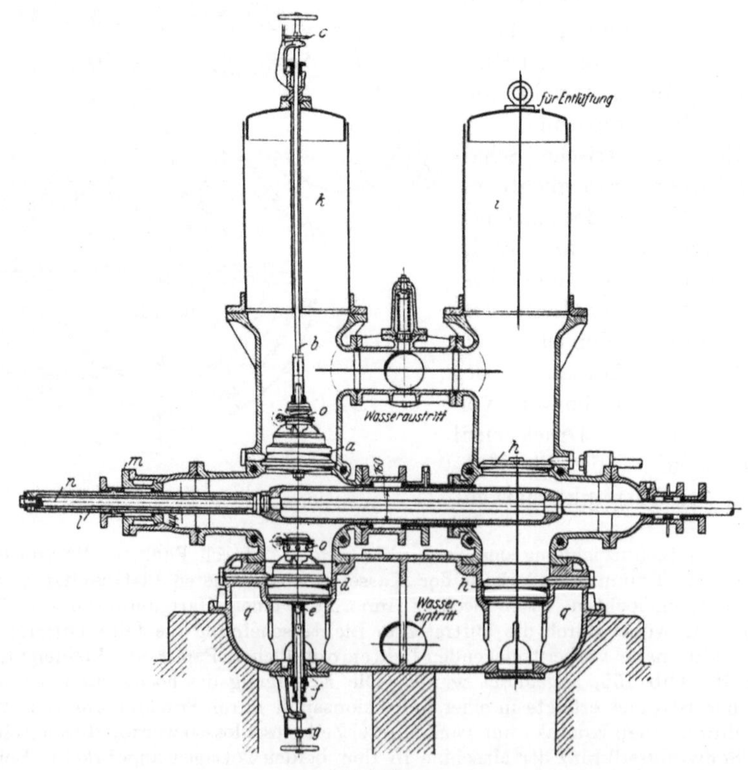

Abb. 152.

stellung in der Abbildung durch 4 übereinanderliegende Gummirohrfedern mit einer gesamten spez. Federspannung von 10 kg für 1 mm Zusammendrückung erfolgte.

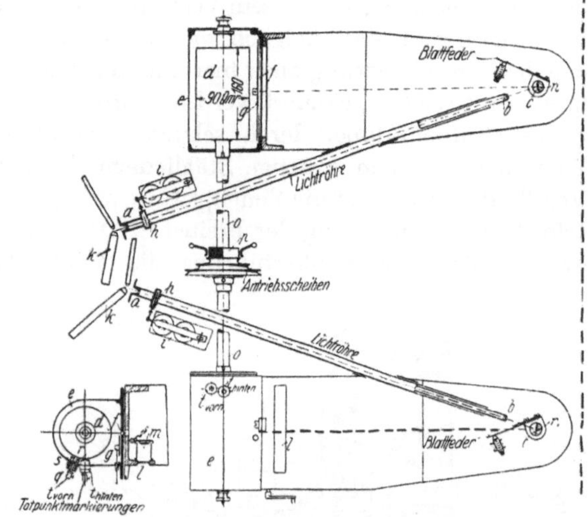

Abb. 153 a.

Beim zweiringigen Ventil *II* mit kegelförmigen Sitzflächen unter 45° Neigung und ebenen Unterflächen wurde dichter Abschluß durch Lederstulpen bewirkt. (Nach Krauss hielt das Ventil außerordentlich gut dicht.) Belastung erfolgte auch hier statt durch die gezeichnete Schraubenfeder durch eine Gummirohrfeder von 25 kg für 1 mm Zusammendrückung.

Beim dreiringigen Ventil *III* mit kegelförmigen Sitz- und Unterflächen von 45° Neigung sollte durch Lederringe gute Abdichtung erzielt werden. Nach Krauss wurden aber die Ränder der Lederringe durch das strömende Wasser stark nach oben gebogen, der abzudichtende Spalt daher keineswegs vom Leder abgedeckt. Belastungsfeder aus Bronze, Spannung 2 kg für 1 mm Zusammendrückung, $\mathfrak{F}_0 = 16{,}5$ kg.

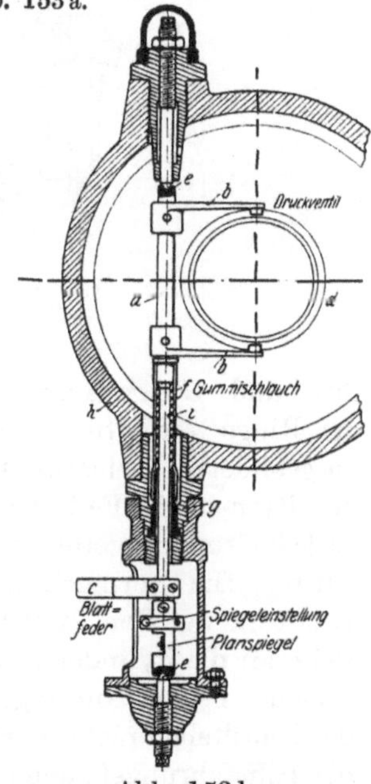

Abb. 153 b.

Ventil *IVa*, Bauart Hörbiger, mit einem Ring, ebener Sitz- und Unterfläche, hat durch 3 Lenker geführten, möglichst leichten Ventilteller *a* aus Durana-Metall. Abdichtung durch Aufschleifen der verhältnismäßig breiten Sitzflächen. Belastung erfolgte durch die 3 Lenker *e* aus Federbronze mit einer gesamten spez. Federspannung von 12 kg für 1 mm und durch 3 Zusatzschraubenfedern aus Bronze mit insgesamt ungefähr 3 kg für 1 mm Zusammendrückung. Die Lenker *e* waren so geformt, daß sie bei geschlossenem Ventil gerade auf dem

Ventilteller *a* auflagen. Die Zusatzfedern *d* drückten zusammen mit ungefähr 23 kg die Ventilplatte auf den Sitz *c*. Da eine Veränderung der Ventilbelastung bei diesem Ventil durch Änderung der Zusatzfedern nur in geringem Maß möglich war, baute Krauss das Ventil so um, daß die Ventilbelastung auch hier mit der Verstellvorrichtung Abb. 152 in weiten Grenzen geändert werden konnte (s. Ventil IVb). Die starken Lenker wurden dabei durch schwache Stahlbleche *e* ersetzt und die Zusatzfedern gegen kräftige Stahlfedern *d* ausgewechselt. Bei 1 mm Ventilhub wurde jetzt die Ventilplatte *a* um 5 kg mehr belastet. Zugleich erfolgte Verschmälerung der breiten Sitzflächen auf ein normales Maß. Weil infolge der Lenkerführung die Ventilplatte sich nicht mehr parallel zur Sitzfläche bewegte, mußte auch eine Umänderung der Vorrichtung zur Aufnahme des Ventilspiels vorgenommen werden, um auch bei schiefstehender Platte stets den Mittelwert der Hubhöhe im Diagramm zu erhalten.

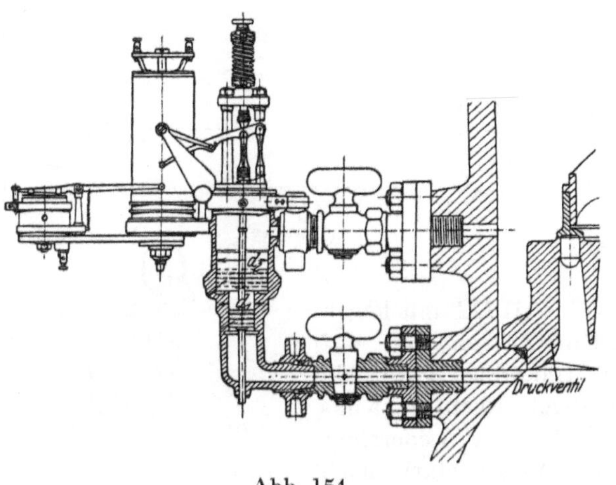

Abb. 154.

Ringventil *V* mit 2 voneinander unabhängigen Ringen mit ebenen Sitz- und Unterflächen. Abdichtung durch Aufschleifen. Führung der Ringe erfolgte durch Ansätze an den als gebogene Blattfedern ausgebildeten Belastungsfedern sowie durch Hilfsführungsflächen an den Rippen des Federhalters. Der äußere Ring war belastet durch 9, zu je 3 Gruppen vereinigte Blattfedern. Der innere Ring durch 3 Blattfedern. Die Formgebung der Federn ermöglichte eine gleichmäßige Belastung des Ventiltellers nicht; außerdem legten sich die Federn teilweise an die Zylinderflächen am Federhalter, wodurch starke Veränderung der Federspannungen hervorgerufen wurde. Ferner bewegten sich die Ventilteller nicht parallel zur Sitzebene, sie wurden einseitig gegen die Hilfsführungsflächen gedrückt, wodurch Reibungen und Hängenbleiben der Ventilplatten eintrat und weiterhin zeigte die Oberfläche der Platten durch das Arbeiten der Federn auf denselben nach kurzem Gebrauch starke Abnützung. Aus diesen Gründen hätte das Ventil für eingehendere Versuche so umgebaut werden müssen, daß die Ventilbelastung einwandfrei auf die Platten drückte und daß die Änderung der Ventilbelastung getrennt für beide Ventilplatten hätte vorgenommen werden können. Auch die Abnahmevorrichtung für die Ventilerhebungsdiagramme hätte so geändert werden müssen, daß das Ventilspiel der beiden Platten getrennt, aber gleichzeitig und möglichst im gleichen Diagramm hätte aufgenommen werden können. Von diesem Umbau sah Krauss, wie er angibt, aus Zeitmangel leider ab. Dagegen stellte er mit diesem Ventil durch Auswechseln der Ventilsitze und der Ventilplatten Versuche an zur Feststellung, ob durch Ablenkungsflächen die Widerstände im Ventil wesentlich verringert wurden.

Beim Lippenventil *VI* gelang es Krauss nicht, die Flächen der die Abdichtung besorgenden Ringe so dicht aufeinanderliegend zu bekommen, daß von einer ins Innere des Ventilkörpers gebrachten Glühlampe kein Lichtschein mehr nach außen fallen konnte. Trotzdem hat sich dieses Ventil nach Krauss gut bewährt und bessere Lieferungsgrade ergeben als zu erwarten war. Auch hier wurde die Hubhöhe nicht aufgenommen wegen der Schwierigkeit der Ausbildung der Abnahmevorrichtung und weil man bei der leichten Verbiegbarkeit der Ringe doch ungenaue Werte erhalten hätte.

Die Eichung der Ventilbelastungsfedern erfolgte an den in die Pumpe eingebauten Ventilen durch Gewichtsbelastung. Die Eichstriche wurden durch den optischen Indikator gezeichnet. Auch die Bestimmung des Maßstabs der Ventilerhebungskurven erfolgte unmittelbar mit dem optischen Indikator, indem durch Unterlegen von Paßstücken der Ventilteller um eine bestimmte Höhe gehoben und der Weg gemessen wurde, den der Lichtstrahl dabei auf der Indikatortrommel beschrieb.

Auf genaue Festlegung der Totpunktsmarken wurde große Sorgfalt verwendet.

Zweck der Versuche war: Durch Änderung der Förderhöhe, der Wassermenge und der Ventilbelastung bei den verschiedenartig gebauten Ventilen deren Einfluß festzulegen 1. auf das Ventilspiel, 2. auf den Lieferungsgrad und 3. auf den indizierten Wirkungsgrad.

Ausgehend von der Westphalschen Gleichung

$$F r \omega \left(\sin\psi \pm \frac{1}{2}\frac{r}{L}\sin 2\psi\right) = \alpha\, c_{sp_i}\, h\, l_1 \pm f\frac{dh}{dt},$$

gibt er mit $\alpha\, c_{sp_i} = \text{const}$ für den Ventilhub die bekannte Beziehung

$$h = \frac{F r \omega}{\alpha\, c_{sp_i} l_1}\left[\left(\sin\psi \pm \frac{1}{2}\cdot\frac{r}{L}\sin 2\psi\right) - \frac{f\omega}{\alpha\, c_{sp_i} l_1}\left(\cos\psi \pm \frac{r}{L}\cos 2\psi\right)\right]$$

und mit $\frac{r}{L} = 0$

$$h = \frac{F r \omega}{\alpha\, c_{sp_i} l_1}\left[\sin\psi - \frac{f\omega}{\alpha\, c_{sp_i} l_1}\cos\psi\right]$$

Dann setzt er nach Berg $\alpha\, c_{spi} = \mu_P \sqrt{2\,g\,\frac{P}{f_1\,\gamma}}$ und erhält ähnlich wie Berg

$$h = \frac{F\,r\,\omega}{\mu_P\,l_1 \sqrt{2\,g\,\frac{P}{f_1\,\gamma}}} \left[\sin\psi - \frac{f\,\omega\,\cos\psi}{\mu_P\,l_1 \sqrt{2\,g\,\frac{P}{f_1\,\gamma}}}\right]^{1)}$$

Unter Vernachlässigung des Einflusses der Wasserverdrängung kommt er zu bereits bekannten Beziehungen

$$h = \frac{F\,r\,\omega}{\alpha\,c_{spi}\,l_1} \sin\psi \qquad \text{und} \qquad k_v = \frac{d^2h}{dt^2} = -\frac{F\,r\,\omega^3}{\alpha\,c_{spi}\,l_1} \sin\psi = -h\,\omega^2\,.$$

Weiter gibt er für den größten Ventilhub, $\psi = 90^\circ$

$$h_{\max} = \frac{F\,r\,\omega}{\mu_P\,l_1 \sqrt{\frac{2\,g\,P_{\max}}{f_1\,\gamma}}} \left[1 \pm \frac{r}{L} \cdot \frac{f \cdot \omega}{\mu_P\,l_1 \sqrt{2\,g\,\frac{P}{f_1\,\gamma}}}\right] \cong \frac{F\,r\,\omega}{\mu_P\,l_1 \sqrt{2\,g\,\frac{P_{\max}}{f_1\,\gamma}}}^{1)};$$

für den Ventilhub im toten Punkt; $\psi = 180^\circ$

$$h_0 = \frac{F\,r\,\omega^2 f}{\left(\mu_P\,l_1 \sqrt{2\,g\,\frac{P}{f_1\,\gamma}}\right)^2} \left(1 \mp \frac{r}{L}\right)^{1)};$$

für den Verspätungswinkel beim Schluß ($h = 0$, $\psi = 180 + \delta$)

$$\frac{-\sin\delta \pm \frac{1}{2}\,\frac{r}{L} \sin 2\,\delta}{-\cos\delta \pm \frac{1}{2}\,\frac{r}{L} \cos 2\,\delta} = \frac{f\,\omega}{\mu_P\,l_1 \sqrt{2\,g\,\frac{P}{f_1\,\gamma}}}$$

oder mit $\lambda = 0$:

$$\operatorname{tg}\delta = \frac{f\,\omega}{\mu_P\,l_1 \sqrt{2\,g\,\frac{P}{f_1\,\gamma}}}^{1)}$$

und für die Ventilschlußgeschwindigkeit

$$v_s = -\frac{F\,r\,\omega}{f} \left(\sin\delta \mp \frac{1}{2}\,\frac{r}{L} \sin 2\,\delta\right),$$

auf Grund welcher Gleichungen die bekannten Sätze bestehen, daß die Bewegung selbsttätiger Pumpenventile eine verschobene Sinuslinie ist; daß Öffnen und Schließen erst nach dem Hubwechsel, der

[1] Im Gegensatz zu Berg setzt Krauss in seine Gleichung unter dem Wurzelzeichen nicht die Tellerfläche f bzw. die Ventilringfläche f_r, sondern den freien Ventilsitzdurchgang f_1 ein. Ebenso nimmt er die Spaltlänge l_1 an der Sitzöffnung und nicht l am Tellerumfang gemessen.

größte Hub erst nach Hubmitte erreicht wird; daß das Öffnen des einen Ventils gleichzeitig mit dem Schließen des entsprechenden Gegenventils geschieht; daß der Ventilschluß mit der höchsten vorkommenden Geschwindigkeit und daher stets mit Schlag erfolgt; daß die Ventilschlußgeschwindigkeit v_s für ein und dasselbe Ventil der Hubhöhe h_0 im Totpunkt proportional ist und bei ein und derselben Pumpe mit dem Quadrat der Umdrehungszahl wächst; daß eine Verkleinerung der Hubhöhe h durch Vergrößerung der Ventilbelastung oder der Spaltlänge erzielt; daß die Schlußverspätung durch Vergrößerung der Belastung, also auch der Spaltgeschwindigkeit, verkleinert wird; und daß endlich die Förderhöhe, die in den Gleichungen nicht vorkommt, auf die Ventile keinen Einfluß ausübt, keineswegs also den Schlag beim Ventilschluß vergrößert.

Diese Sätze nachzuprüfen und zu zeigen, wie weit man sich von der Wirklichkeit entfernt hat, und vor allem Zahlenwerte zu liefern,

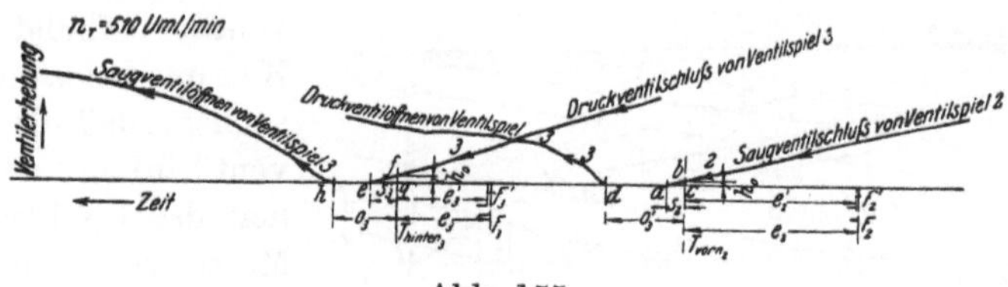

Abb. 155.

um ähnliche Bauarten beurteilen und im voraus berechnen zu können, war der weitere Zweck der Kraussschen Versuche.

Ganz allgemein fand Krauss bei allen Versuchen mit den verschiedenartigsten Ventilen, daß die Ventile verspätet öffnen und schließen, daß dies aber nicht gleichzeitig geschieht, sondern daß das Öffnen eines Ventils stets später erfolgt als das Schließen des zugehörigen Gegenventils, vgl. Abb. 155. Das Saugventil (Spiel 2) schließt bei a um s_2 verspätet. Das Druckventil (Spiel 3) öffnet bei d um o_3' verspätet und schließt bei e um s_3' verspätet. Das Saugventil (Spiel 3) öffnet darauf bei h um o_3 verspätet.

Nach seiner Ansicht erfolgt das Öffnen des Saugventils später, weil wegen des natürlichen Luftgehalts des Wassers, der nie ganz dichten Ventile und der Stopfbüchsen, nach dem Schließen des Druckventils erst ein gewisser Kolbenweg zurückgelegt werden muß, um den Unterdruck in der Pumpe zu erzeugen, der erforderlich ist, um die Masse des Ventils und die Saugsäule unterhalb des Ventiltellers zwischen Saugwindkessel und Pumpengehäuse zu beschleunigen. Aus diesem Grund öffnet sich nach Krauss das Saugventil stets allmählich[1]), und zwar,

[1]) Dasselbe spricht auch Berg aus, vgl. S. 242, sowie Tobell, s. S. 85.

wie seine Versuche ergaben, um so später nach Druckventilschluß, je größer die Saughöhe, die Umdrehungszahl der Pumpe und die Saugventilbelastung $G_w + \mathfrak{F}_0$ gewählt wurde. Auch nach Krauss erfolgt nach dem Ansaugen stets Abreißen des Wassers in der Pumpe, und zwar an der höchsten Stelle unterhalb des Druckventiltellers (vgl. Sieglerschmidt, S. 183 u. f.). Die Kontinuität des durch den Saugventilspalt strömenden Wassers wird nach seiner Ansicht aber nicht gestört, während Sieglerschmidt bei rasch laufenden Pumpen Störungen des Ventilspiels für nicht undenkbar hält (S. 187).

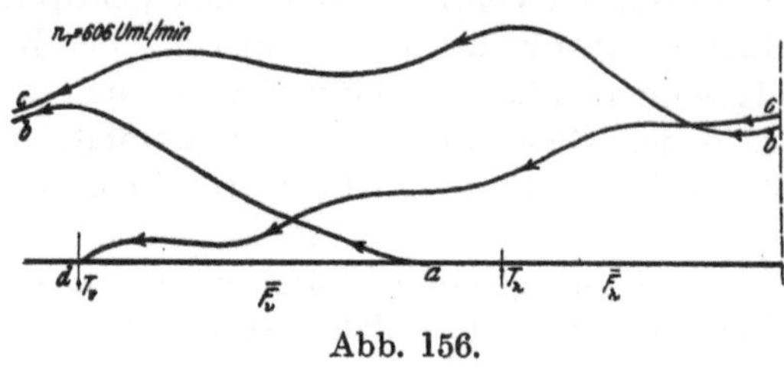

Abb. 156.

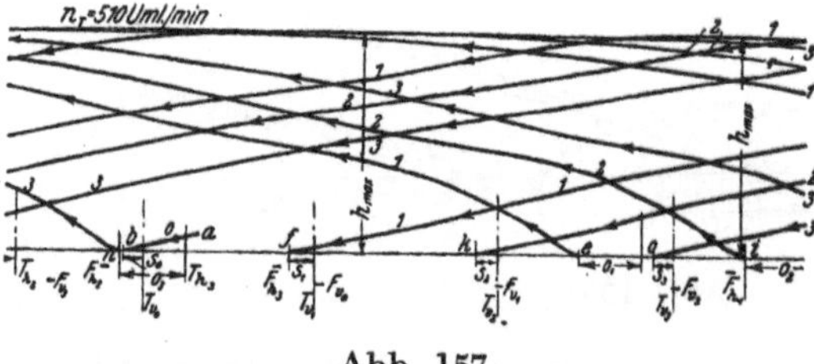

Abb. 157.

Wie Bach, Berg, Klein, Schröder und Schöne für das Druckventil, findet auch Krauss bei seinen Versuchen, daß das Saugventil infolge der Trägheit der beschleunigten Masse von Ventil und Saugsäule sowie des Einflusses der Sitzfläche nach dem Eröffnen zu-

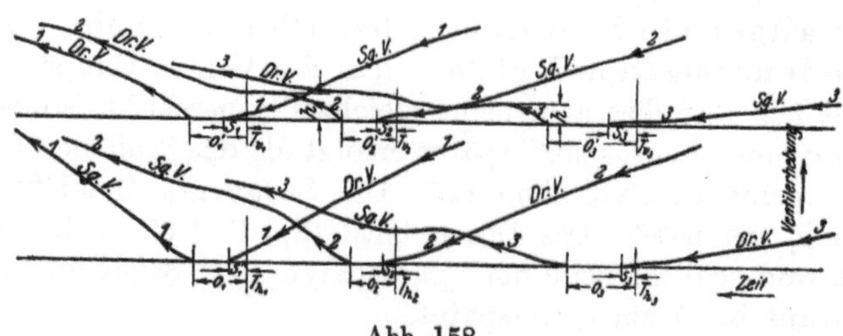

Abb. 158.

nächst höher steigt als es der Gleichgewichtslage entspricht; daß es meist nach einigen Schwingungen die Höchstlage erreicht, in der es wegen der Trägheit der Masse und der Reibung in der Führung kurze Zeit in Ruhe verbleibt; weiter findet er aber auch, daß sich die Schwingungen oft über den ganzen Ventilhub erstrecken, so daß es nicht möglich ist, den größten Ventilhub beim Saugventil festzulegen, s. z. B. Abb. 156.

Ferner stellt Krauss fest, daß das Saugventil zunächst rascher sinkt als es der Kolbenbewegung entspricht, und daß es dann meist in der Nähe des Sitzes verzögert und nach Überschreitung des Totpunktes meist mit einer geringeren als der aus der Gleichung $v_s = -\frac{F r \omega}{f}\left(\sin\delta \mp \frac{1}{2}\cdot\frac{r}{L}\sin 2\delta\right)$ berechneten Geschwindigkeit auf seinen Sitz auftrifft, s. Abb. 157, 155, 156 und 158. Er findet aber weiter

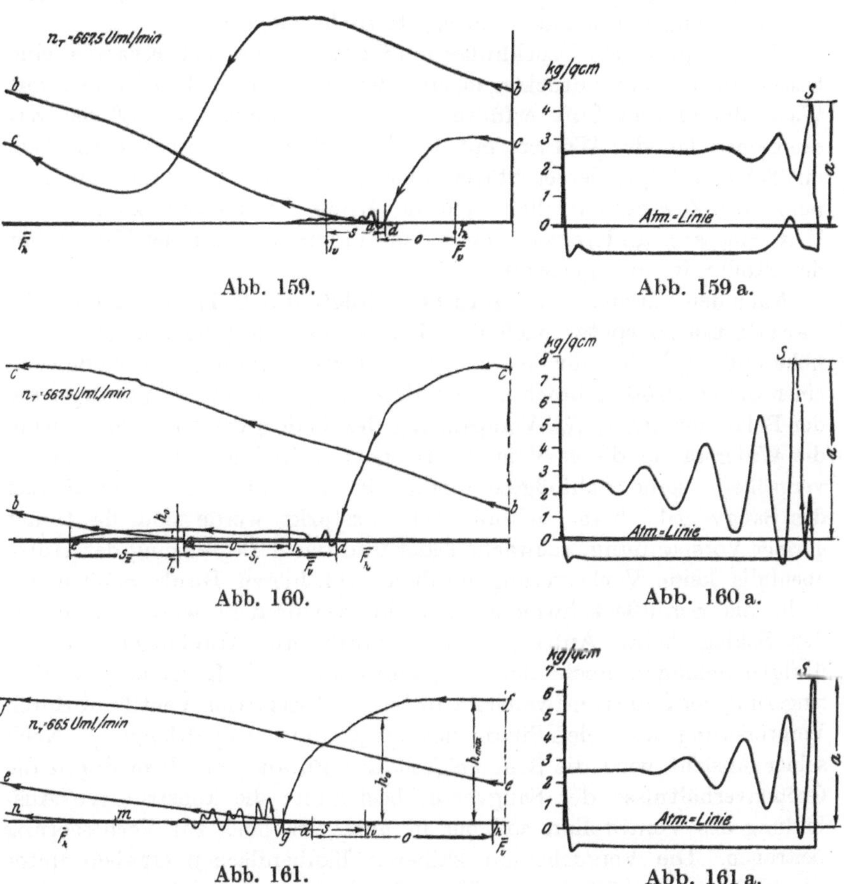

Abb. 159. Abb. 159 a.

Abb. 160. Abb. 160 a.

Abb. 161. Abb. 161 a.

noch bei seinen Versuchen, daß auch beim Schließen durch die Trägheit der Masse des Ventils und der Saugsäule Schwingungen hervorgerufen werden, wodurch je nach dem Schwingungsverlauf die Hubhöhe h_0 im Totpunkt, die Schlußverspätung s und die Schlußgeschwindigkeit v_s veränderliche Werte erhalten; s. z. B. Abb. 158, 159, 160 und 161, daß also diese Größen rechnerisch keineswegs genau zu ermitteln sind und mehr oder weniger von Zufälligkeiten abhängen.

Leider war nach Angabe von Krauss bei den Versuchen die Beurteilung des Schlages beim Schließen des Saugventils nach dem Gehör sehr erschwert, da schon bei normalem Ventilspiel durch geringe Änderung von n die Ventilschlußgeschwindigkeit und damit die Schlagstärke geändert wurde und dieser Schlag zudem zeitlich fast genau mit dem Schlag beim Öffnen des Druckventils zusammenfiel, wodurch eine Trennung der beiden Schläge oft nicht möglich war.

Nach Beginn des Druckhubes muß der Kolben nach Krauss eine bestimmte Strecke zurücklegen, um den unter dem Druckventil mit Wasserdampf und Luft erfüllten Raum auszufüllen, so daß das Zusammentreffen des Wassers mit der Unterfläche des Druckventiltellers mit Schlag erfolgt, dessen Stärke einerseits bedingt ist durch den Zeitpunkt des Zusammentreffens und die Größe der zum Stoß kommenden Wassermassen, andererseits durch den Widerstand, den der Ventilteller der Stoßkraft entgegensetzt.

Nach den Versuchen von Krauss erfolgte das Öffnen des Druckventils um so später nach dem Hubwechsel, je größer n, die Saughöhe und $(\mathfrak{F}_0 + G_w)$ für das Saugventil gewählt wurden. Verkleinerung einer dieser Größen brachte stets Besserung. Da durch Verringerung der Belastung ($G_w + \mathfrak{F}_0$, Vorspannung der Feder) des Saugventils wohl die Widerstände dieses Ventils verringert, sein Hub im toten Punkt vergrößert, seine Schlußgeschwindigkeit und damit auch der Schlag des Saugventils beim Schluß aber verstärkt wurde und da ferner geringe Vorspannung, schwache Feder und dafür Begrenzung des Hubs, ebenfalls keine Verbesserung ergaben (vgl. hierzu Bach, S. 50 u. f.), d. h. die Schlußgeschwindigkeit nicht vermindert wurde, vielmehr der Schlag beim Auftreffen des Ventils am Hubfänger zu den übrigen Schlägen noch hinzutrat, empfiehlt auch Krauss eine Verringerung der Saugventilwiderstände beim selbsttätigen Ventil nur durch Vergrößerung des freien Sitzdurchgangs f_1 und der Spaltlänge l_1. Nach seiner Ansicht wird die Saugfähigkeit der Pumpe vor allem durch die Größenverhältnisse des Saugventils bestimmt; die konstruktive Ausbildung des Ventiltellers soll nur in geringem Maß zur Verbesserung beitragen. Die Versuche mit kleineren Kolbenflächen ergaben unter den gleichen Verhältnissen größeres Nacheilen beim Öffnen, trotzdem aber geringeren Öffnungsschlag, da die Geschwindigkeit der zum Stoß kommenden Massen kleiner war. Weiter fand Krauss, daß der Schlag beim Öffnen des Druckventils nur ganz wenig lauter wurde bei zunehmender Ventilbelastung $G_w + \mathfrak{F}_0$ oder bei Steigerung des Förderdrucks, wenn das Druckventil bald nach Saugventilschluß sich öffnete; daß dagegen der Schlag außerordentlich rasch verstärkt wurde, wenn die Eröffnung des Druckventils erst längere Zeit nach Saugventilschluß erfolgte. Einen Einfluß von G_w und der Sitzbreite auf den Eröffnungsschlag konnte Krauss nicht wahrnehmen; undichtes Druckventil verminderte diesen Schlag jedoch wesentlich. Nach Krauss geben weiter die Größe der aus den Erhebungsdiagrammen bestimmten Eröffnungsgeschwindigkeiten (vgl. Tobell, S. 71 u. f.), der Ventilhubhöhe h kurz nach Eröffnung, sowie der Höhe a und a' (vgl. Bach, S. 51) der Spitzen S in den Pumpen- und Druckunterschieddiagrammen bei Beginn der Eröffnung der Druckperiode (Abb. 162 bis 164) nur ein angenähertes Bild von der Größe des Stoßes.

Großes Nacheilen des Druckventils beim Öffnen zeigte sich deutlich auch im normalen Kolbenweg-Druckdiagramm, vgl. Abb. 164. Der

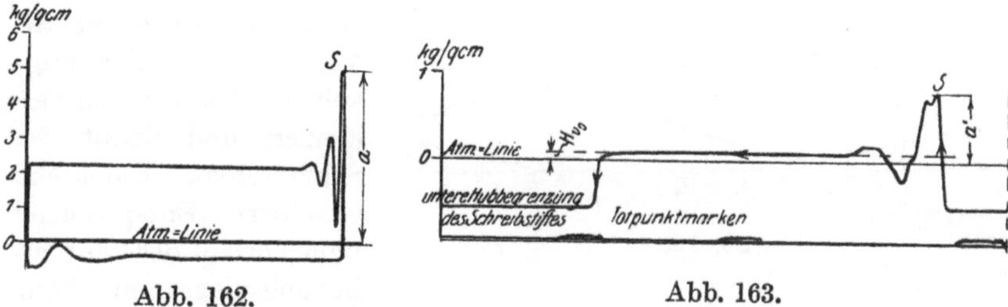

Abb. 162. Abb. 163.

Schreibstift geht zunächst ein Stück auf der Ansauglinie zurück und steigt dann bei Abwesenheit von Luft senkrecht in die Höhe. Nach den Kraussschen Ventilerhebungsdiagrammen wird diese Erscheinung nicht durch Hängenbleiben des Ventiltellers (Riedler, S. 11) oder durch zu geringe Ventilbelastung ($G_w + \mathfrak{F}_0$) verursacht, sondern im Gegenteil durch zu große Belastung des Saugventils bei gegebenem n und gegebener Saughöhe.

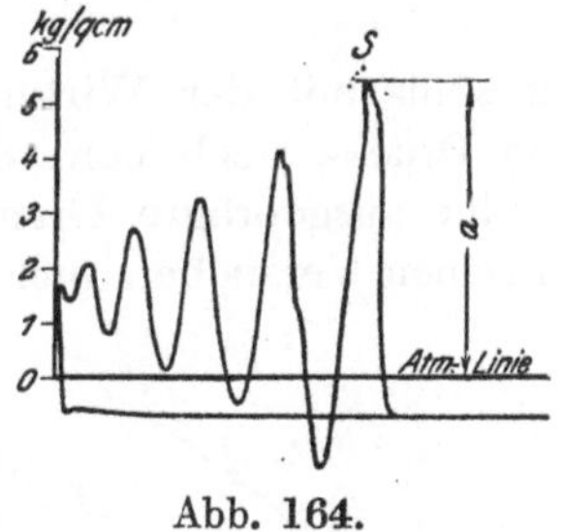

Abb. 164.

Nach dem Eröffnungsstoß bewegt sich nach Krauss nach einigen kurzen Pendelungen um die Gleichgewichtslage das Druckventil auf einer angenäherten Sinuslinie, siehe auch Berg; in der höchsten Lage verläuft die Linie meist flach, Abb. 165 und 166, so daß sich die Strecke nicht festlegen läßt, um die der höchste Punkt erst nach Hubmitte erreicht wird. Mit genügender Genauigkeit darf aber auch nach Krauss angenommen werden, daß bei normalem Ventilspiel die größte Hubhöhe des Druckventils in der Hubmitte erreicht wird. Wie Berg und Müller, stellt auch Krauss fest, daß sich das Druckventil nach Überschreitung der Höchstlage rascher nach abwärts bewegt, als es der Kolbenbewegung entspricht; daß es dann meist in der Nähe des Ventilsitzes verzögert wird und nach Überschreiten des Totpunktes ebenfalls mit geringerer

Geschwindigkeit v_s auf den Sitz gelangt, als die Gleichung für v_s ergeben würde, siehe Abb. 158 und 166; und daß nur bei Fehlen der Federvorspannung $\mathfrak{F}_0$ die Verzögerung der Schlußbewegung fortfällt und das Ventil mit verhältnismäßig großer Geschwindigkeit schließt, siehe Abb. 167. Bei allen Ventilen wurde nach Krauss schon durch geringe Vorspannung der Feder die Ventilschlußgeschwindigkeit meist sehr rasch verkleinert und damit der Schlußschlag bedeutend gemildert. Entsprechend dem Verlauf der Ventilerhebungsdiagramme kann nach ihm ausgesprochen werden, daß die Ventile bei normalem Spiel meist nicht mit der größten, bei der Ventilbewegung überhaupt vorkommenden Geschwindigkeit schließen und daß die Gleichung

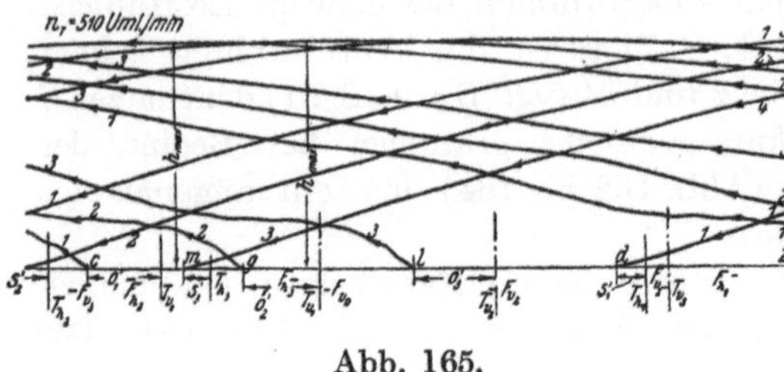

Abb. 165.

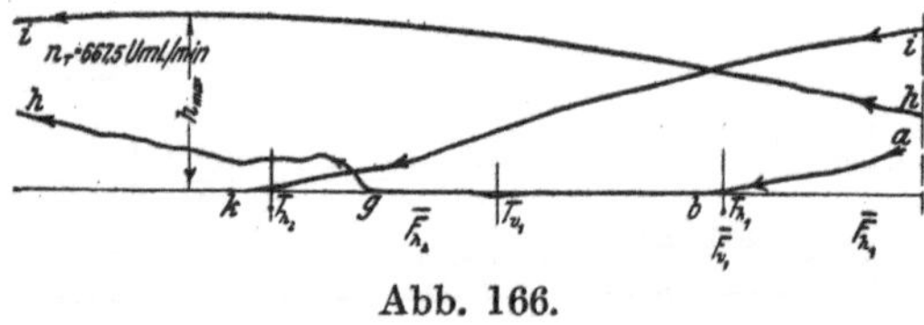

Abb. 166.

$$v_s = -\frac{F r \omega}{f}\left(\sin \delta \mp \frac{1}{2}\frac{r}{L}\sin 2\delta\right)$$

keinesfalls mit der Wirklichkeit übereinstimmende Ergebnisse, weder beim Druck-, noch beim Saugventil, liefert.

Eine ausgeprägte Grenze des stoßlosen Schlusses konnte Krauss bei seinen Versuchen nicht wahrnehmen. Der Ventilschlag, bestimmt durch die Größe der Ventilschlußgeschwindigkeit, nahm mit Vergrößerung der Federvorspannung $\mathfrak{F}_0$ stetig ab und war selbst bei geringstem Wert von $h_{\max}$ noch schwach zu hören. Durch die Versuche konnte also weder das Kleinsche Gesetz $n \cdot h_{\max} = \text{const}$ (vgl. S. 158), noch dasjenige von Bach $n^2 s = \text{const}$ (s. S. 47) Bestätigung finden.

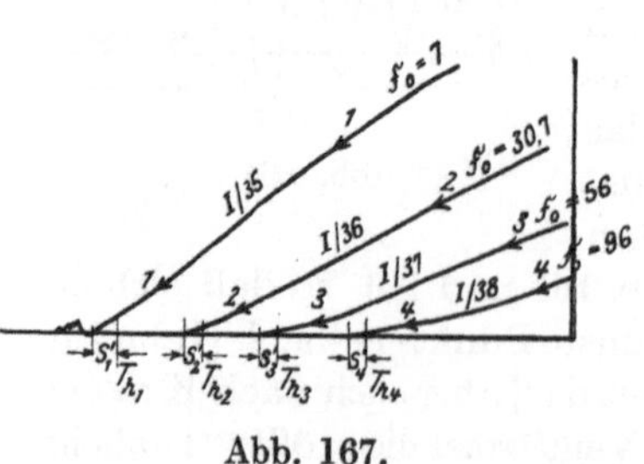

Abb. 167.

Die Kraussschen Ventilerhebungslinien für Saug- und Druckventil zeigen wegen der verschiedenartigen Eröffnung große Unterschiede. Das Druckventil wird meist mit dumpfem, mehr oder weniger lautem Ton, durch Stoß in die Höhe geworfen; das Saugventil öffnet allmählich und fast geräuschlos. Außerdem zeigt das Saugventil gegen den Schluß hin Schwingungen, die beim Druckventil meist nicht vorhanden sind.

Die Hubhöhe h_0 im toten Punkt ergab sich als überaus kleine Größe[1]), die von Zufälligkeiten sehr stark beeinflußt wird. Veränderung von h_0 durch Vergrößerung der Saughöhe konnte nicht festgestellt werden. Genaue Berechnung von h_0 ist nach Krauss nicht möglich; ebenso wie eine genaue Ermittlung des Wertes μ_P aus der Gleichung

$$h_0 = \frac{F r \omega^2 f}{\left(\mu_P l_1 \sqrt{2g \frac{P}{f_1 \gamma}}\right)^2} \left[1 \mp \frac{r}{L}\right]$$

unmöglich ist. Krauss hält, wie Klein (vgl. S. 153), die Hubhöhe h_0 im Totpunkt als viel zu klein und als nicht genügend bestimmbar, um darauf eine Ventilberechnung zu gründen, wie dies Berg tat (siehe S. 135 u.f.).

Die Versuche zeigten weiter, daß durch Verkleinerung von h_{max} auch h_0 verkleinert wird, und daß durch größere Vorspannung $\mathfrak{F}_0$ sich kleinere Werte h_0 erzielen lassen, als dies mit stärkerer Feder ohne Vorspannung möglich ist. Sie ergaben ferner, daß bei normalem Pumpengang die größte Hubhöhe h_{max} bei Saug- und Druckventil gleich groß ist, daß sie, wie bereits bekannt, nur von der geförderten Wassermenge Q_e, von der Belastung $G_w + \mathfrak{F}_{max}$ sowie von der Größe und Bauart der Ventile abhängt, daß sie aber von der Größe der Saughöhe vollkommen unbeeinflußt bleibt, und daß nur bei schlechter Saugfähigkeit der Pumpe die heftigen Schwingungen des Saugventils die größte Hubhöhe, berechnet aus der Gleichung

$$h_{max} = \frac{F r \omega}{\mu_P l_1 \sqrt{2g \frac{P_{max}}{f_1 \gamma}}} = \frac{\pi Q_v}{\mu_P l_1 \sqrt{2g \frac{P_{max}}{f_1 \gamma}}},$$

oft bedeutend überschreiten.

Auch Krauss findet, wie Berg, daß selbst bei größter Ventilhubhöhe und Umdrehungszahl der Pumpe bei federbelasteten Ventilen der Einfluß der Masse gegenüber der Größe der Federspannung vernachlässigt werden kann (vgl. S. 232). Das Nacheilen beim Eröffnen ergab sich unter gleichen Umständen bei normalen Saugverhältnissen gleich groß, vergrößerte sich aber sehr schnell nach Überschreiten der zulässigen Grenze. Das Nacheilen beim Schließen des Druckventils scheint sich nach Krauss bei Vergrößerung der Saughöhe etwas zu verringern, während dieser Wert beim Saugventil zunächst gleich groß bleibt.

Die Grenzen der größten Hubhöhe bei den verschiedenen Umdrehungszahlen zur Erzielung geringen Schlags beim Schluß, lassen

[1]) Bestimmung derselben durch den optischen Indikator ist bei 12facher Vergrößerung genügend genau möglich.

sich nach Krauss nur durch den Versuch festlegen und auf ähnliche Verhältnisse übertragen.

Nach seinen Versuchen läßt sich beim Druckventil durch Mehrbelastung des Ventiltellers stets ruhiger Ventilschluß erzielen, Abb. 158 und 167. Beim Saugventil ist das nach Krauss anders. Durch Vergrößerung von $G_w + \mathfrak{F}_0$ wird wohl zunächst die Ventilschlußgeschwindigkeit kleiner; es werden aber auch bei weiterem Belasten die Ventilwiderstände vermehrt, damit die Saugfähigkeit verschlechtert, was regelwidriges Spiel des Saugventils mit außerordentlich hartem Schlag zur Folge hat, vgl. z. B. Abb. 159 und 160. Zugleich wird das Nacheilen beim Öffnen des Druckventils vergrößert und damit der Schlag beim Öffnen desselben verstärkt. Das zeitliche Zusammenfallen beider Schläge verschlechtert den Pumpengang in erhöhtem Maß.

Für eine gegebene Pumpe und für gegebene Ventile bestimmen also nach Krauss Umdrehungszahl und Saughöhe einerseits, sowie notwendige Ventilbelastung $G_w + \mathfrak{F}_0$ zur Erzeugung geringer Ventilschlußgeschwindigkeit andererseits die Grenzen, bis zu denen der Gang der Pumpe noch als zulässig zu betrachten ist. Er hält die aus den Ventildiagrammen ermittelten Ventilschlußgeschwindigkeiten geeigneter für die Beurteilung der Schlagverhältnisse, als das Gehör des Beobachters.

Nach seiner Ansicht legt jedoch nicht der Schlag bei Schluß der Ventile bei normalem Ventilspiel die Grenzen des guten Ganges der Pumpe fest, sondern die Schläge, die durch schlechte Saugverhältnisse der Pumpe verursacht werden. Um nun im voraus die Saugfähigkeit der Pumpe beurteilen zu können, hält er die Kenntnis des Druckverlustes H_v im Ventil für die verschiedensten Verhältnisse für besonders wichtig und hat denselben auch für die verschiedenen Ventilbauarten mittels der Druckunterschiedindikatoren ermittelt. Da die Druckunterschieddiagramme beim Saugventil im Gegensatz zu denen beim Druckventil schleichenden Anstieg und meist noch Schwingungen während des Ventilspiels zeigten, vgl. Abb. 163 und 168 mit Abb. 169, und infolgedessen aus ihnen nur sehr

Abb. 168. Druckventil.

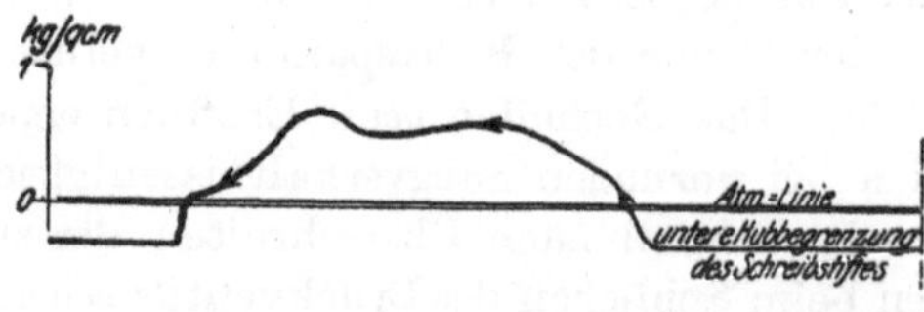

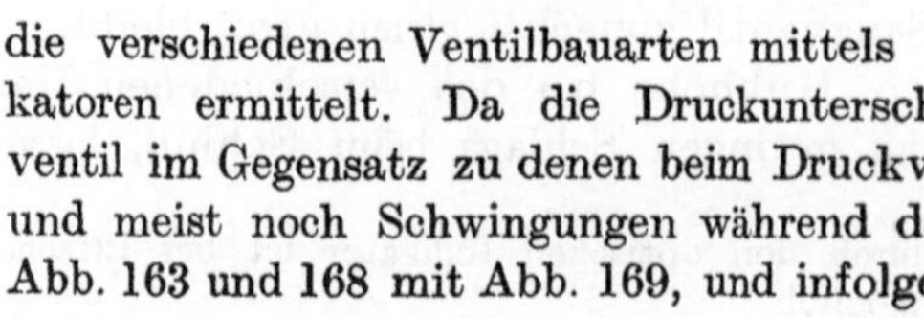

Abb. 169. Saugventil.

schwer der genaue Druckunterschied in Hubmitte[1]) sich ermitteln ließ, bestimmte Krauss den Druckunterschied $h'_u - h'_o$ aus den Druckunterschieddiagrammen am Druckventil, nachdem durch Versuche bestätigt wurde, daß der Druckverlust von der Druckhöhe unabhängig ist, was auch Klein durch seine Versuche fand (s. S. 146) und aus den Bachschen Versuchen zu ersehen ist (s. S. 34 u. f.). Den Druckverlust H_v errechnete er dabei aus

$$H_v = h_u - h_o = (h'_u - h'_o) + \frac{c_u^2 - c_o^2}{2g},$$

worin c_u bzw. c_o die Geschwindigkeiten im Querschnitt der unteren bzw. oberen Meßstelle bedeuten.

Außerordentlich lehrreich sind die Änderungen an Ventil- und Druckdiagrammen bei Änderung der Saugventilbelastung $G_w + \mathfrak{F}_0$ und gleichbleibender Umdrehungszahl sowie Saughöhe, vgl. Abb. 170 bis 175, 159, 160 und 161. Zunächst erfolgt nach Krauss durch Vergrößerung der Belastung über ein bestimmtes Maß langsamere Aufwärtsbewegung des Saugventils, es legt einen größeren Weg zurück, bis es erstmals zur Ruhe kommt; im weiteren Verlauf bewegt es sich in heftigen Schwingungen auf und ab. Das Schließen geschieht mit mehr oder weniger lautem Schlag, je nachdem der Schwingungsverlauf durch das Auftreffen des Ventils auf den Sitz unterbrochen wird. Die Abwärtsbewegung erfolgt um so rascher, je größer $G_w + \mathfrak{F}_0$ gewählt wurde. Das Wasser, das sich unterhalb des Ventils befindet und infolge der Trägheit der beschleunigten Saugsäule nicht plötzlich seine Bewegung ändert, wird dadurch in die Pumpe gepreßt, der wasserfreie Raum unterhalb des Druckventils wird vom Wasser mit mehr oder weniger lautem Schlag ausgefüllt, wodurch der Druck im Pumpengehäuse plötzlich erhöht wird, was sich in der Sauglinie der Pumpendiagramme zeigt, s. Abb. 159a, 160a, 171a, 172a und 173a. Ventil- und Pumpendiagramme lassen erkennen, daß jede Abwärtsbewegung des Saugventils einen solchen Druckanstieg erzeugt, vgl. Abb. 159, 160, 172 und 173. Die Diagramme am Saugwindkessel zeigten keine Änderung. Schon bei schwachen Schwingungen des Saugventils erscheinen in der Sauglinie schwache Erhöhungen, vgl. Abb. 170a und 170.

Durch Vergrößerung der Saugventilbelastung und der Saughöhe oder der Umdrehungszahl vergrößern sich nach Krauss diese Druckerhöhungen, Abb. 159a, 171a und 172a, und rücken mehr nach dem Ende des Saughubs. Im Erhebungsdiagramm des Saugventils werden die Schwingungen größer und verschieben sich ebenfalls nach dem Totpunkt hin, Abb. 159, 171 und 172. Dadurch ändert sich auch die

[1]) **Messung erfolgt in der Hubmitte, da das Ventil in der Höchstlage fast ruhig steht. c_u und c_o sind berechnet aus der höchsten Kolbengeschwindigkeit.**

Schlagstärke beim Schließen des Saugventils. Der Ventilschlag wird außerordentlich laut, wenn das Ventil mit absteigendem Ast einer Schwingung den Sitz trifft (Abb. 159, 160, 161, 173, 174 und 175). Wird das Ventil nach der tiefsten Lage wieder nach aufwärts beschleunigt, Abb. 159 und 172, oder trifft es bereits beim absteigenden Ast der

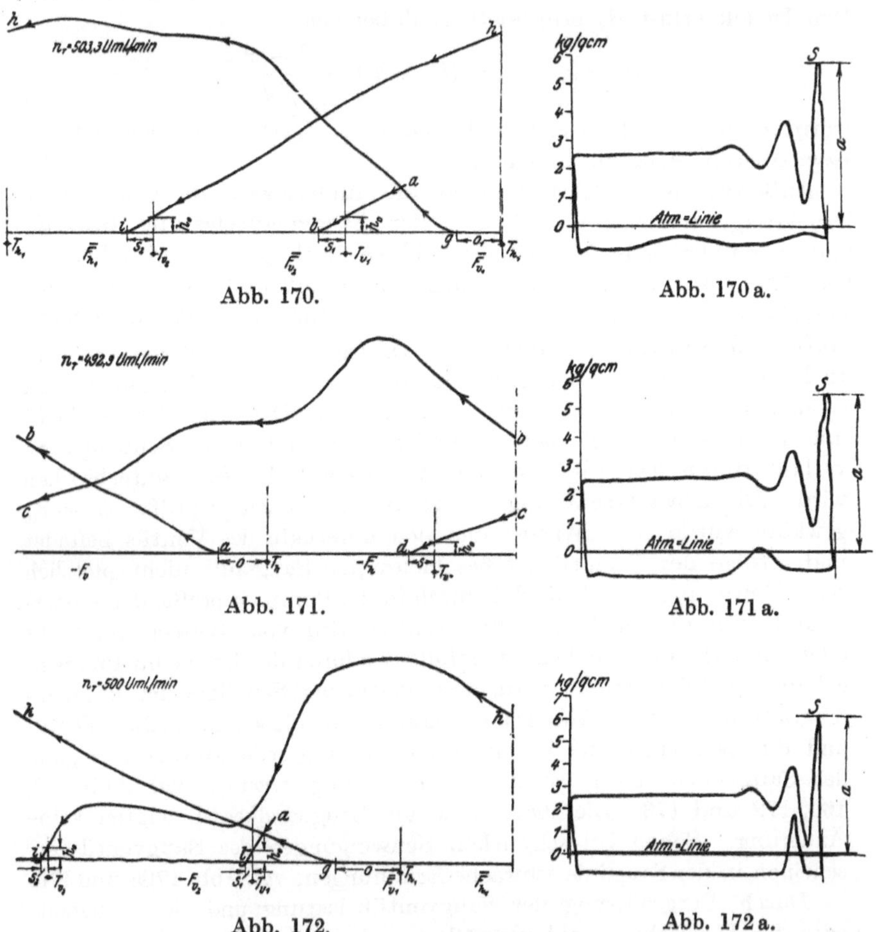

Abb. 170. Abb. 170 a.

Abb. 171. Abb. 171 a.

Abb. 172. Abb. 172 a.

vorhergehenden Schwingung mit mehr oder weniger lautem Schlag vor dem Totpunkt auf den Sitz, dann wird es wieder hochgehoben und schließt mit nochmaligem Schlag meist nach dem Totpunkt, Abb. 160 und 173. Bei weiterer Vergrößerung der Ventilbelastung $\mathfrak{F}_0$ rückt nach Krauss der erste Aufschlagpunkt mehr gegen den Totpunkt, schließlich über ihn hinaus und verschwindet dann vollkommen, während der absteigende Ast der ersten Schwingung vor dem Totpunkt zum Aufsetzen kommt. Das Ventil wird dann nochmal gehoben und schließt nach dem Totpunkt ebenfalls zum zweitenmal, meist mit geringem Schlag, wenn das Ventil kurz nach seiner Verzögerung auf dem Sitz auftrifft. Bei weiterem Verschlechtern der Saugverhältnisse verschiebt sich die Auf-

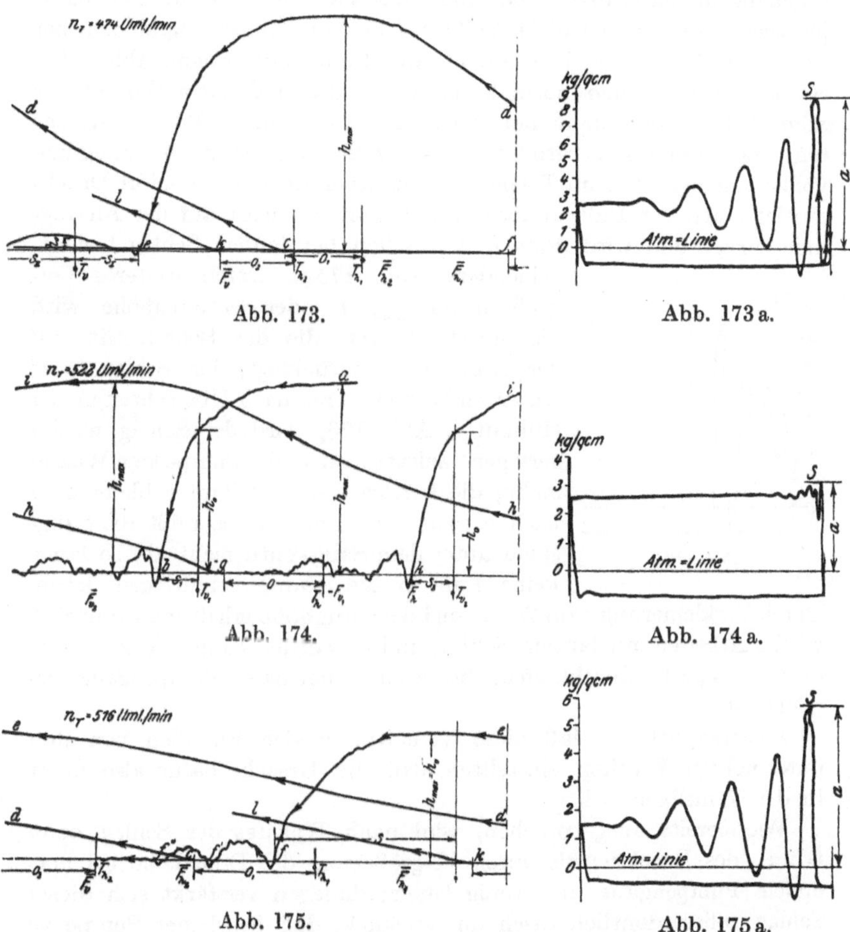

Abb. 173. Abb. 173a.

Abb. 174. Abb. 174a.

Abb. 175. Abb. 175a.

schlagstelle immer mehr zum Totpunkt hin, überschreitet denselben, so daß das Ventil erst nach dem Totpunkt zum Schluß kommt, was mit außerordentlich hartem Schlag erfolgt, Abb. 161, 174 und 175. Durch das harte Aufschlagen wird das Ventil nochmal in die Höhe geworfen. Noch weitergehende Belastung des Saugventils rückt den Abschluß dieses Ventils noch weiter hinter den Totpunkt, Abb. 175.

Die Druckerhöhungen in den Sauglinien der normalen Pumpendiagramme zeigen nach Krauss den gleichen Verlauf wie die Schwingungen in den Hubdiagrammen des Saugventils. Auch bei diesen verschiebt sich diese Erhöhung bei starker Vergrößerung nach dem Totpunkt hin, Abb. 159a, 160a, 171a, 172a. Nach weiterer Belastung fällt die Druckerhöhung in den Hubwechsel, Abb. 161a und 174a, verschwindet dann plötzlich, wobei zugleich die Spitzen S in den Pumpendiagrammen bei Beginn der Druckperiode wegfallen. Das Pumpendiagramm, Abb. 174a, erscheint vollkommen normal, nur der laute und harte Ventilschlag zeigt, daß trotzdem keine normalen Verhältnisse in der Pumpe herrschten. Bei weiterer Vergrößerung der Belastung wird die Sauglinie vollkommen gerade; im Totpunkt findet aber nicht mehr sofort Druckanstieg statt, der Indikatorschreibstift geht zunächst auf der Ansauglinie zurück und wird dann erst plötzlich bei lautem Schlag hochgeschleudert, Abb. 175a. Durch weiteres Vergrößern von $\mathfrak{F}_0$, n oder der Saughöhe wird die Strecke länger, die der Schreibstift auf der Ansauglinie zurücklegt, der Schlag wird lauter und härter; erst nach Überschreiten der Hubmitte, Abb. 176, wird der Schlag wieder geringer. Zuletzt fördert die Pumpe kein Wasser mehr; die Luftleere in der Pumpe bleibt aber nach Krauss erhalten und es reißt die Saugsäule unter dem Saugventil nicht ab, so lange keine Luft in die Pumpe eindringen kann. Durch Verkleinerung von $\mathfrak{F}_0$, n und der Saughöhe erhält man zunächst wieder Arbeiten mit lautem Schlag, und es werden dann alle Zustände nach rückwärts durchlaufen, bis wieder normaler Pumpengang erreicht ist.

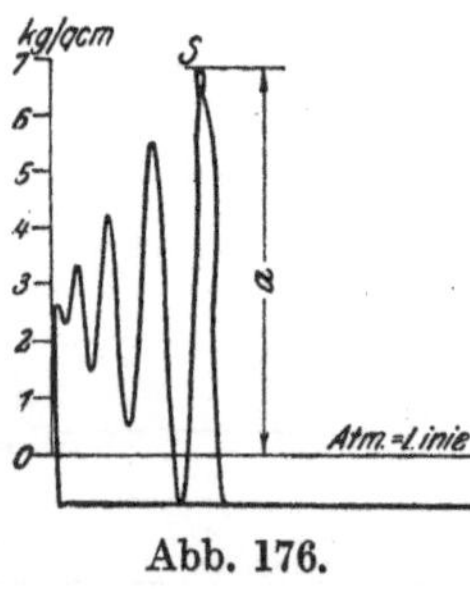

Abb. 176.

Krauss betont, daß diese Verhältnisse sich bei allen von ihm untersuchten Ventilen einstellten, daß die Ursache dafür also nicht in der Ventilbauart liege.

Wie bereits ausgesprochen, wird nach Krauss der Schlag beim Öffnen des Druckventils durch Vergrößerung der Druckhöhe bei normalem Pumpengang nur wenig lauter; dagegen verstärkt sich dieser Schlag außerordentlich rasch und so stark, daß Bruch der Pumpe zu befürchten ist, bei Verschlechterung der Saugverhältnisse, wie eben gekennzeichnet. Pumpen mit großer Förderhöhe verlangen also erhöhte Aufmerksamkeit hinsichtlich der Saugverhältnisse.

Krauss findet weiter bei seinen Versuchen die gegenseitige Beeinflussung des Ventilspiels bei normalen Verhältnissen als außerordentlich gering. Nur der Zeitpunkt der Eröffnung hängt, wie bereits gesagt, von der Schlußverspätung des Gegenventils ab, wobei sich aber nach seinen Beobachtungen beim Öffnen beider Ventile Einflüsse geltend machen, welche die Einwirkung der Schlußverspätung des Gegenventils verringern. Der weitere Verlauf des Ventilspiels, namentlich der Ventilschluß soll ganz unbeeinflußt sein vom Spiel des anderen Ventils.

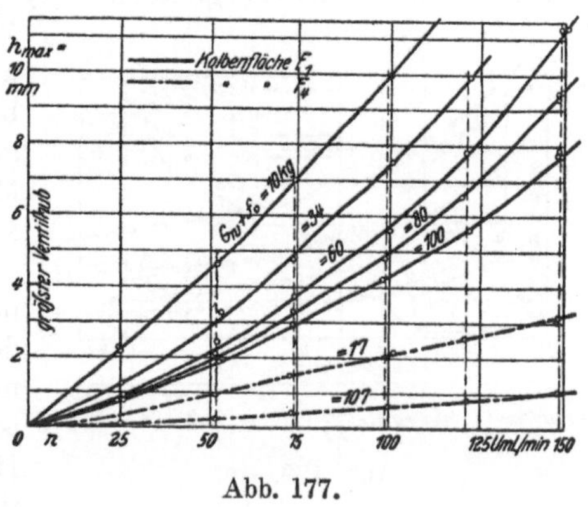

Abb. 177.

Für die Ventile *I*, *II*, *III* und *IV* (letzteres nach Umbau zwecks Federverstellung, vgl. S. 250 und 254) stellte Krauss der größeren Deutlichkeit wegen bei den Versuchen mit gleichbleibender Saug- und Druckhöhe für veränderliche Umdrehungszahl und Federspannung bei verschiedenen Kolbenflächen zunächst die Abhängigkeit des größten Ventilhubs von der Umdrehungszahl und der Ventilbelastung (vgl. z. B. Abb. 177 gültig für Ventil *I*); dann die Abhängigkeit des größten Ventilhubs von der Federvorspannung der Belastungsfeder und der Umdrehungszahl (vgl.

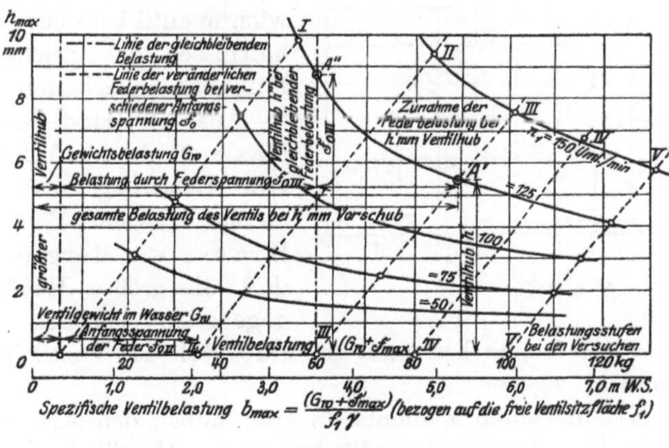

Abb. 178.

z. B. Abb. 178 gültig für Ventil *III*), ferner die Abhängigkeit des größten Ventilhubs von der Ventilbelastung und der geförderten Wassermenge (vgl. z. B. Abb. 179, gültig für Ventil *I*) und endlich die Abhängigkeit des Druckverlustes vom größten Ventilhub und von der Umdrehungszahl [s. z. B. Abb. 180, gültig für Ventil *II*[1])] graphisch dar.

Abb. 177 zeigt, und dies gilt auch für die übrigen Ventile, daß durch Vergrößerung der Belastung $G_w + \mathfrak{F}_0$ der größte Hub h_{max} sehr verringert wird (vgl. auch Berg, S. 230 und 231) daß dieser Einfluß mit zunehmender Umdrehungszahl sich vergrößert und daß bei großer Vorspannung $\mathfrak{F}_0$ der größte Ventilhub trotz starker Mehrbelastung sich nur wenig verändern läßt.

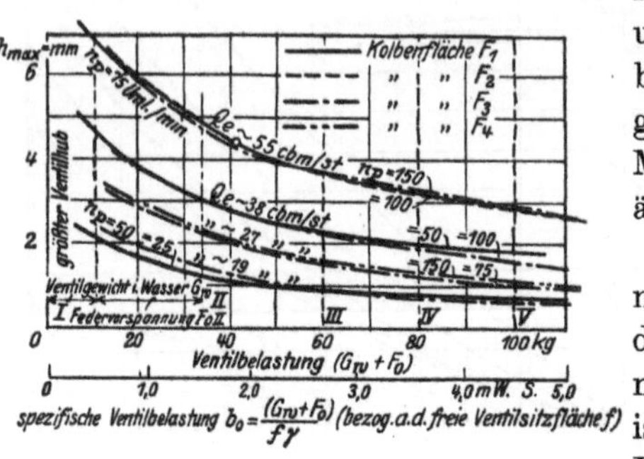

Abb. 179.

Aus den Darstellungen z. B. nach Abb. 178 kann die Größe der Ventilbelastung $G_w + \mathfrak{F}_0$ entnommen werden, die erforderlich ist, um eine bestimmte größte Hubhöhe h_{max} bei gegebener Ventilgröße, Belastungsfeder, Kolbenfläche und Umdrehungszahl zu erhalten. Nach Krauss kann man aus diesen Darstellungen aber auch die erforderliche Vorspannung $\mathfrak{F}_0$ für andersgewählte Belastungsfedern und die Größe des Gewichts G_w ermitteln, das erforderlich wäre, um mit einem gleich großen Gewichtsventil bei denselben Verhältnissen die gleiche größte Hubhöhe zu erhalten.

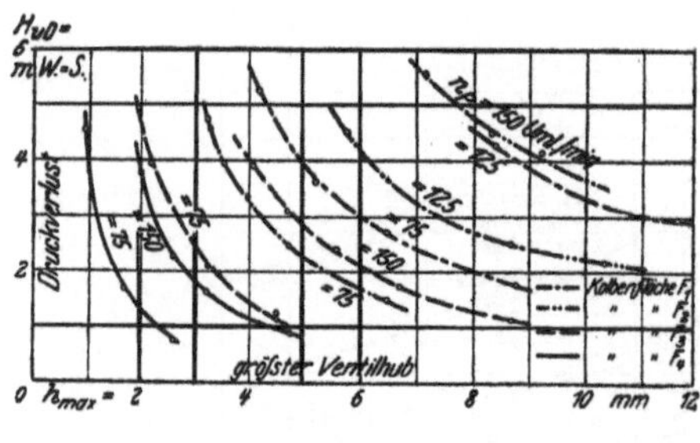

Abb. 180.

Aus den Darstellungen des Maximalhubs in Abhängigkeit von Belastung und Wassermenge, Abb. 179, findet Krauss wie Berg (s. S. 231), daß die größte Hubhöhe bei gegebenen Ventilen lediglich durch die Wassermenge bestimmt ist, die durch das Ventil hindurchströmen muß.

In die Kraussschen Zahlentafeln sind neben den Angaben über Umdrehungszahl, Förderhöhe, Fördermenge, Ventilbelastung beim Aufsitzen angegeben: der größte Ventilhub und die dabei auftretende Ventilbelastung; der Ventilhub h_0 bei Kolbenumkehr, das Nacheilen

[1]) Bei einer Versuchsreihe mit Ventil *I* wurde dabei die Federvorspannung beim Saug- und Druckventil gleichzeitig geändert; bei allen übrigen Versuchen änderte Krauss zunächst bei gleichbleibender Saugventilbelastung nur die Druckventilbelastung und dann erst die Belastung des Saugventils.

beim Öffnen und Schließen des Ventils, die Schlußgeschwindigkeit des Ventils und die Art des Pumpengangs bzw. des Ventilgangs. Eine Gesetzmäßigkeit bezüglich h_0 und der Nacheilung konnte Krauss bei allen 4 Ventilen nicht ermitteln. Nach seinen Beobachtungen hängt aber von der Größe des Nacheilens beim Öffnen des Druckventils die Stoßstärke beim Öffnen dieses Ventils ab. Eine Grenze für die noch zulässige Größe des Nacheilens und damit des Schlags konnte er nicht festlegen.

Für alle Ventile *I* bis *IV* stellte Krauss fest, daß eine Ventilschlußgeschwindigkeit (aus den Ventilerhebungsdiagrammen durch Anlegen der Tangenten ermittelt) bis etwa 80 mm/sk für ruhigen Betrieb; 100 bis 120 mm/sk für normalen Betrieb zulässig ist, und daß erst bei Geschwindigkeiten über 130 mm der Ventilschlag als zu laut erschien[1]) (vgl. hiermit Berg, S. 233, der für deutlichen Schlag Geschwindigkeiten von 160 bis 200 mm/sk ermittelte). Aus der Gleichheit der Grenzwerte für v_s bei allen 4 Ventilen schließt Krauss, daß die Masse der bewegten Ventilteile nur geringen Einfluß auf den Ventilschluß hat, und begründet das durch den Umstand, daß nicht nur die Masse des Ventils, sondern auch die über dem Ventil stehende Wassermasse am Schlußschlag teilnimmt.

Bei normalem Saugventilspiel wird unter gleichen Verhältnissen die Schlußgeschwindigkeit beim Saugventil kleiner als beim Druckventil; sie verändert aber beim Saugventil schnell ihre Größe, wenn das Ventil in schwingende Bewegung um die Gleichgewichtslage gerät.

Wurde die Pumpe beim Ventil *I* mit zufließendem Wasser betrieben, so war der dumpfe Ton beim Öffnen der Druckventile bei geringer Umdrehungszahl fast gar nicht, bei höherer Umdrehungszahl in weit geringerem Maß als bei saugender Pumpe zu hören.

Beim Ventil *II* mit kegelförmigen Sitzflächen äußerte sich der Einfluß der Saughöhe, der Umdrehungszahl und der Ventilbelastung genau so auf das Ventilspiel wie beim ebensitzigen Ventil I. Das Ventil hob sich aber höher, war im Totpunkt noch weiter vom Sitz entfernt und schloß unter gleichen Verhältnissen später und mit größerer Schlußgeschwindigkeit, also mit vermehrtem Schlag als Ventil *I*. Die Grenzen des noch zulässigen Pumpenganges wurden daher nach Krauss bei Vergrößerung der Saughöhe, der Umdrehungszahl und der Ventilbelastung $G_w + \mathfrak{F}_0$ etwas früher erreicht, trotzdem die Bauart des Ventils wegen günstigerer Wasserführung, nach seiner Ansicht, bessere Ergebnisse erwarten ließ. Vgl. hiermit Bach, S. 57 u. f. Auch Krauss findet, wie Bach, daß die Bewegung dieses Ventils in der Nähe seines

[1]) Diese Zahlenwerte sind aus dem Ventildiagramm des Druckventils entnommen.

Sitzes meist nicht verzögert wird, sondern mit einer Schlußgeschwindigkeit auf den Sitz auftrifft, die oft größer ist als die Geschwindigkeit im Totpunkt. Weiter erfolgte die Eröffnung des Ventils später als bei Ventil *I*, der Anstieg der Druckventilerhebungslinien war steiler und der Schlag beim Öffnen des Druckventils lauter und härter. Die Anwendung einer stärkeren Feder beim Druckventil (Saugventilfeder wurde nicht geändert und nicht vorgespannt) ergab, daß unter sonst gleichen Verhältnissen h_{max} und vor allem die Schlußgeschwindigkeit verkleinert, der Ventilwiderstand natürlich aber vergrößert wurde. Vergleichsversuche mit diesem stärker belasteten Ventil bei gleichem n, gleichem h_{max} des Druckventils (erreicht durch Einstellen von $\mathfrak{F}_0$) ergaben, daß h_0, Schlußverspätung und Schlußgeschwindigkeit größer sind als bei schwacher Feder- und großer Vorspannung.

Geringe Verkleinerung des größten Hubs bei diesem Ventil durch Hubbegrenzung ergaben nach Krauss, daß h_0, Schlußverspätung und Schlußgeschwindigkeit etwas kleiner wurden, daß aber bei größerer Hubverkleinerung diese Werte größer wurden als bei den entsprechenden Versuchen ohne Hubbegrenzung (vgl. auch die Ergebnisse der Bachschen Versuche, S. 50 und 58), und daß diese Werte stets größer sind als diejenigen, die erhalten werden, wenn durch Vorspannung $\mathfrak{F}_0$ der Belastungsfeder dieselbe Hubhöhe eingestellt wird. Krauss ist mit Bach derselben Meinung, daß eine größere Ventilbelastung stets der Hubbegrenzung durch Ventilfänger vorzuziehen ist.

Auch beim Ventil *III* mit kegeligen Sitz- und Unterflächen war der Verlauf der Kurven nach Abb. 177, 178, 179 und 180, entsprechend demjenigen bei den Ventilen *I* und *II*. Es änderten sich nur die einzelnen Zahlenwerte wegen des anderen Querschnittes f_1 und der Spaltlänge l_1 und — in geringerem Maß — infolge der Bauart. Bei denselben Verhältnissen fand Krauss, daß h_{max} bei diesem Ventil ungefähr gleich war wie beim Ventil *I*, dagegen kleiner als beim Ventil *II*; h_0 war bei Ventil *I* ebenfalls größer, bei Ventil *II* entsprechend kleiner. Das Nacheilen beim Schließen sowie die Ventilschlußgeschwindigkeit waren größer als bei Ventil *I*, aber kleiner als bei Ventil *II*.

Für das Ventil *IVa*, dessen freier Ventilquerschnitt f_1 kleiner ist als derjenige des Ventils *I* und ungefähr gleich dem von Ventil *II* und *III*, dessen Spaltlänge jedoch wesentlich kleiner ist als bei allen übrigen Ventilen, stellte Krauss fest, daß sich dasselbe bei geringer Belastung außerordentlich hoch hob und dann mit großer Schlußgeschwindigkeit auf den Sitz auftraf. Anordnung einer starken Feder mit geringer Vorspannung oder einer schwachen Feder mit entsprechend starker Vorspannung verminderte h_{max} und die Schlußgeschwindigkeit, erhöhte aber den Ventilwiderstand so stark, daß schon bei geringer

Umdrehungszahl ($n = 100$) und Saughöhe (2 m) die Saugfähigkeit derart verschlechtert wurde, daß das Saugventil bereits heftig in Schwingung geriet. Bei $n = 125$ schon setzte das Saugventil mit außerordentlich hartem Schlag auf. Weiter wurde durch die Verschlechterung der Saugfähigkeit das Nacheilen beim Öffnen des Druckventils so vergrößert, daß auch starker Schlag beim Öffnen dieses Ventils hervorgerufen wurde.

Der Einfluß von n und $G_w + \mathfrak{F}_0$ auf h_{max} äußerte sich nach Krauss gleichartig auf Ventilspiel und Pumpengang, jedoch in erhöhtem Maß infolge des größeren Verhältnisses $\frac{f_1}{l_1}$ als bei den besprochenen Ventilen. Auch bei diesem Ventil besserte die Anordnung einer Hubbegrenzung die Verhältnisse beim Schluß nicht.

Die Versuche mit Ventil V ließen erkennen, was auch schon Bach beim Tellerventil fand, s. S. 38, daß Führungsflächen am Ventilteller und am Sitz nach Abb. 150, S. 251 (Schnittabbildungen zwischen Grund- und Aufriß), keinen nennenswerten Einfluß auf den Ventilwiderstand ausüben, so daß es nach Krauss keinen Zweck hat, solche Flächen bei praktischen Ausführungen anzuordnen.

Für das Lippenventil VI fand Krauss, daß der Ventilschlag und der Schlag beim Öffnen des Druckventils unter gleichen Versuchsbedingungen durchweg schwächer war als bei den andern von ihm untersuchten Ventilen. Er begründet dieses Verhalten durch die größere Spaltlänge, durch die günstigeren Ausströmverhältnisse des Wassers und die geringere Masse der Ventilteller. Inwieweit dabei die geringere Dichtheit der Ventile zur Dämpfung des Schlags beim Öffnen des Druckventils beitrug, konnte Krauss nicht feststellen. Die Widerstände im Ventil (Druckventil) waren aber trotz der günstigeren Wasserführung nicht kleiner als bei den übrigen Ventilen bei günstiger Federeinstellung $\mathfrak{F}_0$, weswegen auch mit diesem Ventil keine größeren Saughöhen und Umdrehungszahlen erreicht werden konnten.

Krauss betont ausdrücklich, daß ein Vergleich der durch seine Versuche bei den einzelnen Ventilbauarten erhaltenen absoluten Werte nicht möglich sei, da Sitzquerschnitt und Spaltlänge sehr verschieden waren.

Auf Grund der Ausfluß- und Widerstandsziffern, die er für die Ventile I bis IV errechnete, suchte Krauss dann zum Schluß den Einfluß der Ventilbauart selbst zu klären.

Er berechnete μ_P aus der Gleichung für den größten Ventilhub h_{max} des Druckventils (bestimmt aus dem Ventildiagramm), d. h.

$$\mu_P = \frac{F r \omega}{h_{max} \cdot l_1 \sqrt{2 g \frac{G_w + \mathfrak{F}_{max}}{f_1 \gamma}}},$$

gültig für ebene Sitzflächen, und

$$\mu_P = \frac{F\,r\,\omega}{h_{\max}\cos 45^\circ\, l_1 \sqrt{2\,g\,\dfrac{G_w + \mathfrak{F}_{\max}}{f_1\,\gamma}}},$$

gültig für unter 45° geneigte Sitzflächen, und zwar aus den Versuchen mit veränderlicher Kolbenfläche und Umdrehungszahl. Die Aufzeichnung der μ_P-Werte in Funktion vom größten Ventilhub, s. Abb. 181, ergab nach Krauss, daß diese Werte beim gleichen Ventil nur von der Hubhöhe abhängig sind, die durch die Wassermenge und die Ventil-

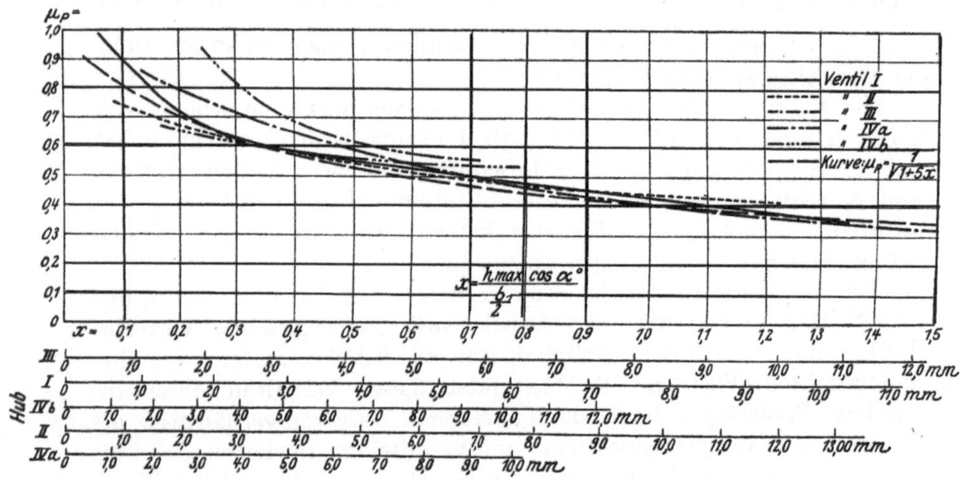

Abb. 181.

belastung $G_w + \mathfrak{F}_{\max}$ bedingt wird, und daß beim gleichen Ventilhub μ_P stets den gleichen Wert besitzt.

Zum Vergleich der μ_P-Werte der einzelnen Ventile untereinander zeichnete er weiter nach dem Vorgang von Lindner die μ_P-Werte in Abhängigkeit von dem Verhältnis

$$x = \frac{\text{Spaltquerschnitt}}{\text{freien Sitzquerschnitt}} = \frac{l_1\,h_{\max}}{f_1} = \frac{h_{\max}}{\frac{1}{2}\,b_1}$$

beim ebensitzigen, bzw. $x = \dfrac{h_{\max}\cdot\cos 45^\circ}{\frac{1}{2}\,b_1}$ bei unter 45° geneigten Sitzflächen auf, s. Abb. 181; vgl. damit Abb. 182a und b (nach Aufzeichnung des Verfassers).

Er fand, daß bei den Ventilen *I*, *III*, *IVa* und *IVb* durch die aufgetragenen Versuchswerte sich stetig verlaufende Mittelwertkurven legen ließen, während beim Ventil *II* bei Hubhöhen unter 5 mm die Versuchspunkte stark streuten, so daß eine genaue Festlegung der

Kurve nicht möglich war, und erklärte letztere Tatsache mit Bach und Klein durch die Unstetigkeit der Wasserführung durch den Ventilspalt bei Kegelventilen mit ebener Unterfläche[1]).

Das Ventil *IVa*, mit sehr breiter Sitzfläche, gab für gleiche Werte x und damit auch gleiches h_{max} größere μ_P-Werte. Vgl. hierzu auch Taf. III das Ventil Bachs mit abnormal breiter Sitzfläche, das im Gegensatz hierzu kleinere μ_P-Werte lieferte als das Tellerventil mit normaler Sitzbreite (s. auch Zahlentafel 8). Bei kleinen Hüben steigen beim breitsitzigen Ventil *IVa* die μ_P-Werte, die sonst ziemlich flach verlaufen, viel rascher an als beim schmalsitzigen Ventil *IVb*. Bei allen von Krauss untersuchten Ventilen verlaufen bei großem Ventilhub die μ_P-Linien zunächst schwach geneigt und steigen in der Nähe des Ventilsitzes außerordentlich rasch an (vgl. auch Taf. III, Abb. 2); es macht sich hier in erhöhtem Maß der Einfluß der Ventilbauart geltend.

Krauss stellt fest, daß wegen der außerordentlichen Verschiedenheit seiner Versuchsventile der Einfluß der verschiedenen Größen, wie Anzahl der Ringe, Art und Größe der Dichtungsfläche, Form der Tellerunterfläche, Breite und mittlerer Durchmesser der Ringe, Größe der Querschnitte für das abfließende Wasser, nicht getrennt zu erkennen sei, daß vielmehr nur Versuche mit Ventilen, bei denen planmäßig nur eine dieser Größen geändert würden, Klarheit herbeiführen könnten. Bei größerem Ventilhub scheinen nach seiner Ansicht mehrringige Ventile, jedenfalls infolge der schlechteren Abströmverhältnisse des Wassers zwischen den einzelnen Ringen etwas geringere μ_P-Werte zu liefern. Die Bergschen Versuche ergaben für gleichen Ventilhub geringeres μ_P beim einfachen und beim dreifachen Ringventil als beim Tellerventil, während das zweifache Ringventil Werte von μ_P ergab, die denen des einfachen Ringventils näher kommen als denjenigen des dreifachen Ringventils, vgl. Abb. 143a und b., S. 243.

Krauss schließt aus seinen Versuchen, daß der Wert μ_P bei kleinen Hubhöhen durch die Unsicherheit der Ermittlung von h_{max} nicht genau zu ermitteln sei, daß die μ_P-Werte aber bei maximalen Hubhöhen, wie sie bei normalgehenden Pumpen ausgeführt werden, bei den verschiedenartigen Ventilen nicht allzu sehr voneinander abweichen. Er stellt fest, daß seine μ_P-Kurven mit denen von Lindner (errechnet aus den Versuchen von Bach und Berg 1905) gut übereinstimmen, und findet, daß eine Kurve mit der Formel $\mu_P = \dfrac{1}{\sqrt{1 + 5x}}$ nicht nur für Tellerventile, sondern auch für seine Ventile mit guter Annäherung

[1]) Die Aufzeichnungen des Verfassers ergaben auch für das Ventil *IVb*, besonders bei den Versuchen mit Kolbenfläche F_{II} Streuung der einzelnen Werte derart, daß sich eine stetig verlaufende Linie nur schwer durch die einzelnen Punkte legen ließ.

eine Mittelwertskurve darstellt. Die neuen **Bergschen** μ_P-Kurven, bezogen auf den Ventilsitzquerschnitt, bestätigen das von **Krauss**

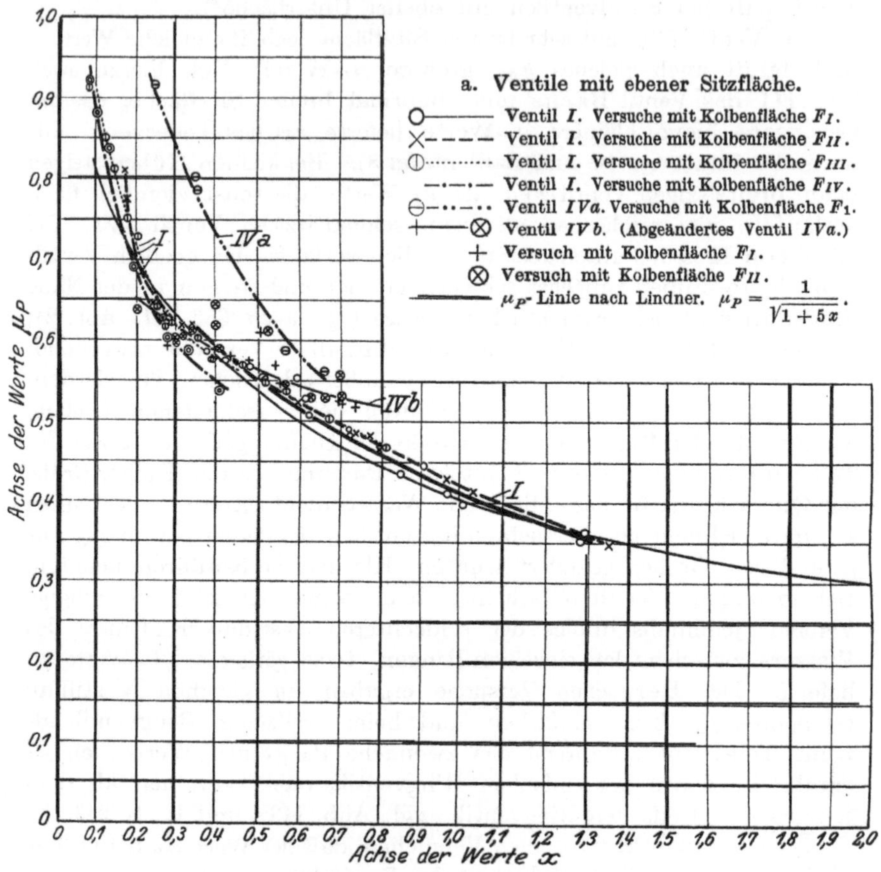

Abb. 182a. Ausflußziffer μ_P für die Ventile von Krauss, in Abhängigkeit vom Wert $x = \frac{f_{spi}}{f_1}$.

Gefundene auch für die **Berg**schen Teller- und Ringventile, vgl. S. 246.

Des weiteren setzt **Krauss** in der **Bach**schen Gleichung für die Ventilbelastung $P = f_1 \gamma \frac{c_1^2}{2g}\left[\varkappa + \left(\frac{f_1}{\mu\, l_1 h}\right)^2\right]$ den Klammerwert $\left[\varkappa + \left(\frac{f_1}{\mu\, l_1 h}\right)^2\right] = \zeta_P$ und erhält damit

$$P = f_1 \gamma \frac{c_1^2}{2g} \zeta_P \quad \text{oder} \quad \zeta_P = \frac{\frac{P}{f_1 \gamma}}{\frac{c_1^2}{2g}}$$

als Widerstandsziffer in Abhängigkeit von Ventilbelastung P und Wassergeschwindigkeit im Sitzdurchgang. Er rechnet dann die ζ_P-Werte

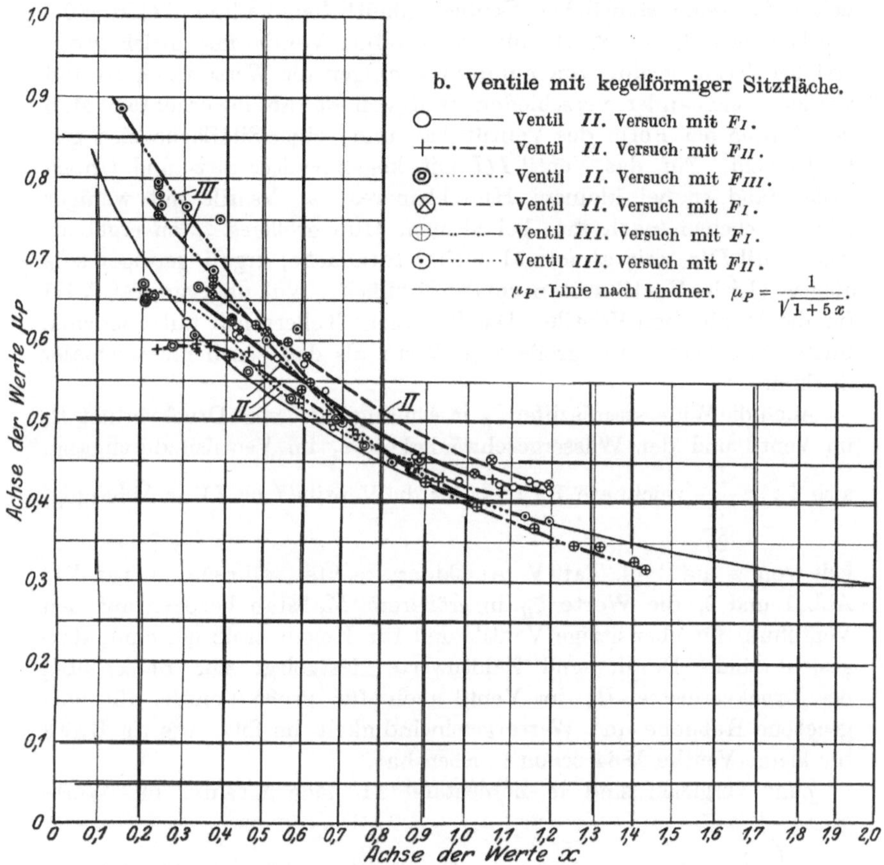

Abb. 182b. Ausflußziffer μ_P für die Ventile von Krauss, in Abhängigkeit vom Wert $x = \frac{f_{spi}}{f_1}$.

aus für $h_{\max}$ mit $P = G_w + \mathfrak{F}_{\max}$ und $c_{1\max} = \frac{\pi}{2} \cdot c_{1m}$ (c_{1m} = mittlere Wassergeschwindigkeit) und zeichnet diese Werte für die einzelnen Ventile wieder über dem Grundmaß $x = \frac{h_{\max} l_1}{f_1}$ auf, s. Taf. V, Abbildung links. In Taf. VI, Abb. 3 und 4, hat Verfasser die Werte der ζ_P in größerem Maßstab bezogen auf den Ventilhub, getrennt für Ventile mit ebenem und kegelförmigem Sitz aufgezeichnet. Die Größe von ζ_P ergab sich als abhängig von der Ventilbauart und stark veränderlich mit dem Ventilhub. Für ähnliche Ventile dürfte nach Krauss, bei gleichem Verhältnis

$\frac{f_{spi}}{f_1}$ der Wert ζ_P die gleiche Größe haben. Die Kraussschen ζ_P-Kurven zeigen für seine sämtlichen Ventile einheitlichen Verlauf; bei $x = 0,7$ ergeben sich die ζ_P-Werte für die einzelnen Ventile fast gleich groß; erst bei Verkleinerung von x unter 0,7 steigen die Werte rasch an und werden voneinander verschieden, weil von da ab in erhöhtem Maß der Einfluß der Form des Ventiltellers und seiner Sitzfläche sich geltend macht. Für das Ventil *III* mit kegelförmiger Sitz- und Unterfläche fand er bei kleinem Hub kleineres ζ_P. Ventile mit weniger Ringen scheinen nach ihm bei kleinem Hub größeres ζ_P zu ergeben; das Ventil *IVa*, mit abnormal breiter Sitzfläche, ergab geringeres ζ_P als das gleiche Ventil mit normaler Sitzfläche. Vgl. dagegen Taf. VIII für die Bachschen Ventile. Das Bachsche Tellerventil mit abnormal breiter Sitzfläche, gibt größere ζ_P-Werte als das Ventil mit normaler Sitzbreite.

Auch die Widerstandsziffer ζ_H in Abhängigkeit vom Druckverlust H_v im Ventil und der Wassergeschwindigkeit c_1 im Ventilsitzdurchgang, also $\zeta_H = \frac{H_v}{\frac{c_1^2}{2g}}$ zeichnete Krauss für die Ventile *I* bis *IV* in Abhängigkeit von x auf, vgl. Taf. V, Abbildung rechts, während in Taf. VI, Abb. 1 und 2, die Werte ζ_H in größerem Maßstab bezogen auf den Ventilhub, für ebensitzige Ventile und für Kegelventile getrennt, dargestellt sind. Damit sind Zahlenwerte festgelegt zur Berechnung des Druckverlustes H_v im Ventil auch für große Ventile, für eine gegebene Hubhöhe und Wassergeschwindigkeit im Sitz, wie sie Bach für kleine Ventile 1884 schon gegeben hat.

Zum Vergleich sind in Zahlentafel 11 nach Krauss die Werte

$$\zeta_P = \frac{\frac{P}{f_1 \cdot \gamma}}{\frac{c_1^2}{2g}}$$

auch für die Bergschen Ventile ausgerechnet und in Taf. VII, Abb. 1, in Abhängigkeit vom Ventilhub, in Abb. 2 in Abhängigkeit vom Wert x dargestellt. Abb. 1 – in größerem Maßstab gezeichnet – läßt erkennen, daß der Wert ζ_P ebenso wie die Berichtigungsziffer μ_P nicht bloß vom Ventilhub, sondern auch von der Ventilbelastung abhängig ist. Die Abb. 1, Taf. VII, zeigt ferner, daß die Bergschen Ringventile bei gleichen Hüben kleinere Widerstandsziffern aufweisen als dessen Tellerventile; die ein- und zweiringigen Ventile liefern annähernd gleiche Werte, während das dreispaltige Ringventil die kleinsten Werte aufweist. Bei größeren Hüben nähern sich die ζ_P-Werte einander. Abb. 2, Taf. VII, zeigt, daß die ζ_P-Linien, bezogen auf die Werte x bedeutend ähner zusammenfallen. Wie Krauss für seine Ventile feststellte, fallen auch bei den Bergschen Ventilen für x größer als 0,7 die ζ_P-Werte ziemlich nahe zusammen, steigen bei Verkleinerung von x rasch an und unterscheiden sich dabei in erhöhtem Maß voneinander. Bei kleinen Werten von x haben hier für gleiches x die Tellerventile kleinere Werte ζ_P als die Ringventile.

Weiter sind in Zahlentafel 8 die ζ_H- und die ζ_P-Werte für die Bachschen Versuchsventile eingetragen[1]) und in Taf. VIII für die Ventile nach Abb. 9, 10, 13, 4a und 4b in Abhängigkeit von x aufgezeichnet. Außerdem sind die ζ_H- und die ζ_P-Linie für das Bachsche Tellerventil Abb. 9 in die entsprechenden Linienzüge, Taf. V für die Kraussschen Ventile eingezeichnet, während in Taf. VII für die Bergsche ζ_P-Schar diese Bachsche ζ_P-Linie punktweise ($\times$) angedeutet ist.

Der Vergleich zeigt, daß sowohl für die Ventile von Berg, als für diejenigen von Bach, wie für die von Krauss bei Werten von x größer als 0,7 die ζ_P-Werte bei gleichem x sich einander stark nähern, d. h. einander nahezu gleich werden und erst bei kleinerem Wert von x rasch ansteigen und voneinander abweichen. Ähnliches gilt für die ζ_H-Werte, die ebenfalls von $x = 0,7$ ab ziemlich nahe zusammenfallen.

Die einzelnen Kurvenscharen ζ_P für die verschiedenen Ventile zur Deckung gebracht, zeigt, daß die einzelnen Kurven annähernd zwischen denselben Grenzkurven liegen, und daß die ζ_P-Linie für das normale Bachsche Tellerventil besonders für die Bergschen ζ_P-Werte eine ziemlich gute Mittelwertskurve liefert. Die Kraussschen ζ_P-Linien liegen von $x = 0,8$ ab etwas über dieser Bachschen ζ_P-Linie.

Als mittlere Werte von ζ_P für $x = 0,7$ bis 2,0 findet der Verfasser, vgl. Abb. 183,

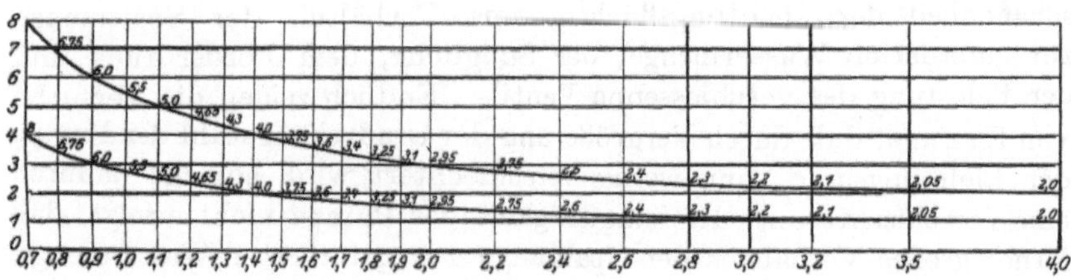

Abb. 183.

$$x = 0,7 \quad 0,8 \quad 0,9 \quad 1,0 \quad 1,1 \quad 1,2 \quad 1,3 \quad 1,4 \quad 1,5 \quad 1,6 \quad 1,7 \quad 1,8 \quad 1,9 \quad 2,0$$
$$\zeta_P = 8,0 \quad 6,75 \quad 6,0 \quad 5,5 \quad 5,0 \quad 4,65 \quad 4,3 \quad 4,0 \quad 3,75 \quad 3,6 \quad 3,4 \quad 3,25 \quad 3,1 \quad 2,95.$$

[1]) Die ζ_H-Werte sind der Bachschen Schrift[26]) entnommen. Jedoch ist für die Ventile 4a und 4b die Geschwindigkeit c_1 errechnet unter Berücksichtigung der Verengung durch die Rippen, was bei den Bachschen Zahlen für diese Ventile nicht geschah. Die Werte für ζ_P wurden nach dem Vorgang von Krauss aus der Ventilbelastung errechnet.

Diese Werte liegen wenig höher als die für das Bachsche Tellerventil 9 ermittelten Werte von ζ_P, das abgesehen vom Bachschen Kegelventil, mit ebener Unterfläche, die kleinsten ζ_P-Werte aufweist, s. Taf. VIII. Damit findet sich — wenigstens mit ziemlich guter Annäherung — auch für größere Ventile bestätigt, daß die Widerstandsziffern für das in der Pumpe arbeitende Ventil mit denen für das in Ruhe auf dem Wasserstrom schwebende Ventil durch Bach ermittelten übereinstimmen, vgl. Bach, S. 57, zweiter Absatz.

Dabei ist im Auge zu behalten, daß die angegebenen Zahlen Näherungswerte sind und nur für Überschlagsrechnungen verwendet werden dürfen; für genaue Untersuchungen sind die ζ_P für jede Ventilbauart verschieden und besonders zu ermitteln.

Bezüglich des Einflusses der Ventile auf den Lieferungsgrad findet Krauss durch seine Versuche bestätigt, daß alle Größen, die das Nacheilen beim Öffnen des Druckventils vergrößern, im gleichen Maß den Lieferungsgrad verschlechtern. Er findet, daß bei gutem Lieferungsgrad das Öffnen des Druckventils bald nach dem Hubwechsel und mit geringem dumpfen Ton erfolgt, und daß bei schlechtem Lieferungsgrad, aber sonst gleichen Verhältnissen der Schlag laut und hart wird. Er stellt ferner fest, daß sich der Lieferungsgrad rasch vermindert, wenn die Saugfähigkeit der Pumpe durch Vergrößerung der Umdrehungszahl, der Saughöhe oder des Saugventilwiderstandes H_v sich verschlechtert. Die Erscheinung, daß bei regelwidrigem Spiel des Saugventils vereinzelt Vergrößerung des Lieferungsgrades eintrat, wird begründet. Beeinflußt wird der Lieferungsgrad durch Undichtheiten der Ventile und diese sind nach Krauss abhängig von der Beschaffenheit der Dichtungsflächen, dem Verhältnis der Spaltmenge zur geförderten Wassermenge, der Saughöhe, dem Förderdruck und der Belastung des geschlossenen Ventils. Endlich zeigen die Versuche von Krauss, daß durch Vergrößerung der Umdrehungszahl der Pumpe der Lieferungsgrad nur wenig verschlechtert wird, solange dadurch eine Verschlechterung der Saugfähigkeit der Pumpe nicht erfolgt, daß ferner großes Verhältnis der Spaltlänge zur geförderten Wassermenge, hoher Förderdruck und geringe Belastung des aufsitzenden Ventils $(G_w + \mathfrak{F}_0)$ stets kleineren Lieferungsgrad ergab, daß aber der Einfluß dieser Größen nur gering war gegenüber der Verschlechterung infolge verminderter Saugfähigkeit bei zu großer Saughöhe, Umdrehungszahl und Saugventilbelastung. Daß die Anwesenheit von Luft im Pumpengehäuse oder Ansaugen von Luft den Lieferungsgrad stark verschlechtert, findet Krauss ebenfalls durch seine Versuche bestätigt.

Hinsichtlich des indizierten Wirkungsgrades, d. h. des Produktes

$$\text{Lieferungsgrad} \cdot \text{Hydraulischer Wirkungsgrad} = \eta_v \frac{H_m}{H_m + H_w}$$

stellt Krauss fest, daß die Ermittlung von $H_m + H_w$, worin die Größe der hydraulischen Widerstände H_w, hauptsächlich durch die Größe der Ventilwiderstände bedingt, aus dem mittleren indizierten Druck der Pumpendiagramme[1]) nur richtig ist, wenn der Druckanstieg bzw. -abfall in den Diagrammen unmittelbar beim Hubwechsel erfolgt und in der Saug- und Drucklinie der Diagramme durch regelwidriges Ventilspiel und Wassersäulenschwingungen keine Druckerhöhungen eintreten; daß der Druckverlust H_v im Ventil von der Druckhöhe vollkommen unabhängig ist, und daß daher der hydraulische und der indizierte Wirkungsgrad mit zunehmender Druckhöhe wächst.

Leider lassen sich aus den Versuchen von Krauss die von Berg gegebenen Werte für λ in der Gleichung $b_0 l \geqq \lambda Q_v \cdot n$ (vgl. S. 236) nicht nachprüfen, da Krauss die Schlaggrenze nicht ermitteln konnte.

Immerhin deuten wenigstens die Versuche mit dem dreiringigen ebensitzigen Ventil *I* von Krauss darauf hin, daß der von Berg für dreiringige Ventile mit ebener Sitzfläche bei Belastungen von $b_0 = 0{,}209$ und 0,368 gefundene Wert $\lambda = 0{,}71$ bei ähnlichen Belastungen zutreffend sein dürfte. Die folgende Zusammenstellung, die neben der Belastung b_0 den Wert λ (vom Verfasser errechnet) und Angaben über Pumpengang und Ventilschluß (nach Krauss) enthält, läßt dies erkennen.

$b_0 = 0{,}347$,	$\lambda = 1{,}8$,	Pumpengang sehr gut bis gut; Schluß des Saugventils schwach zu hören.
$b_0 = 0{,}347$,	$\lambda = \mathit{0{,}87}$,	Pumpengang gut; Schluß des Saugventils schwach zu hören.
$b_0 = 0{,}347$,	$\lambda = \mathbf{0{,}47}$,	Pumpengang mittelgut (für ruhigen Betrieb schon etwas zu laut); Schluß des Saugventils mit mittellautem Ton.
$b_0 = 0{,}347$,	$\lambda = 0{,}31$,	Pumpengang mittelgut bis mäßig; Schluß des Saugventils laut und hart.
$b_0 = 0{,}598$,	$\lambda = 1{,}67$,	Pumpengang gut; Schluß des Saugventils leise.
$b_0 = 0{,}598$,	$\lambda = 1{,}11$,	Pumpengang gut; Schluß des Saugventils mit wenig lautem Ton.
$b_0 = 0{,}598$,	$\lambda = 1{,}05$,	Pumpengang gut; Schluß des Saugventils gut hörbar.
$b_0 = 0{,}598$,	$\lambda = \mathit{0{,}74}$,	Pumpengang gut bis mittelgut; Schluß des Saugventils noch zulässig.
$b_0 = 0{,}598$,	$\lambda = \mathbf{0{,}50}$,	Pumpengang schlecht; Schluß des Saugventils zu laut für normal.

Die beiden ein- und zweiringigen ebensitzigen Ventile von Krauss Nr. *IV* und *V* können mit den Bergschen Ventilen schon wegen ihrer ganz anderen Konstruktion und viel geringeren Belastung b_0 nicht verglichen werden.

---

[1]) S. hierüber L. Nr. 57, S. 66 u. f.

Schrenk

zeigt durch seine Versuche über Strömungsarten, Ventilwiderstand und Ventilbelastung, Forschungsarbeiten, Heft 272, wie verschiedenartige Strömzustände beim einfachen Teller- und Kegelventil auftreten, und in welchem Maß Ventilwiderstand und Ventilbelastung abhängig sind einerseits von der Art dieser Strömungszustände, andererseits von der Formgebung und den Abmessungen von Ventil, Sitz und Gehäuse. Aus den Versuchen geht hervor, wie ein Teller- oder Kegelventil zur Erzielung eines möglichst geringen Ventilwiderstandes zweckmäßig auszuführen ist.

VI. Zusammenfassung.

Der tatsächliche Verlauf der Bewegung selbsttätiger Pumpenventile und die bei der Bewegung auftretenden besonderen Erscheinungen (Schwingungen usw.) sind ergründet und die Einrichtungen zur Aufzeichnung dieser Bewegung von Bach, Berg und insbesondere von Krauss weitgehend und ausreichend durchgebildet.

Gleichungen für die Bewegung des Ventils sind wohl aufgestellt; die allgemeinste und bekannteste stellt die Bewegung als verschobene Sinuslinie dar. Diese Gleichungen geben jedoch Linien, die von der tatsächlichen Bewegung mehr oder weniger weit abweichen, da sie verschiedene Einflüsse, wie z. B. den Einfluß der Masse des Ventils und der Reibung des Ventils an der Führung, den Einfluß der Geschwindigkeits- und Druckänderungen zwischen den Sitzflächen, sowie denjenigen der Geschwindigkeitsänderung der ausströmenden Wassersäule, ferner den Einfluß der Veränderlichkeit der Ausflußziffer und der Spaltgeschwindigkeit mit dem Ventilhub usw. unberücksichtigt lassen. Anfänge zur Aufstellung von Gleichungen, welche den einen oder anderen der genannten Einflüsse berücksichtigen, sind wohl gemacht. So zeigt z. B. Berg einen Weg, wie bei Benützung der bekannten Ventilbewegungsgleichung zwecks Aufzeichnung der Bewegungslinie die Veränderlichkeit von Ausflußziffer und Ventilbelastung (und damit der Spaltgeschwindigkeit) mit dem Ventilhub berücksichtigt werden kann. Sieglerschmidt gibt neue Gleichungen, welche die Veränderlichkeit dieser Größen beachtet. Schoene sucht die Veränderlichkeit des Drucks und der Geschwindigkeit zwischen den Sitzflächen, sowie der Geschwindigkeit der ausströmenden Wassersäule zu berücksichtigen. Dabei müssen aber alle, um überhaupt zu integrierbaren oder auswertbaren Gleichungen zu gelangen, andere Vernachlässigungen eintreten lassen, die wiederum den Wert der Gleichung vermindern.

Die Aufstellung einer brauchbaren, alle Einflüsse beachtenden Gleichung für die Ventilbewegung dürfte auch sehr schwer gelingen, weil verschiedene Größen, wie die der Reibung, der an der Bewegung teilnehmenden Wassermasse, eben nicht bestimmbar sind.

Die größte Hubhöhe kann genügend genau berechnet werden aus der S. 263 und 256 gegebenen Beziehung, wenn μ_P bekannt ist; dagegen sind die Hubhöhe im toten Punkt des Kolbens und die Ventilschlußgeschwindigkeit aus den S. 256 gegebenen Beziehungen nicht mit ausreichender Genauigkeit bestimmbar.

Die klassisch zu nennenden Gesetze Bachs über die Ventilbewegung, vgl. S. 43 u. f., werden von Tobell, Müller und Sieglerschmidt auf theoretischem Weg, von Klein und Berg auf dem Versuchsweg bestätigt. Letzterer spricht S. 395 seines wiederholt genannten Buches aus, „daß der von Bach bei der Untersuchung eines Tellerventils von 60 mm Durchmesser mit reiner Gewichtsbelastung aufgestellte Satz, daß an der Grenze des stoßfreien Ventilschlusses die wirksame Ventilbelastung dem zu fördernden Wasserquantum und der Umgangszahl proportional ist, allgemeine, auch für mehrfache Ringventile mit Federbelastung zutreffende Gültigkeit hat."

Von großer Bedeutung für die Ventilberechnung ist die von Berg zur Vermeidung eines Ventilschlags aufgestellte Beziehung $b_o \cdot l = \lambda \cdot Q_v \cdot n$, mit Angabe der Werte λ für die von ihm untersuchten Ventile, ferner die von Braun aus den Bachschen und den Bergschen Versuchen abgeleitete Beziehung $S = \text{konst}\,(P_0 - R) = 1000\,(P_0 - R)$, welche gestattet, die Schlaggrenze mit einiger Sicherheit für ähnliche Ventile vorauszubestimmen, sowie endlich die Kurventafeln von Krauss, welche die größte Abhängigkeit des Ventilhubs von Umdrehungszahl und Ventilbelastung usw. festlegen.

Die Größe der Berichtigungsziffer μ_P ist für jede Ventilbauart verschieden und muß streng genommen für jedes Ventil — zum mindestens für alle nicht gleichartigen Ventile — unter den gegebenen Verhältnissen besonders bestimmt werden. Für die untersuchten Ventile von Bach, Berg und Krauss können die Werte den beiliegenden Kurven- oder Zahlentafeln entnommen werden. Für Annäherungsrechnungen liefert die Lindnersche Gleichung $\mu_P = \frac{1}{\sqrt{1 + 5x}}$ (siehe S. 172 sowie S. 275 und 276) bei nicht zu kleinen Hüben brauchbare Näherungswerte für Teller-, sowie einfache und mehrfache Ringventile (nach Krauss sogar auch für Kegelringventile).

Ebenso sind die Widerstandsziffern ζ_H und ζ_P für jede Ventilbauart unter den gegebenen Verhältnissen besonders zu ermitteln. Für die bisher untersuchten Ventile können die Werte ebenfalls den beigeschlossenen Zahlen- und Kurventafeln entnommen werden. Für Werte des Verhältnisses x größer als 0,7 fallen sowohl die ζ_P-, als die ζ_H-Werte für die untersuchten Ventile von Bach, Berg und Krauss ziemlich nahe zusammen, so daß für Überschlagsrechnungen Näherungswerte nach S. 279 benützt werden können, die sich den Werten für die Bachschen ebensitzigen Tellerventile mit oberer Führung und ebener Unterfläche, sowie mit unterer Rippenführung stark nähern. Für kleinere Werte von x, d. h. für kleine Hübe und besonders in der Nähe des Ventilsitzes, macht sich der Einfluß der konstruktiven Ausführung des Ventils sowohl hinsichtlich der Widerstandsziffer als der Berichtigungsziffer μ_P geltend. Da in der Nähe des Ventilsitzes die Ventilbewegung sehr schwer genau zu bestimmen ist, lassen sich auch die Widerstandsziffer und die Berichtigungsziffer μ_P in der Nähe des Ventilsitzes sehr schwer bei dem in der Pumpe arbeitenden Ventil ermitteln. Ganz bedeutend erweitert werden die Erkenntnisse, betr. Strömungsart, Ventilwiderstand und Ventilbelastung, beim einfachen Teller- und Kegelventil durch die Versuche von Schrenk.

Zur Festlegung des Einflusses der Ventilbauart bei kleiner Hubhöhe wäre das Ventil in das Pumpengehäuse einzubauen; der Einfluß der Pumpe auszuschalten.

Die Bestimmung des Ventilüberdruckes, d. h. des zur Eröffnung des Ventiles erforderlichen Druckes, ist auch heute auf rechnerischem Weg mit Sicherheit noch nicht möglich, da in der von Bach gegebenen Beziehung

$$p_u - p_o = \frac{M\,k_v}{f_1} + \frac{P}{f_1} + \frac{f_s}{f}(p_o - p_s) \quad \text{(vgl. S. 55).}$$

die Größe von M, k_v und p_s unbekannt ist. Man hat aber die Möglichkeit mit der von Bach gegebenen Vorrichtung, s. S. 55 u. f., an der im Betrieb befindlichen Pumpe den Eröffnungswiderstand zu bestimmen.

Mit der Frage, ob bei der Eröffnung der Ventile ein Überdruck auftreten müsse, hat sich Tobell eingehend befaßt, vgl. S. 71 u. f. Er kommt zu dem Schluß, daß die Eröffnung der Ventile durch Druck oder Stoß erfolgen kann, und daß im ersten Fall ein Überdruck auftreten muß, während im zweiten ein solcher auftreten kann.

Zahlentafeln.

Zahlentafel 8.

Tellerventil mit oberer Führung und ebener Unterfläche nach Abb. 9.

P kg	H m	$f_x : f_1 = \frac{P}{H f_1 \gamma}$	$\sqrt{\frac{f_1}{f_x}}$	h m	$x = \frac{f_{spi}}{f_1}$	c_1 m/sk	$c_{spi} = \frac{1}{x} c_1$	$\sqrt{2gH}$	$\mu_H = \frac{c_{spi}}{\sqrt{2gH}}$	$\mu_P = \mu_H \sqrt{\frac{f_1}{f_x}}$	ζ_H	ζ_P
	0,089			0,0256	2,048	0,935	$0,456_5$	1,320	0,346		0,98	
1,045	0,389	1,368	0,855	0,0256	2,048	1,975	0,964	$2,744_5$	0,351	0,300	0,95	2,67
1,756	0,690	1,296	0,878	0,0253	2,024	2,543	1,256	3,679	0,340	0,299	1,08	2,71
0,509	0,190	1,338	0,864	0,0247	1,976	1,360	0,688	1,931	0,356	0,307	1,01	$2,69_5$
	0,087			0,0196	1,568	0,854	0,545	1,305	0,417		1,33	
0,494	0,190	1,324	0,869	0,0165	1,320	1,164	0,882	1,931	0,455	0,395	1,74	3,64
2,376	0,939	1,289	0,881	0,0165	1,320	2,584	1,957	4,292	0,456	0,402	1,75	3,55
1,006	0,392	1,307	0,875	0,0140	1,120	1,515	1,353	2,773	0,488	0,420	2,34	4,38
1,711	0,690	1,263	0,890	0,0126	1,008	1,850	1,835	3,679	0,499	0,444	2,96	5,01
	0,088			0,0126	1,008	0,666	0,661	1,314	0,503		2,88	
2,301	0,945	1,240	0,898	0,0101	0,808	1,881	2,328	4,306	0,541	0,476	4,24	6,51
	0,091			0,0078	0,624	0,483	0,774	1,336	0,579		6,64	
0,450	0,192	1,194	0,915	0,0056	0,448	0,528	1,179	1,940	0,608	0,556	12,51	16,14
1,604	0,694	1,177	0,921	0,0056	0,448	1,006	$2,245_5$	3,690	0,608	0,560	12,46	15,86
	0,091			0,0047	0,376	0,312	0,830	1,336	0,621		17,33	
2,091	0,948	1,123	0,944	0,0031	0,248	0,715	2,883	4,313	0,668	$0,630_5$	35,4	40,8
0,351	$0,195_5$	0,914	1,046	0,0009	0,072	$0,132_5$	18,375	1,958	0,938	0,981	218,2	200,3

Tellerventil mit oberer Führung und abnormal breiter ebener Sitzfläche nach Abb. 10.

P kg	H m	$f_x : f_1$	$\sqrt{\frac{f_1}{f_x}}$	h m	x	c_1 m/sk	c_{spi}	$\sqrt{2gH}$	μ_H	μ_P	ζ_H	ζ_P
0,719	0,196	$1,868_5$	0,327	0,0255	2,040	1,266	0,621	1,960	0,317	0,222	1,39	4,48
2,547	0,689	1,882	0,729	0,0255	2,040	2,365	1,160	3,677	0,316	0,220	1,41	4,55
0,677	0,196	1,759	0,715	0,0168	1,344	1,099	0,817	1,960	0,417	0,298	2,17	$5,60_5$
3,317	0,941	1,795	0,746	0,0165	1,320	2,379	1,710	4,297	0,398	0,297	2,25	$5,86_5$
2,282	0,689	1,687	0,770	0,0128	1,185	1,718	1,400	3,677	0,438	0,337	3,58	7,75
2,962	0,946	1,595	0,792	0,0102	0,816	1,787	2,190	4,308	0,509	0,403	4,79	$9,25_5$
0,608	0,198	1,564	0,800	0,0100	0,800	0,811	1,014	1,971	0,515	0,412	4,91	9,27
1,827	0,692	1,345	0,862	0,0055	0,440	0,957	2,175	3,685	0,590	$0,508_5$	13,83	19,96
0,493	0,198	1,268	0,889	0,0050	0,400	0,471	$1,177_5$	1,971	0,597	0,531	16,50	22,22

Tellerventil mit oberer Führung und konkaver Unterfläche nach Abb. 11.

P kg	H m	$f_x : f_1$	$\sqrt{\frac{f_1}{f_x}}$	h m	x	c_1 m/sk	c_{spi}	$\sqrt{2gH}$	μ_H	μ_P	ζ_H
	$0,008_5$			0,0117	0,936	0,656	0,700	1,314	0,533		3,03
1,005	0,394	1,299	0,877	0,0117	0,936	1,387	1,482	2,780	0,533	0,467	3,01
2,397	0,943	1,292	0,880	0,0117	0,936	2,136	2,282	4,300	0,531	0,467	3,05
	$0,089_5$			0,0079	0,632	0,496	0,785	1,325	0,593		6,15
2,272	0,947	1,222	$0,904_5$	0,0062	0,496	1,362	2,746	4,310	0,637	0,576	9,01
0,944	0,395	1,217	0,906	0,0055	0,440	0,785	1,784	2,784	0,641	0,581	11,57
	0,091			0,0045	0,360	0,317	0,881	1,336	0,659		16,76

Tellerventil mit oberer Führung und erhabener Unterfläche nach Abb. 12.

P kg	H m	$f_x : f_1$	$\sqrt{\frac{f_1}{f_x}}$	h m	x	c_1 m/sk	c_{spi}	$\sqrt{2gH}$	μ_H	μ_P	ζ_H
1,033	0,391	1,346	0,862	0,0258	2,064	1,947	0,943	2,770	0,340	0,293	1,01
2,371	0,940	1,285	0,882	0,0164	1,312	2,543	1,938	4,295	0,451	0,398	1,84
0,934	0,397	1,198	0,913	0,0063	0,504	0,853	1,692	2,790	0,607	0,554	9,69
2,201	0,947	1,184	0,919	0,0059	0,440	1,173	2,666	4,310	0,618	0,568	12,50

Kegelventil mit oberer Führung und ebener Unterfläche nach Abb. 13.

P kg	H m	$f_x : f_1 = \frac{P}{H f_1 \gamma}$	$\sqrt{\frac{f_1}{f_x}}$	h m	$x = \frac{f_{spi}}{f_1}$	c_1 m/sk	$c_{spi} = \frac{1}{x} c_1$	$\sqrt{2gH}$	$\mu_H = \frac{c_{spi}}{\sqrt{2gH}}$	$\mu_P = \mu_H \sqrt{\frac{f_1}{f_x}}$	ζ_H	ζ_P
	0,446			0,0296	2,368	2,579	1,089	2,958	0,369		0,29	
	0,190			0,0292	2,336	1,638	0,701	1,931	0,363		0,38	
	0,191			0,0200	2,000	1,438	0,719	1,936	0,371		0,81	
	0,448			0,0131	1,048	1,862	1,777	2,966	0,599		1,53	
	0,192			0,0100	0,800	1,075	1,344	1,940	0,693		2,25	
1,080	0,941	0,584	1,309	0,0076	0,430 (0,462)	2,108	4,902 (4,573)	4,297	1,141 (1,06)	$1{,}493_5$	3,15	2,43
0,480	0,450	0,543	1,357	0,0075	$0{,}424_5$ (0,456)	1,408	3,317 (3,09)	2,971	1,117 (1,04)	1,516	3,46	2,42
0,537	0,450	0,608	1,282	0,0069	0,390 (0,417)	1,298	3,324 (3,113)	2,978	1,116 (1,05)	1,431	4,23	$3{,}18_5$
1,330	0,346	0,716	1,181	0,0053	0,300 (0,316)	1,498	4,993 (4,74)	4,308	1,159 (1,10)	1,369	7,28	5,94
0,630	0,451	0,711	1,185	0,0052	0,294 (0,309)	1,001	3,405 (3,24)	2,975	1,144 (1,09)	1,355	7,81	$6{,}27_5$
	0,195			0,0047	0,266 (0,278)	0,532	2,000 (1,914)	1,956	1,022 (0,98)		12,53	
	0,196			0,0032	0,181 (0,188)	0,373	2,061 (1,995)	1,960	1,052 (1,02)		26,63	
	0,196			0,0031	$0{,}175_5$	0,359	2,046	1,960	1,044		28,82	
0,830	0,454	0,931	1,036	0,0019	$0{,}107_5$ ($0{,}109_5$)	0,298	2,772 (2,72)	$2{,}984_5$	0,929 (0,91)	0,962	99,43	93,51
1,730	0,950	0,927	1,038	0,0016	$0{,}090_5$ ($0{,}092_5$)	0,417	4,608 (4,508)	4,317	1,067 (1,05)	$1{,}107_5$	106,2	99,4

Für h bis 7,6 mm $x = \frac{2{,}83\,h}{d_1}$, Zahlen in Klammer nach Baumann mit $f_{spi} = \pi\left(d_1 + \frac{h}{2}\right)\frac{h}{\sqrt{2}}$.

Für h über 7,6 mm $x = \frac{4\,h}{d_1}$. Bach gibt für f_{spi} die Beziehung $f_{spi} = \pi\left(d_1 - \frac{h}{2}\right)\sqrt{\frac{1}{2}}\cdot h$.

Kegelventil mit oberer Führung und kegelförmiger Unterfläche nach Abb. 6.

P kg	H m	$f_x : f_1 = \frac{P}{H f_1 \gamma}$	$\sqrt{\frac{f_1}{f_x}}$	h m	$x = \frac{f_{spi}}{f_1}$	c_1 m/sk	$c_{spi} = \frac{1}{x} c_1$	$\sqrt{2gH}$	$\mu_H = \frac{c_{spi}}{\sqrt{2gH}}$	$\mu_P = \mu_H \sqrt{\frac{f_1}{f_x}}$	ζ_H
	0,190			0,043	2,434 (1,385)	1,795	$0{,}737_5$ (1,296)	1,931	0,382 (0,67)		0,15
0,471	0,436	0,550	1,348	0,043	2,434 (1,385)	2,707	1,112 (1,955)	$2{,}855_5$	0,389 (0,69)	0,524	0,16
	0,191			0,030	1,698 (1,187)	1,663	1,021 (1,401)	1,936	0,527 (0,72)		0,34
0,509	0,449	0,577	1,317	0,030	1,693 (1,187)	2,520	1,484 (2,123)	2,968	0,500 (0,72)	$0{,}658_5$	0,38
	0,193			0,020	1,132 (0,905)	1,366	1,207 (1,509)	1,946	0,620 (0,78)		1,02
0,526	0,448	0,599	1,292	0,0177	1,002 (0,822)	1,956	1,952 ($2{,}379_5$)	2,966	0,658 (0,80)	0,850	1,29
1,166	0,941	0,631	1,259	0,0128	$0{,}725_5$	2,189	3,03	4,297	0,705	$0{,}887_5$	2,84
	0,195			0,010	0,566 (0,509)	0,831	1,468 (1,633)	1,956	0,750 (0,84)		4,53
0,596	0,453	0,670	1,222	0,0097	0,594 (0,496)	1,226	2,064 (2,472)	2,981	0,693 (0,83)	0,847	4,90

P kg	H m	$f_x : f_1 = \frac{P}{H f_1 \gamma}$	$\sqrt{\frac{f_1}{f_x}}$	h m	$x = \frac{f_{sp_i}}{f_1}$	c_1 m/sk	$c_{sp_i} = \frac{1}{x} c_1$	$\sqrt{2gH}$	$\mu_H = \frac{c_{sp_i}}{\sqrt{2gH}}$	$\mu_P = \mu_H \sqrt{\frac{f_1}{f_x}}$	ζ_H	ζ_P
	0,196			0,005	0,283 (0,269)	0,502	1,774 (1,866)	1,960	0,905 (0,95)		14,30	
0,666	0,452	0,750	1,155	0,003	0,170 (0,165)	0,506	2,976 (3,066)	2,978	0,999 (1,03)	1,154	33,76	
0,366	0,195	0,956	1,023	0,0012	0,068 (0,067)	0,0967	1,422 (1,443)	1,956	0,727 (0,74)	0,744	408,6	
Ventil mit kugeliger Dichtungs- und Unterfläche nach Abb. 14.												
0,524	0,446	0,598	1,293	0,020	1,132	2,299	2,031	2,958	0,687	0,888	0,64	
0,534	0,449	$0,605_5$	1,285	0,0129	0,730	1,791	2,453	2,968	0,827	1,063	1,74	
0,544	0,452	0,613	1,277	0,0053	0,300	1,031	3,437	2,978	1,154	1,474	7,34	

$x = \frac{2,83\,h}{d_1}$. Zahlen in der Klammer nach Bach und Baumann.

f_{sp_i} beim Kegelventil $= \pi \left(d_1 - \frac{h}{2}\right) \frac{h}{\sqrt{2}}$; beim Kugelventil $= \pi\, d_1\, h \cos 45°$.

Tellerventil mit unterer Führung; Rippen mit Führungsleisten außen nach Abb. 4a.

P kg	H m	$f_x : f_1$	$\sqrt{\frac{f_1}{f_x}}$	h m	x	c_1 m/sk	c_{sp_i}	$\sqrt{2gH}$	μ_H	μ_P	ζ_H	ζ_P
	0,088			0,0254	1,990	0,900	0,452	1,314	0,344		1,12	
1,913	0,942	1,188	0,917	0,0254	1,990	3,005	1,510	4,300	0,351	0,315	1,04	2,43
	$0,888_5$			0,0195	1,528	0,784	0,513	1,314	0,390		1,81	
	$0,088_5$			0,0129	1,011	0,623	0,616	1,314	0,469		3,46	
2,088	0,943	1,295	0,879	0,0126	$0,987_5$	2,044	2,070	4,300	0,481	0,423	3,42	5,73
	0,091			0,0086	0,674	0,477	0,708	1,336	0,530		6,84	
2,143	0,947	1,323	0,869	0,0060	0,470	1,143	2,432	4,310	0,552	0,480	13,21	18,81
	0,091			0,0045	0,353	0,286	0,810	1,336	0,606		20,81	
					$x = 78,36\,h$							

Tellerventil mit unterer Führung; Rippen nehmen allmählich nach außen zu. Abb. 4b.

P kg	H m	$f_x : f_1$	$\sqrt{\frac{f_1}{f_x}}$	h m	x	c_1 m/sk	c_{sp_i}	$\sqrt{2gH}$	μ_H	μ_P	ζ_H	ζ_P
	$0,088_5$			0,0256	2,163	0,910	0,427	1,314	0,325		1,01	
1,747	0,943	1,177	0,922	0,0255	2,155	3,088	1,320	4,300	0,309	0,285	0,93	2,28
1,947	0,943	1,309	0,874	0,0191	1,614	2,639	1,635	4,300	0,380	0,329	1,65	3,13
	$0,089_5$			0,0126	1,057	0,625	0,591	1,325	0,446		3,49	
2,147	0,946	1,442	0,833	0,0094	0,794	$1,765_5$	2,224	4,308	0,516	0,430	4,94	8,59
	$0,090_5$			0,0083	0,701	0,480	0,685	1,332	0,504		6,73	
2,117	0,948	1,419	0,839	0,0045	0,380	1,085	2,855	4,313	0,664	0,557	14,79	22,41
	0,092			0,0042	0,355	0,294	0,828	1,343	0,616		19,90	
					$x = 84,5\,h$							

Federbelastetes Tellerventil nach Abb. 9, nach den Versuchen von Berg 1906.

h	x	μ_P	h	x	μ_P	h	x	μ_P	h	x	μ_P
0,000	0	0,650	0,0015	0,12	0,788	0,006	0,48	0,532	0,011	0,88	0,459
0,0001	0,008	0,710	0,002	0,16	0,732	0,0065	0,52	0,522	0,012	0,96	0,445
0,0002	0,016	0,780	0,0025	0,20	0,690	0,007	0,56	0,515	0,013	1,04	0,431
0,0003	0,024	0,845	0,003	0,24	0,650	0,0075	0,60	0,507	0,014	1,12	0,420
0,0004	0,032	0,890	0,0035	0,28	0,622	0,008	0,64	0,500	0,015	1,20	0,407
0,0005	0,040	0,911	0,004	0,32	0,599	0,0085	0,68	0,493	0,016	1,28	0,395
0,0006	0,048	0,913	0,0045	0,36	0,578	0,009	0,72	0,485	0,017	1,36	0,381
0,0008	0,064	0,902	0,005	0,40	0,560	0,0095	0,76	0,477	0,018	1,44	0,370
0,0010	0,080	0,870	0,0055	0,44	0,545	0,010	0,80	0,472			

Ringventil Klein 1905 mit kegelförmiger Sitzfläche; $d_m = 0{,}166$, $b_r = 0{,}022$, $b_1 = 0{,}016$.

h	x	μ_H	h	x	μ_H	h	x	μ_H	h	x	μ_H
0,00027	0,0236	0,196	0,00315	0,2756	0,807	0,00515	0,4506	0,856	0,00715	0,90	0,762
0,00115	0,1006	0,665	0,00327	0,2861	0,809	0,00540	0,4725	0,866	0,00815	1,02	0,713
0,00127	0,1111	0,734	0,00415	0,3631	0,831	0,00490	0,4288	0,760	Für h bis 5 mm $x = \frac{1{,}4h}{b_1}$		
0,00215	0,1881	0,788	0,00427	0,3736	0,827	0,00515	0,644	0,764			
0,00227	0,1986	0,805	0,00490	0,4288	0,848	0,00615	0,77	0,766	Für h über 5 mm $x = \frac{2h}{b_1}$		

Ringventil Klein 1907 mit kegelförmiger Sitzfläche (Gewichtsbelastung); $d_m = 0{,}166$, $b_r = 0{,}022$, $b_1 = 0{,}016$.

h	x	μ_H	h	x	μ_H	h	x	μ_H	h	x	μ_H
0,00002	0,00175	0,07	0,00040	0,035	0,71	0,00092	0,0805	0,81	0,00225	0,197	0,86
0,00004	0,0035	0,13	0,00046	$0{,}0372_5$	0,73	0,00102	0,0892	0,82	0,00278	0,243	0,86
0,00011	0,0096	0,52	0,00055	0,0481	0,75	0,0012	0,105	0,85	0,00278	0,243	0,85
0,00020	0,0175	0,61	0,00057	0,0499	0,76	0,00137	0,120	0,87	0,00331	0,290	0,84
0,00022	$0{,}0192_5$	0,65	0,00064	0,056	0,77	0,00164	$0{,}143_5$	0,86	0,00386	0,338	0,83
0,00028	0,0245	0,70	0,00072	0,063	0,77	0,0019	0,166	0,87	0,00439	0,384	0,83
0,00037	0,0324	0,71	0,00075	0,0656	0,78						

$x = \frac{1{,}4\,h}{b_1}$

Ringventil Klein 1907 mit kegelförmiger Sitzfläche (Gewichtsbelastung); $d_m = 0{,}166$, $b_r = 0{,}022$, $b_1 = 0{,}016$.

h	x	$\mu\sqrt{\varkappa} = \mu_P$	h	x	$\mu\sqrt{\varkappa} = \mu_P$	h	x	$\mu\sqrt{\varkappa} = \mu_P$	h	x	$\mu\sqrt{\varkappa} = \mu_P$
0,006	0,525	1,12	0,0051	0,446	1,03	0,0046	0,4025	1,00	0,0045	0,394	1,00
0,0055	0,48	1,06	0,0047	0,411	1,01	0,0043	0,376	0,99	0,0041	0,359	0,99
0,0051	0,446	1,03	0,0043	0,376	0,99	0,0039	0,341	0,97	0,0037	0,324	0,97
0,0045	0,394	1,00	0,0038	0,3325	0,97	0,0035	0,306	0,97	0,0033	0,289	0,96

Ringventil Klein 1908 mit kegelförmiger Sitzfläche (Federbelastung); $d_m = 0{,}166$, $b_r = 0{,}022$, $b_1 = 0{,}016$.

h	x	μ	$\varkappa$	$\sqrt{\varkappa}$	$\mu\sqrt{\varkappa} = \mu_P$	h	x	μ	$\varkappa$	$\sqrt{\varkappa}$	$\mu\sqrt{\varkappa} = \mu_P$
0,0051	0,446	0,86	1,61	1,269	1,09	0,0026	0,2275	0,85	1,24	1,113	0,95
0,0042	0,3675	0,89	1,42	1,20	1,07	0,0023	0,20	0,88	1,22	1,105	0,97
0,0034	0,2975	0,87	1,35	1,158	1,01						

$x = \frac{1{,}4\,h}{b_1}$

Ringventil Klein 1908 mit kegelförmiger Sitzfläche (Federbelastung); $d_m = 0{,}158$, $b_r = 0{,}030$, $b_1 = 0{,}024$.

h	x	μ	$\varkappa$	$\sqrt{\varkappa}$	$\mu\sqrt{\varkappa} = \mu_P$	h	x	μ	$\varkappa$	$\sqrt{\varkappa}$	$\mu\sqrt{\varkappa} = \mu_P$
0,005	0,292	0,90	1,15	1,072	0,965	0,0024	0,14	0,88	1,18	1,087	0,96
0,0049	0,286	0,91	1,17	1,082	0,985	0,002	0,117	0,90	1,17	1,082	0,97
0,0042	0,245	0,93	1,16	1,077	1,00	0,0017	0,099	0,92	1,16	1,077	0,99
0,004	0,233	0,91	1,16	1,077	0,98	0,001	0,058	0,86	1,15	1,072	0,92
0,0033	0,1925	0,91	1,16	1,077	0,98	0,001	0,058	0,85	1,16	1,077	0,915
0,003	0,175	0,91	1,17	1,082	0,985	0,0005	0,029	0,78	1,11	1,054	0,82
0,003	0,175	0,90	1,16	1,077	0,97						

$x = \frac{1{,}4\,h}{b_1}$

Ringventil Klein 1908 mit ebener Sitzfläche (Federbelastung);

$d_m = 0{,}158$, $b_r = 0{,}030$, $b_1 = 0{,}024$.

h	x	μ	$\varkappa$	$\sqrt{0{,}8\,\varkappa}$	$\mu\sqrt{0{,}8\,\varkappa} = \mu_P$	h	x	μ	$\varkappa$	$\sqrt{0{,}8\,\varkappa}$	$\mu\sqrt{0{,}8\,\varkappa} = \mu_P$
0,0048	0,36	0,64	1,28	1,012	0,648	0,0024	0,18	0,77	1,34	1,035	0,797
0,0041	0,3075	0,67	1,28	1,012	0,678	0,0017	0,1275	0,89	1,36	1,043	0,928
0,0032	0,24	0,71	1,30	1,02	0,724	0,0014	0,105	0,86	1,37	1,047	0,900
								$x = \frac{2\,h}{b_1}$			

Zahlentafel 11.

Tellerventil *I*

$d = 80$ mm; $f = 0{,}00477$ qm; $l = 0{,}251$ m; $G_w = 0{,}435$ kg.

Schwache Ventilbelastung: $\mathfrak{F}_0 = 0{,}595$ kg; $\mathfrak{F}_{15} = 1{,}148$ kg; $b_0 = 0{,}216$; $b_{15} = 0{,}332$ m WS.														
	$F = 0{,}00866$ qm; $s = 0{,}050$ m								$F = 0{,}00866$ qm; $s = 0{,}090$ m					
n	60	90	110	126	**144**	163	174	182	63	72	89	101	**109**	123
$Q_v \cdot n$	26	58	87	116	**148**	191	217	238	51	67	102	132	**154**	197
Q_v	0,43	0,64	0,79	0,90	**1,03**	1,17	1,25	1,31	0,81	0,93	1,15	1,31	**1,41**	1,60
h_{max}	2,8	5,0	6,2	7,1	**9,0**	11,0	11,7	12,5	7,0	8,0	10,5	12,0	**13,7**	16,0
b_{max}	0,237$_5$	0,255	0,264	0,271	0,285$_5$	0,301	0,306$_5$	0,312$_5$	0,270	0,278	0,297	0,309$_5$	0,322	0,340
$x = \frac{4\,h_{max}}{d_1}$	0,15	0,27	0,335	0,38	0,486	0,595	0,63	0,675	0,378	0,432	0,567	0,649	0,740	0,865
μ_P	0,89 (0,85)	0,716 (0,68)	0,79 (0,66)	0,69 (0,66)	0,605 (0,58)	0,548 (0,52)	0,545 (0,52)	0,53 (0,50)	0,63 (0,60)	0,62 (0,59)	0,57 (0,545)	0,555 (0,53)	0,513 (0,49)	0,485 (0,46)
ζ_P	44,3	21,15	14,45	11,45	9,25	7,6	6,8	5,85	13,75	11,15	7,65	6,3	5,6	3,9

Schlaggrenze $Q_v \cdot n \sim 145$.

Starke Ventilbelastung: $\mathfrak{F}_0 = 1{,}597$; $\mathfrak{F}_{15} = 2{,}420$ kg; $b_0 = 0{,}426$; $b_{15} = 0{,}598$ m WS.													
	$F = 0{,}00866$ qm; $s = 0{,}050$ m							$F = 0{,}00866$ qm; $s = 0{,}090$ m					
n	60	103	140	160	176	187	**200**	62	91	112	120	**142**	154
$Q_v \cdot n$	26	76	140	184	223	250	**288**	50	107	162	187	**261**	308
Q_v	0,43	0,74	1,00	1,15	1,27	1,34	**1,44**	0,80	1,18	1,45	1,56	**1,84**	2,00
h_{max}	1,9	4,2	6,8	7,8	9,3	9,8	**10,8**	4,9	7,8	10,0	11,0	**13,5**	15,0
b_{max}	0,448	0,474	0,504	0,515	0,533	0,538	0,550	0,482	0,515	0,541	0,552	0,581	0,598
$x = \frac{4\,h}{d_1}$	0,103	0,227	0,367$_5$	0,421$_5$	0,503	0,53	0,584	0,265	0,422	0,540$_5$	0,595	0,73	0,81
μ_P	0,96 (0,915)	0,72 (0,685)	0,585 (0,555)	0,58 (0,55)	0,53 (0,50)	0,526 (0,50)	0,51 (0,485)	0,665 (0,635)	0,595 (0,565)	0,556 (0,53)	0,54 (0,515)	0,52 (0,495)	0,49 (0,465)
ζ_P	83,55	30,0	17,25	13,5	11,55	10,35	9,25	26,0	12,9	8,95	7,95	6,0	5,25

Schlaggrenze $Q_v \cdot n \sim 285$.

Teller-Ventil *II*

$d = 100$ mm; $f = 0{,}0076$ qm; $l = 0{,}314$ m; $G_w = 0{,}564$ kg.

Schwache Ventilbelastung: $\mathfrak{F}_0 = 1{,}330$; $\mathfrak{F}_{15} = 2{,}273$ kg; $b_0 = 0{,}249$; $b_{15} = 0{,}374$ m WS.

	$F = 0{,}00866$ qm; $s = 0{,}090$ m							$F = 0{,}00866$ qm; $s = 0{,}150$ m					
n	60	90	112	**121**	133	146	154	62	72	80	**92**	101	108
$Q_v \cdot n$	47	105	162	**190**	229	277	308	83	112	138	**182**	220	252
Q_v	0,78	1,17	1,45	**1,57**	1,72	1,90	2,00	1,34	1,55	1,72	**1,98**	2,18	2,33
h_{max}	5,0	8,0	10,2	**11,1**	12,3	14,0	15,0	9,0	10,5	12,0	**14,0**	15,4	18,0
b_{max}	0,291	0,316	0,334	0,341$_5$	0,515$_5$	0,366	0,374	0,324	0,336$_5$	0,349	0,366	0,377	0,399
$x = \frac{4\,h_{max}}{d_1}$	0,21	0,34	0,435	0,47	0,52	0,595	0,64	0,38	0,447	0,51	0,595	0,655	0,766
μ_P	0,655 (0,61)	0,59 (0,55)	0,555 (0,515)	0,547 (0,51)	0,53 (0,495)	0,51 (0,475)	0,49 (0,455)	0,59 (0,55)	0,575 (0,535)	0,55 (0,51)	0,53 (0,495)	0,52 (0,485)	0,46 (0,43)
ζ_P	42,1	20,3	13,85	12,15	10,35	8,95	8,2	16,1	12,15	10,2	8,1	6,95	6,3

Schlaggrenze $Q_v \cdot n \sim 185$.

Starke Ventilbelastung: $\mathfrak{F}_0 = 2{,}606$; $\mathfrak{F}_{15} = 4{,}224$ kg; $b_0 = 0{,}417$; $b_{15} = 0{,}630$ m WS.

	$F = 0{,}00866$ qm; $s = 0{,}090$ m							$F = 0{,}00866$ qm; $s = 0{,}150$ m					
n	59	92	112	130	140	**150**	176	62	92	100	109	**122**	126
$Q_v \cdot n$	45	109	162	220	255	**292**	401	82	182	216	256	**320**	343
Q_v	0,76	1,19	1,45	1,69	1,82	**1,95**	2,28	1,33	1,98	2,16	2,35	**2,63**	2,72
h_{max}	4,1	6,2	7,8	9,2	10,5	**11,7**	13,7	7,1	10,8	12,0	13,0	**15,2**	16,0
b_{max}	0,475	0,505	0,528	0,548	0,566	0,583	0,611$_5$	0,518	0,570	0,587	0,602	0,632	0,644
$x = \frac{4\,h}{d_1}$	0,175	0,264	0,332	0,39	0,447	0,50	0,583	0,305	0,46	0,51	0,55	0,65	0,68
μ_P	0,61 (0,565)	0,609 (0,565)	0,577 (0,535)	0,56 (0,52)	0,52 (0,485)	0,49 (0,455)	0,48 (0,45)	0,59 (0,55)	0,55 (0,51)	0,53 (0,495)	0,526 (0,49)	0,49 (0,455)	0,48 (0,445)
ζ_P	71,05	31,05	21,9	16,9	15,0	13,5	10,3	25,75	12,6	11,0	9,5	7,95	7,6

Schlaggrenze $Q_v \cdot n \sim 310$.

Einfaches Ringventil *III*

$d_m = 75$ mm; $b_r = 24$ mm; $b_1 = 18$ mm; $f = 0{,}00565$ qm; $l = 0{,}471$ m; $G_w = 0{,}660$ kg

Schwache Ventilbelastung: $\mathfrak{F}_0 = 0{,}715$; $\mathfrak{F}_{15} = 1{,}409$ kg; $b_0 = 0{,}244$; $b_{15} = 0{,}366$ m WS.

	$F = 0{,}00866$ qm; $s = 0{,}090$ m							$F = 0{,}00866$ qm; $s = 0{,}150$ m					
n	61	91	112	120	130	**144**	150	62	73	82	93	103	110
$Q_v \cdot n$	48	107	162	187	221	**269**	292	84	115	144	186	229	**261**
Q_v	0,79	1,18	1,45	1,56	1,70	**1,87**	1,95	1,34	1,57	1,76	2,00	2,22	**2,37**
h_{max}	3,2	5,8	7,8	8,9	10,0	**11,1**	12,5	6,3	8,0	10,0	12,8	14,8	**17,4**
b_{max}	0,270	0,291	0,307	0,316	0,325	0,334	0,346	0,295	0,309	0,325	0,348	0,364	0,385
$x = \frac{2\,h}{b_1}$	0,355	0,645	0,867	0,99	1,11	1,23	1,39	0,70	0,89	1,11	1,32	1,64	1,93
μ_P	(0,62) 0,716	(0,495) 0,57	(0,44) 0,505	(0,41) 0,47	(0,40) 0,45	(0,385) 0,44	(0,35) 0,40	(0,51) 0,59	(0,46) 0,53	(0,405) 0,465	(0,35) 0,40	(0,325) 0,375	(0,29) 0,33
ζ_P	20,5	9,9	6,9	6,2	5,4	4,55	4,35	7,8	5,9	4,9	4,1	3,4	3,25

Schlaggrenze $Q_v \cdot n \sim 270$.

Starke Ventilbelastung: $\mathfrak{F}_0 = 1{,}719$; $\mathfrak{F}_{15} = 2{,}910$ kg; $b_0 = 0{,}421$; $b_{15} = 0{,}632$ m WS.														
	$F = 0{,}00866$ qm; $s = 0{,}090$ m							$F = 0{,}00866$ qm; $s = 0{,}150$ m						
n	61	92	135	150	173	183	**195**	60	90	110	132	139	**149**	160
$Q_v \cdot n$	48	109	236	292	389	439	**493**	78	175	261	376	417	**478**	552
Q_v	0,79	1,19	1,75	1,95	2,25	2,40	**2,53**	1,30	1,94	2,37	2,85	3,00	**3,21**	3,45
h_{max}	1,8	3,8	6,2	7,2	9,0	10,2	**11,0**	4,2	7,2	1,00	13,6	15,0	**16,8**	18,3
$x = \frac{2h}{b_1}$	0,20	0,42	0,69	0,80	1,0	1,133	1,22	0,467	0,80	1,11	1,51	1,67	1,87	2,03
b_{max}	0,446	$0{,}474_5$	0,508	0,522	0,547	0,565	0,576	0,48	0,522	0,562	0,612	0,632	0,657	0,678
μ_P	(0,86)	(0,595)	(0,515)	(0,49)	(0,445)	(0,41)	(0,395)	(0,58)	(0,485)	(0,415)	(0,35)	(0,33)	(0,31)	(0,30)
	0,99	0,685	0,595	0,565	0,51	0,47	0,456	0,67	0,56	0,476	0,403	0,38	0,355	0,345
ζ_P	33,85	15,8	7,85	6,5	5,15	4,75	4,25	13,25	6,55	4,7	3,55	3,3	3,0	2,65

Schlaggrenze $Q_v \cdot n \sim 470$.

Einfaches Ringventil *IV*

$d_m = 120$ mm; $b_r = 24$ mm; $b_1 = 18$ mm; $f = 0{,}009$ qm; $l = 0{,}754$ m; $G_w = 0{,}960$ kg.

Schwache Ventilbelastung: $\mathfrak{F}_0 = 0{,}740$; $\mathfrak{F}_{15} = 1{,}780$ kg; $b_0 = 0{,}189$; $b_{15} = 0{,}304$ m WS.													
	$F = 0{,}00866$ qm; $s = 0{,}125$ m							$F = 0{,}00866$ qm; $s = 0{,}190$ m					
n	90	107	120	134	**144**	155	167	81	94	105	**118**	126	128
$Q_v \cdot n$	146	205	259	323	**373**	432	501	179	241	301	**381**	425	448
Q_v	1,62	1,92	2,16	2,41	**2,59**	2,79	3,00	2,21	2,56	2,87	**3,23**	3,45	3,50
h_{max}	4,8	6,0	7,0	8,1	**9,3**	10,2	11,3	7,2	9,2	11,0	**13,2**	13,9	15,0
b_{max}	0,226	0,235	0,243	0,249	0,260	0,267	$0{,}275_5$	0,244	$0{,}259_5$	0,273	0,290	$0{,}295_5$	0,304
$x = \frac{2h}{b_1}$	0,51	0,67	0,78	0,90	1,03	1,13	$1{,}25_5$	0,80	1,02	1,22	1,47	1,54	1,67
μ_P	(0,58)	(0,54)	(0,515)	(0,50)	(0,445)	(0,425)	(0,415)	(0,51)	(0,445)	(0,41)	(0,375)	(0,375)	(0,35)
	0,67	0,62	0,59	0,57	0,51	0,49	0,475	0,585	0,51	0,47	0,43	0,43	0,40
ζ_P	10,4	7,85	6,3	5,15	4,8	4,1	3,65	6,0	4,75	4,0	3,45	3,0	3,0

Schlaggrenze $Q_v \cdot n \sim 370$.

Starke Ventilbelastung: $\mathfrak{F}_0 = 3{,}072$; $\mathfrak{F}_{15} = 5{,}286$ kg; $b_0 = 0{,}448$; $b_{15} = 0{,}694$ m WS.												
	$F = 0{,}00866$ qm; $s = 0{,}190$ m						$F = 0{,}00866$ qm; $s = 0{,}250$ m					
n	91	120	140	160	**176**	178	93	113	131	144	**150**	163
$Q_v \cdot n$	227	394	536	601	**848**	867	310	461	620	749	**811**	889
Q_v	2,49	3,28	3,83	4,38	**4,82**	4,87	3,33	4,08	4,73	5,20	**5,41**	5,66
h_{max}	4,8	7,3	8,9	11,2	**13,6**	14,3	7,0	9,2	12,0	15,3	**17,7**	18,1
b_{max}	0,527	0,568	0,594	0,632	0,671	$0{,}682_5$	0,563	0,599	0,645	0,699	0,738	0,745
$x = \frac{2h}{b_1}$	0,51	0,81	0,99	1,244	1,51	1,59	0,78	1,02	1,33	1,70	1,97	2,01
μ_P	(0,58)	(0,485)	(0,455)	(0,40)	(0,355)	(0,341)	(0,52)	(0,42)	(0,40)	(0,33)	(0,29)	(0,295)
	0,67	0,56	0,525	0,46	0,41	0,39	0,60	0,54	0,46	0,38	0,335	0,34
ζ_P	10,25	6,305	4,9	4,0	3,5	3,2	7,65	4,35	3,20	3,1	3,0	2,65

Schlaggrenze $Q_v \cdot n \sim 850$.

Zweifaches Ringventil V

$d_{m_1} = 0{,}075$ m; $d_{m_2} = 0{,}163$ m; $f = 0{,}0179$ qm; $b_r = 0{,}024$ m; $l = 1{,}495$ m; $G_w = 2{,}530$ kg.

Schwache Ventilbelastung: $\mathfrak{F}_0 = 0{,}815$; $\mathfrak{F}_{15} = 1{,}855$ kg; $b_0 = 0{,}187$; $b_{15} = 0{,}245$ m WS.												
	$F = 0{,}0177$ qm; $s = 0{,}125$ m						$F = 0{,}0177$ qm; $s = 0{,}190$ m					
n	85	102	116	**129**	134	140	57	83	91	95	**98**	105
$Q_v \cdot n$	265	382	493	**609**	659	720	184	384	462	504	**536**	615
Q_v	3,12	3,74	4,25	**4,73**	4,91	5,14	3,22	4,64	5,08	5,30	**5,47**	5,86
$h_{\max}$	5,0	6,6	8,2	**10,0**	10,3	11,6	5,5	9,0	11,0	11,5	**12,0**	14,0
$b_{\max}$	0,206	0,212$_5$	0,219	0,226	0,227	0,232	0,208	0,222	0,229$_5$	0,231$_5$	0,233$_5$	0,241
$x = \frac{2h}{b_1}$	0,555	0,73	0,91	1,11	1,144	1,29	0,61	1,0	1,22	1,28	1,33	1,555
μ_P	(0,565) 0,65	(0,505) 0,58	(0,455) 0,525	(0,415) 0,475	(0,415) 0,475	(0,38) 0,437	(0,53) 0,61	(0,45) 0,52	(0,40) 0,46	(0,395) 0,455	(0,39) 0,45	(0,35) 0,404
ζ_P	10,05	7,2	5,75	4,8	4,45	4,15	9,7	4,85	4,2	3,9	3,7	3,45

Schlaggrenze $Q_v \cdot n \backsim 560$.

Schwache Ventilbelastung: $\mathfrak{F}_0 = 0{,}815$; $\mathfrak{F}_{15} = 1{,}855$ kg; $b_0 = 0{,}187$; $b_{15} = 0{,}245$ m WS.												
	$\mathfrak{F} = 0{,}00866$ qm; $s = 0{,}125$ m						$\mathfrak{F} = 0{,}00866$ qm; $s = 0{,}190$ m					
n	92	121	142	162	**177**	192	82	102	122	132	**142**	156
$Q_v \cdot n$	152	262	359	471	**563**	664	184	284	407	476	**556**	666
Q_v	1,66	2,17	2,53	2,91	**3,18**	3,46	2,24	2,79	3,34	3,61	**3,92**	4,27
$h_{\max}$	2,4	3,3	4,2	5,0	**5,7**	6,2	3,6	4,6	5,7	6,4	**7,3**	7,8
$b_{\max}$	0,196	0,200	0,203	0,206	0,209	0,211	0,201	0,205	0,209	0,212	0,215	0,217
$x = \frac{2h}{b_1}$	0,155	0,367	0,467	0,555$_5$	0,633	0,689	0,40	0,51	0,63	0,71	0,81	0,87
μ_P	(0,645) 0,74	(0,61) 0,70	(0,55) 0,634	(0,53) 0,608	(0,505) 0,58	(0,50) 0,577	(0,57) 0,655	(0,54) 0,62	(0,53) 0,61	(0,505) 0,58	(0,48) 0,55	(0,485) 0,557
ζ_P	32,8	20,2	14,9	11,6	9,8	8,4	19,0	12,55	8,95	7,75	6,8	5,95

Schlaggrenze $Q_v \cdot n \backsim 560$.

Starke Ventilbelastung: $\mathfrak{F}_0 = 4{,}192$; $\mathfrak{F}_{15} = 8{,}682$ kg; $b_0 = 0{,}376$; $b_{15} = 0{,}627$ m WS.												
	$F = 0{,}0177$ qm; $s = 0{,}150$ m						$F = 0{,}0177$ qm; $s = 0{,}250$ m					
n	81	99	122	153	**164**	174	58	80	101	112	**123**	131
$Q_v \cdot n$	289	432	655	1029	**1184**	1333	247	471	751	924	**1114**	1263
Q_v	3,57	4,35	5,37	6,74	**7,22**	7,66	4,27	5,88	7,44	8,24	**9,06**	9,64
$h_{\max}$	4,0	5,1	7,0	9,7	**11,0**	12,1	4,9	7,8	11,1	13,6	**15,2**	17,0
$b_{\max}$	0,443	0,461	0,493	0,538	0,560	0,578$_5$	0,458	0,506$_5$	0,562	0,604	0,630	0,660$_5$
$x = \frac{2h}{b_1}$	0,444	0,567	0,778	1,078	1,222	1,344	0,544	0,866$_5$	1,233	1,511	1,689	1,89
u_P	(0,555) 0,64	(0,52) 0,60	(0,45) 0,52	(0,39) 0,45	(0,365) 0,42	(0,34) 0,39	(0,53) 0,61	(0,435) 0,50	(0,37) 0,425	(0,32) 0,37	(0,31) 0,355	(0,285) 0,33
ζ_P	16,5	11,5	8,1	5,65	4,85	4,65	12,0	7,0	4,8	4,25	3,65	3,4

Schlaggrenze $Q_v \cdot n \backsim 1100$.

Dreifaches Ringventil *VI*

$d_{m_1} = 0{,}065$ m; $d_{m_2} = 0{,}119$ m; $d_{m_3} = 0{,}173$ m;
$f = 0{,}0168$ qm; $b_r = 0{,}015$ m; $l = 2{,}242$ m; $G_w = 2{,}680$ kg;

Schwache Ventilbelastung: $\mathfrak{F}_0 = 0{,}830$; $\mathfrak{F}_{15} = 1{,}870$ kg; $b_0 = 0{,}209$; $b_{15} = 0{,}271$ m WS.

	$F = 0{,}0177$ qm; $s = 0{,}125$ m						$F = 0{,}0177$ qm; $s = 0{,}190$ m					
n	79	101	120	130	**141**	150	62	80	90	102	**106**	110
$Q_v \cdot n$	228	374	528	620	**730**	826	214	357	453	582	**627**	675
Q_v	2,90	3,70	4,40	4,77	**5,17**	5,50	3,46	4,48	5,04	5,69	**5,91**	6,14
h_{max}	3,0	5,0	7,2	8,8	**10,1**	11,7	4,4	7,3	9,8	13,5	**13,8**	15,5
b_{max}	0,221	0,230	0,239	$0{,}245_5$	0,251	0,258	0,227	0,239	$0{,}249_5$	0,265	0,266	0,273
$x = \frac{2h}{b_1}$	0,67	1,11	1,6	$1{,}95_5$	$2{,}24_5$	2,60	0,98	1,62	2,18	3,0	3,07	3,44
μ_P	(0,50)	(0,38)	(0,305)	(0,265)	(0,25)	(0,225)	(0,40)	(0,31)	(0,25)	(0,205)	(0,21)	(0,19)
	0,65	0,49	0,395	0,345	0,325	0,29	0,52	0,40	0,325	0,265	0,27	0,24
ζ_P	8,8	5,6	4,15	3,6	3,15	2,85	6,35	4,0	3,3	2,75	2,55	2,4

Schlaggrenze $Q_v \cdot n \backsim 650$.

Schwache Ventilbelastung: $\mathfrak{F}_0 = 0{,}830$ kg; $\mathfrak{F}_{15} = 1{,}870$ kg; $b_0 = 0{,}209$; $b_{15} = 0{,}271$ m WS.

	$F = 0{,}00866$ qm; $s = 0{,}190$ m						$F = 0{,}00866$ qm; $s = 0{,}300$ m					
n	101	121	141	**165**	172	177	89	102	114	**123**	126	133
$Q_v \cdot n$	279	400	544	**746**	810	858	343	450	563	**654**	687	766
Q_v	2,76	3,31	3,86	**4,52**	4,71	4,85	3,85	4,41	4,94	**5,32**	5,45	5,76
h_{max}	2,8	3,8	5,2	**7,2**	7,9	8,4	5,1	7,0	8,6	**10,5**	11,3	13,0
b_{max}	0,221	0,225	$0{,}230_5$	0,239	0,242	0,244	0,230	0,238	$0{,}244_5$	$0{,}252_5$	0,256	0,263
$n = \frac{2h}{b_1}$	0,62	$0{,}84_5$	$1{,}15_5$	1,60	$1{,}75_5$	1,87	1,13	$1{,}55_5$	1,91	2,33	2,51	2,89
μ_P	(0,51)	(0,445)	(0,375)	(0,31)	(0,29)	(0,285)	(0,385)	(0,315)	(0,285)	(0,245)	(0,23)	(0,21)
	$0{,}66_5$	0,58	0,49	0,405	0,38	0,37	0,50	0,41	0,37	0,32	0,30	0,27
ζ_P	9,7	6,9	5,2	3,95	3,65	3,5	4,85	3,8	3,15	2,8	2,7	2,5

Schlaggrenze $Q_v \cdot n \backsim 650$.

Starke Ventilbelastung: $\mathfrak{F}_0 = 3{,}517$; $\mathfrak{F}_{15} = 8{,}007$ kg; $b_0 = 0{,}368$; $b_{15} = 0{,}635$ m WS.

	$F = 0{,}0177$ qm; $s = 0{,}150$ m						$F = 0{,}0177$ qm; $s = 0{,}250$ m			
n	122	145	154	164	**169**	80	102	111	**123**	128
$Q_v \cdot n$	655	926	1044	1184	**1259**	471	765	905	**1114**	1207
Q_v	5,37	6,39	6,79	7,22	**7,44**	5,88	7,50	8,16	**9,06**	9,41
h_{max}	5,8	8,0	9,0	10,5	**11,2**	7,0	11,6	14,0	**17,8**	19,7
b_{max}	0,471	$0{,}511_5$	0,528	0,555	$0{,}567_5$	$0{,}492_5$	$0{,}574_5$	0,617	0,685	0,719
$x = \frac{2h}{b_1}$	1,29	1,78	2,0	2,33	2,49	1,555	2,58	3,11	3,955	4,38
μ_P	(0,33)	(0,27)	(0,255)	(0,245)	(0,215)	(0,29)	(0,21)	(0,18)	(0,15)	(0,14)
	0,43	0,35	0,33	0,32	0,28	0,38	0,27	0,235	0,195	0,18
ζ_P	5,45	4,2	3,85	3,55	3,4	4,8	3,4	3,1	2,8	2,7

Schlaggrenze $Q_v \cdot n \backsim 1170$.

Klammerwerte in der Spalte für (μ_P) ergeben sich:
für Tellerventil *I* durch Division des Wertes μ_P durch 1,05,
„ „ *II* „ „ „ „ μ_P „ 1,075,
„ Ringventil *III* u. *IV* „ „ „ „ μ_P „ 1,15,
„ „ *V* „ „ „ „ μ_P „ 1,15,
„ „ *VI* „ „ „ „ μ_P „ 1,3.

VII. Bezeichnung der Buchstaben in den Gleichungen.

d_1 = Durchmesser der Ventilsitzöffnung beim Tellerventil,
f_1 = Querschnitt der Ventilsitzöffnung beim Tellerventil,
d = Durchmesser des Ventiltellers beim Tellerventil,
f = Querschnitt des Ventiltellers beim Tellerventil,
d_m = mittlerer Durchmesser eines Ventilringes beim Ringventil,
b_1 = Breite der ringförmigen Sitzöffnung beim Ringventil,
f_1 = Querschnitt der ringförmigen Sitzöffnung beim Ringventil.
b_r = Breite des Ringes beim Ringventil,
f_r = Querschnitt des Ringes beim Ringventil,
f_s = Querschnitt der Sitzfläche des Ventiltellers bzw. Ventilringes,
b_s = radiale Breite der Dichtungsfläche,
p_u = Flüssigkeitspressung unmittelbar unter dem Ventil,
p_o = Flüssigkeitspressung unmittelbar über dem Ventil,
p_s = mittlere Pressung in der Dichtungsfläche f_s,
G_w = Gewicht des Ventiles in der Flüssigkeit,
G = Gewicht des Ventiles in der Luft,
M_v = Masse des Ventils,
M = der zu beschleunigenden Masse des Ventils samt Wassersäule,
$\mathfrak{F}$ = Spannkraft einer etwa vorhandenen Ventilbelastungsfeder,
$\mathfrak{F}_0$ = Spannkraft einer etwa vorhandenen Ventilbelastungsfeder beim Aufsitzen des Ventiles,
$\mathfrak{F}_{max}$ = Spannkraft einer etwa vorhandenen Ventilbelastungsfeder beim größten Hub h_{max},
C = Federkonstante = Druck in kg, den die Feder für 1 cm Zusammendrückung ausübt,
h = Ventilhub,
h_0 = Ventilhub bei Kolbenumkehr,
v = Ventilgeschwindigkeit,
v_o = Ventilgeschwindigkeit beim Öffnen des Ventils,
v_s = Ventilgeschwindigkeit beim Schluß des Ventils,
v_{s0} = Ventilgeschwindigkeit in der Kolbentotlage,
k_v = Ventilbeschleunigung,
t_s = Schlußverspätung des Ventils,
t_0 = Öffnungsverspätung des Ventils,
D = Kolbendurchmesser,
F = Kolbenfläche,
s = Kolbenhub,
P_1 = Kraft, welche die Flüssigkeit gegenüber dem geöffneten Ventil nach aufwärts betätigt,
P = Kraft, mit der das geöffnete Ventil belastet werden muß, um sich in dieser Lage gegenüber der von der strömenden Flüssigkeit betätigten Wirkung im Gleichgewicht zu befinden,
P_0 = Belastung des Ventils beim Aufsitzen = $G_w + \mathfrak{F}_0$,
y_0 = Zusammendrückung der Ventilbelastungsfeder beim Aufsitzen des Ventils,
w = Umfangsgeschwindigkeit der Kurbel,
ω = Winkelgeschwindigkeit der Kurbel,
ψ = Kurbelwinkel,

r = Kurbelradius,
L = Länge der Schubstange,
u = Kolbengeschwindigkeit,
u_m = mittlere Kolbengeschwindigkeit,
u_s = Kolbengeschwindigkeit beim Schluß des Ventils,
u_0 = Kolbengeschwindigkeit beim Öffnen des Ventils,
k = Kolbenbeschleunigung,
k_0 = Kolbenbeschleunigung bei Kolbenumkehr,
δ = Winkel, bei dem nach dem Totpunkt des Kolbens der Ventilschluß erfolgt,
c_1 = Wassergeschwindigkeit in der Ventilsitzöffnung f_1,
c_{sp_i} = Geschwindigkeit, mit der die Flüssigkeit in radialer Richtung am Umfang $h l_1$ (innen) strömt,
c_{sp_a} = Geschwindigkeit, mit der die Flüssigkeit in radialer Richtung am Umfang $h l$ (außen) strömt,
l_1 = Umfang des Ventilspaltes, an der Sitzöffnung (innen) gemessen,
l = Umfang des Ventilspaltes, am äußeren Umfang des Ventiltellers bzw. Ventilringes gemessen,
α = Kontraktionsziffer,
φ = Geschwindigkeitsziffer,
μ = $\alpha \cdot \varphi$ = Ausflußziffer,
γ = spezifisches Gewicht der geförderten Flüssigkeit,
Q_v = der in der Sekunde durch die Ventilsitzöffnung (theoretisch) fließenden Wassermenge,
Q_e = der in der Sekunde durch die Ventilsitzöffnung tatsächlich fließenden Wassermenge,
H = Druckhöhe, die für den Ausfluß des Wassers aus dem Ventil zur Verfügung steht,
H_v = Ventildruckverlust = Unterschied der Drücke unter und über dem Ventil $= h_u - h_o = h'_u - h'_o + \frac{c_u^2 - c_o^2}{2g}$ (vgl. S. 165 und 265),
H_m = gesamte manometrische Förderhöhe,
H_w = hydraulischer Widerstand in der Pumpe,
η_v = volumetrischer Wirkungsgrad, Lieferungsgrad,
μ_P = Ausfluß = (Berichtigungs)ziffer für das arbeitende Ventil,
ζ, ζ_H, ζ_P = Widerstandsziffer, allgemein bzw. für das frei beweglich in einem Ausflußversuchsapparat eingebaute bzw. in der Pumpe arbeitende Ventil.

VIII. Literaturverzeichnis.

1. Reuleaux: Der Konstrukteur.
2. Fink, C.: Konstruktion der Kolben- und Zentrifugalpumpen, Ventilatoren und Exhaustoren. Berlin 1872.
3. Fink, C.: Theorie und Konstruktion der Brunnenanlagen, Kolben- und Zentrifugalpumpen, der Turbinen, Ventilatoren und Exhaustoren. 2. Aufl. 1878.
4. Redtenbacher, Dr. F.: Resultate für den Maschinenbau. 1869 und 1875.
5. v. Hauer: Die Wasserhaltungsmaschinen der Bergwerke. 1869 und 1875.
6. Bach: Z. V. d. I. 1881, S. 137ff.
7. Bach: Z. d. öst. Ing.- u. Arch.-V. 1876, S. 58.
8. Bach: Die Konstruktion der Feuerspritzen, mit einem Anhang: Die allgemeinen Grundlagen für die Konstruktion der Kolbenpumpen. Stuttgart 1883.
9. Riedler, A.: Indikator-Versuche an Pumpen und Wasserhaltungsmaschinen. München 1881.
10. Bach: Z. V. d. I. 1882, S. 294.
11. v. Reiche: Die Berechnung und Konstruktion der wichtigsten Werkzeugdampfmaschinen. Aachen 1883.
12. Weisbachs Theoretische Mechanik von G. Hermans, S. 1181. Braunschweig 1875.
13. Bach: Z. V. d. I. 1883, S. 788.
14. Fink: Z. V. d. I. 1883, S. 886ff.
15. Riedler: Über die Konstruktion der Pumpen und Gebläse-Ventile. Z. V. d. I 1885, S. 502ff.
16. Bochkoltz: Praktischer Maschinenkonstrukteur. 1869 und Z. V. d. I. 1873, S. 1.
17. Hrabak: Zum theoretisch praktischen Studium der durch einfach wirkende Maschinen betriebenen Pumpwerke. Z. V. d. I. 1872, S. 1.
18. Hofmann: Z. V. d. I. 1872, S. 313.
19. v. Reiche: Z. V. d. I. 1872, S. 509.
20. Hilt: Z. V. d. I. 1873, S. 438.
21. Seeberger: Z. V. d. I. 1873, S. 32.
22. Oesten: Z. V. d. I. 1880, S. 325.
23. Savelsberg: Wochenschrift der Z. V. d. I. 1880, S. 110.
24. Demeure: Z. V. d. I. 1881, S. 69.
25. Zander: Z. V. d. I. 1881, S. 431.
26. Bach: Versuche über Ventilbelastung und Ventilwiderstand. Berlin 1884.
27. Bach: Versuche zur Klarstellung der Bewegung selbsttätiger Pumpenventile. Z. V. d. I. 1886, S. 421ff., sowie Sonderabdruck. Stuttgart: Konrad Wittwer Verlag 1887.
28. Tobell: Über die freie Bewegung der Pumpen- und Gebläseventile. Z. V. d. I. 1889, S. 25ff.
29. Tobell: Die freie Eröffnung der Pumpenventile und die Bedeutung der darauf bezüglichen Indikatoranzeigen. Z. V. d. I. 1890, S. 325ff.
30. Tobell: Über die Bedingungen, welchen die Steigerung der Kolbengeschwindigkeit bei Pumpen, insbesondere bei Wasserhaltungen mit großen Teufen unterliegt. Z. V. d. I. 1889, S. 1150ff.

31. Weisbach, J.: Versuche über den Ausfluß des Wassers durch Schieber, Hähne, Klappen und Ventile. Leipzig 1842.
32. Grashof: Theoretische Maschinenlehre. Hydraulik. Leipzig 1875.
33. Rühlmann: Hydromechanik oder die technische Mechanik flüssiger Körper. Hannover 1880
34. Hoppe: Bewegungs- und Kraftverhältnisse bei selbsttätigen Ventilen. Z. V. d. I. 1889, S. 241ff., und Beiträge zur Klärung der Ansichten über die Bewegung selbsttätiger Ventile. Z. V. d. I. 1889, S. 1179ff.
35. Bach: Erwiderung auf die Hoppeschen Aufsätze. Z. V. d. I. 1889, S. 267ff. bzw. S. 1182.
36. Reuleaux: Der Konstrukteur. 4. Aufl., 4. Teil, § 368. 1889.
37. Westphal, M.: Beitrag zur Größenbestimmung der Pumpenventile. Z. V. d. I. 1893, S. 381ff.
38. Müller, O. H.: Das Pumpenventil. Leipzig 1900.
39. Bantlin: Besprechung der Arbeit Müllers. Z. V. d. I. 1901, S. 636ff.
40. Rudolf, K.: Ventilspiel bei Pumpen und Gebläsen. Dingler 1901, S. 309ff.
41. Schröder: Versuche zur Ermittlung der Bewegung und der Widerstandsunterschiede großer gesteuerter und selbsttätiger federbelasteter Pumpenringventile. Z. V. d. I. 1902, S. 661ff. u. Mitt. Forsch.-Arb. 1902, H. 6.
42. Berg: Die Wirkungsweise federbelasteter Pumpenventile und ihre Berechnung. Z. V. d. I. 1904, S. 1093ff., sowie
42a. Berg: Mitt. Forsch.-Arb. 1906, H. 30.
43. Dahme: Die Kolbenpumpe. München u. Berlin 1908.
44 u. 44a. Klein: Über freigehende Pumpenventile. Z. V. d. I. 1905, S. 485ff., sowie Mitt. Forsch.-Arb. 1905, H. 22, Erster Teil, und Z. V. d. I. 1905, S. 618ff., sowie Mitt. Forsch.-Arb. 1905, H. 22, Zweiter Teil.
45. Baumann, R.: Versuche zur Bestimmung der Ausflußziffer bei Pumpenventilen. Z. V. d. I. 1906, S. 2103ff.
46. Klein: Erwiderung zur Baumannschen Arbeit. Z. V. d. I. 1906, S. 109ff.
47. Berg u. Klein: Auseinandersetzungen. Z. V. d. I. 1905, S. 894ff., S. 1139ff.
48. Klein: Über freigehende Pumpenventile. Dingler 1907, S. 353ff.
49. Klein: Versuche an Pumpen-Ringventilen. Dingler 1908, S. 289ff.
50. Klein: Versuche an Pumpen-Ringventilen. Dingler 1008, S. 785ff.
51. Lindner: Berechnung der Pumpenventile. Z. V. d. I. 1908, S. 1392ff.
52. Sieglerschmidt: Die Wirkungsweise und Berechnung selbsttätiger Pumpenventile. Dissert. Borna-Leipzig 1907.
53. Hagens: Die Vorgänge beim Ansaugen der Pumpen, besonders der schnellgehenden Pumpen. Z. V. d. I. 1901, S. 1535ff.
54. Körner: Untersuchung der Bewegung selbsttätiger Pumpenventile. Z. V. d. I. 1908, S. 1842ff.
55. Schoene: Über Versuche mit großen durch Blattfedern geführten Ringventilen für Kanalisationspumpen nebst Beiträgen zur Dynamik der Ventilbewegung. Mitt. Forsch.-Arb. 1913, H. 143; s.auch Z. V. d. I. 1913, S. 1246ff.
56 u. 57. Berg: Die Kolbenpumpen, einschließlich der Flügel- und Rotationspumpen. 1. Aufl. 1914, 2. Aufl. 1921.
58. Wagener, A.: Indizieren und Auswerten von Kurbelweg- und Zeitdiagrammen. Berlin: Julius Springer 1906, sowie Neuerungen von Indikatoren. Z. V. d. I. 1907, S. 1365ff.
59. Hartmann u. Knoke: Die Pumpen, 3. Aufl. 1906, bearbeitet von H. Berg.
60. Krauss: Untersuchung selbsttätiger Pumpenventile und deren Einwirkung auf den Pumpengang. Mitt. Forsch.-Arb. 1920, H. 233. Auszug aus der Arbeit s. Z. V. d. I. 1921, S. 116ff.

Berichtigungen.

Seite 33 unten und 34 oben streiche: (und auch heute noch nicht möglich ist).

„ 84, Gleichung Zeile 6 von unten, lies: $\varphi \frac{F}{f_1^2}$ statt $\varphi \frac{F}{f_1}$.

„ 147, Gleichung Zeile 14 von unten, lies: $\int d f$ statt $\int d f_r$.

„ 164, Gleichung Zeile 22 von oben, lies: G_{w_1} statt G_w.

„ 172, Gleichung Zeile 6 von unten, lies: $b_x = \frac{1}{\varkappa} b'$ statt $b_x = \frac{1}{x} b'$.

„ 190, Zeile 3 von unten, lies: $h = \frac{d_1}{10}$ bis $\frac{d_1}{4}$ statt $h + \frac{d_1}{10}$ bis $\frac{d_1}{4}$.

„ 193, Zeile 8 von unten, lies: Linie $c_{sp_a \text{theor.}}$ statt Linie $a\,a$.

„ 197, Gleichung Zeile 6 von unten, lies: $\operatorname{tg} \delta = \frac{f\,\omega}{l \frac{d(hx)}{dh}_{(h=0}}$.

„ 206, Abb. 103a und 103b, lies:

$$C' = \frac{16\,h^2}{d_1^2} \left[0{,}3 + 0{,}18 \left(\frac{d_1}{0{,}0005 + h}\right)^2\right] \frac{c_{spi}^2}{2g}.$$

„ 240, Zeile 2 von unten, lies: Zahlentafel 13 statt 12.

„ 284, Gleichung Zeile 10 von unten, lies: $\frac{f_s}{f_1}(p_0 - p_s)$.

Die Pumpen. Ein Leitfaden für Höhere Maschinenbauschulen und zum Selbstunterricht. Von Professor Dipl.-Ing. **H. Matthiessen,** Kiel, und Dipl.-Ing. **E. Fuchslocher,** Kiel. Mit 137 Textabbildungen. (89 S.) 1923.
1.60 Goldmark

Die Kolbenpumpen einschließlich der Flügel- und Rotationspumpen. Von Professor a. D. **H. Berg,** Stuttgart. Zweite, vermehrte und verbesserte Auflage. Mit 536 Textfiguren und 13 Tafeln. (436 S.) 1921.
Gebunden 16 Goldmark

Die Zentrifugalpumpen mit besonderer Berücksichtigung der Schaufelschnitte. Von Dipl.-Ing. **Fritz Neumann.** Zweite, verbesserte und vermehrte Auflage. Mit 221 Textfiguren und 7 lithographischen Tafeln. (260 S.) 1912. Unveränderter Neudruck. 1922. Gebunden 10 Goldmark

---

Kreiselpumpen. Eine Einführung in Wesen, Bau und Berechnung von Kreisel- oder Zentrifugalpumpen. Von Dipl.-Ing. **L. Quantz,** Stettin. Zweite, erweiterte und verbesserte Auflage. Mit 132 Textabbildungen. (120 S.) 1925.
4.80 Goldmark

Die Kreiselpumpen. Von Professor Dr.-Ing. **C. Pfleiderer,** Braunschweig. Mit 355 Abbildungen. (403 S.) 1924. Gebunden 22.50 Goldmark

---

Dynamik der Leistungsregelung von Kolbenkompressoren und -pumpen (einschließlich Selbstregelung und Parallelbetrieb). Von Dr.-Ing. **Leo Walther,** Nürnberg. Mit 44 Textabbildungen, 23 Diagrammen und 85 Zahlenbeispielen. (156 S.) 1921. 4.60 Goldmark

---

Kolben- und Turbo-Kompressoren. Theorie und Konstruktion. Von Professor Dipl.-Ing. **P. Ostertag,** Winterthur. Dritte, verbesserte Auflage. Mit 358 Textabbildungen. (308 S.) 1923. Gebunden 20 Goldmark

---

Die Ventilatoren. Berechnung, Entwurf und Anwendung. Von Dr. sc. techn. **E. Wiesmann,** Ingenieur. Mit 135 Abbildungen, 10 Zahlentafeln und zahlreichen Rechnungsbeispielen. (201 S.) 1924. Gebunden 10.50 Goldmark

---

Zentrifugal-Ventilatoren. Ihre Berechnung und Konstruktion. Von Ingenieur **Erich Gronwald.** Mit 108 Textabbildungen. (186 S.) 1925.
Gebunden 12.60 Goldmark

Additional information of this book

(Die selbsttätigen Pumpenventile in den letzten 50 Jahren, ihre Bewegung und Berechnung; 978-3-662-27419-4)

is provided:

http://Extras.Springer.com

Die Pumpen. Ein Leitfaden für Höhere Maschinenbauschulen und zum Selbstunterricht. Von Professor Dipl.-Ing. **H. Matthiessen,** Kiel, und Dipl.-Ing. **E. Fuchslocher,** Kiel. Mit 137 Textabbildungen. (89 S.) 1923.
1.60 Goldmark

Die Kolbenpumpen einschließlich der Flügel- und Rotationspumpen. Von Professor a. D. **H. Berg,** Stuttgart. Zweite, vermehrte und verbesserte Auflage. Mit 536 Textfiguren und 13 Tafeln. (436 S.) 1921.
Gebunden 16 Goldmark

Die Zentrifugalpumpen mit besonderer Berücksichtigung der Schaufelschnitte. Von Dipl.-Ing. **Fritz Neumann.** Zweite, verbesserte und vermehrte Auflage. Mit 221 Textfiguren und 7 lithographischen Tafeln. (260 S.) 1912. Unveränderter Neudruck. 1922. Gebunden 10 Goldmark

---

Kreiselpumpen. Eine Einführung in Wesen, Bau und Berechnung von Kreisel- oder Zentrifugalpumpen. Von Dipl.-Ing. **L. Quantz,** Stettin. Zweite, erweiterte und verbesserte Auflage. Mit 132 Textabbildungen. (120 S.) 1925.
4.80 Goldmark

Die Kreiselpumpen. Von Professor Dr.-Ing. **C. Pfleiderer,** Braunschweig. Mit 355 Abbildungen. (403 S.) 1924. Gebunden 22.50 Goldmark

---

Dynamik der Leistungsregelung von Kolbenkompressoren und -pumpen (einschließlich Selbstregelung und Parallelbetrieb). Von Dr.-Ing. **Leo Walther,** Nürnberg. Mit 44 Textabbildungen, 23 Diagrammen und 85 Zahlenbeispielen. (156 S.) 1921. 4.60 Goldmark

---

Kolben- und Turbo-Kompressoren. Theorie und Konstruktion. Von Professor Dipl.-Ing. **P. Ostertag,** Winterthur. Dritte, verbesserte Auflage. Mit 358 Textabbildungen. (308 S.) 1923. Gebunden 20 Goldmark

---

Die Ventilatoren. Berechnung, Entwurf und Anwendung. Von Dr. sc. techn. **E. Wiesmann,** Ingenieur. Mit 135 Abbildungen, 10 Zahlentafeln und zahlreichen Rechnungsbeispielen. (201 S.) 1924. Gebunden 10.50 Goldmark

---

Zentrifugal-Ventilatoren. Ihre Berechnung und Konstruktion. Von Ingenieur **Erich Gronwald.** Mit 108 Textabbildungen. (186 S.) 1925.
Gebunden 12.60 Goldmark

Kälteprozesse. Dargestellt mit Hilfe der Entropie-Tafel. Von Dipl.-Ing. Prof. **P. Ostertag,** Winterthur. Mit 58 Textabbildungen und 3 Tafeln. (120 S.) 1924. 6 Goldmark; gebunden 6.80 Goldmark

Die Kältemaschine. Grundlagen, Berechnung, Ausführung, Betrieb und Untersuchung von Kälteanlagen. Von Dipl.-Ing. **M. Hirsch,** beratender Ingenieur V. B. I. Mit 261 Abbildungen im Text. (522 S.) 1924. Gebunden 20 Goldmark

Strömungsenergie und mechanische Arbeit. Beiträge zur abstrakten Dynamik und ihre Anwendung auf Schiffspropeller, schnellaufende Pumpen und Turbinen, Schiffswiderstand, Schiffssegel, Windturbinen, Trag- und Schlagflügel und Luftwiderstand von Geschossen. Von Oberingenieur **Paul Wagner,** Berlin. Mit 151 Textfiguren. (263 S.) 1914. Gebunden 10 Goldmark

Energie-Umwandlungen in Flüssigkeiten. Von Maschineningenieur Prof. **Dónát Bánki,** Budapest.

Erster Band: **Einleitung in die Konstruktionslehre der Wasserkraftmaschinen, Kompressoren, Dampfturbinen und Aeroplane.** Mit 591 Textabbildungen und 9 Tafeln. (520 S.) 1921. Gebunden 20 Goldmark

Kolbendampfmaschinen und Dampfturbinen. Ein Lehr- und Handbuch für Studierende und Konstrukteure. Von Prof. **Heinrich Dubbel,** Ingenieur. Sechste, vermehrte und verbesserte Auflage. Mit 566 Textfiguren. (530 S.) 1923. Gebunden 14 Goldmark

O. Lasche, Konstruktion und Material im Bau von Dampfturbinen und Turbodynamos. Dritte, umgearbeitete Auflage von W. Kieser, Abteilungs-Direktor der AEG, Turbinenfabrik. Mit 377 Textabbildungen. (198 S.) 1925. Gebunden 18.75 Goldmark

Maschinentechnisches Versuchswesen. Von Prof. Dr.-Ing. **A. Gramberg.**

Erster Band: **Technische Messungen bei Maschinenuntersuchungen und zur Betriebskontrolle.** Zum Gebrauch an Maschinenlaboratorien und in der Praxis. Fünfte, vielfach erweiterte und umgearbeitete Auflage. Mit 326 Figuren im Text. (577 S.) 1923. Gebunden 18 Goldmark

Zweiter Band: **Maschinenuntersuchungen und das Verhalten der Maschinen im Betriebe.** Ein Handbuch für Betriebsleiter, ein Leitfaden zum Gebrauch bei Abnahmeversuchen und für den Unterricht an Maschinenlaboratorien. Dritte, verbesserte Auflage. Mit 327 Figuren im Text und auf 2 Tafeln. (619 S.) 1924. Gebunden 20 Goldmark

Freytags Hilfsbuch für den Maschinenbau. Für Maschineningenieure sowie für den Unterricht an technischen Lehranstalten. Siebente Auflage. Unter Mitwirkung zahlreicher Fachleute herausgegeben von Professor **P. Gerlach,** Chemnitz. Mit 2484 in den Text gedruckten Abbildungen, 1 farbigen Tafel und 3 Konstruktionstafeln. (1502 S.) 1924. Gebunden 17.40 Goldmark

Taschenbuch für den Maschinenbau. Bearbeitet von zahlreichen Fachleuten. Herausgegeben von Prof. **Heinrich Dubbel,** Ingenieur, Berlin. Vierte, erweiterte und verbesserte Auflage. Mit 2786 Textfiguren. In zwei Bänden. (1739 S.) 1924. Gebunden 18 Goldmark